高 等 院 校 化 学 化 工 教 学 改 革 规 划 教 材
"十三五"江苏省高等学校重点教材(编号2018-1-034)

高分子材料

（第三版）

主 编 贾红兵 宋 晔 王经逸

U0303835

高分子材料学习交流

南京大学出版社

图书在版编目(CIP)数据

高分子材料 / 贾红兵,宋晔,王经逸主编. — 3 版.
— 南京 :南京大学出版社,2019.6
ISBN 978 - 7 - 305 - 22234 - 4

Ⅰ. ①高… Ⅱ. ①贾… ②宋… ③王… Ⅲ. ①高分子
材料 Ⅳ. ①TB324

中国版本图书馆 CIP 数据核字(2019)第 104185 号

出版发行　南京大学出版社
社　　址　南京市汉口路 22 号　　　　邮　编　210093
出 版 人　金鑫荣

书　　名　高分子材料(第三版)
主　　编　贾红兵　宋　晔　王经逸
责任编辑　甄海龙　蔡文彬　　　　编辑热线　025 - 83592146

照　　排　南京南琳图文制作有限公司
印　　刷　南京人民印刷厂有限责任公司
开　　本　787×1092　1/16　印张 16　字数 397 千
版　　次　2019 年 6 月第 3 版　2019 年 6 月第 1 次印刷
ISBN 978 - 7 - 305 - 22234 - 4
定　　价　40.00 元

网址:http://www.njupco.com
官方微博:http://weibo.com/njupco
微信服务号:njuyuexue
销售咨询热线:(025)83594756

第三版前言

高分子材料是一门与多学科紧密交叉、相互渗透关联且内容宽泛丰富的综合性学科，是材料科学与工程学科的一个重要组成部分，也是高等学校相关专业的一门重要的专业课程。

《高分子材料》第三版是在《高分子材料》第二版基础上修订的，本书仍然以高分子材料的制备、结构、性能和应用为主线，进一步对通用高分子材料、高性能高分子材料、功能高分子材料、高分子材料加工助剂及高分子材料的循环利用作全面系统的介绍。在编写过程中，力图以通俗简练的语言介绍各种高分子材料的主要性能、应用，还运用二维码，嵌入大量的应用和前言研究进展，力图使读者更加深入了解高分子材料的最新研究进展。此外为了便于学生更好地理解材料内容，还增加了课后习题。

《高分子材料》(第三版)共8章，其中第1章~第4章和7章由南京理工大学贾红兵教授修订，第5章由南京理工大学宋晔教授修订，第6章、8章由南京工程学院王经逸副教授修订，全书由贾红兵教授进行统稿、定稿。

在本书的编写过程中，得到了南京理工大学教务处的大力支持，林炎坤、宋万诚、陆少杰等研究生在文稿的输入和输出、编排以及文稿的校对方面付出了大量辛勤的劳动，在此表示深深的谢意。

由于本书涉及的内容较为广泛，尽管在编写过程中力图正确与准确，限于编者的编写水平，书中的疏漏和错误在所难免，敬请读者批评指正。

编　者

2019 年 6 月 21 日于南京理工大学

目 录

第1章 绪 论

线上资源一览

1.1 高分子材料发展简史[1]

与金属、陶瓷、玻璃、水泥等传统材料相比,高分子合成材料是 20 世纪才兴起的新型材料,但其在材料领域中的地位愈来愈重要,已与金属材料、无机材料并列。在工农业、科技国防、日常生活等诸多领域中已经成为不可或缺的重要材料。

远在几千年以前,人类就使用棉、麻、丝、毛等天然高分子作织物材料,使用竹木作建筑材料,19 世纪中叶,人们开始发展天然高分子的化学改性,如天然橡胶的硫化(1839 年),硝化纤维赛璐珞的出现(1868 年),黏胶纤维的生产(1893～1898 年)。20 世纪初期,开始出现了第一种合成树脂——酚醛塑料,1909 年实现工业化。第一次世界大战期间,出现了丁钠橡胶,此后,醇酸树脂(1926 年)、醋酸纤维(1924 年)、脲醛树脂(1929 年)也相继投入生产。直至 20 世纪 20～30 年代,还只有几种合成材料,而现在高分子材料体积产量已经远超过钢铁等金属。

20 世纪 30～40 年代是高分子化学和工业开始兴起的时代,1935 年研制成功尼龙-66,并于 1938 年实现了工业化。在此期间,还工业化了一批经自由基聚合而成的烯类加聚物,如聚氯乙烯(1927～1937 年)、聚醋酸乙烯酯(1936 年)、聚甲基丙烯酸甲酯(1927～1931 年)、聚苯乙烯(1934～1937 年)、高压聚乙烯(1939 年)等。

20 世纪 40 年代,高分子工业以更快的速度发展,相继开发了丁苯橡胶(1937 年)、丁腈橡胶(1937 年)、丁基橡胶(1940 年)、不饱和聚酯(1942 年)、聚氨酯(1942 年)、氟树脂(1943 年)、有机硅(1943 年)、环氧树脂(1947 年)、ABS 树脂(1948 年)等。由于原料问题,1940 年开发成功的涤纶树脂到 1950 年才实现工业化。聚丙烯腈纤维也在解决了溶剂问题以后,才于 1948～1950 年投产。

20 世纪 50～60 年代,高分子发展得更快,规模也更大,出现了许多新的聚合方法和聚合物品种,如高密度聚乙烯和等规聚丙烯(1953～1954 年)、聚甲醛(1956 年)、聚碳酸酯(1957 年)、顺丁橡胶和异戊橡胶(1959 年)、乙丙橡胶(1960 年)以及 SBS(苯乙烯-丁二烯-苯乙烯)嵌段共聚物(热塑性弹性体,1965 年)、聚砜(1965 年)、聚苯醚(1964 年)、聚酰亚胺(1962 年)等。许多耐高温和高强度的合成材料层出不穷。

20 世纪 70～90 年代,高分子材料的发展进入了新的时期。新聚合方法、新型聚合物、新的结构、性能和用途不断涌现。除了原有聚合物以更大规模、更加高效地工业化生产,人们更重视新合成技术的应用,以及高性能、高功能、特种聚合物的研制开发。新的合成方法涉及茂金属催化聚合、活性自由基聚合、基团转移聚合、丙烯酸类-二烯烃易位聚合、以 CO_2 为介质的超临界聚合,以及大分子取代法制聚磷氮烯等。高性能涉及超强、耐高温、耐烧蚀、耐油、低温柔性等,相关的聚合物有聚对苯二甲酸丁二醇酯(1970 年)、聚苯硫醚(1971 年)、芳杂环聚合物(1970～1980 年)、液晶高分子(1970～1980 年)、梯形聚合物(1970～1980 年)、非线性光学聚合物(1980～2000 年)、聚磷氮烯(1980～2000 年)、聚亚苯基亚乙烯(PPV)(1980～2000 年)、远螯聚合物(1980～2000 年)等。还开发了一些新型结构聚合物,如星形和树枝状聚合物,新型接枝和嵌段共聚物,无机-有机杂化聚合物等。

功能高分子除继续延伸原有的反应功能和分离功能外,更重视光电磁功能和生物功能的研究和开发。光电磁功能高分子材料,在半导体器件、光电池、传感器、质子电导膜中起着重要作用,是信息和能源等高技术领域的物质基础。在生物医药领域中,生物医用高分子材料不仅是组织工程的重要组成部分,还涉及药物控制释放和酶的固载,胶束、胶囊、微球、水凝胶等。此外具有热敏、光敏、离子敏、生物敏、力敏等功能的智能高分子材料的研究将成为21 世纪材料科学的研究热点。

功能高分子材料的多样化结构和新颖性功能不仅丰富了高分子材料研究的内容,而且扩大了高分子材料的应用领域。

1.2 高分子材料的类型[2-7]

高分子材料也称为聚合物材料。其中除以聚合物作基本组分外,为了改善加工性能和使用性能,往往添加有多种助剂或添加剂。加工前后,高分子材料的称谓有变化,如加工之前的橡胶称为生胶,加工后,则称为硫化胶;加工前的塑料和纤维常称为合成树脂,终产品则叫塑料和纤维。有关高分子材料的助剂详见第三章。

1.2.1 通用高分子材料

从应用角度考虑,按照传统习惯,可将高分子材料分为塑料、橡胶、纤维、涂料、胶黏剂五大类。随着科学技术的发展,还发展了聚合物基复合材料、高分子合金、高性能高分子材料、功能高分子材料等。

1. 塑料

塑料是以聚合物为主要成分,另加有(或不加)改性用的添加剂或加工助剂,在一定温度、压力条件下可塑化成型并在常温下保持形状不变的材料,有时还包括塑料的半成品,如压塑粉、注塑粒料等。

塑料用聚合物又叫树脂,它决定塑料的类型和主要性能,一般而言,塑料用聚合物的内聚能介于纤维与橡胶之间,使用温度范围在其脆化温度和玻璃化温度(T_g)之间。对非晶态的塑料而言,其使用温度通常处于其 T_g 以下,而结晶塑料的使用温度可以在 T_g 以上或者以下。塑料中树脂含量一般为 $40\%～100\%$。几种常用塑料的玻璃化温度和熔点如表1-1。

表 1-1　几种主要塑料的玻璃化温度及熔点[3]

名　称	T_g/℃	T_m/℃	名　称	T_g/℃	T_m/℃
PE	−125	线形 135	POM	−82	175
PP	−10	全同 176	PPO	220	480
PMMA	105	—	PET	69	267
PS	95～100	全同 240	PC	149	265

少数几种塑料只由聚合物单一组分构成,如聚四氟乙烯不加任何添加剂;聚乙烯、聚丙烯塑料只加少量添加剂。而大多数塑料是多组分体系,除基本聚合物外,还有多种添加剂,如改进加工性能的润滑剂、热稳定剂,改善力学性能的抗冲改性剂和增塑剂,防止使用过程中老化的抗氧剂和光稳定剂,防止燃烧的阻燃剂等。

塑料的密度轻、电绝缘性能好、力学性能变化范围宽,其品种繁多,性能差异较大,可以从不同的角度进行分类:① 按树脂种类,可由聚合物名称来分,如聚苯乙烯塑料、聚乙烯塑料等;② 按成型方法和形态,可以分为模压塑料、层压塑料、粒料、粉料、糊塑料、塑料溶液等;③ 按热行为和加工性能,可分为热塑性塑料和热固性塑料,热塑性塑料主要是线形聚合物,受热后软化,冷却后又变硬,可以反复互变、循环使用,热固性塑料多半是线形或支链形低聚物,受热时熔融塑化并交联,一旦冷却,就固化定型,不再熔融塑化,无法反复使用;④从应用角度考虑,可分为通用塑料、工程塑料、功能塑料,通用塑料的产量大、用途广、价格低,主要用于对强度要求不高的结构材料,如聚乙烯、聚氯乙烯、聚苯乙烯、酚醛塑料、氨基塑料等,工程塑料具有较高的力学性能,能够经受较宽的温度变化范围和较苛刻的环境条件,并且在此条件下能够长时间使用,且可作为要求较高的结构材料,而在工程塑料当中,人们一般把长期使用温度在 $100 \sim 150℃$ 范围内的塑料,称为通用工程塑料,如聚酰胺、聚碳酸酯、聚甲醛、聚苯醚;长期使用温度在 $150℃$ 以上的塑料称为特种工程塑料,如聚酰亚胺、聚芳酯、聚苯酯、聚砜、聚苯硫醚、聚醚醚酮、氟塑料等。此外,将特殊功能的塑料列为功能高分子,如导电、导磁塑料、离子交换树脂等。

通用塑料和工程塑料的性能比较可从表 1-2 中略见一斑。

表 1-2 通用塑料和工程塑料的基本物性[2]

项 目	通用塑料		工程塑料			
	PS	PP	PC	POM	PES	PEEK
结晶性或非结晶性	非结晶	结晶	非结晶	结晶	非结晶	结晶
透光率/%	91	半透明	88	半透明/不透明	透明	不透明
密度/g·cm^{-3}	1.05	0.91	1.20	1.42	1.37	1.32
拉伸强度/MPa	46	38	50	75	86	94
弯曲弹性模量/MPa	3 100	1 500	2 500	3 700	2 700	3 700
悬臂梁冲击强度(缺口)/J·cm^{-1}	17	31	90	80	86	85
热变形温度/℃	88	113	140	170	210	>300
熔点/℃	—	175	—	178	—	338
耐溶剂性	一般	优	一般	优	良	优

随着科学技术的迅速发展,对高分子材料性能的要求越来越高,工程塑料的应用领域不断拓宽,各工业部门对工程塑料的需求量迅速增长,特别是 20 世纪 80 年代之后,人们对高分子合金的聚集态结构和界面化学物理的深入研究,反应性共混、共混相容剂和共混技术装置的开发,大大地推进了工程塑料合金的工业化进程。通过共聚、填充、增强、合金化等途径,使得工程塑料与通用塑料之间的界限变得模糊,并可使通用塑料工程化,这就大大地提高了材料的性价比。通过合金化的途径,发展互穿聚合物网络技术,可实现工程塑料的高性能化、结构功能一体化。通过改进合金化路线、改进加工方案、发展复合材料技术和开发纳米

材料,可促进高性能工程塑料的实用化。进一步寻找合理的单体合成路线,使原料消耗及能耗降低,使原料中间体和产品低价格化等。

2. 橡胶

橡胶是有机高分子弹性体,在很宽的温度范围内(−5～150℃)具有优异的弹性。

橡胶材料中初始聚合物叫生胶,最终的橡胶制品又叫硫化胶。橡胶制品的主要原材料是生胶(再生胶)和各种配合剂(硫化剂、促进剂、补强剂等),有些制品需要纤维和金属材料作为骨架。

生胶是橡胶制品中的重要成分,是由线形大分子或带支链的大分子构成,在玻璃态以下变硬,在高温下变软,力学性能低,基本无使用价值,必须通过交联(硫化)形成网状结构才能使用。橡胶用聚合物一般为非极性高分子(如顺丁橡胶),分子链柔顺,玻璃化温度很低(如表1−3),分子量或聚合度很高,大多为非晶态聚合物。

表 1−3　几种主要橡胶的玻璃化温度及使用温度范围[3]

名　称	T_g/℃	使用温度/℃	名　称	T_g/℃	使用温度/℃
天然橡胶	−73	−50～120	丁腈橡胶(70/30)	−41	−35～175
顺丁橡胶	−105	−70～140	乙丙橡胶	−60	−40～150
丁苯橡胶(75/25)	−60	−50～140	聚二甲基硅氧烷	−120	−70～275
聚异丁烯	−70	−50～150	偏氟乙烯-全氟丙烯共聚物	−55	−50～300

按来源,橡胶(生胶)可分为天然橡胶和合成橡胶两大类。天然橡胶是从植物中获得的。合成橡胶是各种单体经聚合反应合成得到的,按其性能和用途可分为通用合成橡胶和特种合成橡胶。

通用合成橡胶可以代替天然橡胶,用来制造轮胎及其他常用橡胶制品,如丁苯橡胶、顺丁橡胶、乙丙橡胶等。具有耐寒、耐热、耐油、耐臭氧等特种性能的橡胶,则称为特种合成橡胶,如丁基橡胶、氯丁橡胶、丁腈橡胶、硅橡胶、氟橡胶、丙烯酸酯橡胶、聚氨酯橡胶等,随着其综合性能的改进、成本的降低、推广应用的扩大,有些特种合成橡胶也可当作通用合成橡胶使用,因此通用橡胶和特种橡胶的划分并没有严格的界限。

橡胶制品用途广泛,最大的用途是制造轮胎,其次为胶管、胶滚、胶鞋、乳胶制品等,特殊的则可制作减震、密封、耐磨、防腐、绝缘、黏结等材料。

常用的橡胶制品中的配合剂包括交联用的硫化剂、硫化促进剂、硫化活化剂,增强用的补强剂,加工用的防焦剂、软化剂、老化防护剂等。有些橡胶制品中还有骨架材料如纺织纤维、钢丝、玻璃纤维等。

除了通用合成橡胶和特种合成橡胶以外,还发展了热塑性弹性体(TPE)。这是一类介于热固性橡胶和热塑性塑料之间的材料,具有类似于硫化橡胶的物理机械性能,又有类似于热塑性塑料的加工特性。可以采用加工热塑性塑料的方法和设备来成型,在加工过程中产生的边角料及废料均可以重复加工使用。

3. 纤维

纤维是指长度比直径大很多倍并且有一定柔韧性的纤细物质,包括天然纤维(棉花、麻、蚕丝)和化学纤维。化学纤维是天然高分子或合成高分子化合物经过化学加工而制的纤维,又分人造纤维及合成纤维。人造纤维以天然聚合物为原料,主要有黏胶纤维、铜氨纤维、乙酸酯纤维、再生蛋白质纤维等。合成纤维由合成的聚合物制得,品种繁多,已工业化生产的有40余种,其中最主要的产品有聚酯纤维(涤纶)、聚酰胺纤维(锦纶)、聚丙烯腈纤维(腈纶)三大类,这三大类纤维的产量占合成纤维总产量的90％以上。

合成纤维中初始聚合物称为成纤聚合物,也可叫树脂,最终产品叫纤维。纤维用聚合物往往带有一些极性基团,以增加次价力,并有较高的结晶能力,拉伸可以提高结晶度。纤维的熔点应该在200℃以上,以利热水洗涤和烫熨,但不宜高于300℃,以便熔融纺丝。纤维用聚合物应能溶于适当溶剂中,以便溶液纺丝,但不应溶于干洗溶剂中。纤维用聚合物的 T_g 应适中,过高,不利于拉伸;过低,则易使织物变形。

纤维的成型加工包括:成纤聚合物的制备、纺丝(熔体和溶液纺丝)、初生纤维的二次加工。

合成纤维具有强度高、耐高温、耐酸碱、耐磨损、质量轻、保暖性好、抗霉蛀、电绝缘性好等特点,广泛地用于纺织工业、国防工业、航空航天、交通运输、医疗卫生、通讯联络等各个重要领域,已经成为国民经济发展的重要部分。

4. 涂料

涂料是合成树脂另一种应用形式,用来涂覆物体表面,形成保护或装饰膜层。涂料是多组分体系,主要组分包括成膜物、颜料和溶剂。

(1) 成膜物　也称基料,它是涂料最主要的成分,其性质对涂料的性能(如保护性能、力学性能等)起重要作用。作为成膜聚合物必须与物体表面和颜料表面具有良好的结合力。原则上各种天然和合成的聚合物都可以作为成膜物质。与塑料、橡胶、纤维等所用聚合物的主要差别是,涂料聚合物的分子量较低,一般为非晶态聚合物。

成膜物质分为转化型(反应)和非转化型(非反应)。前者在成膜过程中伴有化学反应,形成网状交联结构,一般由植物油或具有反应活性的低聚物、单体构成,如环氧树脂、醇酸树脂等。非转化型成膜物质一般是热塑性聚合物,如纤维素衍生物、氯丁橡胶、热塑性丙烯酸树脂等,在成膜过程中不发生化学反应,借溶剂挥发而后成膜。

(2) 颜料　主要起遮盖和赋色作用,还有增强、赋予特殊性能(如防锈)、改善流变性能、降低成本的作用。一般为 $0.2 \sim 10 \mu m$ 的无机粉末或有机粉末。

(3) 溶剂　通常是用以溶解成膜物的易挥发性有机液体。涂料涂敷于物体表面后,溶剂基本上应挥发尽,但溶剂对成膜效果和性能有很大的影响。常用的溶剂包括甲苯、二甲苯、丁醇、丁酮、乙酸乙酯等。溶剂的挥发是涂料对大气污染的主要根源,溶剂的安全性、对人体的毒性也是涂料工作者在选择溶剂时所要考虑的。

除上述三种主要组分外,涂料中一般都加有其他添加剂,分别在涂料生产、贮存、涂装和成膜等不同阶段发挥作用,如增塑剂、湿润分散剂、浮色发花防止剂、催干剂、抗沉降剂、防腐剂、防结皮剂、流平剂等。

涂料的品种有上千种,可以从不同角度进行分类:① 按形态,可分为水性涂料、溶剂性涂料、粉末涂料、高固体分涂料等;② 按施工方法,可分为刷涂涂料、喷涂涂料、辊涂涂料、浸涂涂料、电泳涂料等;③ 按施工程序可分为底漆、中涂漆(二道底漆)、面漆、罩光漆等;④ 按功能可分为装饰涂料、防腐涂料、导电涂料、防锈涂料、隔热涂料、示温涂料、耐高温涂料等;⑤ 按用途可分为建筑涂料、汽车涂料、飞机涂料、家电涂料、木器涂料、塑料涂料、桥梁涂料、纸张涂料等。

5. 胶黏剂

胶黏剂也称黏合剂,能将材料紧密黏合在一起的物质。胶黏剂可以分为无机胶黏剂和有机胶黏剂。

有机胶黏剂一般是多组分体系。其主要组分为高分子,除了主要组分外,还有许多辅助成分,辅助成分可以对主要成分起到一定的改性或提高品质的作用。常用的辅料有固化剂、促进剂、硫化剂、增塑剂、填料、溶剂、稀释剂、偶联剂、防老剂等。

有机胶黏剂有多种分类方法:按胶接强度分为结构型胶黏剂、次结构型胶黏剂、非结构型胶黏剂;按使用形式分为单组分和双组分胶黏剂;按形态分为水溶性、溶剂型、无溶剂型、膏状物、固态形状胶黏剂等;按组分结构分,有天然胶黏剂和合成胶黏剂,本书将按组成结构进行分类。

① 天然胶黏剂包括动物胶、植物胶和矿物胶,如骨胶、虫胶、鱼胶、淀粉、阿拉伯树胶、矿物腊、沥青等。

② 合成胶黏剂包括热塑性树脂如聚乙烯醇、聚乙烯醇缩醛、聚丙烯酸酯、聚酰胺类等,热固性树脂如环氧树脂、酚醛树脂、不饱和聚酯等,橡胶如氯丁橡胶、丁基橡胶、丁腈橡胶、聚硫橡胶、热塑性弹性体等。

由于高分子胶黏剂的黏接方法对材料的使用范围比较宽,被黏材料无论是金属材料、无机非金属材料还是有机高分子材料都可采用胶黏剂来黏接,因此胶黏剂的发展受到越来越广泛的重视。

1.2.2　高分子复合材料

复合材料是由两种或两种以上物理和化学性质不同的材料组成,并具有复合效应的多相固体材料。复合材料往往由基体和增强体两相组成。增强体可以是粒料、纤维、片状材料或它们的组合,被基体所包围,起着承受外加负荷的作用。基体材料在复合材料中呈连续相,包围着增强体。

聚合物基复合材料以高分子聚合物为基体。聚合物基体包括:① 热固性树脂,如环氧树脂、不饱和树脂、热固性酚醛树脂等;② 热塑性树脂,如聚酰亚胺、双马来酰亚胺、热塑性酚醛树脂、聚醚醚酮等。

复合材料中广泛应用的增强材料为纤维,如碳纤维、芳纶纤维(Kevlar)、硼纤维、碳化硅纤维、超高分子量的聚乙烯纤维等。此外高性能的晶须和颗粒(Al_2O_3、SiC)也常被用作增强体。

聚合物基复合材料具有许多优异性能,如具有很高的比强度及比模量,高耐疲劳性、耐高温性及高减震性能,高过载安全性,具有很强的可设计性。

1.2.3　高分子合金

高分子合金,又称多组分聚合物,指含有两种或多种高分子链的复合体系,包括嵌段共聚物、接枝共聚物以及各种共混物等。

高分子合金可以采用物理共混和化学共混的方法来制备。前者包括机械共混、溶液共混和胶乳共混,后者包括溶液接枝和互穿聚合物网络。

高分子合金能明显改善工程塑料性能,改善成型加工性,增加工程塑料品种和品级,扩大应用范围。例如,采用 3% 的聚乙烯与聚碳酸酯共混后,可使聚碳酸酯的缺口冲击强度提高 4 倍,熔体黏度下降 1/3,而热变形温度几乎没有下降。又如,采用 50% 聚碳酸酯共混的聚对苯二甲酸丁二醇酯与未共混的聚对苯二甲酸丁二醇酯相比,弯曲强度、冲击强度及热老化冲击性能均有明显提高。

1.2.4 高性能高分子材料

随着高分子合成技术的发展,新的结构、性能和用途的高聚物不断涌现。高性能涉及超强、耐高温、耐烧蚀、耐油、低温柔性等,相关的聚合物有芳杂环聚合物、液晶高分子、梯形聚合物等。

1.2.5 功能高分子材料

在很长一段时间内,高分子材料主要围绕结构材料的目标开展工作,如塑料、橡胶、纤维、高分子合金、复合材料多用作结构材料。涂料和黏合剂是合成树脂的另外应用形式。

功能高分子材料是高分子材料领域中发展最快、具有重要理论研究和实际应用的新领域。功能高分子材料除了具有力学性能、绝缘性能和热性能外,还应具有物质、能量和信息转换、传递和贮存等特殊功能。目前,功能高分子材料以其特殊的电学、光学、医学、仿生学等诸多物理化学性质构成功能材料学科研究的主要组成部分。主要包括以下几个方面:

1. 化学功能高分子材料

包括化学反应功能和吸附分离功能。

① 化学反应功能高分子材料,包括高分子试剂、高分子催化剂和高分子药物、高分子固相合成试剂和固定化酶试剂等。

② 高分子吸附分离材料,包括各种分离膜、缓释膜和其他半透性膜材料、离子交换树脂、高分子螯合剂、高吸水性高分子、高吸油性高分子等。

2. 光电功能高分子材料

此类高分子材料在半导体器件、光电池、传感器、质子电导膜中起着重要作用,包括光功能、电功能以及光电转化高分子材料。

① 光功能高分子材料,包括各种光稳定剂、光刻胶、感光材料、非线性光学材料、光导材料和光致变色材料等。

② 电性能高分子材料,包括导电聚合物、超导高分子、感电子性高分子等。

③ 能量转换功能材料,如压电性高分子、热电性高分子、电致发光和电致变色材料以及其他电敏感性材料等。

3. 生物医用高分子材料

包括医用高分子材料、药用高分子材料和医药用辅助高分子材料等。

1.3 聚合物的制备[1]

高分子材料的制备可以分成聚合物的合成和聚合物的成型加工两大部分,而聚合物的合成则通过聚合反应和聚合物的化学反应两种方法来实施。

1.3.1 聚合反应

由低分子单体合成聚合物的反应总称为聚合反应。按聚合机理,可将聚合反应分为连锁聚合和逐步聚合两大类。属于连锁聚合的有自由基聚合、离子聚合、配位聚合等,而属于逐步聚合的则有缩聚、聚加成等反应。

1. 自由基聚合

大多数的烯类单体进行自由基聚合。自由基聚合中,单体分子转变成大分子的微观历程包括链引发、链增长、链转移和链终止等基元反应。链引发反应是形成单体自由基(活性种)的反应,可以采用引发剂引发、热、光、辐射、等离子体、微波等方式产生单体自由基活性种。增长反应是单体自由基活性种与单体加成,形成新自由基,新自由基的活性并不衰减,继续与烯类单体连锁加成,形成结构单元更多的链自由基的过程。链终止反应是由于自由基活性高,难孤立存在,易相互作用而终止形成大分子。链转移包括链自由基从单体、引发剂、溶剂或大分子上夺取一个原子而终止,形成大分子的过程。传统的自由基聚合机理特征为慢引发、快增长、速终止。

传统的自由基聚合是制备聚合物的重要方法,可聚合的单体多,可以由一种单体进行聚合,也可以由多种单体进行共聚,聚合条件温和,可以采用本体聚合、溶液聚合、悬浮聚合和乳液聚合方法。一般 60%~70% 聚合物由自由基聚合生产。重要品种有高压聚乙烯、聚苯乙烯、聚氯乙烯、聚四氟乙烯、聚醋酸乙烯酯、聚丙烯酸酯类、聚丙烯腈、丁苯橡胶、氯丁橡胶、ABS 树脂等等。

传统的自由基聚合得到的聚合物的微结构、聚合度和多分散性无法控制。目前已发展的可控/"活性"自由基聚合可以进行分子设计,控制聚合度及分子量分布,可合成无规、嵌段、接枝、星形和梯度共聚物,无规和超支化共聚物,端基功能聚合物等多种类型(共)聚合物。

2. 离子聚合

离子聚合是由离子活性种引发的聚合反应。根据离子电荷性质的不同,又可分为阴离子聚合和阳离子聚合。离子聚合属于连锁机理,与自由基聚合有些差异。

阴离子聚合中活性中心为阴离子,其聚合特点为快引发,慢增长,无终止和无转移,具有活性聚合的特征,聚合物的分子量分布较窄,其端基、组成、结构和分子量都可以控制。一些重要的聚合物如顺丁橡胶、异戊橡胶、苯乙烯-丁二烯-苯乙烯(SBS)嵌段共聚物等由阴离子聚合来合成。此外还可以制备带有特殊官能团的遥爪聚合物如端羟基聚丁二烯。

阳离子聚合的研究工作和工业应用有悠久的历史。可供阳离子聚合的单体种类颇少,主要是异丁烯。引发剂种类很多,从质子酸到 Lewis 酸。可用的溶剂有限,一般选用卤代烃,如氯甲烷。主要聚合物商品有聚异丁烯、丁基橡胶、聚甲醛等。

3. 配位聚合

配位聚合是指单体与带有非金属配位体的过渡金属活性中心配位,构成配位键后再活化,再按离子聚合机理进行增长。如果活性链按阴离子机理增长就称为配位阴离子聚合,如果活性链按阳离子机理增长就称为配位阳离子聚合。重要的配位催化剂按阴离子机理进行。

Ziegler-Natta 引发剂是配位聚合中最常用的一类催化剂,它可使难以自由基聚合或离子聚合的烯类单体聚合,并形成立构规整聚合物,赋予特殊的性能,如高密度聚乙烯、线形低密度聚乙烯、等规聚丙烯、间规聚苯乙烯、等规聚 4 -甲基-1 -戊烯等合成树脂和塑料,以及顺 1,4 -聚丁二烯、顺 1,4 -聚异戊二烯、乙丙共聚物等合成橡胶。

4. 逐步聚合

逐步聚合包括缩聚反应和非缩聚逐步聚合。

① 缩聚反应 缩聚是单体中基团间的反应,属于逐步聚合。缩聚在高分子合成中占有重要地位,聚酯、聚酰胺(尼龙)、酚醛树脂、环氧树脂、醇酸树脂等杂链聚合物多由缩聚反应合成。

聚碳酸酯、聚酰亚胺、聚苯硫醚等工程塑料,聚硅氧烷、聚苯并咪唑类等耐热聚合物也是由缩聚反应合成。

② 非缩聚的逐步聚合 合成聚氨酯的聚加成反应是典型的非缩聚的逐步聚合。其他还有制聚砜的芳核取代、制聚苯醚的氧化偶合、己内酰胺经水催化合成尼龙-6的开环聚合、制梯形聚合物的 Diels-Alder 加成反应等,也都属于逐步聚合。这些聚合反应产物多数是杂链聚合物,与缩聚物相似。

1.3.2 聚合物的化学反应

聚合物大分子链上官能团的性质与相应小分子上相应官能团的性质并无区别,根据等活性理论,官能团的反应活性并不受所在分子链长短的影响,因此可以利用大分子上官能团的化学反应,进行聚合物改性,制备新的聚合物,还可以利用等离子体改性聚合物表面。几种常用的聚合物化学反应如表 1-4 所示。

表 1-4 聚合物的化学反应

初始聚合物	最终聚合物	聚合物化学反应类型
聚乙酸乙酯	聚乙烯醇	醇解
聚乙烯	氯化聚乙烯、氯磺化聚乙烯	氯化、氯磺化
聚氯乙烯	氯化聚氯乙烯	氯化
交联聚苯乙烯	阳离子、阴离子交换树脂	苯环侧基的取代反应
聚丙烯酸甲酯、聚丙烯腈、聚丙烯酰胺	聚丙烯酸	聚丙烯酸酯类基团反应
纤维素	硝化纤维素、醋酸纤维素	纤维素酯化反应
纤维素	甲基、乙基、羟乙基、羟丙基、甲基羟丙基、羧甲基纤维素	纤维素醚化
聚丁二烯	高抗冲聚苯乙烯	接枝
聚苯乙烯	P(St - b - E)	力化学

1.4 聚合物成型加工[3,8-9]

成型加工是使聚合物成为具有实用价值产品的重要途径。高分子材料具有多种成型加工方法,如注射、挤出、压制、压延、缠绕、烧结、吹塑等。也可以采用喷涂、黏结、浸渍等方法将高分子材料覆盖在金属或非金属基体上。还可以采用车、磨、刨、刮及抛光等方法进行二次加工。下面简单介绍几种主要的成型方法。

1.4.1 塑料成型

塑料成型工艺

塑料制品通常是聚合物或聚合物与其他组分的混合物,在受热条件下塑制成一定外形,并经过冷却固化、修正而成,整个过程就是塑料的成型与加工。热塑性塑料和热固性塑料的成型加工方法不同。热塑性塑料主要采用挤出、注射、模压、压延、吹塑。热固性塑料则采用模压、注塑及传递模塑。

1. 挤出成型

挤出成型是使高聚物的熔体(或黏性流体)在挤出机的螺杆或柱塞的挤压作用下,通过一定形状的口模而连续成型,所得的制品为具有恒定断口形状的连续型材。

挤出成型是塑料最重要的成型方法。塑料挤出成型又称挤压模塑或挤塑,挤出法几乎能使所有的热塑性塑料成型,有 50% 左右的热塑性塑料制品是挤出成型的。热塑性聚合物与各种助剂混合均匀后,在挤出机料筒内受到机械剪切力、摩擦热和外热的作用使之塑化熔融,再在螺杆的推送下,通过过滤板进入成型模具被挤塑成制品。塑料挤出的制品有管材、板材、型材、薄膜、电线包覆以及各种异型制品中空吹塑和双轴拉伸薄膜等制品。挤出工艺还可用于热塑性塑料的塑化造粒、着色和共混等。

2. 注射成型

注射成型是高分子材料成型加工中一种重要的方法。可使热塑性塑料、热固性塑料及橡胶制品成型。

塑料的注射成型又称注射模塑或注塑,此种成型方法是将塑料粒料在注射成型机料筒内加热熔化,当呈流动状态时,在柱塞或螺杆加压下塑料熔体被压缩并向前移动,进而通过料筒前端的喷嘴以很快速度注入温度较低的闭合模具内,经过冷却定型,开启模具后可得制品。注射成型主要应用于热塑性塑料。近年来,热固性塑料也采用了注射成型,即将热固性塑料在料筒内加热软化时应保持在热塑性阶段,将此流动物料通过喷嘴注入模具中,经高温加热固化而成型。这种方法又称喷射成型。如果料筒中的热固性塑料软化后用螺杆一次全部推出,无物料残存于料筒中,则称之为传递模塑或铸压成型。

除了很大的管、棒、板等型材不能用此法生产外,其他各种形状、尺寸的塑料制品都可以用这种方法生产。它不但常用于树脂的直接注射,也可用于复合材料、增强塑料及泡沫塑料的成型,也可同其他工艺结合起来,如与吹胀相互配合而组成注射-吹塑成型。

3. 压延成型

压延成型是生产高分子材料薄膜和片材的主要方法,它是将接近黏流温度的物料通过一系列相向旋转着的平行辊筒的间隙,使其受到挤压和延展作用,成为具有一定厚度和宽度的薄片状制品。

塑料的压延成型主要适用于热塑性塑料,其中以非晶态聚氯乙烯及其共聚物最多,其次是 ABS、乙烯-醋酸乙烯共聚物以及改性聚苯乙烯等,近年来也有压延聚丙烯、聚乙烯等结晶型塑料。

压延成型产品除了薄膜和片材外,还有人造革和其他涂层制品。

4. 吹塑成型

吹塑成型是二次成型,是指在一定条件下将一次成型所得的型材通过再次成型加工,以获得制品的最终型样的技术,常用于热塑性塑料。目前吹塑成型技术主要有中空吹塑成型、薄膜的双向拉伸等。

① 中空吹塑成型 中空吹塑(Blow Molding)是制造空心塑料制品的成型方法,是借助气体压力使闭合在模具型腔中的处于类橡胶态的型坯吹胀成为中空制品的二次成型技术。

用于中空成型的热塑性塑料品种很多,最常用的是聚乙烯、聚丙烯、聚氯乙烯和热塑聚酯等,也有用聚酰胺、纤维素塑料和聚碳酸酯。生产的吹塑制品主要是用作各种液状货品的包装容器,如各种瓶、壶、桶等。吹塑制品要求具有优良的耐环境应力开裂性、良好的阻透性和抗冲击性,有些还要求有耐化学药品性、抗静电性和耐挤压性等。

吹塑工艺按型坯制造方法的不同,可分为注坯吹塑和挤坯吹塑两种。若将所制得的型坯直接在热状态下立即送入吹塑模内吹胀成型,称为热坯吹塑;若不用热的型坯,而是将挤出所制得的管坯和注射所制得的型坯重新加热到类橡胶态后再放入吹塑模内吹胀成型,称为冷坯吹塑。目前工业上以热坯吹塑为多。

注射吹塑是用注射成型法先将塑料制成有底型坯,再把型坯移入吹塑模内进行吹塑成型。注射吹塑又有拉伸注坯吹塑和注射—拉伸—吹塑两种方法。

② 拉幅薄膜成型 拉幅薄膜成型是在挤出成型的基础上发展起来的,它将 $1\sim3$ mm 的挤出厚片或管坯重新加热到材料的高弹态,再进行大幅度拉伸而成薄膜。

目前用于生产拉幅薄膜的聚合物主要有聚酯(PET)、聚丙烯、聚苯乙烯、聚氯乙烯、聚乙烯、聚酰胺、聚偏氯乙烯及其共聚物等。

5. 压制成型

压制成型是指主要依靠外压的作用,实现成型物料造型的一次成型技术。按成型物料的性能、形状和加工工艺特征,可以分为模压成型和层压成型。

① 模压成型 将模压粉(粉料、粒料、纤维)加入到模具中加压,使物料熔融流动并均匀地充满模腔,在加热和加压的条件下经过一定的时间成型的方法。用于热固性塑料、部分热塑性塑料(聚酰亚胺、氟塑料和高分子量聚乙烯)和橡胶制品的成型。在模压成型过程中热固性塑料和橡胶都发生了化学交联反应,热塑性塑料没有发生交联。适用于模压成型的热固性塑料主要有酚醛塑料、氨基塑料、环氧树脂、有机硅树脂、聚酯树脂等。热塑性塑料包括聚酰亚胺、氟塑料和高分子量聚乙烯等流动性较差的聚合物。

② 层压成型 层压成型是指在压力和温度的作用下将多层相同或不同材料的片状物通过树脂的黏结和融合,压制成层压塑料的成型方法。对于热塑性塑料可将压延成型所得的片材通过层压成型工艺制成板材。但层压成型是制造增强热固性塑料制品的重要方法。

增强热固性层压塑料是以片状连续材料为骨架材料,浸渍热固性树脂溶液,经干燥后成为附胶材料,通过裁剪、层叠或卷制,在加热、加压作用下,使热固性树脂交联固化而成为板、管、棒状层压制品。

层压制品所用的热固性树脂主要有酚醛树脂、环氧树脂、有机硅树脂、不饱和聚酯树脂、呋喃及环氧-酚醛树脂等。所用的骨架材料包括棉布、绝缘纸、玻璃纤维布、合成纤维布、石棉布等,在层压制品中起增强作用。不同类型树脂和骨架材料制成的层压制品,其强度、耐水性和电性能等都有所不同。

6. 滚塑成型

把粉状或糊状塑料原料计量后装入滚塑模中,通过滚塑模的加热和纵横向的滚动旋转,聚合物塑化成流动态并均匀地布满滚塑模的每个角落,然后冷却定型、脱模即得制品。这种成型方法称为滚塑成型法或旋转模塑法。

7. 流延成型

把热塑性或热固性塑料配制成一定黏度的胶液,经过滤后以一定的速度流延到卧式连续运转着的基材(一般为不锈钢带)上,然后通过加热干燥脱去溶剂、成膜,从基材上剥离就得到流延薄膜。流延薄膜的最大优点是清洁度高,特别适于作光学用塑料薄膜。缺点是成本高、强度低。

8. 浇铸成型

将液状聚合物倒入一定形状的模具中,常压下烘焙、固化、脱模即得制品。浇铸成型对流动性很好的热塑性及热固性塑料都可应用。

9. 固相成型

在低于熔融温度的条件下使塑料成型的方法称为固相成型。其中,在高弹态成型时称为热成型,例如真空成型等。在玻璃化温度以下成型则称为冷成型。固相成型属于二次加工,所采用的工艺和设备类似于金属加工。

塑料制品的二次加工,一般都可采用同金属或木材加工相似的方法进行,例如,切、削、钻、割、刨、钉等加工处理。此外,尚可进行焊接(黏接)、金属镀饰、喷涂、染色等处理,以适应各种特殊需要。

1.4.2　橡胶成型

橡胶制品的制造包括生胶的塑炼、混炼、压延、成型、硫化等工序。

1. 挤出成型

橡胶的挤出成型通常叫压出。橡胶压出成型是使混炼胶(生胶与各种配合剂混合均匀后的胶料)通过压出机连续地制成各种不同形状半成品的工艺过程,广泛用于制造轮胎胎面、内舱、胶管及各种断面形状复杂或空心、实心的半成品,也可用于包胶操作,是橡胶工业生产中的一个重要工艺过程。

橡胶的塑炼、混炼及硫化

2. 注射成型

橡胶的注射成型叫注压。其所用的设备和工艺原理同塑料的注射有相似之处。但橡胶的注压是以条状或块状的混炼胶加入注压机,注压入模后须停留在加热的模具中一段时间,使橡胶进行硫化反应,才能得到最终制品。橡胶的注压类似于橡胶制品的模型硫化,只是压力传递方式不一样,注压时压力大、速度快,比模压生产能力大、劳动强度高、易自动化,是橡胶加工的方向。

3. 压延成型

橡胶的压延是橡胶制品生产的基本工艺过程之一,是制成胶片或与骨架材料制成胶片半成品的工艺过程,它包括压片、压型、贴胶和擦胶等作业。

1.4.3　合成纤维的加工

纤维加工过程包括纺丝液的制备、纺丝及初生纤维的后加工等过程。一般是先将成纤高聚物溶解或熔融成黏稠液体(称纺丝液),然后用纺丝泵将这种液体连续、定量而均匀地从喷丝头小孔压出,形成的黏液细流经凝固或冷凝而成纤维。最后根据不同的要求进行再加工。

工业上常用的纺丝方法主要是熔融纺丝法和溶液纺丝法。① 熔融纺丝法:将高聚物加热熔融成融体,并经喷丝头喷成细流,在空气或水中冷却而凝固成纤维的方法称熔融纺丝法。② 溶液纺丝法:将高聚物溶解于溶剂中以制得黏稠的纺丝液,由喷丝头喷成细流,通过凝固介质使之凝固而形成纤维,这种方法称为溶液纺丝法。以液体作凝固介质时称为湿法纺丝,以干态的气相物质为凝固介质时称为干法纺丝。

纺丝成形后得到的初生纤维结构还不够完善,物理机械性能较差,如拉伸大、强度低、尺寸稳定性差,还不能直接用于纺织加工,必须经过一系列的后加工,如拉伸和热定型。拉伸的目的是使纤维的断裂强度提高,断裂伸长率降低,耐磨性和抗疲劳强度提高。热定型的目的是消除纤维的内应力,提高纤维的尺寸稳定性,并且进一步改善其物理机械性能。

除上述工序外,在用溶液纺丝法生产纤维和用直接纺丝法生产锦纶的后处理过程中,都要有水洗工序,以萃取附着在纤维上的凝固剂和溶剂,或混在纤维中的单体和低聚物。在黏胶纤维的后处理工序中,还需设脱硫、漂白和酸洗工序。在生产短纤维时,需要进行卷曲和切断。在生产长丝时,需要进行加捻和络丝。为了赋予纤维某些特殊性能,还可在后加工过程中进行某些特殊处理,如提高纤维的抗皱性、耐热水性、阻燃性等。

1.4.4　聚合物基复合材料的制备

聚合物基复合材料的制造大体包括如下的过程:预浸料的制造、制件的铺层、固化及制件的后处理与机械加工等。复合材料制品有几十种成型方法,它们之间既存在着共性又有着不同点。

1. 预浸料及其制造方法

预浸料是将树脂体系浸涂到纤维或纤维织物上,通过一定的处理过程后贮存备用的半成品。预浸料是一个总称,根据实际需要进行分类,如按照增强材料的纺织形式可分为预浸带、预浸布、无纺布等;按照纤维的排布方式有单向预浸料和织物预浸料之分;按纤维类型则可分为玻璃纤维预浸料、碳纤维预浸料和有机纤维预浸料等。一般热固性预浸料在低温下存储以保证使用时具有合适的黏度、铺复性和凝胶时间等工艺性能,复合材料制品的力学及化学性质在很大程度上取决于预浸料的质量。热固性预浸料分轮鼓缠绕法和陈列排铺法,热塑性预浸料又分预浸渍技术和后浸渍技术。

2. 手糊成型

手糊工艺是聚合物基复合材料中最早采用和最简单的方法。其工艺过程是先在模具上涂刷含有固化剂的树脂混合物,再在其上铺贴一层按要求剪裁好的纤维织物,用刷子、压辊或刮刀挤压织物,使其均匀浸胶并排除气泡后,再涂刷树脂混合物和铺贴第二层纤维织物,反复上述过程直至达到所需厚度为止。然后热压或冷压成型,最后得到复合材料制品。在此工艺中常常预先在模具上涂覆脱模剂。脱模剂的种类很多,包括石蜡、黄油、甲基硅油、聚乙烯醇水溶液、聚氯乙烯薄膜等。手糊工艺使用的模具主要有木模、石膏模、树脂模、玻璃模、金属模等,最常用的树脂是能在室温固化的不饱和聚酯和环氧树脂。

手糊成型

3. 喷射成型

用喷枪将纤维和雾化树脂同时喷到模具表面,经辊压、固化制取复合材料的方法是从聚合物基复合材料手糊成型开发出的一种半机械化成型技术,主要改革是使用了喷射设备。

喷射设备有高压和低压喷射,有枪内和枪外混合喷射,一般采用低压、树脂和固化剂枪内混合,而短纤维和树脂在空间混合,并称为低压元气喷射成型。

4. 袋压成型

袋压成型是最早及最广泛用于预浸料成型的工艺之一。将纤维预制件铺放在模具中,盖上柔软的隔离膜,在热压下固化,经过所需的固化周期后,材料形成具有一定结构的构件。

袋压成型可分为三种:真空袋压成型、压力袋压成型和热压罐成型。

5. 缠绕成型

缠绕成型是一种将浸渍了树脂的纱或丝束缠绕在回转芯模上,常压下在室温或较高温度下固化成型的一种复合材料制造工艺,是一种生产各种尺寸回转体的简单有效的方法。

缠绕、拉挤、树脂传递成型

6. 拉挤成型

拉挤成型是将浸渍过的树脂胶液的连续纤维束或带状织物在牵引装置作用下通过成型模定型,在模中或固化炉中固化,制成具有特定横截面形状和长度不受限制的复合材料型材的方法。

拉挤成型的最大特点是连续成型,制品长度不受限制,力学性能尤其是纵向力学性能突出,结构效率高,制造成本较低,自动化程度高,制品性能稳定。主要用作工字型、角型、槽型、异型截面管材、实芯棒以及上述断面构成的组合截面型材,主要用于电气、电子、化工防腐、文体用品、土木工程和陆上运输等领域。

7. 模压成型

模压成型是在封闭的模腔内,借助加热和压力固化成型复合材料制品的方法,是广泛使用的一种复合材料制造的工艺方法,它一般分为三类:坯料模压、片状模塑料模压及块状模塑料模压。

坯料模压工艺是将预浸料或预混料先制成样品的形状,然后装入模具中压制(通常为热压)成制品的过程。这一工艺适合尺寸精度要求高,需要量大的制品生产。

用模塑料成型制品时,装入模内的模塑料由于与模具表面接触加热,黏度迅速减小,在3 MPa～7 MPa成型压力下就可以平滑地流到模具的各个角落。模塑料遇热之后迅速凝胶和固化。依据制品的尺寸,成型时间从几秒钟到几分钟不等。SMC(片状模塑料)模压工艺一般包括在模具上涂脱模剂、SMC剪裁、装料、热固化成型、脱模、修整等几个主要步骤。关键步骤是热压成型,要控制好模压温度、模压压力和模压时间三个工艺参数。

模压成型工艺广泛用于生产家用制品、机壳、电子设备和办公室设备的外壳、卡车门和轿车仪表板等汽车部件,也用于制造连续纤维增强制品。当生产批量为几千件以上时,一般使用钢模,或表面作适当处理的钢模。在生产批量比较少或产品开发阶段,模具也可以用高强度环氧树脂浇铸而成。

近年来,在复合材料的成型方法上也出现了几种工艺"复合"使用的情况,即用几种成型方法同时完成一件制品。例如,成型一种特殊用途的管子,在采用纤维缠绕的同时,还用布带缠绕或用喷射方法复合成型。

1.5　高分子材料的结构[1,11]

1.5.1　大分子微结构

大分子具有多层次的微结构,主要由其结构单元及其键接方式引起,包括结构单元的本身结构、结构单元相互键接的序列结构、结构单元在空间排布的立体构型等。

1. 结构单元本身结构

按主链结构,可将聚合物分成碳链、杂链和元素有机(半有机)聚合物三大类。

① 碳链聚合物　大分子主链完全由碳原子组成,绝大部分烯类和二烯类的加成聚合物属于这一类,如聚乙烯、聚氯乙烯、聚丁二烯、聚异戊二烯等。分子间主要以范德华力或氢键相吸引而显示一定强度,这类高分子耐热性较低,不易水解。

② 杂链聚合物　大分子主链中除了碳原子外,还有氧、氮、硫等杂原子,如聚醚、聚酯、聚酰胺等缩聚物和杂环开环聚合物,这类聚合物都有特征基团,如醚键(—O—)、酯键(—OCO—)、酰胺键(—NHCO—)等。其特点是链刚性大,耐热性和力学性能较高,可用作工程塑料,但分子中带有极性基团,较易水解、醇解或酸解。

③ 元素有机聚合物　大分子主链中没有碳原子,主要由硅、硼、铝和氧、氮、硫、磷等原子组成,但侧基多半是有机基团,如甲基、乙基、乙烯基、苯基等。如聚硅氧烷(有机硅橡胶)。这类聚合物具有无机物的热稳定性和有机物的弹性和塑性,特点是耐热性高。

除了主链对聚合物的性能产生影响外,侧基和取代基对聚合物的性能也有较大的影响。通常情况下引入芳基和共轭双键体系,可提高链段的刚性,增加分子间的作用力。提高结构规整性和结晶度等可提高力学性能、热性能和稳定性。如尽管聚乙烯的 T_g 为 $-123 \sim -85^{\circ}C$,但是结晶的缘故,其 T_m 为 $137^{\circ}C$;等规聚苯乙烯 T_m 为 $240^{\circ}C$,间规聚苯乙烯 T_m 约为 $270^{\circ}C$。

端基对聚合物的性能也有影响,如引发剂的残基对 PVC 的热稳定性有影响。

2. 序列结构

乙烯基聚合物主要以头尾键接为主,还有少量头头或尾尾键接。以聚氯乙烯大分子为例:

$$\sim\sim\sim CH_2CH \overset{\text{头尾}}{-CH_2CH} -CH_2CH \overset{\text{头头}}{-} CHCH_2 \overset{\text{尾尾}}{-} CH_2CH -CH_2CH \sim\sim\sim$$
$$\quad\ \ \ | \qquad\quad | \qquad\quad | \qquad | \qquad\quad\ | \qquad\quad |$$
$$\quad\ \ Cl \qquad\quad Cl \qquad\quad Cl \quad\ Cl \qquad\quad Cl \qquad\quad Cl$$

共聚物的组成及序列分布将对材料的性能产生显著影响。如头-尾连接的聚乙烯醇可与甲醛进行缩合,而头-头连接的聚乙烯醇无法进行上述反应。

3. 立体规整性

大分子链上结构单元中的取代基在空间可能有不同的排布方式,形成多种立体构型,主要有手性构型和几何构型两类。

① 手性构型　聚合物结构单元中由于叔碳原子具有手性特征,如聚丙烯,导致聚合形成三种构型。全同(等规)构型中单体单元全部是左旋或右旋;间同(间规)构型中左旋和右旋单体单元交替连接;无规构型中带旋光性的单体单元呈无规排列。三种构型的聚合物的性能差别很大。

② 几何构型　几何构型是大分子链中的双键引起的。如丁二烯类 1,4-加成聚合物主

链中有双键,与双键连接的碳原子不能绕主链旋转,因此形成了顺式和反式两种几何异构体。顺式和反式聚合物性能有很大的差异,例如顺式聚异戊二烯(或天然橡胶)是性能优良的橡胶,而反式聚异戊二烯则是半结晶的塑料。

4. 线形、支链形和交联

大分子中结构单元可键接成线形,还可能成支链形和体形,简示如图 1-1。

图 1-1　大分子形状

线形聚合物可能带有侧基,侧基并不能称作支链。图中支链仅仅是简单的示意图,实际上的支链还可能是星形、梳形、树枝形等更复杂的结构。

线形或支链形大分子以物理力聚集成聚合物,可溶于适当溶剂中,加热时可熔融塑化,冷却时则固化成型,为热塑性聚合物,如聚乙烯、聚氯乙烯、聚苯乙烯、涤纶、尼龙等。支链形聚合物不容易结晶,高度支链甚至难溶解,只能溶胀。交联聚合物可以看作许多线形大分子由化学键连接而成的体形结构。交联程度浅的网状结构,受热时尚可软化,但不熔融;适当溶剂可使溶胀,但不溶解。交联程度深的体形结构,受热时不再软化,也不易被溶剂所溶胀,而成刚性固体。

交联是改善高分子材料力学性能、耐热性能、化学稳定性能和使用性能的重要手段。例如未硫化的橡胶常温下发黏,强度很低,基本无使用价值。通过硫化(交联),才能使用。在聚乙烯、聚氯乙烯、聚氨酯等泡沫塑料生产中,通过交联才能获得闭孔、轻质、高强的泡沫塑料。酚醛树脂、氨基树脂、环氧树脂、不饱和聚酯等是具有活性官能团的低分子化合物,也只有通过交联,才能充分发挥它们的特性。如酚醛树脂具有极性的酚羟基和醚键,易吸水,但是交联后形成的体型结构将极性的酚羟基包围在网状结构内,极性显现不出来,因此表现出较好的电绝缘性,可用于电器产品。

1.5.2　聚合物的分子量[*]

1. 平均分子量

聚合物试样往往由分子量不等的同系物混合而成,分子量存在一定的分布,通常所指的分子量是平均分子量。平均分子量有多种表示法,最常用的是数均分子量和质均分子量。

① 数均分子量 $\overline{M}_n$　通常由渗透压、蒸汽压等依数性方法测定,其定义是某体系的总质量 m 被分子总数所平均。

$$\overline{M}_n = \frac{m}{\sum n_i} = \frac{\sum n_i M_i}{\sum n_i} = \frac{\sum m_i}{\sum (m_i/M_i)} = \sum x_i M_i$$

② 质均分子量 $\overline{M}_w$　通常由光散射法测定,其定义如下:

$$\overline{M}_w = \frac{\sum m_i M_i}{\sum m_i} = \frac{\sum n_i M_i^2}{\sum n_i M_i} = \sum w_i M_i$$

---

[*] 本书中的分子量均为相对分子量。

以上两式中 n_i、m_i、M_i 分别代表 i -聚体的分子数、质量和分子量。对所有大小的分子，即从 $i=1$ 到 $i=\infty$ 作加和。

凝胶渗透色谱可以同时测得数均分子量和质均分子量。

③ 黏均分子量 $\overline{M}_\eta$　聚合物分子量经常用黏度法来测定，因此有黏均分子量。

$$\overline{M}_\eta = \left(\frac{\sum m_i M_i^\alpha}{\sum m_i}\right)^{1/\alpha} = \left(\frac{\sum n_i M_i^{\alpha+1}}{\sum n_i M_i}\right)^{1/\alpha}$$

式中 α 是高分子稀溶液特性黏数-分子量关系式（$[\eta]=KM^\alpha$）中的指数，一般在 $0.5\sim$ 0.9 之间。

三种分子量大小依次为：$\overline{M}_w > \overline{M}_\eta > \overline{M}_n$。做深入研究时，还会出现 Z 均分子量。

2. 分子量分布

合成聚合物总存在有一定的分子量分布，常称作多分散性。分布有两种表示方法：

① 分子量分布指数　其定义为 $\overline{M}_w/\overline{M}_n$ 的比值，可用来表征分布宽度。均一分子量，$\overline{M}_w = \overline{M}_n$，即 $\overline{M}_w/\overline{M}_n = 1$。合成聚合物分布指数可在 $1.5\sim2.0$ 至 $20\sim50$ 之间，随合成方法而定。比值愈大，则分布愈宽，分子量愈不均一。

② 分子量分布曲线　如图 $1-2$，横坐标上注有 $\overline{M}_w$、$\overline{M}_\eta$、$\overline{M}_n$ 的相对大小。数均分子量处于分布曲线顶峰附近，近于最可机平均分子量。

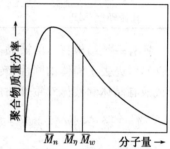

图 1-2　分子量分布曲线

平均分子量相同，其分布可能不同，因为同分子量部分所占的百分比不一定相等。

分子量及其分布是影响聚合物强度的重要因素，低分子部分将使聚合物固化温度和强度降低，分子量过高又使塑化成型困难。聚合物强度随分子量而增加，如图 $1-3$。A 点是初具强度的最低分子量，以千计。但非极性和极性聚合物的 A 点最低聚合度有所不同，如聚酰胺约 40，纤维素 60，乙烯基聚合物则在 100 以上。A 点以上的强度随分子量增加而迅速增加，到临界点 B 后，强度变化趋缓。C 点以后，强度增加更缓。关于 B 点的聚合度，聚酰胺约 150，纤维素 250，乙烯基聚合物则在 400 以上。

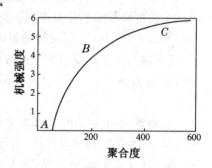

图 1-3　聚合物强度-分子量关系

不同高分子材料应有合适的分子量及分子量分布，缩聚物的分子量约 1 万～3 万，而烯类加聚物则在 2 万～30 万，天然橡胶 20 万～40 万。合成纤维的分子量分布较窄，而合成橡胶的分子量分布较宽。

1.5.3　聚集态结构

单体以结构单元的形式通过共价键连接成大分子，大分子链再以次价键聚集成聚合物。与共价键相比，分子间的次价键物理力要弱得多，分子间的距离比分子内原子间的距离也要大得多。

线形聚合物可以分为结晶性聚合物（如 PE、PP、PA、POM、PET 等）和非晶态聚合物

（如 PS、PVC、PC、PSF）。通常条件下获得的结晶聚合物有的部分结晶，有些高度结晶，但结晶度很少达到 100%。聚合物的结晶能力与大分子微结构有关，涉及规整性、分子链柔性、分子间力等。结晶程度还受聚合方式、成型加工条件（拉力、温度）、成核剂等条件的影响。不同的结晶度对聚合物性能的影响不同，如表 1-5 所示。

表 1-5　不同结晶度 PE 的性能[10]

项　目	结晶度/%			
	65	75	85	95
密度/(g/cm³)	0.91	0.93	0.94	0.96
熔点/℃	105	120	125	130
拉伸强度/MPa	14	18	25	40
伸长率/%	500	300	100	20
缺口冲击强度（相对值）	54	27	21	16
球压硬度/MPa	13	23	38	70

还有一类结构特殊的液晶高分子，这类晶态高分子受热熔融（热致性）或被溶剂溶解（溶致性）后，失去了固体的刚性，转变成液体，但其中晶态分子仍保留着有序排列，呈各向异性，形成兼有晶体和液体双重性质的过渡状态，称为液晶态。

1.5.4　聚合物的热转变

非晶态和结晶热塑性聚合物低温时都呈玻璃态，受热至某一较窄温度，则转变成橡胶态或柔韧的可塑状态，这一转变温度称作玻璃化温度 T_g（见图 1-4），代表链段能够运动或主链中价键能扭转的温度。晶态聚合物继续受热，则出现另一热转变温度——熔点 T_m，是整个大分子容易分离的温度。T_g 和 T_m 是表征聚合物聚集态的重要参数。

在玻璃化温度以上，非晶态聚合物先从硬的橡胶慢慢转变成软的、可拉伸的弹性体，再转变成胶状，最后成为液体，每一转变都是渐变过程，并无突变。而结晶聚合物的行为却有所不同，在玻璃化温度以上，熔点以下，一直保持

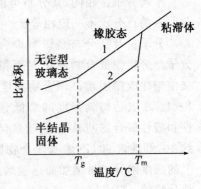

图 1-4　非晶态和部分结晶聚合物比容与温度的关系

着橡胶高弹态或柔韧状态，熔点以上，直接液化。晶态聚合物往往结晶不完全，存在缺陷，加上分子量有一定的分布，因此有一熔融温度范围，并不显示一定熔点。液晶高分子除了有玻璃化温度和熔点之外，还有清亮点 T_i。固态液晶加热至一定温度（熔点），先转变成能流动的浑浊液晶相，继续升高至另一临界温度，液晶相消失，转变成透明的液体，这一转变温度就定义为清亮点。清亮点的高低可用来评价液晶的稳定性。

玻璃化温度和熔点可用来评价聚合物的耐热性。塑料处于玻璃态或部分晶态，玻璃化温度是非晶态聚合物的使用上限温度，熔点则是晶态聚合物的使用上限温度。实际使用时，将处于 T_g 或 T_m 以下一段温度。对于非晶态塑料，一般 T_g 要求比室温高 50～75℃；对于晶态塑料，则可以 T_g 小于室温，而 T_m 大于室温。橡胶处于高弹态，玻璃化温度为其使用下

限温度,实际上也能高于 T_g 的一段温度使用。一般其 T_g 须比室温低 75℃。大部分合成纤维是结晶性聚合物,如尼龙、涤纶、维尼纶、丙纶等,其 T_m 往往比室温高 150℃ 以上,便于烫熨。也有非晶态纤维,如腈纶、氯纶等,但其分子排列多少有一定规整和取向。一般液晶高分子的熔点比较高,例如大于 250～300℃,清亮点更高。

1.6 高分子材料的性能[1,3,11]

1.6.1 力学性能

1. 物理机械性能

力学性能是聚合物成型制品的质量指标。聚合物机械性能可以用拉伸试验的应力-应变曲线(图 1-5)中几个重要参数来表征:

① 弹性模量 是单位应变所需应力的大小,代表物质的刚性,有杨氏模量、剪切模量和体积模量。

② 抗张强度 又叫拉伸强度,断裂前试样所承受的最大载荷 P 和试样截面积的比值。

③(最终)断裂伸长率(%) 试样在拉伸破坏时伸长部分的长度与原长度之比。

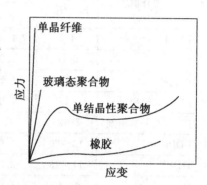

图 1-5 聚合物的应力-应变曲线

2. 疲劳

聚合物材料在周期性交变应力作用下会在低于静态强度的应力下破裂,称为疲劳现象。一般情况下,材料的疲劳寿命随聚合物分子量的提高而增加。对热塑性聚合物,疲劳极限约为静强度的 1/4。

3. 摩擦与磨耗

摩擦和磨耗是聚合物重要的力学性能,对橡胶轮胎的设计十分重要。摩擦和磨耗是同一现象的两个方面。黏合和嵌入的形变均可以因剪切而使材料从较软的表面磨去,称为磨耗。

不同聚合物的摩擦系数可以相差很大,聚四氟乙烯的摩擦系数很小,橡胶类聚合物的摩擦系数较大。不同聚合物的摩擦系数如表 1-6 所示。

表 1-6 常见聚合物的滑动摩擦系数[3]

聚合物	μ	聚合物	μ	聚合物	μ
PTFE	0.04～0.15	Nylon 66	0.15～0.4	PS	0.33～0.5
LDPE	0.3～0.8	PVC	0.2～0.9	PMMA	0.25～0.5
HDPE	0.08～0.2	PVDC	0.68～1.8	BR	0.4～1.5
PP	0.67	SBR	0.3～3.0	NR	0.5～3.0

1.6.2 物理性能

1. 热性能

高分子材料的热性能常用热导率、比热容和热膨胀系数表征。

聚合物是靠分子间作用力结合的,所以导热性较差。固体聚合物的热导率范围较窄,一般在 0.22 W·m^{-1}·K^{-1} 左右。结晶聚合物的热导率稍高一些。非晶聚合物的热导率随分子量增大而增大。高分子材料的比热容主要是由化学结构决定的,一般在 1～3 kJ·kg^{-1}·K^{-1} 之间,比金属及无机材料的大。聚合物的热膨胀性比金属及陶瓷大,一般在 4×10^{-5}～3×10^{-4} K^{-1} 之间。聚合物的膨胀系数随温度的提高而增大,但一般并非温度的线性函数。常用的高分子材料的热性能如表 1-7 所示。

表 1-7　高分子材料的热性能[3]

聚合物	线膨胀系数 10^{-5}/K^{-1}	比热容 /kJ·kg^{-1}·K^{-1}	热导率 /W·m^{-1}·K^{-1}	聚合物	线膨胀系数 10^{-5}/K^{-1}	比热容 /kJ·kg^{-1}·K^{-1}	热导率 /W·m^{-1}·K^{-1}
PMMA	4.5	1.39	0.19	Nylon 6	6	1.60	0.31
PS	6～8	1.20	0.16	Nylon 66	9	1.70	0.25
聚氨酯	10～20	1.76	0.30	PET		1.01	0.14
PVC(未塑型)	5～18.5	1.05	0.16	PTFE	10	1.06	0.27
PVC(35%增塑剂)	7～25		0.15	环氧树脂	8	1.05	0.17
LDPE	13～20	1.90	0.35	CR	24	1.70	0.21
HDPE	11～13	2.31	0.44	NR		1.92	0.18
PP	6～10	1.93	0.24	聚异丁烯		1.95	
POM	10	1.47	0.23	聚醚砜	5.5	1.12	0.18

2. 电性能

聚合物是极好的电器材料,其电性能主要由化学结构所决定,受显微结构影响较小。电性能可以通过考察它对施加的不同强度和频率电场的响应特性来研究。常用电阻率、介电常数、介电损耗、介电强度等参数表征聚合物的电性能。

聚合物是电阻率非常高的绝缘体。非极性聚合物介电常数为 2 左右,极性高聚物为 3～9 之间。聚合物的高电阻率使它可能积累大量静电荷,引起静电。一般介电常数大的聚合物带正电,小的带负电。常用的聚合物的介电常数如表 1-8 所示。

表 1-8　某些聚合物的介电常数[3]

聚合物	ε	聚合物	ε	聚合物	ε
聚乙烯	2.3	聚氯乙烯	3.8	氯磺化聚乙烯	8～10
聚丙烯	2.3	聚四氟乙烯	2.1	尼龙 66	6.1
聚甲基丙烯酸甲酯	3.8	聚氨酯弹性体	9	聚苯乙烯	2.5
酚醛树脂	6.0	聚醚砜	3.5		

电介质在交流电场作用下,由于发热而消耗的能量称为介电损耗。在通常情况下,只有极性聚合物才有明显的介电损耗。对非极性聚合物,极性杂质常常是介电损耗的主要原因。非极性聚合物的介电损耗一般小于 10^{-4},极性聚合物的介电损耗在 10^{-1}～5×10^{-3} 之间。

当电场强度超过某一临界值时,电介质就丧失其绝缘性能,这称为电击穿。发生电击穿的电压称为击穿电压。击穿电压与击穿处介质厚度之比称为击穿电场强度,简称介电强度。聚合物介电强度可达 1 000 MV·m^{-1}。介电强度的上限是由聚合物结构内共价键电离能所决定的。

　　将聚合物薄膜夹在两个电极当中,加热到薄膜成型温度,施加每厘米数千伏的电场,使聚合物极化、取向,再冷却至室温,而后撤去电场。这时由于聚合物的极化和取向单元被冻结,因而极化偶矩可长期保留。这种具有被冻结的寿命很长的非平衡偶极矩的电介质称为驻极体。如聚偏氟乙烯、涤纶树脂、聚丙烯、聚碳酸酯等聚合物超薄膜驻极体已广泛用于电容器传声隔膜及计算机贮存器等方面。若加热驻极体以激发其分子运动,极化电荷将被释放出来,产生退极化电流,称为热释电流(TSC)。热释电流的峰值对应的温度取决于聚合物偶极取向机理,因此可用以研究聚合物的分子运动。

3. 光性能

　　聚合物材料的光学性能包括光的透过、吸收、散射、传输和发光。材料的透光性用透光率表示。大多数非晶态高分子材料的透光率都大于 80%,是透明物质。当聚合物中不含结晶、杂质和疵痕时,对可见光的透过率达 90% 以上,如 PMMA(有机玻璃)、聚苯乙烯、聚碳酸酯、苯乙烯-丙烯腈共聚物、无定型聚烯烃等。结晶对聚合物的透明性有影响,若晶区和非晶区的折射率相近,也是透明材料,如聚 4-甲基 1-戊烯。透明性高分子材料可用于透镜、光纤等。

　　当光通过均匀的高分子材料时只有一个折射率,通过非均匀材料时有两个折射率。高分子材料在强光场作用下将产生非线性光学效应。光学功能高分子包括透明高分子材料、光纤通信高分子材料、光数据存储高分子材料、非线性光学高分子材料、发光高分子材料、液晶高分子材料和感光树脂。

4. 渗透性

　　液体分子或气体分子可从聚合物膜的一侧扩散到其浓度较低的另一侧,这种现象称为渗透。若在聚合物膜的低浓度一侧施加足够高的压力(超过渗透压),则可使液体或气体分子向高浓度一侧扩散,这种现象称为反渗透。根据聚合物的渗透性(见表 1-9),高分子材料在薄膜包装、提纯、医学、海水淡化等方面都获得了广泛的应用。

表 1-9　几种聚合物的渗透系数[3]

聚合物	气体或蒸气渗透系数 $\times 10^{10}/cm^3$(标准状态) $\cdot$ mm/($cm^2 \cdot$ s $\cdot$ cmHg 汞柱)			
	N_2	O_2	CO_2	H_2O
乙酸纤维素	1.6~5	4.0~7.8	24~180	15 000~106 000
氯磺化聚乙烯	11.6	28	208	12 000
环氧树脂		0.49~16	0.86~14	
乙基纤维素	84	265	410	14 000~130 000
氟化乙烯丙烯共聚物	21.5	50	17	500
天然橡胶	84	230	1 330	30 000
酚醛塑料	0.95			
聚酰胺	0.1~0.2	0.36	1.6	700~17 000
聚丁二烯	64.5	191	1 380	49 000
丁腈橡胶	2.4~25	9.5~82	75~636	10 000
丁苯橡胶	63.5	172	1 240	24 000

续　表

聚合物	气体或蒸气渗透系数×10^{10}/cm³(标准状态)·mm/(cm²·s·cmHg 汞柱)			
	N_2	O_2	CO_2	H_2O
聚碳酸酯	3	20	85	7 000
氯丁橡胶	11.8	40	250	18 000
聚三氟氯乙烯	0.09～1.0	0.25～5.4	0.48～12.5	3～360
聚乙烯	3.5～20	11～59	43～260	120～200
聚对苯二甲酸乙二醇酯	0.05	0.3	1.0	1 300～3 300
聚甲醛	0.22	0.38	1.9	5 000～10 000
聚异丁烯-异戊二烯(98∶2)	3.2	13	52	400～2 000
聚丙烯	4.4	23	92	700
聚苯乙烯	3～80	15～250	75～370	10 000
苯乙烯-丙烯腈共聚物	0.46	3.4	10.8	9 000
苯乙烯-甲基丙烯腈共聚物	0.21	1.6		
聚四氟乙烯				360
聚氨酯	4.3	15.2～48	140～400	3 500～125 000
聚乙烯醇				29 000～140 000
聚氯乙烯	0.4～1.7	1.2～6	10.2～37	2 600～6 300
聚氟乙烯	0.04	0.2	0.9	3 300
聚偏氯乙烯	0.01	0.05	0.29	14～1 000
偏氯乙烯六氟丙烯共聚物	4.4	15	78	520
硅橡胶		1 000～6 000	6 000～30 000	106 000

注:1 cm³(标准状态)·mm/(cm²·s·cmHg 柱)=7.5 cm³(标准状态)·mm/(m²·s·Pa)

1.6.3　高分子材料的化学性质

1. 高分子材料的老化

聚合物及其制品在使用或贮存过程中由于环境(光、热、氧、潮湿、应力、化学侵蚀等)的影响,性能(强度、弹性、硬度、颜色等)逐渐变坏的现象称为老化,这种情况与金属的腐蚀是相似的。

高分子材料的老化包括光氧化、化学侵蚀(水解)、生物侵蚀等。

2. 高分子材料的燃烧特性

大多数聚合物都是可以燃烧的,尤其是目前大吨位高分子材料,如聚乙烯、聚苯乙烯、聚丙烯、有机玻璃、环氧树脂、丁苯橡胶、丁腈橡胶、乙丙橡胶等,都是很容易燃烧的材料。

氧指数是衡量聚合物燃烧难易的重要指标,氧指数越小越易燃。所谓氧指数就是在规定的条件下,试样在氧气和氮气的混合气流中维持稳定燃烧所需的最低氧气浓度。用混合气流中氧所占的体积分数表示。

含有卤素、磷原子等的聚合物一般具有较好的阻燃性。但大多数聚合物是易燃的,常需加入阻燃剂、无机填料等来提高聚合物的阻燃性。

3. 力化学性能

聚合物的力化学性能是指在机械力作用下所产生的化学变化。聚合物在塑炼、挤出、破碎、粉碎、摩擦、磨损、拉伸等过程中,在机械力的作用下,均会发生一系列的化学过程。甚至在测试、溶胀过程中也会产生力化学过程。力化学过程多用于聚合物的加工、使用、制备等方面,如聚氯乙烯与聚苯乙烯共混生成的共聚物可改进加工性能。像聚乙烯和聚乙烯醇这类亲水性相差很大的聚合物在力化学共聚时能生成亲水的、透气的组分。

力作用于聚合物时还常伴有一系列的物理现象。如发光、电子发射、产生声波及超声波、红外线辐射等。

参考文献

[1] 潘祖仁主编.高分子化学(增强版)[M].北京:化学工业出版社,2007.

[2] 黄丽主编.高分子材料[M].北京:化学工业出版社,2005.

[3] 张留成,瞿雄伟,丁会利,等.高分子材料基础[M].北京:化学工业出版社,2006.

[4] 武利民编著.涂料技术基础[M].北京:化学工业出版社,1999.

[5] 王致禄.合成胶黏剂概况及其新发展[M].北京:科学出版社,1991.

[6] 郝元恺,肖加余.高性能复合材料学[M].北京:化学工业出版社,2003.

[7] 江明.高分子合金的物理化学[M].成都:四川教育出版社,1988.

[8] 王贵恒.高分子材料成型加工原理[M].北京:化学工业出版社,1982.

[9] 瞿金平,胡汉杰.聚合物成型原理及成型技术[M].北京:化学工业出版社,2001.

[10] 周达飞,唐颂超.高分子材料成型加工[M].北京:中国轻工业出版社,2001.

[11] 马德柱,何平笙,徐种德等.高聚物的结构与性能[M].北京:科学出版社,2003.

思考题

1. 简要说明高分子材料的发展历程。
2. 简要说明高分子材料的主要类型。
3. 简要说明高分子材料的主要合成方法。
4. 塑料的成型方法及原理有哪些?
5. 橡胶大分子在塑炼、混炼及硫化过程中,会发生哪些结构和性能变化? 对橡胶的性能产生哪些影响?
6. 简要说明合成纤维生产过程及合成纤维生产过程中拉伸(牵伸)和热定型的作用。
7. 简要说明高分子材料的结构特点。
8. 简要说明高分子材料的性能特点。

第2章 通用高分子材料

按传统习惯,常将高分子材料粗分成塑料(和合成树脂)、橡胶、纤维、涂料、胶黏剂五大类,其中塑料产量约占 70％～80％。不少高分子可以有多种用途,例如聚丙烯、聚酯可以分别加工成塑料和纤维制品;有些兼有塑料和橡胶的性能,如增塑聚氯乙烯、热塑性弹性体等。

2.1 塑料

按热行为,可将塑料分成热塑性塑料和热固性塑料两大类。热塑性塑料受热后软化,冷却后又固化变硬,这种软化和固化可反复成型,有利于废塑料制品的回收循环使用。热固性塑料多半是线形或支链形低聚物或预聚体,受热后交联固化成型,不再塑化熔融,也不溶解,无法循环使用。

按塑料的使用范围,则可粗分为通用塑料、工程塑料和特种塑料。通用塑料一般产量大、价格合理,有适当的力学性能,如聚乙烯、聚丙烯、聚氯乙烯、聚苯乙烯等。工程塑料一般具有较佳的物理机械性能,能经受较宽的温度范围和较苛刻的环境条件,耐热、耐磨、尺寸稳定性好,更适合用作结构材料,如聚酰胺、聚甲醛、聚碳酸酯、涤纶聚酯、ABS、聚苯醚等。特种塑料对性能有着更高的要求。

2.1.1 通用塑料

热塑性塑料占全部塑料的 60％以上,其中产量最大,应用最广的是聚乙烯、聚丙烯、聚氯乙烯、聚苯乙烯等通用塑料。

1. 聚乙烯类[1,2]

聚乙烯的品种可以是均聚物和共聚物。乙烯共聚物多由乙烯与 α-烯烃共聚而成。工业上聚乙烯有低密度聚乙烯、线形低密度聚乙烯和高密度聚乙烯三大类,也可将前两种合称为低密度聚乙烯,两者结构有些差异,但性能相近,主要用来生产薄膜、片材、电缆料和注塑品;而高密度聚乙烯则用来制吹塑和注塑制品。

① 低密度聚乙烯(LDPE) 1937～1939 年间,英国 I.C.I. 公司开发成功高压聚乙烯,即在高温(150～200℃)、高压(150 MPa～200 MPa)下,以微量氧作引发剂,按自由基机理,乙烯聚合成带支链的聚乙烯。LDPE 的结晶度、熔点、密度等低,具有良好的柔软性、延伸性和透明性,但机械强度较低,主要用来加工薄膜。

② 线形低密度聚乙烯(LLDPE) 以无机氧化物作载体,采用 CrO_3 - $TiCl_4$ 引发体系,在 75～90℃,1.4 MPa～2.1 MPa 的条件下,乙烯和 7％～9％ α-烯烃(1-丁烯、1-己烯或辛烯)共聚,可制得 LLDPE。溶液、淤浆、气相聚合等方法均可选用。这类共聚物具有线形结构,带有侧基,类似梳形,密度也较低,故称为线形低密度聚乙烯(LLDPE),其性能与高压法低密度聚乙烯相当,用来生产薄膜。

③ 高密度聚乙烯(HDPE) 工业上用 Ziegler-Natta 系和负载型过渡金属氧化物两类

引发剂来生产高密度聚乙烯。这两类催化剂的操作条件不相同。Ziegler 法采用 $TiCl_4/AlCl_3$ 为引发剂,60～90℃和 0.2 MPa～1.5 MPa 的条件下,按配位机理聚合成聚乙烯,又称为低压聚乙烯。所得产物支链少,线形规整,大分子容易紧密堆砌,结晶度和密度高,称为高密度聚乙烯。乙烯配位聚合可选择淤浆聚合和气相聚合两种技术。

负载型过渡金属氧化物法,以负载型 VIB 族过渡金属(Cr、Mo 等)氧化物为引发剂,在温度 130～270℃和中等压力 1.8 MPa～8 MPa 下,以烷烃为溶剂,使乙烯聚合成高密度聚乙烯。制得的聚乙烯支链少,线形规整,结晶度与 Ziegler-Natta 体系的聚乙烯相似,有中密度($0.926～0.94$ g·cm^{-3})和高密度($0.941～0.97$ g.cm^{-3})两种,分子量约 5 万。

可以采用注射、吹塑、挤出、旋转成型等方法,将 HDPE 加工成高强度超薄薄膜、工业零部件、管材及单丝等。

④ 超高分子量聚乙烯　超高分子量聚乙烯的生产过程与普通高密度聚乙烯相类似。采用 Ziegler 催化剂($AlCl(C_2H_5)_2 + TiCl_4$),在 50～90℃、1 MPa 的条件下使乙烯配位聚合,即可得分子量在 100 万～500 万以上的聚合物,称为超高分子量聚乙烯(UHMW-PE)。工业上有 Ziegler 低压淤浆法、索尔维法、UCC、气相法等多种生产方法,可得到不同平均相对分子质量的产品[3]。

超高分子量聚乙烯为线形分子结构,熔体黏度极高,熔体流动速度接近零,不能采用通常热塑性塑料熔体加工技术成型,主要采用粉末压制烧结成型。目前已开发了基于压缩成型的各种加工技术,并正在开发双螺杆挤出机之类的挤出成型和注射成型等技术。

超高分子量聚乙烯具有突出的高模量、高韧性、高耐磨、自润滑等优点,可代替钢材,做化工阀门、泵和密封填料,纺织机械的齿轮,输送机的涡轮杆、轴承、轴瓦、滑块滑道,各种料斗和筒仓的衬里材料以及食品加工机械的料斗和辊筒,体育用品的滑球和溜冰场等。新的应用领域包括各种有轨车、农业机械等。

低密度和高密度聚乙烯的分子量一般在 5 万～30 万之间,超高分子量聚乙烯分子量在100 万～300 万之间,也有分子量很低的聚乙烯蜡。几种聚乙烯的结构性能比较如表 2-1所示。

表 2-1　几种聚乙烯性能比较[2,13]

	UHMW-PE	LDPE	LLDPE	低压法 HDPE	中压法 HDPE
聚合方法	Ziegler 配位聚合	自由基聚合	Ziegler 配位聚合	Ziegler 配位聚合	负载过渡金属氧化物
密度/(g/cm³)	0.936～0.964	0.91～0.935	0.91～0.94	0.941～0.965	0.94～0.98
分子量/万	100～300	10～50	5～20	4～30	4.5～5
结晶度/%	70～85	50～55	85～95		
熔点/℃	129	108～110		129～131	136
最高使用温度/℃	100～110	80～90	95～105	110～130	
熔体流动速度/(g·10 min⁻¹)	0	0.2～70	0.2～50	0.01～80	
结　构	线形结构	20～30 $C_{2～4}$ 支链/1 000 C 少数长支链	10～30 $C_{2～6}$ 支链/1 000 C 无长支链	7 C_2 支链/1 000 C 基本线形	几乎全是线形

⑤ 其他　采用茂金属催化剂使乙烯聚合成的聚乙烯(m-PE)具有高立构规整性、分子量分布窄等特点,常用来制作膜类产品,具有优异的薄膜强度和热封性能。

可以采用辐射或化学法(过氧化物、硅烷)使聚乙烯交联,提高物理性能,改善化学性质,用于电线电缆、热水管材、热收缩管和泡沫塑料中。

将聚乙烯分别氯化和氯磺化分别得到氯化聚乙烯(CPE)和氯磺化聚乙烯(CSM)。氯化聚乙烯(CPE)的含氯量可以调节在 $10\%\sim70\%$(质量百分比)范围内。氯化后,可燃性降低,溶解度有增有减,视氯含量而定。氯含量低时,性能与聚乙烯相近。但含 $30\%\sim40\%$ 氯的氯化聚乙烯 CPE 却是弹性体,阻燃,可用作聚氯乙烯抗冲改性剂。氯含量大于 40% 时,则刚性增加,变硬。氯磺化聚乙烯中约含 $26\%\sim29\%$ 氯和 $1.2\%\sim1.7\%$ 硫,是一种耐化学药品、耐氧化的弹性体,在较高温度下仍能保持较好的机械强度,可用于特殊场合的填料和软管,也可以用作涂层[2]。

乙烯-醋酸乙烯酯共聚物(EVA)是早已工业化的乙烯共聚物,根据醋酸乙烯酯含量的不同,EVA 有多种牌号,广泛用作纸张涂层和胶黏剂。含 $30\%\sim40\%$ 醋酸乙烯酯的 EVA 是弹性体,可用作聚氯乙烯的抗冲改性剂。EVA 经水解,转变成乙烯-乙烯醇共聚物,可用作阻透包装材料。

2. 聚丙烯类[2,4,5]

商用聚丙烯有均聚物和共聚物多个品种。常用的聚丙烯为均聚物。丙烯共聚物多由丙烯与 $2\%\sim5\%$ 乙烯共聚而成。聚丙烯可以分为等规聚丙烯(IPP)、间规聚丙烯(SPP)和无规聚丙烯(APP),性能和用途各异。

① 等规聚丙烯　等规聚丙烯是 1954 年意大利 G. Natta 首先以 $TiCl_3 - AlEt_3$ 作引发剂,使丙烯配位聚合而成。等规聚丙烯的熔点高(175℃),结晶度高(70%),抗张强度高(35 MPa),密度大($0.92\sim0.943$ g·cm^{-3}),比强度大,分子量高(约 15 万～70 万)、分子量分布较宽(分布指数约 2～10)、耐应力开裂和耐腐蚀,电性能优,接近工程塑料,可制成纤维(丙纶)、薄膜、注塑件、管材等,是发展最快的塑料品种。

可用淤浆聚合、液相本体聚合、气相聚合等方法来生产。根据聚合物的聚集状态,商品用等规聚丙烯根据熔体流动速度(MI)划分成许多品种牌号。

② 间规聚丙烯　高间规度的聚丙烯可用 VCl_4 或 $V(acac)_3$/二烷基卤化铝/苯甲醚三元可溶性引发体系,在 $-48\sim-78℃$ 聚合而成。引发剂组分、配比、工艺条件对间规度有影响。还可以采用茂金属催化体系来合成间规聚丙烯,其正处在工业化的进程之中。

间规聚丙烯晶体结构属于正交晶系,熔点 139℃,密度 $0.89\sim0.91$ g·cm^{-3},数均分子量 2.5 万～6 万,间规聚丙烯的结晶度(50%～70%)偏低,透明性好,具有弹性,抗冲性能好。

③ 无规聚丙烯　无规聚丙烯为非晶态聚合物,密度低(0.85 g·cm^{-3}),熔点低(75℃),能溶于正庚烷中,不能用作塑料,只能用作改性助剂。

④ 丙烯-乙烯无规共聚物　丙烯与少量乙烯和/或长链 α-烯烃(1-丁烯、1-辛烯等)共聚,适当减弱等规聚丙烯的结晶度,改善加工性能,提高抗冲强度,降低低温脆性,可以扩大使用范围。如使丙烯和乙烯的混合气体进行共聚,即可制得在主链中无规则分布丙烯和乙烯链段的共聚物。共聚物中乙烯的质量分数一般为 $1\%\sim7\%$。与均聚聚丙烯相比,光学透明性、柔顺性、抗冲击性提高,熔融温度、热封温度降低,硬度、刚度、耐蠕变性变差。耐化学药品性、水蒸气阻隔性变化不大。

　　丙烯-乙烯无规共聚物主要用于高透明薄膜、上下水管、供暖管材及注塑制品。由于其热封合温度低,还可在共挤膜中用作热封合层。

　　⑤ 丙烯-乙烯嵌段共聚物　丙烯-乙烯嵌段共聚物的制备分为两步:第一步反应以 $TiCl_3$ 和二乙基氯化铝为催化剂,制成聚丙烯浆液;第二步使浆液与乙烯(或乙烯+丙烯的混合气体)继续进行聚合。可以采用间歇法或连续聚合的生产工艺。

　　共聚物的嵌段结构有多种形式,如嵌段的无规共聚物、分段嵌段共聚物、末端嵌段共聚物等。工业生产的主要是末端嵌段共聚物以及聚丙烯、聚乙烯、末端嵌段共聚物这三种聚合物的混合物。通常丙烯-乙烯嵌段共聚物中乙烯的含量为 5%～20%,它既有较好的刚性,又有好的低温韧性。主要用于制造大型容器、周转箱、中空吹塑容器、机械零件、电线电缆包覆制品,也可用于生产薄膜等产品。

　　均聚聚丙烯、丙烯-乙烯无规共聚物、丙烯-乙烯嵌段共聚物的性能如表 2-2 所示。

表 2-2　均聚聚丙烯、丙烯-乙烯无规共聚物、丙烯-乙烯嵌段共聚物的性能[4]

性　能	均聚聚丙烯	丙烯-乙烯无规共聚物	丙烯-乙烯嵌段共聚物
热变形温度/℃	100～110	105	90
脆化温度/℃	−8～8	10～15	−25
悬臂梁冲击强度/(kJ·m^{-2})	0.01～0.02	0.02～0.05	0.05～0.1
落球冲击强度/(kJ·m^{-2})	0.05	0.1～0.15	1.4～1.6
拉伸强度/MPa	30～31	26～28	23～25
硬度/度	90	80～85	60～70

　　以乙烯为主单体,与相当量的丙烯共聚,则成乙丙橡胶。

3. 聚苯乙烯类[1,2]

　　通用聚苯乙烯可以采用悬浮聚合或本体聚合法生产。聚苯乙烯是非结晶聚合物,透明度达 88%～92%,折光率为 1.59～1.60,具有良好的光泽,热变形温度为 60～80℃,至 300℃以上降解,易燃烧、耐辐射,具有良好的绝热性能和优异的电绝缘性,能耐某些矿物油、有机酸、盐、碱及其水溶液,能溶于苯、甲苯及苯乙烯。

　　聚苯乙烯的主要缺点是脆性大,不能适用于许多场合。苯乙烯与顺丁二烯橡胶接枝共聚,生成抗冲聚苯乙烯(HIPS),可大幅度地提高抗冲性能,用作家用电器的外壳、内衬和汽车零部件。

　　苯乙烯与极性单体丙烯腈共聚,可以克服聚苯乙烯的脆性。与均聚苯乙烯相比,共聚物的耐溶剂性、耐油性、软化点、耐应力、抗冲性能等均有很大的提高,可以用作结构材料。但是,还不能适用于某些场合,为此进一步发展了丙烯腈-丁二烯-苯乙烯三元接枝共聚物,简称 ABS 树脂。

　　ABS 树脂有多种制备方法,最常用的是先将丁二烯经乳液聚合,制成聚丁二烯胶乳,然后加入苯乙烯和丙烯腈,进行接枝共聚,部分苯乙烯-丙烯腈接枝在聚丁二烯胶粒表面,更多的苯乙烯-丙烯腈在接枝层上无规共聚,形成了所谓核壳结构。共聚结束后,经凝聚分离干燥,就成为 ABS 母料。再与悬浮法或本体法苯乙烯-丙烯腈共聚物共混成 ABS 树脂商品。ABS 抗冲性能优于 HIPS,属工程塑料的范畴,应用范围更广。

　　ABS 树脂一般不透明,如果以甲基丙烯酸甲酯代替丙烯腈,则成透明的 MBS 树脂。ABS

分子中有丁二烯的双键,不耐候,如以丙烯酸丁酯代替丁二烯,则可合成耐候的 AAS 树脂;同理,也可以聚丙烯酸丁酯为核,以甲基丙烯酸甲酯-苯乙烯共聚物为壳,合成 MAS 树脂。

4. 聚氯乙烯类[1-2]

大部分聚氯乙烯是均聚物,采用自由基聚合生产得到。约 80% 聚氯乙烯用悬浮聚合法生产,本体法约 8%,两者颗粒结构相似,平均粒径约 100~160 μm。10%~12% 糊用聚氯乙烯则用乳液法和微悬浮法生产,粒径分别约 0.2 μm 和 1 μm。少量涂料用氯乙烯共聚物采用溶液法制备。

PVC 为非晶态聚合物,结晶度在 5% 以下,脆化温度在 -50℃ 以下,75~80℃ 变软。不同牌号 PVC 的玻璃化温度略有差异,通常在 80~85℃。温度超过 170℃ 或受光的作用,PVC 会发生降解。PVC 难燃,离火即灭。

PVC 在 120~150℃ 时开始塑化,由于热稳定性差,加工过程中必须加入稳定剂,PVC 可以与增塑剂、稳定剂等多种助剂配合,加工成多种多样的塑料,如薄膜、人造革、电缆料、鞋料、泡沫塑料等软塑料以及管、板、型材等硬塑料,应用范围甚广,不需要共聚技术来解决,这一特点是其他聚合物难以相比的。

偏氯乙烯聚合物是阻透性特优的材料,偏氯乙烯均聚物是结晶性聚合物,熔点约 220℃,玻璃化温度 23℃,熔点附近开始热分解,不溶于有机溶剂,无法成型加工。工业上所见的聚偏氯乙烯都是偏氯乙烯(占 85% 以上)与其他单体的共聚物。如偏氯乙烯与少量氯乙烯(10%~20% 质量百分数)或丙烯酸甲酯(8%~10%)等第二单体共聚,形成热塑性塑料。其结晶度、熔点和玻璃化温度降低,改善了熔体流动性能和加工性能,就可以用常规的塑料成型设备加工成薄膜和纤维,广泛用作食品、医药、军需品的包装材料。利用其优异的耐溶剂性能、高耐磨和阻燃性能,共聚物还可以用在管材、滤布以及特殊的场合。

5. 丙烯酸类塑料[4,6]

丙烯酸塑料包括以丙烯酸类单体的均聚物、共聚物及共混物为主的塑料。作为塑料用的丙烯酸类单体有(甲基)丙烯酸、(甲基)丙烯酸甲酯、2-氯代丙烯酸甲酯等。这些单体都容易进行自由基聚合,形成相应聚合物。丙烯酸塑料中以甲基丙烯酸甲酯最重要。

甲基丙烯酸甲酯(MMA)可选用悬浮法、乳液法、甚至溶液法聚合,但间歇本体聚合却是制备板、管、棒和其他型材的重要方法。

聚甲基丙烯酸甲酯呈非晶态,$T_g = 105℃$,透光率 92%,用作有机玻璃;耐候性好,可用作室外标牌;对光的传递性能良好,可用作光导纤维。经双甲基丙烯酸乙二醇酯共聚交联或双轴拉伸,可以提高航空玻璃的强度。甲基丙烯酸乙二醇酯与双甲基丙烯酸乙二醇酯(如下式)共聚,形成亲水性交联凝胶,耐水解性能好,可用作接触性眼镜。

$$CH_2=CCH_3 \qquad\qquad CH_2=CCH_3 \qquad H_3CC=CH_2$$
$$| \qquad\qquad\qquad\qquad | \qquad\qquad\qquad |$$
$$COOCH_2CH_2OH \qquad COOCH_2CH_2OOC$$

悬浮聚合多用来制备注塑用树脂,如甲基丙烯酸甲酯与少量(约 15%)苯乙烯共聚,可以改善熔体流动性能和加工性能,便于注塑成型。

2.1.2　工程塑料

与通用塑料相比,工程塑料是力学性能、电绝缘性能、耐热性能更好的一类塑料,如 ABS 和相关的苯乙烯共聚物、聚甲醛、涤纶聚酯、聚碳酸酯、聚酰胺、聚苯醚等。高耐热性能的工程塑料则另列为高性能塑料,详后。

1. 聚甲醛

均聚甲醛可由甲醛或三聚甲醛聚合而成。甲醛精制困难,工业上往往先预聚成三聚甲醛,经精制后,再开环聚合成聚甲醛。共聚甲醛是将三聚甲醛与少量二氧戊环共聚而成。

$$\text{甲醛}\quad H_2C=O \longrightarrow$$

$$\text{聚甲醛}\quad \{O-CH_2\}_n \longleftarrow$$

$$HOCH_2(CH_2O)_nCH_2OH \xrightarrow{(RCO)_2O} RCOO(CH_2O)_nCH_2OCOR$$

聚甲醛属于易加工的工程塑料,可以采用注塑、挤出、吹塑、压塑等方法成型加工,其中注塑最为重要。其主要性能如下表 2-3 所示。

表 2-3　聚甲醛的基本性能[4,7,13]

性能		均聚甲醛	共聚甲醛	性能		均聚甲醛	共聚甲醛
密度/g·cm^{-3}		1.43	1.41	玻璃化温度/℃		—	$-40\sim-60$
结晶度/%		$75\sim85$	$70\sim75$	热流变温度 /℃	1.81 MPa	124	110
吸水率(24 hr)/%		0.25	0.22		0.46 MPa	170	158
洛氏硬度		M94	M80	热分解温度/℃		230	230
拉伸强度/MPa		70	60	介电常数(10^6 Hz)		3.3	—
断裂伸长率/%		40	60	介电损耗(10^6 Hz)		0.005	0.007
弯曲强度/MPa		99	92	体积电阻率/(Ω·cm)		10^{15}	10^{14}
剪切强度/MPa		67	54	介电强度/(kV·mm^{-1})		20	20
压缩强度 /MPa	1%形变	36.5	31.6	成型收缩率/%		$2.0\sim2.5$	$2.5\sim2.8$
	10%形变	126.6	112.5	加工温度范围		10℃以内	50℃以内
冲击强度 /(J·m^{-2})	有缺口	7.6	6.5	力学强度		较高	较低
	无缺口	108	95	热稳定性能		较低	较高
疲劳极限(23℃)/MPa		35	31	耐酸碱性		较差	较好
熔点/℃		175	165				

2. 涤纶聚酯

涤纶聚酯是聚对苯二甲酸乙二醇酯(PET)的商品名,主链中苯环提高了聚酯的刚性、强度和熔点(265℃),亚乙基则赋予柔性和加工性能,可用作工程塑料。主要采用熔融缩聚法来生产涤纶聚酯,还可以进一步用固相缩聚法来继续提高聚酯的分子量。

涤纶聚酯的生产有酯交换法和直接酯化法两种合成技术。酯交换法包括甲酯化、酯交换、终缩聚三步组成。在甲酯化过程中对苯二甲酸与稍过量甲醇反应,先酯化成对苯二甲酸二甲酯。精制得纯对苯二甲酸二甲酯,在190~200℃下,以醋酸镉和三氧化锑作催化剂,使对苯二甲酸二甲酯与乙二醇(摩尔比约1:2.4)进行酯交换反应,形成对苯二甲酸乙二醇酯低聚物。然后在高于涤纶熔点(283℃)下以三氧化锑为催化剂,使对苯二甲酸乙二醇酯自缩聚或酯交换,借减压和高温,不断馏出副产物乙二醇,逐步提高聚合度。

直接酯化以高纯对苯二甲酸与过量乙二醇在200℃下预先直接酯化成低聚合度(例如 $x=1\sim4$)聚对苯二甲酸乙二醇酯,而后在280℃下酯交换(终缩聚)成高聚合度的最终聚酯产品($n=100\sim200$)。在单体纯度问题解决以后,这是应该优先选用的经济方法[2]。

将聚对苯二甲酸乙二醇酯中乙二醇换成丁二醇,则得到聚对苯二甲酸丁二醇酯(PBT)。PET熔点高,结晶速度慢,在80℃以上才能形成晶体,PBT熔点低,加工性能好,结晶速度快,在50℃就能形成晶体。

PET和PBT主要采用注塑、挤出成型,PET也可以用中空吹塑。

涤纶聚酯用作工程塑料时,主要制作双向拉伸薄膜、胶卷、磁带片基、料瓶容器等。

3. 聚碳酸酯[2,7]

聚碳酸酯(PC)分子链中含有下列特征基团:

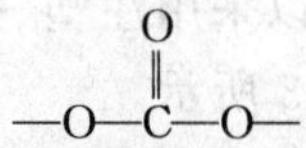

$$\underset{\text{碳酸酯基团}}{-O-\overset{\displaystyle O}{\underset{\displaystyle \|}{C}}-O-}$$

按结构的不同,可将聚碳酸酯分成脂肪族和芳香族两类。脂肪族聚碳酸酯,如聚亚乙基碳酸酯、聚三亚甲基碳酸酯及其共聚物,熔点和玻璃化温度低,强度差,不能用作结构材料,但易降解,可在生物医药中获得应用。芳香族聚碳酸酯中工业化的限于双酚A聚碳酸酯,因为其熔点高,物理机械性能好,未标明的那一类聚碳酸酯,指的就是这一品种。

可用酯交换法和光气直接法制造聚碳酸酯,简示如下式:

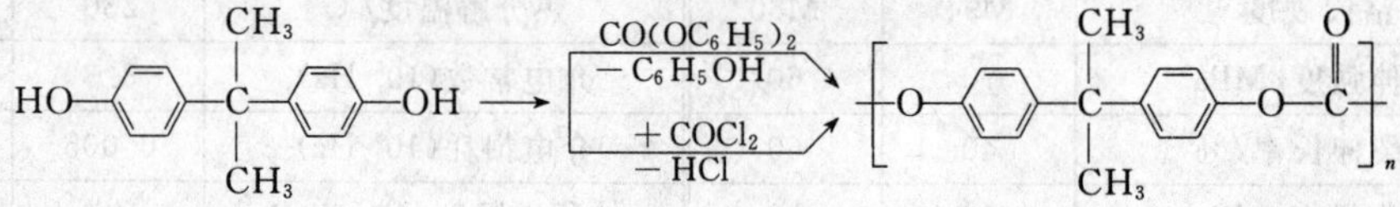

① 酯交换法　双酚A与碳酸二苯酯熔融缩聚,进行酯交换,在高温减压条件下不断排除苯酚,获得高分子聚碳酸酯。酯交换法聚碳酸酯的分子量受到限制,多不超出3万。

② 光气直接法　双酚A和氢氧化钠配成双酚钠水溶液作为水相,光气的有机溶液(如二氯甲烷)为另一相,以胺类(如四丁基溴化铵)作催化剂,在50℃下采用界面缩聚技术合成。光气直接法比酯交换法经济,所得分子量也较高[2]。

PC主链含有苯环和四取代的季碳原子,刚性和耐热性增加,$T_m=265\sim270℃$,$T_g=149℃$,T_d在300℃以上,脆化温度低达$-100℃$,可在$15\sim130℃$内保持良好的机械性能,抗冲性能和透明性特好,尺寸稳定,耐蠕变,是重要的工程塑料。但聚碳酸酯易应力开裂,受热时对水解敏感,加工前应充分干燥。PC室温力学性能如表2-4所示。

表2-4　聚碳酸酯的室温力学性能(干燥状态下)[7]

项目	数值	项目	数值	项目		数值
拉伸强度/MPa	61~70	弯曲模量/MPa	2 100	冲击强度/kJ·m^{-2}	无缺口	38~45
弹性模量/MPa	2 130	压缩强度/MPa	85		缺口	17~24
伸长率/%	80~130	剪切强度/MPa	35	疲劳强度/10^5 Pa	10^6 回转	105
弯曲强度/MPa	100~110	剪切模量/MPa	795		10^7 回转	75

PC属于加工性能好的热塑性工程塑料,塑化温度220~230℃,可用注塑、挤出、中空吹塑等方法成型加工,其中注塑最为重要。

可以通过与增韧剂或其他塑料共混改性 PC,如分子量为 1.8 万的 PC,采用甲基丙烯酸甲酯-甲基丙烯酸丁酯的共聚物(ACR)作为增韧剂,改性后的 PC 具有高的缺口冲击强度。可以将 PC 和其他塑料共混制备 PC 合金。如 PC/HDPE/EVA 合金、PC/PS 合金、PC/ABS 合金等等。还可以用填料如凹凸棒土、玻璃纤维等改性 PC。

4. 聚酰胺

聚酰胺的商品名称作尼龙,是主链中含有酰胺特征基团(—NHCO—)的含氮杂链聚合物,可以分为脂肪族和芳香族两类。脂肪族聚酰胺有两个系列:① 二元胺和二元酸(或二元酰氯)系列,它是由熔融缩聚法或界面缩聚法来合成,主要产品有聚酰胺-66(尼龙-66)、聚酰胺-1010、聚酰胺-610、聚酰胺-612 等;② 内酰胺或 ω-氨基酸系列,它是由相应单体开环聚合和自缩聚来合成,以聚酰胺-6(尼龙-6)为代表。

芳香族聚酰胺、聚酰亚胺的熔点和强度更高,成为高性能特种纤维和特种塑料,详见第七章。

聚酰胺为透明或不透明乳白或淡黄的粒料,表观角质、坚硬,制品表面有光泽,尼龙的分子之间可以形成氢键,结晶度、熔点(180~260℃)和强度高,同时具有一定柔顺或刚性,是一类力学性能、电性能、耐热性和韧性好,耐油性、耐磨性、自润滑性、耐化学药品性和成型加工性能优良的工程塑料。聚酰胺-6、聚酰胺-66 的密度较高,随着分子中亚甲基的含量增加,结晶度和密度随酰胺键的降低而降低(如表 2-5)。

表 2-5 聚酰胺的密度[7]

聚酰胺的种类	结晶相的密度/g·m^{-3}	非晶相的密度/g·m^{-3}	由普通成型所得的密度/g·m^{-3}
聚酰胺-6	1.23	1.10	1.12~1.16
聚酰胺-66	1.24	1.09	1.12~1.16
聚酰胺-610	1.17	1.04	1.06~1.09
聚酰胺-11	1.12	1.01	1.03~1.05
聚酰胺-12	1.11	0.99	1.01~1.04

聚酰胺塑料自熄性、阻隔性优良,是食品保鲜包装的优良材料。一般力学性能见表 2-6。

表 2-6 聚酰胺的力学性能(吸湿状态和干态)[7]

项目	聚酰胺-6		聚酰胺-66		聚酰胺-46		聚酰胺 MXD-6	
	干态	3.5%吸湿	干态	2.5%吸湿	干态	3%吸湿	干态	3%吸湿
拉伸强度/MPa	75	50~55	83	58	100	60	84.5	76.2
断裂伸长率/%	150	270~290	60	270	40	200	2.0	>10
弯曲强度/MPa	110	34~39	120	55	144	67	162	130
弯曲模量/MPa	2 400	650~750	2 900	1 200	3 200	1 100	4 630	4 030
缺口冲击强度/J·m^{-2}	70	280~400	45	110	90	180	19	—
洛氏硬度 HR	120	85	120	108	118	91	M107	—

聚酰胺在室温下的拉伸强度和冲击强度较高,但冲击强度稍差,并与温度和湿度有关。聚酰胺的抗蠕变性较差,不适于制造精密的受力制品,耐疲劳性、耐摩擦性和耐磨损性

优良,是一种常用的耐磨性塑料品种,不同品种中耐磨性以聚酰胺-1010最佳。聚酰胺中加入二硫化钼、石墨、聚四氟乙烯(PTFE)及聚乙烯(PE)等可进一步改进耐摩擦性和耐磨性,进行玻璃纤维增强处理后,可提高抗蠕变性。

聚酰胺的热变形温度一般在 $50\sim75℃$,用玻璃纤维增强后可提高四倍以上,高达 $200℃$。尼龙的热导率很小,仅为 $0.16\sim0.4\ W/(m\cdot K)$。聚酰胺的线膨胀系数较大,并随结晶度增大而下降。低结晶聚酰胺-610的线膨胀系数高达 $13\times10^{-5}\ K^{-1}$,聚酰胺-11的线膨胀系数可达 $12.5\times10^{-5}\ K^{-1}$。

聚酰胺具有较好的电学性能,优良的耐化学稳定性,可耐大部分有机溶剂,如醇、芳烃、酯及酮等,成为汽车油管的首选材料。但是聚酰胺的耐光、水、酸、碱及盐性不好,可导致水解和溶胀,不适合作为高频和湿态环境下的绝缘材料及其户外使用[7]。

5. 聚苯醚

工业上的聚苯醚(PPO)以 2,6-二甲基苯酚为单体,以亚铜盐-三级胺类(吡啶)为催化剂,在有机溶剂中,经氧化偶合反应而成。反应是按特殊的醌-缩酮机理进行的自由基过程,但具逐步聚合特性,分子量随转化率的增加而增加,聚苯醚的分子量可达 3 万[2]。

$$n\ \underset{CH_3}{\overset{CH_3}{\text{〈〉}}}OH + \frac{n}{2}O_2 \xrightarrow{CuCl,\ pridine} \left[\underset{CH_3}{\overset{CH_3}{\text{〈〉}}}O\right]_n + nH_2O$$

聚苯醚是耐高温塑料,纯PPO树脂的玻璃化温度为 $211℃$,熔点 $268℃$,熔体流动性差,需要在 $300℃$ 高温下加工,限制了它的应用,通常对其进行共混改性,改善加工性能。

目前市场上流通的主要商品为改性的聚苯醚,简称MPPO。MPPO一般用PPO和PS或HIPS按一定的配比(7:3)进行共混制得,由于PPO与PS具有很好的相溶性,MPPO显示单一的特征温度。MPPO成品收缩率比结晶性聚甲醛、聚酰胺要小得多,几乎不发生应变和翘曲。力学性能与PC较为接近。拉伸强度、弯曲强度和冲击性能较高,刚性大、耐蠕变性优良。MPPO中PPO的含量对热性能具有较大的影响,随PPO含量增加,玻璃化温度、热变形温度和软化点温度增加。聚苯醚阻燃性良好,具有自熄性,制造阻燃级MPPO时,不需要添加含卤的阻燃剂,加入含磷类阻燃剂可以达到 UL-94 阻燃级,减少对环境的污染。

聚苯醚分子中无强极性基团,电性能稳定,可在广泛的温度及频率范围内保持良好的电性能,广泛用于电器制品,尤其是耐高压的部件,如彩色电视机中的行输出变压器等[7]。

聚苯醚和改性聚苯醚均为热塑性塑料,可采用常规方法加工。

2.2 橡胶

橡胶制品的主要原料是生胶,也可掺用适量再生胶。生胶与硫化剂、促进剂、补强剂等助剂混合后,经过加工,才成橡胶制品。有些制品还需要纤维和金属材料作为骨架来增强。

生胶,包括天然橡胶(聚异戊二烯)和合成橡胶(如顺丁橡胶),多半是分子量高的非极性高分子,分子链柔顺,玻璃化温度很低,大多呈非晶态。

2.2.1　通用橡胶

1. 天然橡胶和聚异戊二烯

常用的天然橡胶取自三叶橡胶树。橡胶树所产生的胶乳含有 35% 的聚异戊二烯，5% 蛋白质、类脂类、无机盐等，以及 60% 水。天然橡胶中聚异戊二烯含 97% 顺 -1,4 -单元，1% 反 -1,4 -单元，2% 头尾连接的 3,4 -单元；呈线形结构，非晶态，玻璃化温度 -73℃，分子量约 20 万～50 万。天然橡胶的结构式如下：

$$\text{---}CH_2\text{---}CH\text{===}C\text{---}CH_2\text{---}_n$$
$$|$$
$$CH_3$$

天然橡胶制品具有一系列优良的物理机械性能，是综合性能最好的橡胶，如良好的弹性、较高的机械强度、好的耐屈挠疲劳性能，优良的耐寒性、气密性、电绝缘性和绝热性能。天然橡胶的缺点是耐油性差，耐臭氧老化和耐热氧老化性差。天然橡胶是用途最广泛的通用橡胶。大量用来制造轮胎和工业橡胶制品，如胶管、胶带和橡胶杂品等。此外，还用来制备雨衣、雨鞋、医疗卫生制品等日常生活用品。

聚异戊二烯也可以用化学方法来合成，有顺 -1,4、反 -1,4、反 -3,4、反 -1,2 等多种构型，后两种又有无规、全同、间同三种，但天然存在和目前能合成的只有顺 -1,4、反 -1,4、反 -3,4 三种。

合成的高顺式聚异戊二烯是综合性能最好的通用合成橡胶，弹性、耐磨性、耐热性、抗撕裂及低温屈挠性均佳。与天然橡胶相比，又具有生热小、抗龟裂的特点，且吸水性小，电性能及耐老化性能好。但其硫化速度较天然橡胶慢，炼胶时易黏辊，成型时黏度大，而且价格较贵。

2. 聚丁二烯[2,8]

聚丁二烯可以采用乳液法或溶液法生产。按分子结构，可以分成顺式、反式 1,2 -聚丁二烯。1,2 -聚丁二烯还可能是无规、全同、间同构型。全同 1,2 -、间同 1,2 -和反式聚丁二烯都呈现塑料性质，而顺式 1,4 -聚丁二烯则显示橡胶高弹性，玻璃化温度 -120℃，是重点胶种。

① 乳液法聚丁二烯橡胶　乳液法聚丁二烯橡胶微结构为：14% 顺 -1,4，60% 反 -1,4，17% 1,2，各单元无规分布。其特点是加工和共混性能好，多与其他胶种并用，显示出优良的抗屈挠、耐磨和动态力学性能。

② 高顺 1,4 -聚丁二烯橡胶　采用镍系、钛系、钴系或稀土体系等催化剂，由丁二烯配位聚合而成，其中顺 -1,4 含量高达 92%～97%，玻璃化温度 -120℃，橡胶弹性佳，是合成橡胶中的第二大胶种，仅次于丁苯橡胶。

③ 低顺 1,4 -聚丁二烯橡胶　采用丁基锂/烷烃或环烷烃体系，经阴离子溶液聚合来合成，其中顺 -1,4 含量约 35%～40%，反 -1,4 约 45%～55%，数均分子量约 13 万～14 万，主要用于塑料改性和专用橡胶制品。

④ 中 1,2 -聚丁二烯和高 1,2 -聚丁二烯　采用丁基锂/烷烃或环烷烃体系，经阴离子溶液聚合而成。中 1,2 -聚丁二烯约含 35%～65% 1,2 -结构，其特点是耐磨性优异，可以单独或与其他胶混用，制作轮胎胶面。

高 1,2 -聚丁二烯含有大于 65% 的 1,2 结构，其含量随 Ziegler 引发体系和丁基锂体系而定,例如钼系（$MoCl_5 - R_3AlOC_2H_5$）/加氢汽油体系,1,2-结构可达 84%～92%;钴系 [$AlR_3 - H_2O - CoX(PR_3)$],1,2-结构可大于 88%;丁基锂/烷烃/四氢呋喃体系,1,2-结构可大于 70%。高 1,2-聚丁二烯的特点是生热少,抗湿滑性好,在轮胎胎面中具有良好的应用前景。

3. 丁苯橡胶[2,8-10]

丁苯橡胶是丁二烯和苯乙烯的无规共聚物,其产量约占合成橡胶一半以上,超过了天然橡胶,是第一大胶种。按聚合方法的不同,丁苯橡胶又可分为乳液（聚合）丁苯橡胶和溶液（聚合）丁苯橡胶两类。

① 乳聚丁苯橡胶　乳聚丁苯橡胶中丁二烯单元和苯乙烯单元无规分布,丁二烯单元中以反-1,4 结构为主,约占 65%～72%,顺-1,4 结构占 12%～18%,1,2-结构约 16%～18%;微结构随聚合温度不同而稍有变化。数均分子量约 15 万～40 万,玻璃化温度-57～-52℃。

乳聚丁苯橡胶具有良好的综合性能,其物理机械性能、加工性能、制品使用性能都与天然橡胶相近,可用来制作轮胎、胶带、胶鞋、电绝缘材料等。

② 溶聚丁苯橡胶　采用阴离子溶液聚合来合成,最常用的引发剂是烷基锂,如丁基锂,烃类是常用的聚合溶剂。在聚合配方中,须添加少量醚、叔胺、含磷化合物等极性化合物,适当提高苯乙烯的竞聚率,制备无规共聚物。溶聚丁苯橡胶按 1,2-结构含量的不同,可分为低（8%～15%）、中（30%～50%）、高（50%～80%）三类,其玻璃化温度相应提高;顺-1,4结构增加,反-1,4-结构减少;分子量分布较窄,无凝胶。

③ 无规星型溶聚丁苯橡胶（S-SBR）　以溶聚丁苯橡胶为基础,通过分子设计方法进行化学改性制得。改性方法是采用无规星型聚合,使相对分子质量可调,并对分子链末端以锡化合物偶联或用 EAB 作链终止剂进行改性。改性 S-SBR 可使轮胎的滚动阻力降低 25%,抗湿滑性提高 5%,耐磨耗性提高 10%。

④ 苯乙烯-异戊二烯-丁二烯橡胶（SIBR）　SIBR 是由苯乙烯/异戊二烯/丁二烯三元共聚而成的高性能橡胶。它集中了 SBR、BR、NR 三种橡胶的特点,可称作集成橡胶。以丁基锂为引发剂,采用阴离子聚合而成,工艺有一步加料法、多步加料法、连续聚合法和条件渐变法。其序列结构可以分为无规和嵌段-无规型两类,由改变投料顺序来控制。实际生产中以嵌段-无规型居多,其序列结构可以为两段排列和三段排列,如:PB-（SIB 无规共聚）、PI-（SB 无规共聚）、PIB-（SIB 无规共聚）-（SIB 无规共聚）等。各种结构在各嵌段中的含量影响着产物的性能,为使嵌段 PB 或 PI 能提供良好的低温性能,要求其中 1,2-和 3,4-结构含量低于 15%;为使无规共聚段提供优异的抓着性能,则要求 1,2-和 3,4-结构为 70%～90%。

SIBR 的分子链结构受偶联剂用量的影响。偶联剂用量较少时,产物分子链结构主要为线形结构,门尼黏度值为 40～90,相对分子质量分布为 2～2.4,偶联剂用量较大时,产物主要为星型结构,门尼黏度值为 55～65,相对分子质量分布为 2～3.6。

集成橡胶 SIBR 既有顺丁橡胶（或天然橡胶）的链段,又有丁苯橡胶链段（或丁二烯、苯乙烯、异戊二烯三元共聚链段）,综合了各种橡胶的优点而弥补了各种橡胶的缺点,同时满足了轮胎胎面胶低温性能、安全性及低能耗的要求。低温性能来源于丁二烯或异戊二烯均聚段,好的抗湿性源于 SIB 或 SB 共聚段,低滚动摩擦阻力源于聚合过程中的偶联。1990 年美国 Goodyear 橡胶轮胎公司开始研究集成橡胶 SIBR,并将其作为生产轮胎的新型橡胶,已投入生产[9-10]。

SIBR 还可用作包装材料、润滑油添加剂和胶黏剂、沥青的组分,制备热塑性弹性体等。

4. 乙丙橡胶[2,8,11]

采用钒-铝引发体系,乙烯与适量的丙烯进行配位聚合,可得乙丙橡胶。乙丙橡胶有二元胶和三元胶两种。乙丙橡胶在组成上接近通用橡胶,但性能却接近特种橡胶。

乙丙二元胶(EPR)仅由乙烯和丙烯共聚而成,主链中无双键,耐老化,但难硫化,只能用过氧化物来交联。

三元乙丙胶(EPDM)由乙烯、丙烯、第三单体进行三元共聚而成,第三单体提供双键,供硫化交联用。常用的第三单体是非共轭二烯,通常是桥环结构,而且环中至少有一双键,如乙叉降冰片烯、亚甲基降冰片烯、双环戊二烯、1,4-己二烯、环辛二烯等。

CHCH₃
Ethylidine norbornene

CH₂
methylene norbornene

dicyclopentadiene

$CH_2 = CHCH_2CH = CHCH_3$
1,4-hexadiene

cyclooctadiene

乙烯和丙烯的组成对共聚物的性能有较大影响,一般含有 60%～70%乙烯(摩尔百分数,下同)的共聚物是较好的弹性体,随着乙烯含量的增加,生胶强度增大,弹性降低,结晶倾向增加。70%乙烯的乙丙胶玻璃化温度约−58℃,有良好的高弹性。乙丙胶的数均分子量约4万～20万,质均分子量约20万～40万;三元胶含有～15 双键/1 000 碳原子,而顺丁橡胶双键含量则要高得多(～250 双键/1 000 碳原子)。工业上三元胶的不饱和度以碘值表示,碘值范围为 6～30 g 碘/100 g 共聚物才能保证一定的硫化速度,典型三元胶中乙烯-丙烯比为 60:40,二烯烃约占单体总量的 3%,有些特种胶可以含更多的二烯烃。

虽然乙丙橡胶硫化速度慢、黏结性能较差,不宜单独用来制轮胎,但具有耐老化、耐臭氧、耐化学品、比重小(0.86～0.87 g·cm⁻³)、电绝缘性能好等优点,广泛用于耐老化、耐水、耐腐蚀、电气绝缘等领域,如用作防腐衬里、密封垫圈、电线电缆及家用电器配件等。

2.2.2 特种橡胶

特种橡胶是具有耐油、耐高温、阻透等特殊性能的橡胶,如氯丁橡胶、丁腈橡胶、丁基橡胶等。

1. 氯丁橡胶[8,11]

氯丁橡胶是以氯丁二烯为单体,采用氧化还原体系进行乳液聚合制得。氯丁二烯聚合速度快,易于形成支链和交联,聚合时须加入调节剂来控制分子量和结构。采用硫作为调节剂时,得到硫调型氯丁橡胶;采用非硫黄时,则得非硫调型氯丁橡胶。

氯丁橡胶具有优异的耐燃性,是通用橡胶中耐燃性最好的。其耐油、耐溶剂、耐老化性能俱佳,耐油性仅次于丁腈橡胶。氯丁橡胶是结晶性橡胶,有自补强性,生胶强度高,还具有良好的黏着性、耐水性和气密性,其耐水性是合成橡胶中最好的,气密性比天然橡胶大 5～6倍。缺点是电绝缘性较差,耐寒性不好,密度大,贮存稳定性差,贮存过程中易硬化变质。广泛用于耐热运输带、耐油耐化学腐蚀胶管和容器衬里、胶辊、密封胶条等橡胶制品。

2. 丁腈橡胶及特殊品种的丁腈橡胶[8,11]

丁腈橡胶是丁二烯和丙烯腈的无规共聚物。通常采用高温(50℃)或低温(5℃)乳液聚合法制备,其中丁二烯单元以反-1,4-结构为主,丙烯腈结合量在18%～50%范围内,按其含量,可以分成五类:极高腈基含量(腈基高于43%)、高腈基含量(腈基含量36%～42%)、中高腈基含量(腈基含量31%～35%)、中腈基含量(腈基含量25%～30%)、低腈基含量(腈基含量24%以下)。

腈基的引入,增加了丁腈橡胶的耐油性和耐热性,降低了回弹性和介电性能。丁腈橡胶的特点是:耐弱极性溶剂和油类,对芳烃、酮、酯稍有溶胀;比天然橡胶、丁苯橡胶耐热,在空气中120℃下可长期使用,耐寒性降低,气密性好,仅次于丁基橡胶。腈基含量对性能的影响见表2-7。

表 2-7　ACN 含量对性能的影响[8]

ACN含量	耐热性	耐臭氧老化	溶解度参数	玻璃化温度	耐油性	气密性	抗静电性	绝缘性	强度	耐磨性	密度	耐压缩永久变形性	常温硬度	弹性	低温柔性	自黏性	加工生热量	包辊性
高 ↑ 低 ↓	↑	↑	↑	↑	↑	↑	↓	↓	↑	↑	↑	↓	↑	↓	↓	↓	↑	↓

丁腈橡胶主要应用于耐油制品,如各种密封圈。还可以用作聚氯乙烯的长效增塑剂,提高抗冲性能,与酚醛并用作结构胶黏剂等等。

丁腈橡胶经过加氢反应,就成为饱和的氢化丁腈橡胶。将乳液聚合得到的丁腈橡胶溶解在溶剂中,在一定的温度、压力和催化剂作用下,催化剂进行"选择性氢化"生成高度饱和的丁腈橡胶。一般氢化丁腈橡胶(HNBR)中氢化程度在85%～88%,腈基含量在17%～50%,门尼黏度50～100。目前商品化的HNBR主要有日本Zeon公司的Zetpol和拜耳公司Therban系列。

HNBR具有极好的应力-应变性能、耐磨性、极好的低温性能和液体阻隔性能。其最大的用途是制作汽车工业中的同步调速带。其他主要用途包括动力方向盘、空气调节和燃油系统、航空、油田及食品包装等工业。

3. 丁基橡胶及卤化丁基橡胶[8,11]

丁基橡胶是异丁烯与少量异戊二烯在 AlCl₃-CHCl₃ 体系中在−100℃下的共聚物,丁基橡胶不溶于氯甲烷,以细粉状沉析出来。丁基橡胶中异戊二烯单元的残留双键可供交联使用,其中异戊二烯单元含量习惯称作不饱和度,在0.6%～3.0%之间,按其含量,可以分成4～5个商品等级。丁基橡胶呈线形结构,两单元头尾连接,无规分布,异戊二烯以反-1,4结构为主。丁基橡胶分子量在20万以上才不发黏。

丁基橡胶的特点是气密性优,耐热老化,耐臭氧,适宜于制作内胎、胶囊、气密层及胶管、密封胶等,但硫化速度慢,弹性、强度、黏结性以及与其他橡胶的相容性较差。

为了提高丁基橡胶的硫化速度,提高与不饱和橡胶的相容性,改善自黏性及其与其他材料的黏结性,可对丁基橡胶进行氯化和溴化。一般氯化的含氯量为1.1%～1.3%,主要反应在异戊二烯链节双键的α位上,溴化丁基橡胶含溴量为2%左右。

丁基橡胶及卤化丁基橡胶主要用于轮胎的黑白胎侧、内衬和内胎。

异丁烯与其他二烯烃的共聚物也称丁基橡胶,以环戊二烯作第三单体,还可以制成三元胶,可提高耐臭氧性能。

4. 聚氨酯[8,12]

分子链中含有 NH—COO 结构的弹性体称为聚氨酯橡胶。按分子结构可以分为聚醚型和聚酯型聚氨酯橡胶。按加工方法分浇注型(CPU)、混炼型(MPU)和热塑型(TPU)。

聚氨酯橡胶的制备通常包括聚氨酯的预聚、扩链及交联等过程。

聚氨酯可以制成橡胶、塑料、纤维、涂料等,它们的差别主要取决于链的刚性、结晶度、交联度及支化度等。混炼型橡胶的刚性和交联度都较低,浇注型橡胶的交联度比混炼型要高,但刚性和结晶度等都远比其他聚氨酯材料低,因而它们有橡胶的宝贵弹性。通过改变原料的组成和相对分子质量以及原料配比来调节橡胶的弹性、耐寒性以及模量、硬度和力学强度等性能。聚氨酯橡胶和其他通用橡胶相比,其结晶度和刚性远高于其他橡胶。

聚氨酯弹性体分子中无双键,热稳定性好,耐老化,并具有很高的机械强度,在橡胶材料中它具有最高的拉伸强度,一般可达 28 MPa～42 MPa,抗撕裂强度达 63 kN/m,伸长率可达 1 000%;硬度范围宽,邵氏 A 法硬度为 10～95。在橡胶材料中耐磨性最好,比天然橡胶好 9 倍;耐水性及耐高温性不够好;具有较好的黏合性,在胶黏剂领域获广泛应用;气密性与丁基橡胶相当;聚酯型可在 $-40℃$ 低温下使用,聚醚型可在 $-70℃$ 下使用;其耐油性也较好;具有较好的生物医学性能,可作为植入人体材料。

与其他橡胶相比,聚氨酯橡胶的物理力学性能更优越,一般用于性能需求更高的制品,如耐磨、高强、耐油以及高硬度、高模量的制品。实心轮胎、胶辊、胶带、各种模制品、鞋底、后跟、耐油及缓冲作用密封垫圈、联轴节等都可用聚氨酯橡胶来制造。

5. 聚丙烯酸酯橡胶及乙烯-丙烯酸酯类橡胶

聚丙烯酸酯橡胶常用单体是丙烯酸乙酯、丙烯酸丁酯、丙烯酸甲氧基乙基酯。如由丙烯酸丁酯与丙烯腈或少许第三单体共聚,属饱和碳链极性橡胶。

聚丙烯酸酯橡胶由于含有极性的丙烯酸酯基团,因此能耐油,特别是耐含氯、硫、磷化合物为主的极压剂的极压型润滑油;耐热性次于硅橡胶和氟橡胶,可耐 175～200℃ 的高温,缺点是强度和耐水性差,耐低温性能差。常用于自动传送、发动机垫片、动力转向装置。

表 2-8 Vamac 系列产品[11]

商品名	单体	甲基丙烯酸酯含量	产品性能	用途
Vamac G	MA/E/CS	中等	标准耐油性;需后硫化;IRM903 油溶胀约 60%;低温性能最好	一般用途,如密封垫、垫圈和胶管
Vamac GLS	MA/E/CS	高	耐油性提高;需后硫化;IRM903 油溶胀约 30%	垫圈、密封垫和 EOC/TOC 胶管
Vamac D	MA/E	中等	标准耐油性;不需要后硫化;耐胺性提高(散热器流体、油);IRM903 油溶胀约 60%;低温性能最好	NPC 密封垫、垫圈、胶管和电线、电缆
Vamac DLC	MA/E	高	耐油性提高;不需要后硫化;耐胺性提高(散热器流体、油);IRM903 油溶胀约 25%	NPC 密封垫、垫圈、WHV 胶管和电线、电缆

注:MA=甲基丙烯酸酯,E=乙烯,CS=胺活性硫化点单体。

乙烯-丙烯酸酯类橡胶(AEM)是由乙烯、甲基丙烯酸甲酯、少量羧基单体的三元共聚物,羧基单体可为硫化提供交联点。AEM 的耐热、耐油和耐低温等性能均好,目前有四个牌号,如表 2-8 所示。

6. 聚硫橡胶[2,8]

聚多硫化合物具有高弹性能,故称作聚硫橡胶,通常由二氯烷烃与多硫化钠反应而成。

$$n\,ClRCl + Na_2S_x \longrightarrow \left[\!\!-R-S_x-\!\!\right]_n + 2n\,NaCl$$

常用的二氯化物有二氯乙烷、双(2-氯乙氧基)甲烷[或双(2-氯乙基)缩甲醛 $(ClCH_2CH_2O)_2CH_2$]或两者的混合物,制得的聚硫橡胶分别标以 A($x=4$)、FA($x=2$)、ST($x=2.2$)。

带端羟基的聚硫橡胶,可用氧化锌或二异氰酸酯扩链;带硫醇端基,可氧化偶合扩链。

聚硫橡胶耐油、耐溶剂、耐氧和臭氧、耐候,主要用作耐油的垫片、油管和密封剂,但强度不如一般合成橡胶。聚硫橡胶 A($x=4$)含硫量高达 82%,耐溶剂性能最佳,但难加工,且有低分子硫醇和二硫化物的臭味;聚硫橡胶 ST 无此缺点;FA 性能则介于两者之间。

聚硫橡胶与氧化剂混合,燃烧猛烈,并产生大量气体,大量用作火箭的固体燃料。

7. 硅橡胶[2,8]

硅橡胶是指分子主链为—Si—O—无机结构,侧基为有机基团(主要为甲基)的一类弹性体。这类弹性体按硫化机理可分为有机过氧化物引发自由基交联型(热硫化型)、缩聚反应型(室温硫化型)及加成反应型。

硅橡胶属于半无机的饱和杂链非极性弹性体,典型代表为甲基乙烯基硅橡胶。它的结构式为:

$$\begin{array}{cc} CH_3 & CH=\!\!CH_2 \\ | & | \\ \left[\!\!-Si-O-\!\!\right]_n & \left[\!\!-Si-O-\!\!\right]_m \\ | & | \\ CH_3 & CH_3 \end{array}$$

乙烯基单元含量一般为 0.1%~0.3%(mol),起交联点作用,硅橡胶性能特点为:耐高低温性能好,使用温度范围 $-100\sim200\ ℃$,与氟橡胶相当;耐低温性在橡胶材料中是最好的;还具有优良的生物医学性能,可植入人体内;具有特殊的表面性能,表面张力低,约为 $2\times10^{-2}\ N/m$,对绝大多数材料都不黏,有极好的疏水性;具有适当的透气性,可以做保鲜材料;具有无与伦比的绝缘性能,可做高级绝缘制品;具有优异的耐老化性能,但耐密闭老化特别在有湿气条件下的老化性能不够好,机械强度在橡胶材料中是最差的。

硅橡胶的高度柔性同时也是产生高度渗透性的原因,可用作膜材料。利用其透氧性,曾试图用来研制潜水员的人工鳃。利用其惰性、疏水性、抗凝血性,可用于人工心脏瓣膜和有关脏器配件、接触眼镜、药物控制释放制剂、药物导管以及防水涂层等。

2.3 纤维

纤维是指长径比大于 1 000:1 的纤细物质。纤维用聚合物往往带有一些极性基团,具有较高的结晶能力和结晶度,熔点在 200 ℃以上,300 ℃以下,T_g 适中。不易变形,伸长率小(<10%~50%),模量(>35 000 N·cm^{-2})和抗张强度(>35 000 N·cm^{-2})都很高。

纤维可分为天然纤维、人造纤维和合成纤维。天然纤维有棉、麻、羊毛、蚕丝等动植物纤维;人造纤维是以天然聚合物为原料经过化学处理与机械加工而成,如黏胶纤维、醋酸纤维素等;合成纤维则由单体聚合而成,按主链结构,可分为碳链纤维(如聚丙烯腈、聚乙烯醇、聚氯乙烯、含氟纤维)和杂链纤维(如聚酰胺、聚酯、聚氨酯、聚苯丙咪唑)。

2.3.1 天然纤维

天然纤维包括棉纤维、麻纤维、羊毛和蚕丝。其中棉纤维和麻纤维的主要组分相似,都是由许多失水 β-葡萄糖基连接而成的纤维素。棉纤维强度较低,延伸率较低,但湿强度较高。而麻纤维的干、湿强度均较高,延伸率低,初始模量高,耐腐蚀好。

毛纤维以羊毛纤维为主,由蛋白纤维组成。毛纤维弹性好,吸湿性较高,耐酸性好。但强度低,耐热性和耐碱性较差。蚕丝的生丝是由两根丝纤阮(约 75%～82%)被丝胶阮(约 18%～25%)黏合而成。丝胶阮能溶于热水或弱碱性溶液。除去丝胶阮而得的丝纤阮,俗称熟丝,白色,柔软有光泽,强度高,是热和电的不良导体[6]。

2.3.2 人造纤维[2,6]

1. 黏胶纤维

原料通常为木材、棉短绒、芦苇等含有纤维素的物质。用碱液处理原料,使之溶胀并转变成碱纤维素,继而与二硫化碳反应生成可溶性的黄原酸钠胶液,经纺丝拉伸凝固,用酸水解成纤维素黄原酸,同时脱二硫化碳,再生出纤维素。

2. 铜氨纤维

利用纤维素能在铜氨溶液 $[Cu(NH_3)_4]^{2+}[OH]_2^{2-}$ 中溶解以及在酸中凝固的性质,也可以制备再生纤维素。将纤维素溶于铜氨溶液(25%氨水、40%硫酸铜、8% NaOH)中,搅拌,利用空气中氧气使该纺丝清液适当降解,降低聚合度,再经纺丝拉伸,在 7%硫酸浴中凝固,洗去残留铜和氨,即得铜氨人造丝。玻璃纸的制法也相似,只是浆液浓度较大而已。

铜氨法比较简单,但铜和氨的成本较高,不过 95%的铜和 80%的氨可以回收。

3. 醋酸纤维素

醋酸纤维素是以硫酸为催化剂使纤维素经冰醋酸和醋酐乙酰化而成。硫酸和醋酐还有脱水作用。

$$ⓅＯH)_3 + CH_3COOH \xrightarrow{H_2SO_4} ⓅＯOCCH_3)_3 + H_2O$$
$$ⓅＯH)_3 + (CH_3CO)_2O \longrightarrow ⓅＯCOCH_3)_3 + CH_3COOH$$

经上述反应,纤维素直接酯化成三醋酸纤维素(实际上取代度 DS=2.8)。部分乙酰化纤维素只能由三醋酸纤维素部分皂化(水解)而成。

$$ⓅＯOCCH_3)_3 + NaOH \longrightarrow ⓅＯOCCH_3)_2 + CH_3COONa$$

虽然三醋酸纤维素溶于氯仿或二氯甲烷和乙醇的混合物中,也可直接制成薄膜或模塑制品,但使用得更多的醋酸纤维素却是 2.2～2.8 取代度的品种,可用作塑料、纤维、薄膜、涂料等。因其强度和透明度,可用来制作录音带、胶卷、片基、玩具、眼镜架、电器零部件等。

纤维素的醋酸-丙酸混合酯和醋酸(29%～6%)-丁酸(17%～48%)混合酯具有更好的溶解性能、抗冲性能和尺寸稳定性,耐水,容易加工,可用作模塑粉、动画片基、涂料和包装材料。

2.3.3 合成纤维

1. 聚酯类

聚酯是主链上有—C(O)O—酯基团的杂链聚合物,聚酯纤维的品种很多,最常见的是由二元醇和芳香二羧酸缩聚而成的聚酯,主要包括聚对苯二甲酸乙二醇酯(PET)、聚对苯二甲酸丁二醇酯(PBT)、聚对苯二甲酸丙二醇酯(PTT)等。

① 涤纶纤维(PET)　涤纶纤维用聚合物可由对苯二甲酸二甲酯或对苯二甲酸(TPA)与乙二醇缩聚而成,详细工艺可见 2.1.2。

聚对苯二甲酸乙二醇酯属于结晶型高聚物,其熔点温度 T_m 低于热分解温度 T_d,因此最理想的是采用熔体纺丝法。纺丝过程包括:熔体的制备、熔体自喷丝孔挤出、熔体细流的拉长变细(同时冷却固化)以及纺出丝条的上油和卷绕。在聚酯纤维生产中,广泛采用螺杆挤出纺丝机进行纺丝。

② 聚对苯二甲酸丙二醇酯(PTT)[13-15]　PTT 纤维是一种重要的聚酯纤维,它具有与 PET 纤维相似的化学性能,但由于其形态优异而拥有不同的物理性能。PTT 纤维综合了聚酰胺纤维和聚酯纤维的优异性能,提供了独特的舒适性和弹性。

PTT 可由对苯二甲酸二甲酯(DMT)或对苯二甲酸(TPA)与 1,3 -丙二醇(PDO)缩聚而成,有两种工艺路线:一是 DMT 与 PDO 进行酯交换反应;二是 TPA 与 PDO 进行酯化,与 PET 的合成大致相似,但工艺路线、温度和使用的催化剂有所不同。

在聚合物合成的第一阶段,借助于四丁基钛催化剂,将 TPA 或 DMT 与 PDO 进行混合生产出带有 1~6 个重复单元的低聚物。在第二阶段,将这种低聚物继续缩聚成具有 60~100 个重复单元的聚合物。在整个聚合过程中,PDO 的纯度对工艺的经济性和聚合物的质量起决定性作用。

PTT 纤维采用与 PET 类似的熔体纺丝工艺,采用螺杆挤出,在挤出之前须经过干燥,而且干燥温度低于 150℃。

表 2 - 9 为 PTT 和 PET 聚合物的特性和纤维成形条件。

表 2 - 9　PTT 和 PET 聚合物的特性和纤维成形条件[13]

聚合物特性	PTT	PET	成形条件	PTT	PET
特性黏度/(dL·g⁻¹)	0.80~1.20	0.55~0.65	干燥温度/℃	125	160
T_g/℃	50~60	70~80	露点/℃	−40	−25
结晶温度/℃	80~120	130~150	挤出区温度/℃	240~270	280~300
熔点/℃	226~229	254~258			

③ 聚乳酸纤维[13,16,17]　具有手性结构的单体合成的纯聚乳酸是半结晶聚合物,其玻璃化温度是 55℃,熔点是 180℃,而由外消旋和内消旋丙交酯得到的聚乳酸则是非晶态聚合物。聚乳酸半结晶聚合物的良溶剂有氯化或氟化的有机溶剂、二噁烷、二氧戊环、呋喃等。而非晶态聚合物除了溶解于以上良溶剂外,还溶解于丙酮、吡啶、乙基乳酸、四氢呋喃、二甲苯、乙酸乙酯、二甲基亚砜、二甲基甲酰胺、甲乙酮等。聚乳酸典型的非溶剂有水、醇、非取代的碳氢化合物(如己烷、庚烷等)。所以,聚乳酸纤维既可以采用熔融纺丝,又可采用溶液纺丝。从纺制的纤维性能来看,溶液纺丝的纤维热降解少,机械性能好于熔纺,但熔纺不需要

溶剂,制造成本更低。聚乳酸的平均相对分子质量一般应达到 10 万才可以制得具有良好力学性能的纤维。

纺制聚乳酸纤维最常用的方法是干法纺丝、熔融纺丝,也可以采用反应挤出纺丝成型[16]。采用二氯甲烷、三氯甲烷、甲苯为溶剂,溶解聚乳酸树脂作为纺丝液进行干法纺丝制得的聚乳酸纤维热降解少、纤维强度较高。但溶剂有毒、纺丝环境恶劣、溶剂回收困难,需要特殊处理,纤维生产成本高,限制了聚乳酸纤维的工业化生产,至今还处于实验室中试阶段。

聚乳酸具有高的结晶性和取向性,因而有高耐热性和高强度,可和聚酯相媲美,还具有比较理想的透明性。聚乳酸纤维是一种可持续发展的生态纤维,由它制得的纤维、织物、无纺布除了具有良好的生物特性外,还具有良好的吸湿保湿性,高的弹性回复率,无毒、燃烧时不会放出有毒气体,发烟量低,耐紫外光,良好的手感及悬垂性。例如,日本钟纺公司于1994 年开发成功的聚乳酸纤维(商品名"Lactron")具有丝绸般的光泽,良好的肌肤触感,经加捻或填塞箱法可制成加工丝,该纤维具有一般合成纤维的特征和特有的生物相容性及降解性[17]。

聚乳酸纤维与涤纶、尼龙(锦纶-6 纤维)的物理机械性能对比如表 2-10。

表 2-10　聚乳酸纤维的物理机械性能[13]

项　目	聚乳酸纤维	涤纶纤维	锦纶-6 纤维
断裂强度/cN(dtex)$^{-1}$	4～4.5	3.5～5	3.5～5
断裂伸长率/%	约 34	20～35	20～35
拉伸模量/cN(dtex)$^{-1}$	约 65	90～120	20～40
密度/(g·cm^{-3})	1.27	1.38	1.14
结晶温度/℃	103	170	140
结晶度/%	83.5	78.6	42.0
折射率	1.45	1.58	1.53
熔点/℃	175～180	256	222
玻璃化温度/℃	55～58	69	50
沸水收缩率/%	8～15	8～15	6～15
回潮率/%	0.6	0.4	4.5

以前,聚乳酸主要用于医药、医疗领域,如今应用已很广泛,略见表 2-11。

表 2-11　聚乳酸纤维的应用领域[13]

行　业	用　途
纺织业	外衣、内衣、运动衣、家庭日用及装饰物、窗帘、毯类
农林业	种植业用网、防杂草袋和网、养护薄膜、催熟膜、种子及农用物料袋
食品业	包装材料、过滤网
渔　业	养殖网、渔网、渔线、绳、海岸网
造纸业	强化纸及特殊用纸、卫生纸
卫生医疗业	尿布及卫生用品、手术线、纱布、用即弃织物、缓释药物、植入材料
建筑业	地面覆盖增强材料、网、垫子、沙袋等

聚乳酸纤维制得的服装回潮性和芯吸效应好于涤纶,聚乳酸纤维与羊毛或棉混纺的衣服舒适性更好。由于聚乳酸纤维的模量低,因而加工的衣物具有良好的悬垂性,织物挺括、手感好,还具有自熄阻燃特性,更适合于装饰织物如窗帘、地毯等用。聚乳酸不仅可以加工成纤维,进而纺织成机织品、针织品以及无纺布等,还可用于塑料加工成薄膜、泡沫塑料、中空制品、模塑制品等,也可用作胶黏剂。

2. 聚酰胺类

聚酰胺是主链中含有酰胺特征基团(—NHCO—)的含氮杂链聚合物,可以分为脂肪族和芳香族两类。强极性酰胺基团足以显著提高聚酰胺的结晶度、熔点和强度,脂肪族聚酰胺只要分子量到达 1.5 万~2.5 万,就可以用作高强度的合成纤维和工程塑料。典型芳香族聚酰胺的熔点和强度更高,成为特种纤维和特种塑料,详见高性能高分子材料一章。

聚酰胺分为两大类,一类是由二元胺和二元酸缩聚得到,另一类是由己内酰胺开环聚合得到,常见的聚酰胺纤维如表 2-12。本节重点介绍尼龙-66。

表 2-12 聚酰胺的主要品种和命名[6]

纤维名称	重复单元	学名或系统命名	商品名
聚酰胺-4	—NH(CH₂)₃CO—	聚 α-吡咯烷酮纤维	锦纶-4
聚酰胺-6	—NH(CH₂)₅CO—	聚己内酰胺纤维	锦纶-6
聚酰胺-7	—NH(CH₂)₆CO—	聚 ω-氨基庚酸纤维	锦纶-7
聚酰胺-8	—NH(CH₂)₇CO—	聚辛内酰胺纤维	锦纶-8
聚酰胺-9	—NH(CH₂)₈CO—	聚 ω-氨基壬酸纤维	锦纶-9
聚酰胺-11	—NH(CH₂)₁₀CO—	聚 ω-氨基十一酸纤维	锦纶-11
聚酰胺-12	—NH(CH₂)₁₁CO—	聚十二内酰胺纤维	锦纶-12
聚酰胺-66	—NH(CH₂)₆NHCO(CH₂)₄CO—	聚己二酰己二胺纤维	锦纶-66
聚酰胺-610	—NH(CH₂)₆NHCO(CH₂)₈CO—	聚癸二酰己二胺纤维	锦纶-610
聚酰胺-1010	—NH(CH₂)₁₀NHCO(CH₂)₈CO—	聚癸二酰癸二胺纤维	锦纶-1 010
聚酰胺-6T	—NH(CH₂)₆NHCOC₆H₄CO—	聚对苯二甲酰己二胺纤维	锦纶-6T
MXD-6	—NHCH₂C₆H₄CH₂NHCO(CH₂)₄CO—	聚己二酰间苯二甲胺纤维	锦纶 MXD-6
奎纳(Qiana)	—NHC₆H₈CH₂C₆H₈NHCO(CH₂)₁₀CO—	聚十二烷二酰双环己基甲烷二胺纤维	锦纶-472
聚酰胺612	—NH(CH₂)₆NHCO(CH₂)₁₀CO—	聚十二酰己二胺纤维	锦纶-612

聚酰胺-66 由己二酸和己二胺缩聚而成。己二酸和己二胺可预先相互中和成 66 盐,保证羧酸和氨基数相等。利用 66 盐在冷、热乙醇中溶解度的显著差异,经重结晶提纯,有关杂质则留在母液中。缩聚时,在 66 盐中另加入少量单官能团醋酸(0.2~0.3 wt%)或微过量己二酸,进行端基封锁,控制分子量。

$$NH_2(CH_2)_6NH_2 + HOOC(CH_2)_4COOH \longrightarrow [NH_3^+(CH_2)_6NH_3^+ \cdot {}^-OOC(CH_2)_4COO^-]$$
$$n[NH_3^+(CH_2)_6NH_3^+ \cdot {}^-OOC(CH_2)_4COO^-] + CH_3COOH \longrightarrow$$
$$CH_3CO[NH(CH_2)_6NH \cdot CO(CH_2)_4CO]_nOH + 2nH_2O$$

聚酰胺-66 结晶度中等,熔点高(265℃),能溶于甲酸、苯酚、甲酚中,有高强、柔韧、耐磨、易染色、低摩擦系数、低蠕变、耐溶剂等综合优点,是世界上第二大类合成纤维。聚酰胺纤维通常都是采用熔融纺丝法进行成型。在纺制高强力聚酰胺纤维时,常采用切片挤压熔融纺丝。由于聚酰胺熔融时易发生水解,所以在纺丝前切片应充分干燥,使水量降至

0.06％以下。纺制普通锦纶长丝和短纤维采用熔体直接纺丝法。聚酰胺纺丝的后加工包括初捻、拉伸加捻、后捻、压洗定型、络丝等工序。聚酰胺-6 纤维后加工必须通过压洗工序，其目的是除掉纤维中残余单体和低聚物(含量约 3％～10％)。采 95℃热水洗至约 0.5％低分子物。而聚酰胺-66 纤维后加工中则无此工序。聚酰胺短纤维的后加工包括集束、拉伸、卷曲、切断、水洗上油。

3. 聚丙烯腈[2,6]

聚丙烯腈是重要的合成纤维，其产量仅次于涤纶和聚酰胺，居第三位。丙烯腈均聚物中氰基极性强，分子间吸力大，加热时不熔融，只分解；只有少数几种强极性溶剂，如 N, N′-二甲基甲酰胺和二甲基亚砜才能使之溶解。均聚物难成纤维，纤维性脆不柔软，难染色。因此聚丙烯腈纤维都是丙烯腈和第二、三单体的共聚物，其中丙烯腈约 90％～92％。丙烯酸甲酯常用作第二单体(7％～10％)，适当降低分子间吸力，增加柔软性和手感，利于染料分子扩散入内。第三单体一般含有酸性或碱性基团，用量约 1％。羧基(如亚甲基丁二酸或衣康酸)和磺酸盐(如烯丙基磺酸钠)有助于盐基性染料的染色，碱性基团(如乙烯基吡啶)则有助于酸性染料的染色。

聚丙烯腈纤维只能采用溶液法纺丝。聚丙烯腈纤维强度比羊毛高 1～2.5 倍，相对密度 1.14～1.17，比羊毛小(相对密度 1.30～1.32)；保暖性及弹性均较好，无论外观或手感都很像羊毛，因此有"合成羊毛"之称。

聚丙烯腈纤维的弹性模量高，仅次于聚酯纤维，比聚酰胺纤维高 2 倍，保型性好。聚丙烯腈纤维的耐光性与耐气候性能，除含氟纤维外，是天然纤维和化学纤维中最好的，在室外曝晒一年强度仅降低 20％，而聚酰胺纤维、黏胶纤维等则强度完全破坏。

此外，聚丙烯腈纤维具有很高的化学稳定性，对酸、氧化剂及有机溶剂极为稳定，其耐热性也较好。因此，聚丙烯腈纤维广泛地用来代替羊毛，或与羊毛混纺，制成毛织物、棉织物等，还适用于制作军用帆布、窗帘、帐篷等。

4. 聚丙烯纤维

成纤聚丙烯通常是等规聚丙烯，结晶度高，黏均相对分子质量为 18 万～30 万，熔融指数约 6～15，经熔体纺丝制成丙纶，纺丝温度(255～290℃)需比其熔点(165～173℃)高出很多。聚丙烯初生纤维的结晶度约为 33％～40％，经拉伸后，结晶度上升至 37％～48％，再经热处理，结晶度可达 65％～75％。

聚丙烯纤维质轻(密度为 0.90～0.92 g·cm^{-3})，强度高，耐磨，耐腐蚀，体积电阻率很高(7×10^{19} Ω·cm)，电绝缘性好，导热系数很小，保暖性好。聚丙烯纤维的熔点低，对光、热稳定性差。聚丙烯纤维的吸湿性和染色性在化学纤维中最差，回潮率小于 0.03％。

表 2-13　丙纶的性能[4]

性　能	数　值	性　能	数　值
强度/(cN(dtex)$^{-1}$)	3.1～4.5	回弹性(5％伸长时)/％	88～98
伸长率/％	15～35	沸水收缩率/％	0～3
模量(10％伸长时)/(cN(dtex)$^{-1}$)	61.6～79.2	回潮率/％	<0.03
韧度/(cN(dtex)$^{-1}$)	4.42～6.16		

注：1 cN/dtex＝91 MPa

聚丙烯纤维广泛用于绳索、渔网、安全带、箱包带、缝纫线、过滤布、电缆护套、造纸用毡和纸的增强材料等领域。用聚丙烯纤维制成的地毯、沙发布和贴墙布等装饰织物及絮棉等，不仅价格低廉，而且具有抗沾污、抗虫蛀、易洗涤、回弹性好等优点。聚丙烯纤维可制成针织品，如内衣、袜类等；可制成长毛绒产品，如鞋衬、大衣衬、儿童大衣等；可与其他纤维混纺，制作儿童服装、工作服、内衣、起绒织物及绒线等。聚丙烯烟用丝束可作为香烟过滤嘴填料。聚丙烯纤维的非织造布可用于一次性卫生用品，如卫生巾、手术衣、帽子、口罩、床上用品、尿片面料等。聚丙烯纤维现在还广泛用作土建和水利工程用布。

2.4　涂料及粘结剂

2.4.1　涂料

涂料俗称"油漆"。它是以树脂或油为基料，配有（或不含）颜料和其他助剂的产品。涂料涂覆在物体表面，干燥成膜，起到保护、装饰或特殊功能的作用。

按来源，涂料用树脂有天然树脂、人造树脂和合成树脂三大类。松香、虫胶等属于天然树脂。天然树脂经过化学改性，即成人造树脂，如纤维类衍生物、橡胶衍生物、松香衍生物等。合成树脂是由化工原料（单体）合成的高分子，如醇酸树脂、聚氨酯、丙烯酸树脂等。目前，合成树脂已经成为涂料的主要成膜物质，所得涂膜性能也最佳。

1. 醇酸树脂

醇酸树脂是水乳漆开发以前应用得最广的涂料品种。由多元醇、多元酸和脂肪酸聚合而成。树脂合成阶段控制较低的反应程度，使反应处在凝胶点以下，保持黏滞液体状态，缩聚过程中要定期检测黏度和酸值，保证交联反应推迟到成型或使用阶段进行。常用的多元醇包括甘油、三羟甲基丙烷、季戊四醇、山梨糖醇等，多元酸有邻苯二甲酸酐、间苯二甲酸、柠檬酸、己二酸、癸二酸等，脂肪酸有亚油酸、亚麻子油酸、豆油、蓖麻油、桐油等不饱和脂肪酸。缩聚过程中先产生支链而后交联成网状，高度交联后，可以耐溶剂。

根据改性油的用量，醇酸树脂可分为短、中、长油度三类。短油度醇酸树脂含有 30%～50%油，一般需经烘烤才形成硬的漆膜。中油度（50%～65%油）和长油度（65%～75%油）品种，加入金属干燥剂（如萘酸钴），可以室温固化。干性油改性的醇酸树脂，与适当溶剂、颜料、干燥剂等配合，即成醇酸树脂漆。

醇酸树脂分为两类：一种是干性油醇酸树脂，是采用不饱和脂肪酸制成的，能直接固化成膜；另一种是不干性油醇酸树脂，它不能直接作涂料用，需与其他树脂混合使用。

醇酸树脂漆具有附着力强、光泽好、硬度大、保光性和耐候性好的特点，可制成清漆、磁漆、底漆和腻子，用途十分广泛。醇酸树脂可与硝酸纤维素、氨基树脂、氯化橡胶并用改性，也可在制备过程中加入其他成分，如松香、酚醛、苯乙烯、丙烯酸酯等，制成改性的醇酸树脂[6]。

2. 氨基树脂

涂料中使用的氨基树脂有三聚氰胺甲醛树脂、脲醛树脂、烃基三聚氰胺甲醛树脂以及各种改性的和共聚的氨基树脂，属于热固性树脂。氨基树脂也可与醇酸树脂、丙烯酸树脂、环氧树脂、有机硅树脂等并用制得改性的氨基树脂漆，是应用最广的一种工业用漆[6]。

3. 环氧树脂

常用的环氧树脂由双酚 A 和环氧氯丙烷缩聚而成，主链中有醚氧键，带有侧羟基和环氧端基。环氧树脂的合成通常在碱催化条件下，双酚 A 和环氧氯丙烷先聚合成低分子中间体，然后进一步逐步聚合成环氧树脂，分子量不断增加，同时脱出 HCl，综合反应式如下：

$$(n+2)CH_2\!-\!CHCH_2Cl + (n-1)HO\!-\!\!\bigcirc\!\!-\!C(CH_3)_2\!-\!\!\bigcirc\!\!-\!OH \xrightarrow{NaOH}$$

$$CH_2\!-\!CHCH_2\!\left[O\!-\!\bigcirc\!-\!C(CH_3)_2\!-\!\bigcirc\!-\!OCH_2\!\underset{OH}{CHCH_2}\right]_{\!n}\!O\!-\!\bigcirc\!-\!C(CH_3)_2\!-\!\bigcirc\!-\!OCH_2CH\!-\!CH_2$$

上式中 n 一般在 0～12 之间，分子量相当于 340～3 800，个别 n 可达 19(M=7 000)。n=0，就是双酚 A 被环氧丙基封端的环氧树脂中间体，呈黄色黏滞液体。$n\geqslant2$，则为固体。初期产物分子量低，结构比较明确，属于结构预聚物。

环氧树脂应用时，须经交联和固化。环氧树脂分子中的环氧端基和羟侧基都可以成为进一步交联的基团，胺类和酸酐是常用的交联剂或催化剂，因此根据固化剂的种类，可将环氧树脂漆分为：胺固化型、合成树脂固化型、脂肪酸酯固化型等。环氧树脂也可制成无溶剂漆和粉末涂料。

环氧树脂漆性能优异，广泛应用于汽车工业、造船工业以及化工和电气工业。

4. 聚氨酯

选用不同的异氰酸酯，与聚酯二醇、聚醚二醇、多元醇或与其他树脂配用，可制得许多品种的聚氨酯漆。例如，先按干性油与多元醇进行酯交换，再与二异氰酸酯反应，加入催干剂，即制得单组分的氨酯油，通过油脂中的双键氧化聚合而固化。除氨酯油外，聚氨酯漆主要有几种类型：双组分漆（多异氰酸酯/含羟基树脂），单组分烘干漆（封端型多氰酸酯/含羟基树脂），单组分漆（预聚物，潮气固化型）；双组分漆（预聚物，催化固化型）；聚氨酯沥青漆，聚氨能弹性涂料（用于皮革、纺织品等）[6]。

聚氨酯漆具有耐磨性优异、附着力强、耐化学腐蚀，广泛用作地板漆、甲板漆、纱管漆等。

5. 丙烯酸酯类

（甲基）丙烯酸酯类树脂种类很多，其共聚物有耐光耐候、浅色透明、黏结力强等优点，广泛用作涂料，也可用作胶黏剂，以及织物、纸张、木材等的处理剂。

丙烯酸酯类有甲酯、乙酯、丁酯、乙基己酯等，其均聚物玻璃化温度都低，分别为＋8℃、－22℃、－54℃、－70℃。这些酯类很少单独均聚，而用作共聚物中的软组分。苯乙烯、甲基丙烯酸甲酯、丙烯腈等则用作硬组分，可根据两者比例来调整共聚物的玻璃化温度。

最简单的丙烯酸酯类溶液共聚系以丙烯酸丁酯为软单体，苯乙烯为硬单体，两者质量比约 2：1，再加少量丙烯酸（2%～3%）。以醋酸乙酯和甲苯为溶剂，其量与单体相等。将全部溶剂和少量单体混合物、过氧化二苯甲酰引发剂加入聚合釜内，在回流温度下聚合，热量由夹套或釜顶回流冷凝器带走。其余单体混合物根据散热速率逐步滴加，对共聚物组成如有均一性要求，则可根据两单体的竞聚率和共聚方程来拟订滴加单体配比的方案。加完单体混合物，再经充分聚合后，冷却，聚合液出料装桶，即为成品。

6. 水性涂料[18]

水性涂料是以水作主要溶剂或分散介质。与溶剂性涂料相比，降低了有机溶剂用量或基本消除有机溶剂,因此无(降低)毒性、无(降低)异味、不可燃、施工安全、环保,在涂料工业中应用越来越广泛。根据树脂类型,可分为水稀释型、胶体分散型、水分散型或乳胶型三种主要类型。

(1)水稀释型

将水溶性高分子化合物溶解在水中配制而成。水溶性树脂采用下列方法获得:① 成盐法。通过反应将聚合物主链转变成阳离子或阴离子。如带羧基的聚合物与胺类中和成盐,带氨基的聚合物与羧基类中和成盐;② 在聚合物中引入非离子基团,如在聚合物主链或侧链引入羟基;③ 将聚合物转变成两性离子中间体。如水性的聚氨酯、水性的环氧树脂等。

(2)胶体分散型

胶体分散型涂料的性能介于水分散型与水稀释型涂料之间,涂料用树脂通常为丙烯酸类树脂,采用高含量水溶性单体与其他不饱和单体通过乳液聚合而成,主要用作皮革、塑料和纸张用涂料。

(3)水分散型或乳胶型

以水为介质,不饱和单体通过乳液聚合生成聚合物乳液。以聚合物乳胶为树脂基料配制的涂料,称为乳胶漆,大量用于建筑涂料,正在向家电和汽车用涂料发展。常用的聚合物乳液有丙烯酸类、苯乙烯类和醋酸乙烯三大类,如纯丙乳液、丁苯乳液、苯丙乳液、醋丙乳液、EVA、氯偏乳液等。

7. 粉末涂料

粉末涂料为固体粉末状的涂料,全部组分都是固体,可以采用喷涂、静电喷涂等工艺施工,再经过加热熔化成膜。粉末涂料也可以分为热塑性粉末涂料和热固性粉末涂料。

2.4.2 胶黏剂[4,19]

胶黏剂是能把各种材料紧密地黏合在一起的物质,多半是以聚合物为基料的多组分体系,其中往往还含有增塑剂、增韧剂、固化剂、填料、溶剂等辅料。

按胶接强度,胶黏剂可分为结构型、次结构型、非结构型三类,其胶接强度依次降低。按主要组成成分,则可分为天然胶黏剂、有机合成胶黏剂和无机胶黏剂。以下侧重讨论有机合成胶黏剂。

有机合成胶黏剂按其固化方式可分为:① 化学反应型胶黏剂,其主成分是含有活性基团的线形聚合物,当加入固化剂时,由于化学反应而生成交联的体型结构,从而产生胶接作用。此类胶黏剂,主要包括热固性树脂胶黏剂、聚氨酯胶黏剂、橡胶类胶黏剂及混合型胶黏剂。② 溶剂挥发型胶黏剂,它是热塑性聚合物加溶剂配制而成,如聚醋酸乙烯酯胶黏剂、聚异氰酸酯胶黏剂等。③ 热熔胶黏剂,这种胶黏剂是以热塑性聚合物为基本组分的无溶剂型固态胶黏剂,通过加热熔融黏合,然后冷却固化,如乙烯-醋酸乙烯共聚物热熔胶、低分子聚酰胺热熔胶等。

1. 环氧树脂胶黏剂

以环氧树脂为基料的胶黏剂称为环氧树脂胶黏剂,简称环氧胶,另加有固化剂和其他添加剂。环氧胶是当前应用最广的胶种之一。环氧胶有很强的黏合力,对大部分材料,如金属、木材、玻璃、陶瓷、橡胶、纤维、塑料、皮革等,都有良好的黏合能力,故有"万能胶"之称。与金属的胶接强度可达 2×10^7 Pa 以上。

胶黏剂用环氧树脂的分子量一般为 300～7 000,黏度为 4～15 Pa·s。主要有两类:一类是缩水甘油基型环氧树脂,包括常用的双酚 A 型环氧树脂、环氧化酚醛、丁二醇双缩水甘油醚环氧树脂等;另一类是环氧化烯烃,如环氧化聚丁二烯等。

环氧树脂固化剂可以分为有机胺类、改性胺类和有机酸酐类三类,详见第三章。

在环氧胶黏剂中常常添加低分子量聚酰胺、低分子量聚硫橡胶、液体丁腈橡胶、羧基丁腈橡胶等,以改进韧性;添加非活性稀释剂(如丙酮、甲苯、苯乙烯等)和活性添加剂(环氧丙烷丁基醚、乙二醇缩水甘油醚、甘油环氧树脂、多缩水甘油醚等)以降低黏度;添加无机填料(玻璃纤维、云母粉、铝粉、水泥、瓷粉等)以降低成本,改进固化收缩率。

在环氧胶中还可加入其他聚合物来改善多种性能。如加低分子量聚硫橡胶来提高韧性、黏附性和密封性;加聚氨酯、聚乙烯醇缩醛、聚酯来改善韧性;加入尼龙来改善综合性能。

2. 酚醛树脂胶黏剂

酚醛树脂胶的黏接力强、耐高温,优良配方胶可在 300℃ 以下使用,其缺点是性脆、剥离强度差。酚醛树脂是用量最大的品种之一。

未改性的酚醛树脂胶主要以甲阶酚醛树脂为黏料,以酸类如石油磺酸、对苯甲磺酸、磷酸的乙二醇溶液、盐酸的酒精溶液等为固化催化剂而组成的,在室温或加热下固化。主要用来胶接木材、木质层压板、胶合板、泡沫塑料,也可用于胶接金属、陶瓷。通常还可以加入填料,以改善性能。

可采用某些柔性聚合物,如橡胶、聚乙烯醇缩醛等来提高酚醛树脂胶黏剂的韧性和剥离程度,从而制得一系列性能优异的改性酚醛树脂胶黏剂,主要有:① 酚醛-丁腈胶黏剂,这种改性酚醛胶可在 −60～150℃ 使用,广泛用于汽车部件、飞机部件、机器部件等结构件的胶接,也可用于金属、陶瓷、玻璃、塑料等材料的胶接;② 酚醛-缩醛胶黏剂,它是将酚醛树脂与聚乙烯醇缩醛类树脂混合而制得的,这种改性酚醛胶具有较好的胶接强度和耐热性,广泛用于胶接金属、塑料、陶瓷、玻璃等,也用于制造玻璃纤维层压板。

3. 丙烯酸酯类胶黏剂

烯类聚合物用作胶黏剂可分为两类:一类是以聚合物本身作胶黏剂,例如溶液型胶黏剂、热熔胶、乳液胶黏剂等;另一类是以单体或预聚体作胶黏剂,通过聚合而固化。

(1) α-腈基丙烯酸酯

α-腈基丙烯酸酯 CH_2＝$C(CN)COOR$ 对自由基聚合或阴离子聚合活性特高,甚至碱性极为微弱的水都可以使其引发聚合。因此,该单体与增塑剂、增稠剂、稳定剂(如 SO_2)一起可以配成单组分胶,黏结力极强。R 为丁基、己基或庚基时,能被血液润湿,将该单体喷涂在组织表面,能形成薄膜止血。伤口部分盖以聚乙烯膜,所喷的单体对聚乙烯并不黏结。该单体也可用作组织的黏结剂,单体对邻近细胞有作用,因此,只能用于细胞允许破坏的场合,如肝脏和肾脏,而不能用于心脏。通过解聚,在 2～3 个月内,聚合物薄膜就能生化降解,在体内中和成尿酸,或分解成 CO_2 和 H_2O,排出体外。

(2) 厌氧性胶黏剂

厌氧胶是一种新型胶种,它贮存时与空气接触,一直保持液态不固化,但是一旦与空气隔绝就很快固化而起到黏接或密封作用,因此称为厌氧胶。厌氧胶主要由三部分组成,可聚合的单体、引发剂和促进剂。用作厌氧胶的单体都是甲基丙烯酸酯类,常用的有甲基丙烯酸二缩三乙二醇双酯、甲基丙烯酸羟丙酯、甲基丙烯酸环氧酯、聚氨酯-甲基丙烯酸酯等。常用的引发剂有异丙苯过氧化氢、过氧化苯甲酰等。常用的促进剂有 N,N-二甲基苯胺、三乙胺等。厌氧胶主要应用于螺栓紧固防松、密封防漏、固定轴承以及各种机件的胶接。

4. 其他常用胶黏剂

（1）聚醋酸乙烯胶黏剂

聚醋酸乙烯酯及其共聚物，可制成乳液胶黏剂（白胶）、溶液胶黏剂，主要用来胶接木材、纸张、皮革、混凝土、瓷砖等。这是一类用途很广的非结构型胶黏剂。

（2）橡胶类胶黏剂

以氯丁橡胶、丁腈橡胶、丁基橡胶、聚硫橡胶、天然橡胶等为基料制成的胶黏剂称为橡胶类胶黏剂。这类胶黏剂强度较低、耐热性不高，但具有良好的弹性，适用于胶接柔软材料以及热膨胀系数相差悬殊的材料。橡胶胶黏剂分溶液型和乳液型两类，溶液类中又有非硫化型和硫化型之分。硫化型胶配方中加有硫化剂、增强剂等，因而强度较高。橡胶类胶黏剂中氯丁胶黏剂最为重要。通用的氯丁胶黏剂主要有填料型、树脂改性型以及室温硫化型等类别，配方中除氯丁胶、填料、硫化剂之外还有其他的配合剂。

（3）聚氨酯胶黏剂

以多异氰酸酯和聚氨酯为基本组分的胶黏剂统称为聚氨酯胶黏剂。聚氨酯胶黏剂分多异氰酸酯胶黏剂、单包装封闭型聚氨酯胶黏剂、端异氰酸酯基聚氨酯预聚体胶黏剂以及热熔性聚氨酯胶黏剂四种类型。因分子中含有—NCO、—NH—COO—基团，这类胶具有高度的极性和反应活性，对多种材料均有很高的黏附性，可用于胶接金属、陶瓷、玻璃、木材等多种材料。

2.5 热塑性弹性体

热塑性弹性体（TPE）是兼有热塑性塑料和橡胶弹性体双重组分和双重性能的材料，常温下，呈现出高弹性，成为橡胶；加热至某一温度（塑化温度）以上，则可模塑成型，类似热塑性塑料。根据这一特征，热塑性弹性体可以分成两类：一类是嵌段共聚物，如苯乙烯-二烯烃型、共聚酯、聚氨酯、聚酰胺等嵌段共聚物；另一类主要是聚烯烃-橡胶（或硫化胶）的共混物，如 PP/EPDM、PP/NBR、PP/IIR 等，PVC/NBR 也可归入这一类。

由此可见，热塑性弹性体是多组分，而且多半是多相体系。室温下，其中塑料大分子聚集成硬段微区，起了物理交联的作用，防止软段橡胶微区分子间的滑移，从而保持高弹性，显示橡胶功能。加热至某一温度以上，热能超过了塑料硬段微区中的分子间力，促使塑化流动，可以模塑成型。对于非晶态聚合物，这一温度远在玻璃化温度以上，俗称塑化温度；对于结晶聚合物，这一温度相当于熔点。聚氯乙烯/丁腈橡胶（PVC/NBR）相容性好，共混后，成为均相体系，起到长效增塑作用，成为软塑料，兼具热塑性和高弹性，也不妨归入热塑性弹性体之列。

一般来说，热塑性弹性体中热塑性硬段相决定加工性能，而橡胶软段相则决定使用性能，多种热塑性弹性体的主要性能比较如表 2-14。

表 2 - 14　多种热塑性弹性体的主要性能[11]

性能	嵌段共聚物				热塑性塑料/橡胶并用	
	苯乙烯-二烯烃型	聚酯共聚物	聚氨酯	聚酰胺	热塑性弹性烯烃	热塑性硫化胶
相对密度	0.90~1.20	1.10~1.40	1.10~1.30	1.00~1.20	0.89~1.00	0.94~1.00
邵尔硬度	20 A~60 D	35 A~72 D	60 A~65 D	60 A~65 D	60 A~65 D	35 A~50 D
低温限度/℃	−70	−65	−50	−40	−60	−60
高温限度(连续)/℃	100	125	120	170	100	135
抗压缩变形(100℃)	P	F	F/G	F/G	P	G/E
抗水溶剂性	G/E	P/G	F/G	F/G	G/E	G/E
抗烃溶液性	P	G/E	F/E	G/E	P	F/E

注:P=差,F=一般,G=好,E=很好。

下面进一步介绍几种典型的热塑性弹性体。

2.5.1　苯乙烯-二烯烃嵌段共聚物

苯乙烯-丁二烯-苯乙烯(SBS)三嵌段共聚物是这类的代表,已经实现大规模生产。其中大分子两端是聚苯乙烯硬链段 S,分子量约 1 万,中间是聚丁二烯软段 B,分子量达 5 万~10 万。软段 B 也可以是聚异戊二烯,这两种聚二烯烃还可以进一步氢化,以提高耐氧、耐臭氧、耐候等性能。三种通用的苯乙烯类嵌段共聚物的化学结构式如图 2-1 所示。

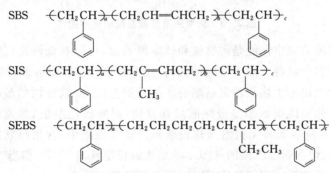

图 2 - 1　三种通用的苯乙烯类嵌段共聚物 TPEs[11]
$a=50\sim80,b=20\sim100$

在这类三嵌段共聚物中,两端的聚苯乙烯硬段起着固定中间聚二烯烃软段的作用,从而提高材料的韧性和模量。苯乙烯类热塑性弹性体的塑化温度实际上是苯乙烯的塑化温度,只要苯乙烯段的分子量超过某一最小临界值,其物理性能就主要决定于单体的比率。苯乙烯含量较低时,材料呈软的橡胶态;随着苯乙烯含量的增加,材料的硬度和刚性均相应变大。

苯乙烯类热塑性弹性体的加工性能和使用性能足以满足要求不高的橡胶制品。在热塑性弹性体中,苯乙烯-丁二烯(B)或-异戊二烯(I)类 TPE,是价格最低的品种,使用性能也最低。中间链段经氢化饱和后,可以提高使用温度。

苯乙烯类热塑性弹性体使用温度在 70℃ 以下,可用来制作鞋底、体育用品、密封材料、高等级沥青、嵌缝胶、摩托车润滑剂等的配料。

2.5.2 聚酯共聚物

聚酯共聚物(COPs)是硬段 A 和软段 B 交替而成的嵌段共聚物热塑性弹性体,简示如(A－B)$_n$。两个链段间由酯键连接,链段内则兼有醚键和酯键。

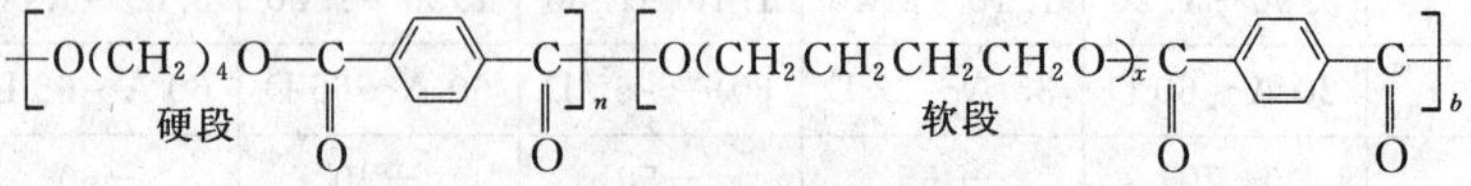

图 2－2 商用聚酯共聚物的化学结构[11]
$a=10\sim40;x=10\sim50;b=16\sim40$

COPs 的硬度超过了邵尔 A80~90,不是真正的橡胶,而是以橡胶态存在。在酸碱条件下,聚酯易水解。在低形变下,COPs 是高弹性的,具有高的抗挠曲疲劳性、低生热性和低蠕变性。

2.5.3 热塑性聚氨酯

热塑性聚氨酯(TPUs)是最早商业化的热塑性弹性体,它是由氨基甲酸乙酯硬段和聚酯二醇或聚醚二醇软段(分子量 800~3 500)构成的嵌段共聚物。

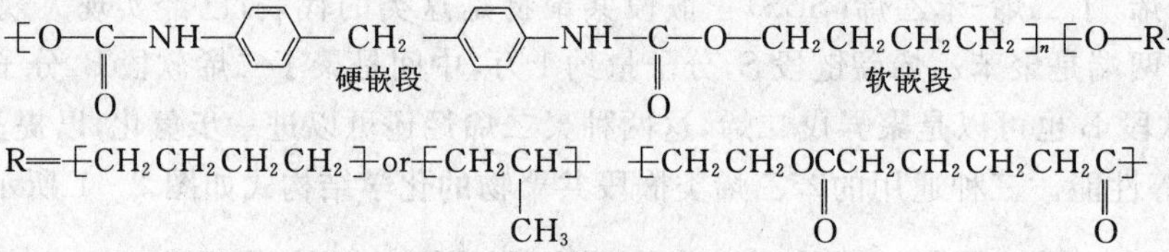

图 2－3 商用热塑性聚氨酯的化学组成

热塑性聚氨酯的突出性能是耐腐蚀和低摩擦系数,可以有低硬度(邵尔 A50)到高硬度(邵尔 A80~90)多个品种。随着硬度的提高,拉伸强度、模量、耐溶剂性能也相应提高。

硬链段的熔点决定了热塑性聚氨酯的使用上限温度,而软链段的玻璃化温度则决定了使用下限温度。热塑性聚氨酯是极性嵌段共聚物,耐非极性溶剂(如燃料、油、润滑油等)。相反,它对极性有机溶剂和无机溶剂却很敏感。在水溶液中,含聚醚软段的 TPUs 耐水解性能比 COPs 好,但含聚酯软段的 TPUs 的耐水解稳定性与 COPs 相当[11]。

热塑性聚氨酯广泛应用于鞋底、脚轮、高压软管等方面。

2.5.4 聚酰胺嵌段共聚物

聚酯聚醚嵌段的聚酰胺(PEBAs)是价格最高、性能最好的最新热塑性弹性体,其结构形态与苯乙烯类、聚酯共聚物类、聚氨酯类的热塑性弹性体相似,仅仅是由酰胺键(图 2－4)来连接交替的软段和硬段,其中酰胺键比酯键和氨基甲酸乙酯键更耐水解,因此其耐腐蚀性更佳,比 COPs 和 TPUs 的使用上限温度更高。

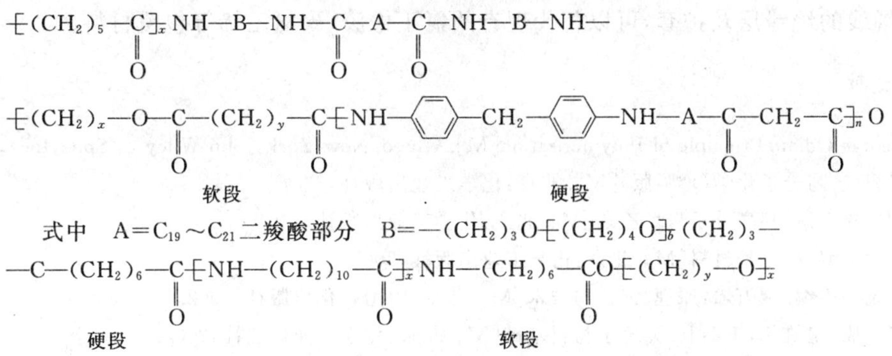

$$\underset{O}{\overset{\displaystyle\hspace{1em}}{\text{┤(CH}_2)_5\text{—C}}}\text{┤NH—B—NH—}\underset{O}{\overset{\displaystyle\hspace{1em}}{\text{C}}}\text{—A—}\underset{O}{\overset{\displaystyle\hspace{1em}}{\text{C}}}\text{—NH—B—NH—}$$

$$\underset{O}{\overset{\displaystyle\hspace{1em}}{\text{┤(CH}_2)_x\text{—O—C}}}\text{—(CH}_2)_y\text{—}\underset{O}{\overset{\displaystyle\hspace{1em}}{\text{C}}}\text{┤NH—⟨⟩—CH}_2\text{—⟨⟩—NH—A—}\underset{O}{\overset{\displaystyle\hspace{1em}}{\text{C}}}\text{—CH}_2\text{—}\underset{O}{\overset{\displaystyle\hspace{1em}}{\text{C}}}\text{┤O}$$

软段　　　　　　　　　　　　硬段

式中　A＝C₁₉～C₂₁二羧酸部分　B＝—(CH₂)₃O┤(CH₂)₄O┤ₓ(CH₂)₃—

$$\underset{O}{\overset{\displaystyle\hspace{1em}}{\text{—C}}}\text{—(CH}_2)_6\text{┤NH—(CH}_2)_{10}\text{—}\underset{}{}\text{┤}_x\text{NH—(CH}_2)_6\text{—}\underset{O}{\overset{\displaystyle\hspace{1em}}{\text{CO}}}\text{┤(CH}_2)_y\text{—O┤}_x$$

硬段　　　　　　　　　　　　　　软段

图 2 - 4　三种聚酰胺 TPEs 的化学结构[11]

PEBAs 硬段通常决定了它的熔点和加工性能,而软段则更多地影响其他性能。软链段可能含有聚酯、聚醚和聚醚酯键。PEBAs 有宽的硬度范围,从比较软的热塑性塑料到中等硬度的橡胶。它们的使用上限温度是所有热塑性弹性体中最高的,高达 170℃时仍能使用。PEBAs 能耐非极性和烃类溶剂(如油、燃料、润滑油等)。它们抗水溶液介质的性能优异,但随温度升高和酸碱性达到极限时会显著下降。与聚醚型 PEBAs 比较,聚酯型 PEBAs 对水解更敏感,但对空气中氧气的直接破坏却不敏感[11]。

2.5.5　聚烯烃类热塑性弹性体

热塑性烯烃塑料与橡胶状聚合物经过简单混合,可制成热塑性烯烃弹性体(TEO),早期文献则称作聚烯烃热塑性塑料(TPO)。这类共混物呈两相体系,聚烯烃是连续相,橡胶是非连续相。常用的聚烯烃是聚丙烯(PP)和聚乙烯(PE),而橡胶相则是三元乙丙橡胶(EPDM)、丁腈橡胶(NBR)和丁基橡胶。

TEO 具有优异的耐候性、耐臭氧、耐紫外线及良好的耐高温和耐冲击性能,具有加工简便、成本低、可连续生产以及其他热塑性弹性体共有的优点,广泛用于汽车、电子电气、工业部件及日用品等领域。

最常见的 TEO 是 PP/EPDM 和 PVC/NBR(聚氯乙烯/丁腈橡胶)。PP/EPDM 热塑性弹性体具有优异的耐候、耐臭氧、耐紫外线及良好的耐高温、耐冲击性能,其耐油和耐溶剂性能与普通氯丁橡胶不相上下,也具有加工简便、成本低、可连续生产,并可回收利用等优点。PP/EPDM 用于汽车外装件,主要有保险杠、散热器格栅、车身外板(翼子板、后侧板、车门面板)、车轮护罩、挡泥板、车门槛板、后部活动车顶、车后灯、车牌照板、车侧镶条及护胶条、挡风胶条等;作内饰件主要有仪表板、仪表板蒙皮、内饰板、蒙皮、安全气囊外皮层材料等;作底盘、转向机构有等速万向节保护罩、等速万向节密封、齿条和小齿轮防护罩、轴架悬置防护罩;作发动机室内部件及其他方面有空气导管、燃料管防护层、电气接线套等。

2.5.6　热塑性硫化胶[4,11]

动态硫化法生产的 TEO 中,橡胶组分质量分数高达 60%～70%,制品的抗动态疲劳性能优异,耐磨性、耐臭氧及耐候性能好,撕裂强度高,压缩变形及永久变形小,综合性能优于EPDM 硫化橡胶,而且加工较容易,生产成本低,可替代热固性硫化橡胶制品。PP/EPDM是最常见的热塑性硫化胶,用于变电器外壳、船舶、矿山、钻井平台、核电站及其他设施的电力电缆线的绝缘层及护套,可以替代现有的氯丁橡胶、聚氯乙烯等包覆材料。

参考文献

[1] George Odian. Principle of Polymerization[M]. 4th ed. New York:John Wiley & Spns,Inc. ,2004.

[2] 潘祖仁. 高分子化学(增强版)[M]. 北京:化学工业出版社,2007.

[3] 刘广建主编. 超高分子量聚乙烯[M]. 北京:化学工业出版社,2001.

[4] 黄丽主编. 高分子材料[M]. 北京:化学工业出版社,2005.

[5] 洪定一主编. 聚丙烯:原理、工艺与技术[M]. 北京:中国石化出版社,2002.

[6] 张留成,瞿雄伟,丁会利. 高分子材料基础[M]. 北京:化学工业出版社,2002.

[7] 张玉龙,李萍. 工程塑料改性技术[M]. 北京:机械工业出版社,2004.

[8] 杨清芝主编. 现代橡胶工艺学[M]. 北京:中国石化出版社,1997.

[9] 金山. 集成橡胶 SIBR——极具市场潜力的新型胎面胶种[J]. 世界橡胶工业,2004,52.

[10] 张华,张兴英,程珏等. 理想的胎面材料——集成橡胶 SIBR[J]. 弹性体,1997,7(4):44~48.

[11] [美]约翰 S. 迪克. 橡胶技术[M]. 北京:化学工业出版社,2004.

[12] 傅明源,孙酣经主编. 聚氨酯弹性体及其应用[M]. 北京:化学工业出版社,1999.

[13] 冯孝中,李亚东. 高分子材料[M]. 哈尔滨:哈尔滨工业大学出版社,2002.

[14] S. S. Mahish,S. K. Laddh. Chemical Fiber International,2004,54(10):300~302.

[15] 张慧. PTT 纤维——最受欢迎的纤维品种[J]. 济南纺织化纤科技 2001(1):15~17.

[16] 任杰,董博. 聚乳酸纤维制备研究进展[J]. 材料导报,2006,20(2):82~86.

[17] 刘越. 生物可降解纤维 Lactron 的进展与应用[J]. 纺织导报,2006(6):6.

[18] 武利民编著. 涂料技术基础[M]. 北京:化学工业出版社,1999.

[19] 王致禄,陈道义. 聚合物胶黏剂[M]. 上海:上海科技出版社,1988.

[20] 卜雅萍,王澜. 热塑性弹性体发展现在[J]. 广东塑料,2005(6):17~21.

思考题

1. 通用塑料与工程塑料的性能特点是什么？ 简述 5 种常用的工程塑料。

2. 简述不同种类聚乙烯的合成原理及性能特点。

3. 天然橡胶有哪些优点及不足之处？ 请说明原因。

4. 简述不同丁苯橡胶的合成原理、性能特点及主要应用。

5. 为什么氯丁橡胶具有阻燃性质？ 其优点和缺点各是什么？

6. 举例说明几种不同的合成纤维,简述其性能特点。

7. 胶黏剂是如何分类的？ 举例说明两种广泛应用的胶黏剂的特点及应用。

8. 常用涂料的类型有哪些？

9. 简述 TPE 的结构特点,与传统的橡胶相比具有哪些优点？

第3章 高分子材料的加工助剂

在高分子材料合成(聚合)和加工过程中,往往需要配用多种有机或无机添加剂或助剂。聚合助剂用量少,品种也不多,包括催化剂、引发剂、分子量调节剂、乳化剂、分散剂、pH 调节剂、终止剂等,这些可在高分子化学一类书刊中获得信息。本章着重介绍加工助剂。

加工助剂品种繁多,有无机物和有机物,有塑料或橡胶专用,也有两者兼用。通常按功能进行分类,如交联剂、偶联剂、相容剂、发泡剂等化学改性助剂,增塑剂、填料、补强剂、增韧剂等物理改性助剂,抗氧剂、热稳定剂、光稳定剂等抗老化助剂,抗静电剂、阻燃剂、染色剂等功能性助剂。

3.1 交联剂

线形或轻度支化的高分子转化为三维体形结构的过程,称为交联。通过交联,可以提高高分子材料的使用性能,如橡胶硫化以发挥高弹性、塑料交联以提高强度和耐热性、漆膜交联以固化等。此外,在使用过程中的老化交联使聚合物性能变差,应该采取防老措施。

有多种化学反应和方法可使聚合物交联,能产生交联的化学品称作交联剂。热、光、辐射也能促使聚合物交联。

3.1.1 橡胶的硫化

未交联的天然橡胶和合成橡胶称作生胶,生胶的硬度和强度低,弹性差,无法使用。生胶经硫化或交联后,可以防止线形大分子的滑移,消除永久形变,从而提高弹性,可以制成有使用价值的橡胶制品,如轮胎、胶管等。

顺丁橡胶、异戊橡胶、丁苯橡胶、三元乙丙橡胶等都是主链中含有双键的高分子量线形聚合物,可以通过硫黄进行硫化。硫化属于离子聚合机理[1-4],反应过程大致如下:第一步是橡胶和极化后的硫或硫离子对反应,形成锍离子(sulfonium)。锍离子夺取聚二烯烃中的氢原子,形成烯丙基碳阳离子。碳阳离子先与硫反应,而后再与大分子双键加成,产生交联。通过氢转移,继续与大分子反应,再生出大分子碳阳离子。如此反复,形成网络结构。反应式如下:

$$S_8 \xrightarrow{\triangle} S_m^{\delta^+} - S_n^{\delta^-} \text{ 或 } S_m^+ + S_n^-$$

$$\text{引发} \downarrow \sim\sim CH_2CH = CHCH_2 \sim\sim (\text{聚丁二烯})$$

$$\sim\sim CH_2\underset{\underset{S_m^+}{|}}{CH} - CHCH_2 \sim\sim + S_n^-$$

$$\text{氢转移} \downarrow \text{聚丁二烯}$$

$$\sim\sim C^+HCH = CHCH_2 \sim\sim + \sim\sim CH_2CH_2 \underset{\underset{S_m}{|}}{-} CHCH_2 \sim\sim$$

$$\downarrow S_8$$

$$\sim\sim \underset{\underset{S_m^+}{|}}{CH}CH = CHCH_2 \sim\sim \xrightarrow[\text{交联}]{\text{聚丁二烯}} \sim\sim \underset{\underset{S_m}{|}}{CH}CH = CHCH_2 \xrightarrow[\text{氢转移}]{\text{聚丁二烯}} \sim\sim \underset{\underset{S_m}{|}}{CH}CH = CHCH_2 +$$

$$\sim\sim C^+HCH = CHCH_2 \sim\sim \qquad \sim\sim CH_2CH - {}^+CHCH_2 \sim\sim \qquad \sim\sim CH_2CH - CH_2CH_2 \sim\sim$$

　　单质硫的硫化速度很慢,硫的利用效率低,因此工业上硫化通常加有机硫化合物作促进剂,金属氧化物和硬脂酸作活化剂。

　　硫化促进剂有噻唑类、次磺酰胺类、秋兰姆类、二硫代氨基甲酸盐类、硫脲类等。它与硫黄等配合使用,可以降低硫化温度、缩短硫化时间,减少硫黄用量、改善橡胶的物理机械性能。

工业上常用的
硫化促进剂

3.1.2　过氧化物自由基交联

　　饱和高分子,如聚乙烯、二元乙丙橡胶、甲基硅橡胶、聚氨酯弹性体、全同聚丙烯等大分子中无双键,无法用硫黄交联,但是可采用有机过氧化物交联。这一交联过程属于自由基机理。如聚乙烯的交联反应如下[1-2]:

$$ROOR \longrightarrow 2RO^{\cdot}$$
$$RO^{\cdot} + \sim\sim CH_2CH_2 \sim\sim \longrightarrow ROH + \sim\sim CH_2 \overset{\cdot}{C}H \sim\sim$$
$$2 \sim\sim CH_2 \overset{\cdot}{C}H \sim\sim \longrightarrow \begin{array}{c} \sim\sim CH_2CH\sim\sim \\ | \\ \sim\sim CH_2CH\sim\sim \end{array}$$

　　由于有机过氧化物在酸性介质中容易分解,因此在使用有机过氧化物时,不能添加酸性物质作填料,添加填料时要严格控制其 pH。此外并非所有饱和聚合物均可发生交联反应,如与聚异丁烯反应时,会使聚合物分解。

　　过氧化物也可以使不饱和聚合物交联,如丁二烯橡胶的交联可通过自由基加成反应或夺取烯丙基 α-氢进行[3],反应方程如下:

　　夺取烯丙基 α-氢的反应:

$$2RO^{\cdot} + 2\sim\sim CH_2CH = CHCH_2 \sim\sim \longrightarrow 2 \sim\sim \overset{\cdot}{C}HCH = CHCH_2 \sim\sim + 2ROH$$
$$\begin{array}{c} \downarrow \\ \sim\sim CHCH = CHCH_2\sim\sim \\ | \\ \sim\sim CHCH = CHCH_2\sim\sim \end{array}$$

　　加成反应:

$$RO^{\cdot} + -CH_2-CH = CH-CH_2- \longrightarrow -CH_2-CH-\overset{\cdot}{C}H-CH_2- \\ \quad\quad\quad\quad\quad\quad\quad | \\ \quad\quad\quad\quad\quad\quad\quad OR$$

$$2-CH_2-CH-\overset{\cdot}{C}H-CH_2- \longrightarrow \begin{array}{c} OR \\ | \\ -CH_2-CH-CH-CH_2- \\ -CH_2-\overset{\cdot}{C}H-CH-CH_2- \end{array} \text{ 或 } \begin{array}{c} OR \\ | \\ -CH_2-CH-CH-CH_2- \\ -CH_2-CH-CH-CH_2- \\ | \\ OR \end{array}$$

　　常用的有机过氧化物包括烷基过氧化物、二酰基过氧化物和过氧酯三种。它们能使大部分橡胶交联。不同的过氧化物对不同聚合物的交联率不同,并伴有副反应,因此选用时应该注意。常用的过氧化物交联剂如表 3-1 所示。

表 3-1　常用的过氧化物[2]

过氧化物类型	化学名称	分解温度/℃（半衰期 1 h）	分解温度/℃（半衰期为 10 h）	缩写
烷基过氧化物	过氧化二叔丁基	136	113	DBP
	过氧化二异丙苯	128	104	DCP
二酰基过氧化物	过氧化二苯甲酰	92	71	BPO
过氧酯	过氧化苯甲酸叔丁酯	122	101	TPB

3.1.3　交联剂的官能团与高分子反应

交联剂中反应基团与高分子反应，形成桥键，将大分子桥接起来。这种交联机理是过氧化物以外大多数交联剂采用的形式。下面以环氧树脂为例。

环氧树脂通常用胺类和酸酐类固化剂进行交联。胺类是低温交联剂，包括脂肪族、芳香族及改性多元胺类。从反应机理上看，伯、仲胺与环氧基团直接反应而开环交联，而叔胺则是催化开环交联[2,5]。反应式如下：

① 伯、仲胺：

$$CH_2-CH\sim\sim + H_2NRNH_2 \longrightarrow$$

② 叔胺：

$$R_3N + CH_2-CH\sim\sim \longrightarrow R_3N^{\oplus}-CH_2CH\sim\sim \xrightarrow{CH_2-CH\sim\sim} R_3N-CH_2CH\sim\sim$$

脂肪族多元胺的特点是可使环氧树脂在室温交联，交联速度快，有大量热放出，适用期短，一般有毒、有刺激性，用它交联的环氧树脂韧性好，黏结力强；但耐热、耐溶剂性差。芳香族多元胺交联剂的交联速度慢，室温下交联不完全，需长期放置，交联才勉强接近完全。交联后的产物具有优良的电性能、耐化学腐蚀性、耐热性及使用周期长等特点。

咪唑是含有 2 个氮原子的五元环，一个氮原子是仲胺，另一是叔胺，兼有直接开环和催化开环的双重作用，属于新型固化剂。咪唑既可单独使用，也可与芳胺、酸酐等配合使用，用少量就可延长寿命，可在低温下快速交联，能提高制品的热转变温度、机械性能和电性能。咪唑类固化剂挥发性低，毒性小，主要品种有 2-甲基咪唑、2-乙基咪唑、2-乙基甲基咪唑、2-异丙基咪唑、2-十一烷基咪唑（$C_{11}Z$）、2-十七烷基咪唑（$C_{17}Z$）等。

胺类交联剂虽可在常温使环氧树脂交联，但所得产物的机械强度、耐热性、耐磨性不够理想，故需另选多元酸酐。酸酐作固化剂时，固化机理有二：一是酸酐与侧羟基直接酯化而交联；二是酸酐与羟基先形成半酯，半酯上的羧酸再使环氧开环，反应式如下：

常见的多元胺类固化剂

$$2\sim\sim CH_2CHCH_2\sim\sim + R\ \ \overset{O}{\underset{O}{\bigcirc}}\ O \longrightarrow$$

$$\begin{array}{c} \sim\sim CH_2CHCH_2\sim\sim \\ | \\ O \\ | \\ C=O \\ | \\ R \\ | \\ C=O \\ | \\ O \\ | \\ \sim\sim CH_2CHCH_2\sim\sim \end{array}$$

酸酐类交联剂的主要特点为:交联作用较缓和,需加热,而且交联时间长,少数酸酐有刺激性,无毒,易与系统中水作用,减少交联时的挥发物产生。制品色浅,有优良的机械性能、电性能、耐化学腐蚀性、耐热性、耐老化性等。缺点是需高温交联,酸酐易吸水,不易保存。

常见的酸酐固化剂

酚醛树脂、琨类衍生物和马来酰亚胺硫化天然橡胶或丁基橡胶也属于此类反应。

3.1.4　交联剂引发自由基反应和交联剂官能团反应相结合

这种交联机理实际上是把自由基引发剂和官能团化合物联合使用。例如:用有机过氧化物和不饱和单体来使不饱和聚酯进行交联就是一个典型的例子。

不饱和聚酯的种类很多,但它们的分子链上都含有碳碳双键结构。如马来酸酐与乙二醇缩聚形成的不饱和聚酯的结构可以表示如下[1,2,6-8]:

$$HOCH_2CH_2OH + \underset{\underset{O}{\overset{\|}{C}}}{HC}= \underset{\underset{O}{\overset{\|}{C}}}{CH} \longrightarrow \cancel{\text{⎣}}OCH_2CH_2OOCCH = CHCO\cancel{\text{⎦}}_n$$

用不饱和聚酯制造玻璃钢时,可以在不饱和聚酯中加入苯乙烯和少量有机过氧化物(如过氧化苯甲酰、过氧化环己酮)。有机过氧化物分解成初级自由基,引发苯乙烯分子中的 C=C 与不饱和聚酯中的 C=C 进行自由基共聚,从而交联起来使聚酯硬化。

有机交联剂的交联过程中往往同时存在几种交联机理,并伴有许多副反应发生,是一个复杂的反应体系。

3.1.5　金属氧化物及其过氧化物的交联机理

含氯聚合物,如氯丁橡胶、卤化丁基橡胶、氯磺化聚乙烯、聚硫橡胶、氯醇、羧基橡胶等,可以用金属氧化物或过氧化物交联[2,6-7]。例如在水的存在下,氯磺化聚乙烯可用氧化铅交联,反应机理为硫酰氯先水解成酸,而后与金属氧化物直接反应成盐,如下式:

$$\sim\sim \underset{\underset{SO_2Cl}{|}}{CH}\sim\sim \xrightarrow{H_2O} \sim\sim \underset{\underset{SO_2OH}{|}}{CH}\sim\sim \xrightarrow{PbO} \sim\sim \underset{\underset{O_2S-O-Pb-O-SO_2}{|}}{CH}\sim\sim \qquad \sim\sim \underset{|}{CH}\sim\sim$$

金属过氧化物,比如锌、铅、铁、锰等的过氧化物,能使液态聚硫橡胶交联。

3.1.6　金属卤化物

用金属卤化物及有机金属卤化物交联时,高分子多数按照金属离子配位。例如,氯化亚铁等能使带有酰胺键的聚合物产生配位,形成分子间多螯合结构(如下图),该产物具有半导体性质,不溶解也不熔融[7]。

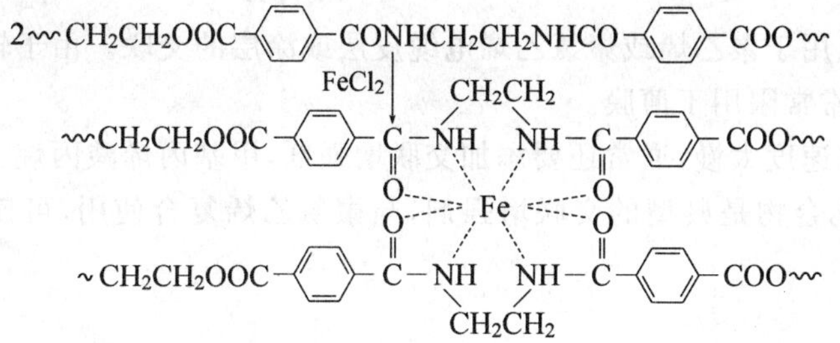

$$2\sim CH_2CH_2OOC-\!\!\!\!\bigcirc\!\!\!\!-CONHCH_2CH_2NHCO-\!\!\!\!\bigcirc\!\!\!\!-COO\sim$$

金属卤化物容易与带吡啶基的聚合物反应,形成的交联产物易受吡啶、特别是碱性强的哌啶作用,使其交联点解离。带磺酸基的聚合物也很容易与金属卤化物反应,形成交联。

3.1.7 硼酸及磷化物的交联

具有羟基末端的液体丁二烯橡胶,能用焦磷酸、双酚 A、改性多磷酸、亚磷酸三苯酯等交联成三维结构[6-8]:

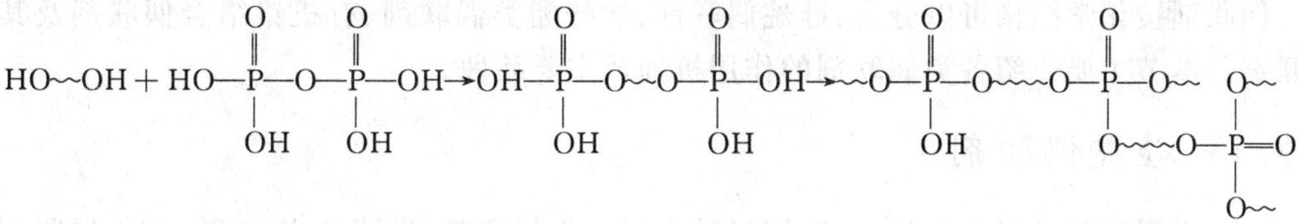

聚乙烯醇(PVA)在硼酸浓溶液中可得到交联产物,但其交联点会随温度的升高而解离。

3.1.8 光交联及辐射交联

聚合物中如有感光性基团,或加有光引发剂或光敏剂,经光照后,将产生自由基而交联。

光敏剂应具备下列性质:① 对特定波长的光敏感;② 热稳定性好,易储存;③ 工业上可使用,容易利用光源激发;④ 易溶解,呈透明状态,并且不影响树脂性能。

能用作光敏剂的有羰基化合物、有机含硫化合物、过氧化物、偶氮和重氮化合物、金属盐等,如过氧化苯甲酰,过氧化乙酰,安息香以及二苯并噻唑硫醚,有关光敏剂的种类可参见二维码。

常见的光敏剂种类

辐射交联与过氧化物交联的机理相似,都属于自由基反应。能辐射交联的聚合物往往也能用过氧化物交联。聚合物受到高能辐照时,将发生交联或降解,高剂量辐射有利于降解。辐射时交联或降解取决于聚合物结构。α,α-双取代的乙烯基聚合物,如聚甲基丙烯酸甲酯、聚 α-甲基苯乙烯、聚异丁烯、聚四氟乙烯等,趋向于降解,而且解聚成单体。聚氯乙烯类,则趋向于分解,脱氯化氢。聚乙烯、聚丙烯、聚苯乙烯、聚丙烯酸酯类等单取代聚合物,以及二烯类橡胶,则以交联为主[2]。

以电子束为例,当其轰击聚合物(如聚乙烯)时,产生氢自由基,氢自由基再夺取聚乙烯分子上的氢,形成链自由基,而后两链自由基交联,反应式如下:

$$\sim\sim CH_2CH_2 \xrightarrow{\ \text{电子束}\ } \sim\sim CH_2\overset{\cdot}{C}H\sim\sim + H\cdot$$

$$\sim\sim CH_2CH_2\sim\sim + H\cdot \longrightarrow \sim\sim CH_2\overset{\cdot}{C}H\sim\sim + H_2$$

$$2\sim\sim CH_2\overset{\cdot}{C}H\sim\sim \longrightarrow \begin{array}{l}\sim\sim CH_2CH\sim\sim \\ \ \ \ \ \ \ \ \ \ \ \ | \\ \sim\sim CH_2CH\sim\sim\end{array}$$

电子束交联已用于聚乙烯或聚氯乙烯电缆皮层或涂层的交联。由于辐射交联所能穿透的深度有限,所以常常限用于薄膜。

有些体系交联速度太慢,通常还要添加交联增强剂,甲基丙烯酸丙烷三甲醇酯等多活性双键和多官能团化合物是典型的交联增强剂,与聚氯乙烯复合使用,可使交联效率提高许多倍。

3.2　偶联剂

以聚合物为基材,用无机填料、玻璃纤维等为补强剂,制备聚合物复合材料,可以提高聚合物性能、降低成本或使材料功能化。但是无机填料、玻璃纤维等与聚合物的相容性较差,影响补强效果,可以通过偶联剂来增加无机物与聚合物的相互作用。偶联剂通过物理缠结或化学作用,在无机物和聚合物之间起到桥梁作用,使两者紧密结合起来。

偶联剂按化学结构可以分为:硅烷偶联剂、钛酸酯类偶联剂、有机铬络合偶联剂及其他偶联剂。本节主要介绍各类偶联剂的作用机理及主要品种。

3.2.1　硅烷偶联剂

硅烷类偶联剂是目前品种最多、用量较大的一类偶联剂,通式为 X₃—Si—R。偶联剂中的硅连接两种不同的基团,其中 X 为能水解的硅氧基,如甲氧基、乙氧基、氯等,X 基团水解后生成的硅醇基与无机物表面羟基缩合而产生化学结合。另一基团 R 为有机官能团,如巯基、氨基、乙烯基、甲基丙烯酰氯、环氧基等,与高分子有亲和力或化学结合。下式是 γ-巯基丙基三乙氧基硅烷与陶土、二烯类橡胶的反应方程式[3,9]:

$$HS-(CH_2)_3-\underset{\underset{OC_2H_5}{|}}{\overset{\overset{OC_2H_5}{|}}{Si}}-OC_2H_5 \xrightarrow{H_2O} HS-(CH_2)_3-\underset{\underset{OH}{|}}{\overset{\overset{OH}{|}}{Si}}-OH \xrightarrow{陶土}$$

$$HS-(CH_2)_3-\underset{\underset{OH}{|}}{\overset{\overset{OH}{|}}{Si}}-O-[陶土] \xrightarrow[CH=CH]{\sim CH_2 \quad CH_2\sim} \underset{\underset{CH_2}{|}}{\overset{\overset{CH_2}{|}}{CH}}-S-(CH_2)_3-\underset{\underset{OH}{|}}{\overset{\overset{OH}{|}}{Si}}-O-[陶土]$$

$$\big\downarrow H_2O \parallel \triangle$$

$$HS-(CH_2)_3-\underset{\underset{OH \quad H\cdots O}{|}}{\overset{\overset{OH}{|}}{Si}}-O\cdots H \\ -[陶土]$$

硅烷偶联剂中有机活性官能团对聚合物的反应有选择性,如氨基容易与环氧树脂、尼龙、酚醛树脂反应,而乙烯基容易与聚酯等反应。常见的硅烷偶联剂及其应用范围见表3-2。

表 3 - 2　常用的硅烷偶联剂

化学名称	牌号（商品名）		应用
	国内	国外	
乙烯基三（β-甲氧基）乙氧基硅烷	YG01204	A-172	聚酯、PE、PP、PVC、EPDM、BR
苯胺甲基三乙氧基硅烷	南大 42		酚醛、环氧、尼龙
γ-甲基丙烯酰氧基丙基三甲氧基硅烷	KH570	A-174	PS、PP、PE、ABS
γ-氨丙基三乙氧基硅烷	KH550	A-1100	酚醛、环氧、PVD、PC、三聚氰胺、PA、PE
γ-氯代丙基三甲氧基硅烷		A-143	PS
γ-巯基丙基三甲氧基硅烷	KH580	A-189	大部分热固性树脂
乙烯基三乙氧基硅烷	A-151	A-151	EP(D)M、Q、PE、PP
γ-缩水甘油醚丙基三甲氧基硅烷	KH560	A187	氯醇胶、PU、IIR
乙烯基三（叔丁基过氧化硅烷）	Y-4310	A1010	多种聚合物
四硫化双（三乙氧基丙基）硅烷	KH845-4	Si-69	EP(D)M、NR、IR、CR、SBR、BR、NBR、IIR
N-β 氨乙基-γ 氨丙基三甲氧基硅烷	YG01305	A1120	EP(D)M、SBR、CR、NBR、PU
乙烯基三甲氧基硅烷	Y4302	A171	EP(D)M、Q
乙烯基三氯硅烷	YG01201	A150	聚酯、玻璃纤维

3.2.2　钛酸酯类偶联剂

为了解决硅烷偶联剂对聚烯烃等热塑性塑料缺乏偶联效果的问题，20 世纪 70 年代中期发展了钛酸酯类偶联剂。这类偶联剂在塑料中有相当好的效果。

钛酸酯偶联剂的通式为 $(RO)_m Ti(OXR'Y)_n$，RO 基团与无机填料的表面羟基、表面吸附水和 H^+ 起作用，形成能包围填料单分子层的基团；Ti(OX) 为与聚合物原子连接的原子团（黏合基团），可为烷氧基、羧基、硫酰氧基、磷氧基、亚磷酰氧基、焦磷酰氧基等，该基团是钛酸酯的特性基团。R' 为长链部分，可与聚合物分子缠绕，保证与聚合物分子的混容；Y 是与钛酸酯可进行交联的官能团，可为不饱和双键、氨基、羟基等。m、n 为官能团数，可据此控制交联程度。

钛酸酯偶联剂中的长链烃基 $C_{12} \sim C_{18}$ 为亲有机部分，可与聚合物分子链发生缠绕，并借范德华力结合在一起，这一偶联作用对热塑性的聚烯烃类塑料特别适用。因为长链的缠结，可转移应力，改变应变，提高冲击强度、剪切强度和伸长率；还可在抗拉强度几乎不受影响的情况下，增加填充量。长链烃基还能使所接触无机物界面处的表面能改变，黏度下降，在填料的高填充下，聚合物熔体有良好的流动性。

钛酸酯偶联剂是一类具有独特结构的新型偶联剂，根据分子结构及偶联机理可分为：单烷氧基型钛酸酯、单烷氧基焦磷酸酯基型钛酸酯、螯合型钛酸酯、配位体型钛酸酯。

常见的钛酸
酯偶联剂

不同类型的钛酸酯偶联剂适合处理不同的无机物。其中，单烷氧基型钛酸酯只适合不含自由水而含化学键键合或物理结合水的干燥填充剂（如碳酸钙、水合氧化铝）体系。单烷氧基焦磷酸酯基型钛酸酯适合于含湿量较高的填料（陶土、滑石粉等）体系。螯合型钛酸酯适用于高湿填料（湿法二氧化硅、陶土、硅酸铝、滑石粉、水处理玻纤、炭黑等）和含水聚合物体系。在高湿体系中，单烷氧基型钛酸酯会因水解而使稳定性变差，偶联效果不好。螯合型则不然,水解稳定性极好,适应性强。四价钛酸酯在某些体系中会产生一些副反应,如在聚酯中的酯交换反应,在聚氨酯中与聚醇或异氰酸酯反应,在环氧树脂中与羟基反应等。而配位体偶联剂就可避免这些反应,从而可用于多种填充体系。

3.2.3　有机铬络合偶联剂

有机铬络合物偶联剂系由不饱和有机酸与三价铬原子形成的配价型金属络合物。通式为

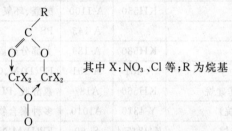

其中 X:NO_3、Cl 等;R 为烷基

有机铬络合偶联剂的一端含有与基体树脂反应的活泼不饱和基团;另一端依靠配位的铬原子与玻璃纤维表面硅氧键结合。有机铬偶联剂虽开发早,使用历史长,合成与应用技术都比较成熟,成本低,但由于品种单调,故不及硅烷和钛酸酯应用广泛。一般常用的络合物偶联剂有甲基丙烯酸氯化铬络合物,如沃兰,用于处理线形聚酯、环氧、三聚氰胺-甲醛、聚乙烯、聚丙烯、聚甲基丙烯酸甲酯等聚合物,而反丁烯二酸硝酸铬络合物(牌号为 Ny-41、B-301)可用于处理聚乙烯。

3.2.4　锆类偶联剂

20 世纪 80 年代新开发出来的一类含铝酸锆的低分子无机聚合物。在分子的主链上络合着 8 种有机配位基,8 种配位基可使自身羟基稳定性和水解稳定性保持良好;另一种配位基可赋予锆类偶联剂良好的反应性能。这类偶联剂可促进无机物质和有机物质的结合,起偶联作用(类似于上述偶联剂)。不仅如此,它还可改善填料体系的性能,故也称表面改性剂。关于它的偶联机理还有待进一步研究。

根据分子中的金属含量及有机配位基的性质,锆类偶联剂有 CaVco、ModA、C、C-1、FM、M 1、S 等八种,分别用于聚烯烃、聚酯、环氧、尼龙、丙烯酸类树脂、聚氨酯等。也可以用来处理碳酸钙、二氧化硅、陶土、三水合氧化铝、氧化钛等填料[6]。

3.3　相容剂

大部分不同种类的高分子之间不相容,需要相容剂来改善高分子之间的相容性。根据相容剂与高分子基体之间的作用特征,可以分为非反应型相容剂和反应型相容剂。

1. 非反应型相容剂[8,11-12]

非反应型相容剂通常为嵌段共聚物、接枝共聚物和无规共聚物,如 PE-PMMA 本体共聚物、PE-PS 接枝共聚物等。如在 A、B 组成的两种高分子体系中,添加 A－B 型嵌段共聚物作相容剂,共聚物的 A 嵌段部分进入 A 高分子相,共聚物的 B 嵌段部分进入 B 高分子相,使界面具有较高的结合强度,同时使体系的相态稳定,一般情况下,添加量较多的高分子将成为连续相,添加量较少的高分子成为分散相。非反应性相容剂容易混炼、副反应较少,

但用量较大。

2. 反应型相容剂[8,11-12]

非反应型相容剂

分子上带有能和共混体系中某种高分子基体反应的活性官能团，并能在高分子合金制备条件下发生有效反应称为反应型相容剂。一般是大分子型的，其活性官能团可以在分子的末端或侧链上，其大分子主链可以和共混体系中的一种高分子基体相同，如无水马来酸酐－PP 共聚物可作为 PA 和 PP 的相容剂。界面作用模式可描述为：在 A、B 组成的两种高分子体系中，添加 A－Y 型或 B－Y 型反应型相容剂时，则 A－Y 或 B－Y 可以和体系中的高分子发生反应，生成 A－B 型共聚物并起到相容剂的作用，相容剂中 Y 基团在挤出或混炼条件下具有较好的活性，常见的有环氧基、羧基、酸酐，相应地在 A 或 B 高分子中，其分子上也必须有一种能和 Y 反应的活性官能团 X，常见的有—NH$_2$，—OH，—COOH 等。反应型相容剂只需少量就能起到明显效果，但是副反应会影响加工性能，降低物性。常用的反应型相容剂如表 3－3。

表 3－3　反应型相容剂[8]

树脂 A	树脂 B	相容剂	树脂 A	树脂 B	相容剂
PA	PE	羧酸化 PE 或 P(E-MAA)	PA	ABS	p(St-AA)或 p(St-AA-MAH)
PA	PE	Ionomer 或羧酸化 PE	PA	ABS	p(St-AA-MAH)
PA	PP	马来酸酐化 PP	PA	ABS	p(MAH-丙烯酸酯)
PA	PP	Ionomer	PET	PC	羧酸化 PP 或羧酸化 PE
PA	PP	马来酸酐化 EPR RAM	PC	PP 或 PE	p(St-MMA-MAH)
PA	PS	p(St-MAA)	PPO	ABS	
PA	PS	MAH-St 接枝共聚物	PP	PEDM	马来酸酐化 PP/末端氨基 NBR
PA	PPO	p(St-MAH)或 p(St-MI)	PP	NBR	马来酸酐化 SBS 或 MAH

3.4　填充和补强剂

复合材料中的增强体，按几何形状划分，有颗粒状（零维）、纤维状（一维）、薄片状（二维）、纤维编织的三维立体结构，复合材料最主要的增强体是纤维，而橡胶材料最主要的增强体则是炭黑粒子。

3.4.1　纤维增强材料

增强体在复合材料中是分散相。对于结构复合材料，纤维的主要用途是承载。纤维承受载荷的比例远大于基体；对于多功能复合材料，纤维的主要作用是吸波、隐身、防热、耐磨、耐腐蚀等其中的一种或多种，同时为材料提供基体的结构性能。目前主要用作聚合物增强材料的纤维有无机纤维、碳纤维和有机纤维。本节主要介绍无机纤维和碳纤维，有机纤维详见第七章高性能高分子材料。

1. 玻璃纤维

玻璃纤维是一大类系列产品的通称，它有各种不同化学成分。一般，玻璃纤维以氧化硅为主体（约含 50%～60% SiO$_2$），同时含有钙、硼、钠、铝、铁的氧化物，其本身是各向同性的，具有较高的拉伸强度和弹性模量。

根据玻璃纤维化学成分的不同，可以分为 E 玻璃纤维、C 玻璃纤维、S 玻璃纤维和 M 玻璃纤维。E 玻璃纤维也称无碱玻璃纤维,它的 R_2O 含量不大于 0.5%(国外一般约 1%)。C 玻璃纤维是一种耐钠硼硅酸盐的中碱玻璃,它的 R_2O 含量一般为 2%~6%,具有较好的强度、耐酸性、耐水性及耐水解性能,国内中碱玻璃与国外 C 玻璃的主要区别在于不含硼。S 玻璃纤维又称高强玻璃纤维,属镁铝硅酸盐玻璃纤维系列。S 玻璃纤维的拉伸强度比 E 玻璃纤维约高 35%,杨氏模量高 10%~20%,高温下仍能保持良好的强度和疲劳性能。M 玻璃纤维是一种氧化铍含量高的高弹性模量玻璃纤维,相对密度大、比强度(强度/密度)低,由它制成的玻璃钢制品有较高的强度和较高的模量,适用于航空、宇航等领域。还有一种高硅氧玻璃纤维,是将高钙硼硅酸盐玻璃纤维在酸中溶去金属氧化物,得到 SiO_2 骨架,再经清洗和热处理制成的,其 SiO_2 含量在 96%以上。高硅氧纤维耐热性好(约 1 100℃),热膨胀系数低,化学稳定性好,但强度较低(250 MPa~300 MPa)。

　　按照玻璃纤维的直径,可将其分为超细玻璃纤维、中粗纤维和粗纤维。直径为 3.8~4.6 μm 的超细玻璃纤维(代号 B、C)的柔曲性、耐折性和耐磨性好,用于制作防火衣、宇宙服、帐篷、地毯和飞船内的纺织用品;直径为 9.2~21.6 μm 的粗纤维(代号 G、H、K、M、P、R)与树脂的浸透性好,成本低、产量高、经济性和工艺性好,用于制作无捻粗纱、短切薄毡及片状模压料(SMC)等预成型料,并用作塑料、橡胶和水泥的增强材料,其中 R 玻璃纤维适用于缠绕法制造各种玻璃钢管道和容器。

2. 碳纤维[13-14]

常见纤维的性能

　　碳纤维由 90%以上的碳元素组成,纤维直径在 5~10 μm 之间,弹性模量和拉伸强度范围很宽,工业上碳纤维由聚丙烯腈拉制成预制物,在机械张力下于空气中把纤维加热到240~300℃以稳定取向,在加热过程中聚丙烯腈发生脱氢,通过氰基环化形成梯形结构,梯形结构在惰性气氛和 1 600℃的温度下热分解,转化成石墨片层结构。由于在预制过程中使聚合物在张力作用下发生强拉伸,导致石墨层沿纤维方向高度取向,这种微结构导致碳纤维具有高强度和高刚性。

　　与玻璃纤维相比,碳纤维具有明显的各向异性。碳纤维一般非常脆,在加工过程中易发生轴向弯曲。单根碳纤维抗疲劳性较好。

3. 硼纤维

　　硼原子序数为 5,相对原子质量为 10.81,熔点在 2 000℃以上,是电的半导体,其硬度仅次于金刚石,很难直接制成纤维状。一般是通过在超细的芯材(载体)上化学气相沉积硼来获得表层为硼、含有异质芯材的复合纤维。硼纤维是高强度和高模量的无机纤维。芯材通常选用钨丝或碳丝,也可用涂碳或者涂钨的石英纤维。硼纤维的模量比 S 玻璃纤维高 4~5倍,通常生产的直径为 100 μm 和 142 μm 的硼纤维拉伸强度为 3.8 GPa 左右;一些特制的、特大直径的硼纤维在未处理状态和某些处理状态下的拉伸强度有所改善。如果进一步将硼纤维表面轻微化学抛光,硼纤维的弯曲强度可提高近 1 倍。硼纤维受其价格高的限制而未获得更广泛的应用。

4. 氧化铝纤维

　　氧化铝纤维因具有耐高温、抗氧化性能优、绝缘性能好等特点而成为高级纤维。制造氧化铝纤维的方法包括杜邦法、住友化学法、拉晶法、溶胶-凝胶法和 ICI 法,采用不同的方法制造的氧化铝纤维的形状、结构和性能具有很大的差别。氧化铝纤维增强聚合物复合材料具有透波性、无色性等特点,有望在电路板、电子电器器械、雷达罩和钓鱼竿等体育用品领域使用。

5. 晶须

晶须是具有一定长度的纤维状单晶体，它的直径小（d 为 $0.1\,\mu m$ 至数微米），长径比大。内部缺陷极少，具有很高的拉伸强度（接近理论强度）和弹性模量。根据化学成分不同，可分为陶瓷晶须和金属晶须两类。陶瓷晶须包括氧化物（Al_2O_3、BeO）晶须、非氧化物（SiC、Si_3N_4、SiN）晶须；金属晶须包括 Cu、Cr、Fe、Ni 晶须等。

碳化硅晶须外观为灰绿色、尺寸细小，通常有 α - SiC 和 β - SiC 两种结构。α - SiC 晶须为多面体六方结构；β - SiC 晶须为单一立方结构。目前生产的碳化硅晶须多为 β - SiC 晶须。

碳化硅晶须具有优异的力学性能，如高强度、高模量、耐腐蚀、抗高温、密度小，与树脂基体黏接性好，易于制备树脂基及玻璃基复合材料；其复合材料具有质量轻、比强度高、耐磨等特性，因此应用范围较广。

钛酸钾（$K_2O \cdot 6TiO_2$）晶须的直径约为 $0.2 \sim 1.5\,\mu m$，长度为 $10 \sim 100\,\mu m$，钛酸钾晶须硬度低（莫氏硬度 4），拉伸强度为 $690 \sim 3\,335$ MPa，弹性模量为 $300 \sim 412$ GPa，延伸率为 $0.2\% \sim 0.8\%$；在空气中可耐 700℃、在惰性气体中可耐 3 000℃；热膨胀系数小；受中子照射尺寸变化小；耐磨性、自润滑性优良；与生物体的适应性好。作为高性能复合材料增强体，可增强金属、橡胶和水泥；可作为电子材料、原子能工业材料应用。

晶须具有比纤维增强体更优异的高温性能和抗蠕变性能，将晶须用作复合材料的增强体时，它更适合成本低的复合工艺。

3.4.2 颗粒增强增韧材料

用以改善树脂的力学性能、提高断裂功、提高耐磨性和硬度、增强耐腐蚀性能的颗粒状材料称为颗粒增强材料。颗粒增强材料主要包括无机粒子和炭黑粒子。

颗粒增强体可以通过三种机制对树脂产生增韧效果：① 当材料受到破坏应力时，裂纹尖端处的颗粒发生显著的物理变化，如晶型转变、体积改变、微裂纹产生与增韧等，它们均能消耗能量，从而提高了复合材料的韧性。这种增韧机制称为相变增韧和微裂纹增韧。② 复合材料中的第二相颗粒使裂纹扩展路径发生改变，如裂纹偏转、弯曲、分叉、裂纹桥接或裂纹钉扎等，从而产生增韧效果。③ 混合增韧。目前能够使用的颗粒增强体有 SiC、B_4C、WC、Al_2O_3、MoS_2、Si_3N_4、TiB_2、BN、C（石墨）等。颗粒增强体的平均尺寸为 $3.5 \sim 10\,\mu m$，最细的为纳米级（$1 \sim 100$ nm），最粗的颗粒粒径大于 $30\,\mu m$。

炭黑是橡胶材料中常用的补强剂。炭黑对橡胶的补强机理很多，比较全面的是橡胶大分子链滑动学说。炭黑粒子表面的活性不均一，有少数强的活性点以及一些能量不同的吸附点，吸附在炭黑表面上的橡胶链可以有不同的结合能量，吸附的橡胶链在应力作用下会滑动伸长，起应力均匀作用，缓解应力集中为补强的第一个要素。当伸长再增大，链再滑动，使橡胶链高度取向，承担大的应力，有高的模量，为补强的第二个要素。由于滑动的摩擦使胶料有滞后损耗，损耗会消去一部分外力功，化为热量，使橡胶不受破坏，为补强的第三个要素。常用的补强性炭黑有超耐磨炭黑、中超耐磨炭黑、高耐磨炭黑等。

3.5 增塑剂

为改善聚合物的柔软性或加工性能，常在聚合物中加入高沸点、低挥发性并能与聚合物混溶的低分子液体或低熔点固体,这种作用称为增塑,所用的低分子物则称作增塑剂。塑料经增塑后,流动性和塑性增加,流动温度降低,有利于成型加工;增塑聚合物的玻璃化温度和脆化温度降低,柔软性、冲击强度、断裂伸长率提高而可能成为软塑料,拉伸强度和电性能却有所下降。

根据(极性)相似相溶的原则,极性聚合物与极性增塑剂,容易成为良好的增塑体系,例如邻苯二甲酸二辛酯(DOP)是聚氯乙烯(PVC)最常用的主增塑剂,这类体系的玻璃化温度降低值(ΔT_g)往往与增塑剂的摩尔比率成正比。非极性聚合物的增塑当选用非极性增塑剂,该体系的玻璃化温度降低值则与增塑剂的体积比率成正比。

实际上多种增塑剂的极性有着一定的波动范围,例如癸二酸二辛酯的极性就比邻苯二甲酸二辛酯的极性低得多,与聚氯乙烯的相容性也有所降低,因其耐寒性好而用作辅助增塑剂,使用量受到一定的限制。氯化石蜡与聚氯乙烯的相容性更低,因具有良好的阻燃性、润滑性和电性能而限量用作辅助增塑剂。

增塑剂的种类很多,耗量居加工助剂之首。特别是聚氯乙烯软制品,更离不开增塑剂。聚氯乙烯增塑剂一般至少含有一个极性基团,通常是酯基,还可能含有磷和硫原子,常用的增塑剂包括邻苯二甲酸酯类、二元脂肪酸酯类、磷酸酯,以及高分子增塑剂等。

3.5.1　邻苯二甲酸酯类增塑剂[6-8]

邻苯二甲酸酯类是应用最广的增塑剂,品种多、产量大,约占增塑剂总产量的80%,常用品种见表3-4。

表3-4　邻苯二甲酸酯类增塑剂[8]

名称	分子量	外观	沸点/(℃(mmHg)$^{-1}$)	凝固点/℃	闪点/℃
邻苯二甲酸二甲酯(DMP)	193	无色透明液体	282/760	0	151
邻苯二甲酸二乙酯(DEP)	222	无色透明液体	298/760	−40	153
邻苯二甲酸二丁酯(DBP)	278	无色透明液体	340/760	−35	170
邻苯二甲酸二庚酯(DHP)	362	无色透明油状液体	(235~240)/10	−46	193
邻苯二甲酸二辛酯(DOP)	390	无色油状液体	387/760	−55	218
邻苯二甲酸二正辛酯(DNOP)	390	无色油状液体	390/760	−40	219
邻苯二甲酸二壬酯(DNP)	439	透明液体	(230~239)/5	−25	219
邻苯二甲酸二异癸酯(DIDP)	446	无色油状液体	420/760	−35	225
邻苯二甲酸二(十三)酯(DTDP)	531	黏稠液体	(280~290)/4	−35	243
邻苯二甲酸丁辛酯(BOP)	334	油状液体	340/740	−50	188
邻苯二甲酸丁苄酸酯(BBP)	312	无色油状液体	370/760	−35	199
丁基邻苯二甲酰基乙醇酸酸丁酯(BPBG)	336	无色油状液体	219/5	−35	199

大多数邻苯二甲酸酯增塑剂性能全面,一般作主增塑剂使用。其中最常用的 DOP 与PVC 的相容性好,增塑产品电性能和低温性能佳,挥发性、抽出性与毒性均较低,因此可用于电缆、薄膜等多种制品的配方中。

3.5.2　二元脂肪酸酯类增塑剂

二元脂肪酸酯类增塑剂主要是己二酸、壬二酸、癸二酸的酯类,其优点是增塑产品低温性能优,制品的脆化温度可达-70℃～-30℃,其中以癸二酸二辛酯中(DOS)用得最广。可惜与聚氯乙烯的相容性较差,一般作辅助增塑剂使用。常见二元脂肪酸酯类增塑剂见表3-5。

表 3-5　常见脂肪族二元酸酯增塑剂[8]

名称	分子量	外观	沸点/(℃(mmHg)$^{-1}$)	凝固点/℃	闪点/℃
己二酸二辛酯(DOA)	370	无色油状液体	210/5	-60	193
壬二酸二辛酯(DOZ)	422	几乎无色液体	376/760	-65	213
癸二酸二丁酯(DBS)	314	几乎无色液体	349/760	-11	202
癸二酸二辛酯(DOS)	427	几乎无色液体	270/4	—	241
己二酸直链醇辛酯(610 酯)	378	几乎无色液体	240/5	—	204

3.5.3　磷酸酯增塑剂

有四类磷酸酯可用作增塑剂:磷酸三烷基酯、磷酸三芳基酯、磷酸烷基芳基酯和含氯磷酸酯等,其中以磷酸三甲苯酯(TCP)用量最大。磷酸酯和各类树脂都有良好的相容性;磷酸酯的突出优点是阻燃性,单独使用时阻燃效果固然好,但要考虑综合性能,通常须和其他增塑剂混用,阻燃作用相对降低。另外,磷酸酯类增塑剂挥发性低,抗抽出性也优于DOP,多数磷酸酯都有耐菌性和耐候性。但价格昂贵、耐寒性差且毒性较大是其缺点。常见的磷酸酯增塑剂如表 3-6 所示。

表 3-6　常见磷酸酯增塑剂[15]

名称	分子量	外观	沸点/(℃(mmHg)$^{-1}$)	凝固点/℃	闪点/℃
磷酸三丁酯(TBP)	266	无色液体	(137～145)/4	-80	193
磷酸三辛酯(TOP)	434	几乎无色液体	216/4	<-90	216
磷酸三苯酯(TPP)	326	白色针状晶体	370/760	49	225
磷酸三甲苯酯(TCP)	368	几乎无色液体	(235～255)/4	-35	230
磷酸二苯-辛酯(DPOP)	362	浅黄透明油状液体	375/760	-6	200

3.5.4　环氧化合物增塑剂

用作增塑剂的环氧化合物主要有环氧脂肪酸甘油酯、环氧脂肪酸单酯以及环氧四氢邻苯二甲酸酯三种类型。

① 环氧大豆油(ESO)　浅黄色油状液体,是辅助增塑剂兼稳定剂,有良好的热、光稳定作用,低温柔韧性好,挥发性低,抗抽出性能好,无毒,用量一般控制在增塑剂总用量的三分之一。常用于透明制品,其化学成分复杂,是甘油脂肪酸酯混合物,与树脂的相容性较差。

② 环氧硬脂酸辛酯(EDS)　浅黄色油状液体,是优良的辅助增塑剂兼稳定剂,热稳定性和耐火性优良,耐低温、耐挥发。耐抽出性好,常用于农用薄膜。

③ 环氧油酸丁酯(EBST)　又叫环氧十八酸丁酯,油状液体,分子量348～356,相对密

度 0.9,碘值小于 6,为 PVC 的耐热性和耐寒性增塑剂,耐寒性比 DOA 好,且挥发性较低,其他性能良好,相容性好,增塑效率高,还具有一定的润滑性,可改善配合料的操作性能。适用于低温农业透明薄膜、人造革等,一般添加量为 5%～10%。

④ 环氧四氢邻苯二甲酸二辛酯(EPS)　浅黄色油状液体,相对密度 1.007(20℃时),具有邻苯二甲酸及环氧两种结构,因此具有 DOP 类的全面性能及环氧类的增塑兼稳定双重性能,相容性好,防霉性能也好,可以作为主增塑剂,但价格较高。

⑤ 环氧棉籽油　相对密度 0.916～0.970,加热损失量≤0.3%,闪点≥280℃,酸值≤0.5 mg/g,折光指数(25℃)1.467 5,环氧值≤4.5%,毒性 15 g/kg(环氧大豆油毒性 22 g/kg)。可代替环氧大豆油等,用作 PVC 的增塑剂兼稳定剂效果良好;与酯类增塑剂并用,可减少迁移,与有机锡稳定剂并用,有很好的协同效应,可减少主稳定剂用量。

3.5.5　聚酯增塑剂

聚酯类增塑剂是属于聚合型的增塑剂,大部分用于 PVC 制品上,它的增塑作用取决于酯基之间的非极性脂肪族链段,这些链段对酯基起屏蔽作用,降低了 PVC 的偶极效能,其最大特点是耐久性突出,因而有永久型增塑剂之称。其主要品种有己二酸丙二醇聚酯(G50)(分子量在 1 500～4 000),癸二酸丙二酸聚酯(G25)。聚酯增塑剂一般多与 DOP 类并用,用于汽车、电线电缆、电冰箱等长期使用的制品中。

3.5.6　含氯化合物

含氯化合物中主要包括氯化石蜡,氯化脂肪酸等。氯化石蜡中含氯量为 30%～70%,常用含氯 42% 类型,52% 类型,其挥发性低、不燃、价廉,但耐寒性与耐候性较差,加入 0.2 份酚类稳定剂可提高氯化石蜡的热稳定性。氯化脂肪酸中常用的五氯硬脂酸甲酯(MPCS)为浅黄色油状液体,有特殊臭味,阻燃、稳定性差,耐寒性差。含氯化合物的优点是具有良好的电绝缘性和阻燃性,缺点是与 PVC 相容性差,热稳定性也不好,因而一般作为辅助增塑剂使用。

3.5.7　含能增塑剂[16-18]

含有硝基、硝酸酯基、硝胺基、叠氮基、二氟胺基等含能基团的增塑剂称为含能增塑剂,这是一类特殊的增塑剂,用于改善推进剂的机械性能、提高发射药或推进剂的燃烧速度,在军工等领域具有较高的使用价值。

含能增塑剂主要有:① 硝酸酯基类增塑剂,如三羟甲基乙烷三硝酸酯(TMETN)、三羟甲基甲烷三硝酸酯(TMMTN)、二缩三乙二醇二硝酸酯(TEGDN)、一缩二乙二醇二硝酸酯(DEGDN)、乙二醇二硝酸酯(EGDN)、1,2,4-丁三醇三硝酸酯(BTTN)、一缩二甘油四硝酸酯(DGTN)。它们的结构和硝化甘油类似,具有增塑作用;② 硝基含能增塑剂,如双(2,2-二硝基丙基)缩甲醛(BDNPF)和双(2,2-二硝基丙基)缩乙醛(BDNPA);③ 叠氮基增塑剂,如二叠氮乙酸乙二醇酯(EGBAA)、二叠氮乙酸一缩乙二醇酯(DEGBAA)、四叠氮乙酸季戊四醇酯(PETKAA)、三羟甲基硝基甲烷三叠氮乙酸酯(TMNTA)等。除上述增塑剂外,还有苯多酸酯类、烷基磺酸苯酸类、多元醇酯类、柠檬酸酯等。

3.6　成核改性剂

　　结晶型聚合物的结晶形态及尺寸大小直接影响制品的加工和应用性能。例如,相对分子质量为 10 万的聚乙烯,当结晶度低于 60％时,制品的力学强度很差,低结晶度的聚丙烯的熔点、硬度、刚性同样较低。

　　结晶型聚合物有多种结晶形态,在不同的结晶条件下可形成单晶、球晶、树枝状晶、纤维状晶、串晶等。聚合物结晶首先需要晶核。晶核的形成可分为均相成核和异相成核,一般聚合物同时存在这两种成核机理。

　　均相成核中晶核是大分子中的链段,聚合物因分子热运动而结晶。因此均相成核只有在较低温度下可保持。异相成核是借助于外来物质(杂质、成核剂、残留在熔体中的物质等)的加入而成核,聚合物熔体与外物之间的某些化学结合力(如氢键),促使大分子链依附于外物的粗糙表面上,很快地有序排列,在较高温度下即能成核结晶。

　　成核改性剂是通过改变聚合物的结晶度、加快结晶速率来改善性能的加工助剂。成核剂的作用是将某些结晶物质加入聚合物熔体中,促使熔体异相成核,加速结晶而固化,从而缩短加工周期,并提高产品质量。

3.6.1　聚丙烯用成核剂[19-21]

　　聚丙烯是广泛应用的塑料制品,利用成核剂来改性聚丙烯塑料制品是简单、有效的方法。按分子组成可分为无机成核剂、有机成核剂和高分子成核剂。无机成核剂的使用效果一般较差。有机成核剂中主要包括:α 晶型成核剂,如二亚苄基山梨醇(DBS)、双(4－叔丁基苯基)磷酸钠、亚甲基双(2,4－二叔丁基苯基)磷酸酯羟基铝盐等;β 晶型成核剂主要包括溶靛素灰(IBL)、溶靛素腙(IRRD)及 N,N′－二苯基己二酰胺(DPH);高分子成核剂如聚乙烯基环己烷、聚乙烯基环戊烷、聚 3－甲基－1－戊烯、聚 3－甲基－1－丁烯等。

3.6.2　聚酯用成核剂

　　聚酯(PET)分子中存在苯环结构而使其运动性较差,加工时一般需加入增塑剂降低其玻璃化温度,增加流动性,同时加入成核剂以增快其结晶速率,从而改善 PET 的加工条件,扩大应用范围。

　　增塑剂(如磷酸苯酯类化合物)对 PET 的结晶有促进作用,对 PET 适用的成核剂有高熔点的 PET(比一般 PET 熔点高 20℃以上的高黏度 PET)、聚酰胺、聚酰肼、聚环氧乙烷、聚四氟乙烯等聚合物,苯磺酸钠、对苯酚磺酸钠、羧酸钠等有机金属盐,以及滑石粉、云母、碳酸钙、碳酸镁、二氧化钛等无机粉末。

3.6.3　聚甲醛用成核剂

　　聚甲醛(POM)是线形高结晶型聚合物,结晶度可达 60％以上。POM 厚制品在注射和模压过程中,由于内外层冷却速率不一,会形成大小不同的球晶,有损力学性能。往 POM 树脂中加入成核剂,可改善结晶性能和力学性能,扩大制品的应用范围,提高应用效果。

　　常用于聚甲醛的成核剂有氮化硼、高级环氧烷、草酸二酰胺、偶氮二羧酸酰胺、羟苯甲基-酰脲-S-三嗪,用量一般在 0.2%～3.0%左右,无机类用量小于有机类的用量。

3.6.4 聚酰胺用成核剂

尼龙 6 和尼龙 1010 是尼龙的主要品种,结晶度中等,结晶速率不快,这一特性影响了尼龙在塑料制品中的应用。如其模塑制品的结晶不完全,模塑周期长,制品尺寸稳定性、初始熔融温度等均受到影响。加工体系中添加成核剂后,则可促进尼龙结晶,提高结晶度,改善微观尺寸和形态,从而提高制品的拉伸屈服强度、弯曲模量等力学性能。

尼龙体系中最常用的成核剂有氧化硅、胶体石墨、LiF、BN、硼酸铝和某些聚合物,如 Clariant 公司的牌号为 Licomont CAV102 和 Licomont NAV101 成核剂。用量不大,一般在 0.1%～1.0%之间,近年来出现的插层蒙脱土纳米改性尼龙实际上也有成核剂改性作用。成核剂的加入,尼龙的初始结晶温度明显提高,结晶的过冷现象改善,能在较高温度下结晶且结晶较完全,提高了材料的耐熔蚀性,可在高温下使用,同时,半晶期缩短使制品的模塑周期相应缩短,制品在脱模过程中产生的变形以及后收缩引起的变形均会减少。

在尼龙的实际加工中一般加入适量纤维以改善制品的应用性能,这样得到的制品结晶结构更加有序。目前,人们较多地研究利用成核剂来改性纤维增强尼龙,提高性能,扩大应用范围。开发尼龙的高分子成核剂是较好的研究方向。

3.7 增韧剂

聚合物在常温下一般显出脆性。聚合物的脆性与其分子结构有关。分子链越柔顺,脆性越小。因此影响高分子链柔性的因素,如主链结构、取代基、聚合度、交联程度等均能影响聚合物的脆性,如双烯类聚合物的主链中含有双键,柔性大。主链中杂原子的存在使 C—O、C—N、Si—O 等单键易于内旋转,高分子的柔性变大,而主链中的芳环、杂环等环状结构使聚合物的脆性变大。取代基极性越强、数量越多、体积越大的聚合物的脆性越大。

聚合物材料在实际使用过程中,不仅需要具有较高的强度,而且还需要较高的韧性,因此有关塑料增韧的研究一直是高分子材料科学的热点。19 世纪 40 年代以来,工业上就广泛采用加入少量橡胶来提高刚性聚合物的抗断裂性能,目前许多橡胶增韧的塑料已经成为大众化的高分子材料品种,如高抗冲聚苯乙烯(HIPS)、ABS、MBS、ACR 增韧 PVC、聚碳酸酯和环氧树脂等。在橡胶提高塑料基体韧性的同时,对基体材料的其他性能(如强度及耐热性等)也会带来不利的影响,因此自 20 世纪 80 年代中期,人们开始研究用刚性的塑料粒子(非弹性体)、刚性无机粒子代替橡胶增韧塑料,以此制备高强度高韧性的聚合物材料。近年来,非弹性体增韧方法已经在高分子合金的制备中获得广泛的应用。如在 PC、PA 等基体中添加 PS、PMMA、AS 等可制得非弹性体增韧的聚合物材料。

3.7.1 橡胶增韧塑料[22-24]

橡胶增韧塑料的特点是具有很高的冲击强度,常比基体树脂高 5～10 倍乃至数十倍,通常橡胶增韧塑料的抗冲击强度与制备方法关系很大,不同的制备方法常使界面黏合强度、形态、结构、橡胶颗粒大小及其分布不同,从而导致增韧效果不同。

关于橡胶增韧热塑性塑料的机理,从 20 世纪 50 年代开始提出了不少的理论解释,归纳起来有以下几种：Merz 的能量吸收理论、Nielsen 的次级转变温度理论、Newman 的屈服膨胀理论、Schmit 的裂纹核心理论等。这些理论往往只注重某个侧面。当前被普遍接受的是近年发展的银纹-剪切带-空穴理论。该理论认为，橡胶颗粒的主要作用包括：① 引发支化大量银纹并桥接银纹的两端；② 引发基体剪切形变，形成剪切带；③ 在橡胶颗粒内部及表面产生空穴，空穴之间聚合物链的伸展和剪切导致基体塑性变形。橡胶增韧的主要因素是银纹的引发、支化和基体的塑性变形。基体不同，两种机理所占的比重不同，一般脆性基体（如 PS、PMMA）以银纹的引发、支化机理为主，韧性基体（PC、尼龙）则以塑性变形为主。目前有橡胶颗粒空穴化理论和脆韧转变两种理论可以解释基体产生塑性变形的机理，这两种理论之间也是相互联系的。

橡胶增韧热固性塑料的机理在于橡胶中的活性端基（如羧基、羟基、氨基等）与热固性树脂中的活性基团（如环氧基、羟基）反应形成嵌段。在树脂固化过程中，这些橡胶类弹性体一般能从基体中析出，在物理上形成两相结构。这种橡胶增韧的热固性树脂的断裂韧性比起未增韧的树脂有较大幅度提高，在这种橡胶增韧的热固性树脂体系中，橡胶的主要作用在于诱发基体的耗能过程，而其本身在断裂过程中被拉伸撕裂所耗的能量一般占次要地位。正确地控制橡胶与热固性树脂体系中的相分离过程是增韧成功的关键。

一些重要聚合物的增韧剂

3.7.2　刚性粒子增韧塑料

弹性体增韧材料的抗冲击改性效果十分好，但是弹性体在增韧的同时，往往以牺牲材料宝贵的强度、刚度、尺寸稳定性、耐热性及可加工性为代价。近年发展的刚性粒子可以克服这些缺点，能同时进行增韧和增强改性，是一种两全其美的改性方法。

1. 刚性有机粒子增韧[22]

有机刚性粒子也称刚性有机填料（Rigid Organic Filler，ROF），目前对有机刚性粒子增韧较为满意的解释是 Kuraucki 和 Ohta 的"冷拉机理"。该理论认为，对于含有分散粒子的复合物，在拉伸过程中，由于分散相的刚性球和基体的杨氏模量和泊松比之间的差别而在分散相的赤道面上产生一种较高的静压强，当刚性颗粒受到的静压强大到一定数值时，屈服而产生冷拉，发生大的塑性转变，从而吸收大量的冲击能量，使材料的韧性提高。有机刚性粒子对塑料增韧作用，是通过自身的屈服变形（冷拉）过程吸收能量的，因此刚性颗粒只有发生屈服变形才有助于合金体系韧性的提高。

非弹性体增韧的对象是有一定韧性的聚合物，如聚碳酸酯（PC）、尼龙（PA）等，对于脆性基体需先用弹性体增韧，变成有一定韧性的基体后，再用有机分子进一步增韧。常用的刚性有机粒子有 PMMA、PS、MMA/S 和 SAN 等。有机刚性粒子同时具有增韧与增强的双重功能。一般情况下，适宜的用量为 3％～35％。

2. 刚性无机填料的增韧机理[25-26]

无机刚性粒子又称为刚性无机填料（Rigid Inorganic Filler，RIF）。无机刚性粒子增韧的机理研究还不成熟，一般认为无机粒子能否增强，与它在基体中的分散程度有关。当无机粒子均匀地分散在基体中，无论它们是否有良好的界面结合，都会产生明显的增韧效果。无机粒子在树脂中的分散程度与其比表面积、表面自由能、表面极性、树脂的表面极性、无机粒子与树脂之间的化学作用、树脂的熔体黏度等有关。要获得均匀分散的复合材料，无机粒子和树脂的表面自由能及极性要匹配,树脂的黏度也要合适。

大多数无机填料都是刚性的。如 SiO_2、ZnO、TiO_2、$CaCO_3$。特别是纳米尺寸的无机粒子已经广泛地用于增强和增韧聚合物材料。

3.8 抗氧剂及抗臭氧剂

3.8.1 抗氧剂

高分子材料在加工或使用中,能防止由于空气接触而在一定温度下发生热氧降解的添加剂,称为抗氧剂。严格地说,抗氧剂实际是指抗热氧剂。抗氧剂品种很多,主要用于橡胶和塑料。习惯上把用于橡胶的抗氧剂称为防老剂。按作用机理不同,可以分为主抗氧剂、辅助抗氧剂、金属钝化剂。

聚合物氧化过程是自由基反应过程,其反应历程可用下式表示[2]:

$$引发 \quad RH \longrightarrow R \cdot + \cdot H$$
$$ROOH \longrightarrow RO \cdot + \cdot OH$$
$$增长(快) \quad R \cdot + O_2 \longrightarrow ROO \cdot$$
$$转移(慢) \quad ROO \cdot + RH \longrightarrow ROOH + R \cdot$$
$$HO \cdot + RH \longrightarrow H_2O + R \cdot$$
$$RO \cdot + RH \longrightarrow ROH + R \cdot$$
$$终止 \quad R \cdot 、RO、ROO \cdot 双基终止成为稳定产物$$

自由基 $R \cdot$ 和氧加成极快,转移反应相对较慢,但比一般化学反应快得多。因此抗氧化的关键是防止自由基的产生,并及时消灭。

抗氧剂的作用机理非常复杂,主要有终止链机理、氢过氧化物分解机理和金属离子钝化机理。

① 链终止机理　链终止型抗氧剂(AH)可看作阻聚剂或自由基捕捉剂,它主要作用是通过链转移反应消灭初始自由基,而本身转变成不活泼的自由基 $A \cdot$,从而终止连锁反应。

$$ROO \cdot + AH \longrightarrow ROOH + A \cdot$$

典型的抗氧剂一般是带有较大体积供电基团的"阻位"型酚基和芳胺,如 2,6-二叔丁基-4-甲基酚醛(264)、N-N′-二-β-萘基对苯二胺(DNP),这类抗氧剂一般为主抗氧剂。

② 氢过氧化物分解机理　氢过氧化物分解剂实质为有机还原剂,包括硫醇(RSH)、有机硫化物(R_2S)、三级膦(R_3P)、三级胺(R_3N),其作用是使 ROOH 或 ROOR′还原、分解和失活,1 分子还原剂可以分解多个氢过氧化物,这类抗氧剂一般为副抗氧剂。如:

$$R'-S-S-R' + 2ROOH \longrightarrow 2ROH + R'-S-R' + SO_2$$
$$ROOH + R'-S-R' \longrightarrow ROH + R'SOR'$$
$$ROOH + R'SOR' \longrightarrow ROH + R'SO_2R'$$

③ 金属钝化机理　钝化剂通常是酰肼类、肟类、醛胺缩合物等,可以与铁、钴、铜、锰、钛等过渡金属络合,消除金属离子对聚合物氧化的催化活性,这类抗氧剂又称为金属钝化剂。

其钝化机理如下：

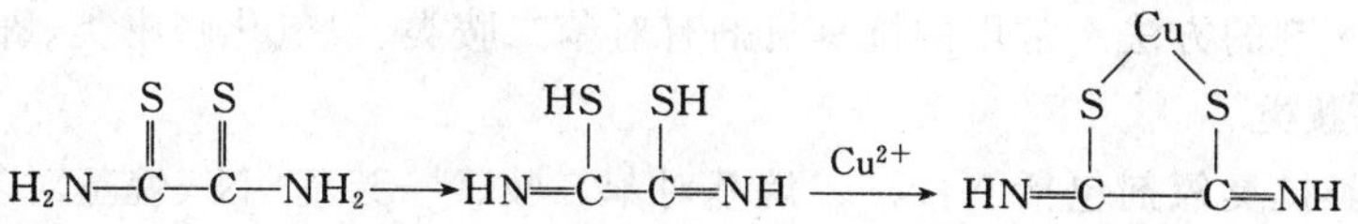

$$\text{H}_2\text{N—C—C—NH}_2 \xrightarrow{\phantom{Cu^{2+}}} \text{HN—C—C—NH} \xrightarrow{\text{Cu}^{2+}} \text{HN—C—C—NH}$$

按化学结构的不同，主氧化剂可分为胺类抗氧剂、酚类抗氧剂。辅助抗氧剂包括硫化物和亚磷酸酯等，各类抗氧剂在高分子材料中具有不同的抗氧化性能，因而具有不同的使用效果。

3.8.2　抗臭氧剂

距地面 $20\sim30$ km 的高空中的氧分子被紫外线光解成氧原子，该氧原子与氧分子结合产生臭氧，形成了一个臭氧浓度高达 500 pphm（亿分之一，以下同）的臭氧层。这一臭氧层能够有效地吸收太阳光的紫外线，使之不能到达地面，从而保护了地球表面的生物免遭其害。地球表面的臭氧是由风将扩散到对流层的臭氧带下来的。通常，未污染的大气中的臭氧浓度为 $0\sim5$ pphm。但是当大气受到污染后，臭氧浓度变高，如美国洛杉矶由于光化学烟雾污染，臭氧浓度竟达 $40\sim100$ pphm。

在正常环境中的臭氧浓度对聚合物的臭氧老化产生不可忽视的作用，因而在工业及交通比较发达的今天，由于大气的污染日趋严重，臭氧的浓度愈来愈频繁地达到惊人的高度，臭氧对聚合物的老化作用必将更加受到人们的重视。

饱和聚合物与臭氧的反应是按自由基的途径进行的，反应的结果导致聚合物发生降解，产生臭氧老化，其机理如下：

$$\text{RH} + \text{O}_3 \longrightarrow \text{RO}_2 \cdot + \text{HO} \cdot$$
$$\text{RO}_2 \cdot + \text{RH} \longrightarrow \text{ROOH} + \text{R} \cdot$$
$$\text{R} \cdot + \text{O}_2 \longrightarrow \text{ROO} \cdot$$

臭氧与不饱和橡胶上的双键加成，形成初级臭氧化物或分子臭氧化物，分子臭氧化物不稳定，在室温下很快分解成醛或酮以及两性离子。当反应是在溶液中进行时，醛与两性离子重新结合形成异臭氧化物，当两性离子相互结合时也形成高分子量的聚过氧化物，但酮与两性离子的反应性要比醛低。当体系中有带有活泼氢的物质（如醇、水等）存在时，两性离子可与之反应形成氢过氧化物。无论是处于溶液状态还是处于固体状态，橡胶与臭氧都发生相同的化学反应。如图 3-1 所示。

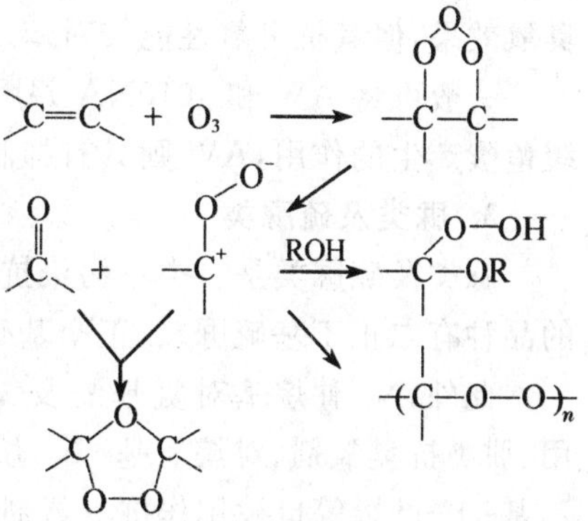

图 3-1　橡胶中的双键与 O_3 的反应机理

臭氧与硫化物可产生较慢的反应，因而它与聚硫橡胶也发生反应。尽管聚硫橡胶不含双键，但它也产生臭氧龟裂。多硫交联键的臭氧分解也是如下一系列反应的结果。

$$\text{RSSSR} \xrightarrow{\text{O}_3} \text{SO}_2 + \text{RSO}_2\text{—O—SO}_2\text{R} \xrightarrow{\text{H}_2\text{O}} 2\text{RSO}_2\text{H} \cdot$$

通常聚合物臭氧老化的防护有物理和化学两种方法。物理防护方法是在聚合物中添加蜡，或者在聚合物表面上涂以树脂（烷基树脂、酚醛树脂、聚氯乙烯树脂、聚氨酯）等，这种方法在静态使用条件下均有良好的防护效果,但在动态条件下丧失保护作用,由此出现了化学防护添加抗臭氧剂的方法。常用的抗臭氧剂有对苯二胺类、二氢化喹啉类、脲类等。

1. 对苯二胺类

对苯二胺类抗臭氧剂包括 N,N′-二烷基对苯二胺、N-芳基-N′-烷基对苯二胺,其分子式如下:

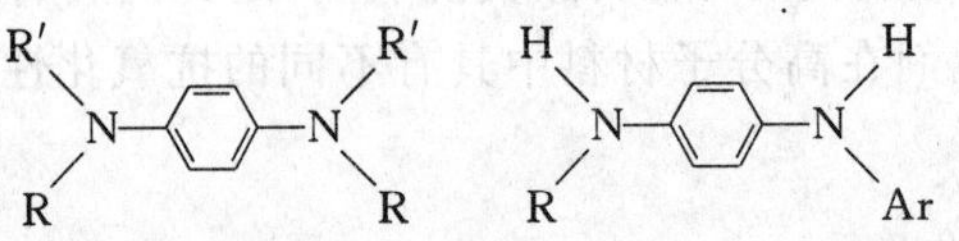

R:仲烷基、环烷基; R′:H,甲基　　　　　　　　Ar:芳基

N,N′-二烷基对苯二胺抗臭氧剂的初期抗臭氧效果特别好。低级的二烷基对苯二胺(烷基的碳原子数少)初期效果大,但挥发性、毒性、对皮肤刺激性都大。烷基内碳原子数目的增加,虽然初期效果下降但持久性增加。因此 N,N′-二烷基对苯二胺中烷基碳原子数 6～10为佳。N-芳基-N′-烷基对苯二胺中,由于芳基比烷基有较小的挥发性及氧化速度,因而有较高的持久性及更大的使用效果。N-芳基-N′-烷基对苯二胺中,烷基碳原子数 3～8最好。碳原子数目相同的烷基,支链的又比直链的化合物的抗臭氧效率高。

目前工业产品中效率最高的抗臭氧剂是 N-异丙基-N′-苯基对苯二胺(4 010NA)、N-(1,3-二甲基丁基)-N′-苯基对苯二胺(4 020),后者有更好的耐水抽出性。

2. 二氢化喹啉类

二氢化喹啉具有下述通式:

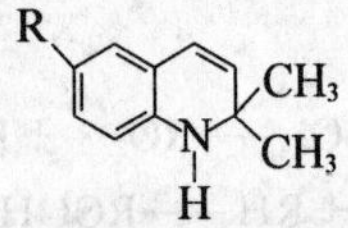

当 R 是乙氧基时则为防老剂 AW。AW 是较早发现的一种抗臭氧剂,有良好的户外抗臭氧效果,但其抗臭氧性能较对苯二胺差。

一般可将 AW 和 4010NA 并用以获得更好的效果。据称此时 4010NA 显示防止或延缓龟裂产生的作用,AW 则具有抑制龟裂生长的作用。

3. 脲类及硫脲类

脲类及硫脲类是一类不污染抗臭氧剂的品种。据称在天然橡胶中的效果比蜡好。最好的品种有二正丁基硫脲、二正辛基硫脲。由于上述物质有硫化促进作用,使用时必须注意。

此外,N-仲烷基对氨基酚及二丁基二硫代氨基甲酸镍盐(NBC)、硫代双酚和蜡的并用、肼类抗臭氧剂、对烷氧基-N-烷基苯胺、环己烯叉甲基醚、1-(2,6-二甲基吗啉基)-2-乙基-1-己烯等也被用作抗臭氧剂。

3.9　润滑剂[6]

凡能改善高聚物熔体的流动性,防止加工过程的黏附现象,提高聚合物脱模性的加工助剂称为润滑剂。有些聚合物,如 PE、PTFE 具有自润滑效果,因此在加工成型过程中无需添加润滑剂,而像 PVC、PP、PS、PA、ABS 等聚合物,则必须加入润滑剂才能很好地加工。

润滑剂可分为外润滑剂和内润滑剂。前者的作用在于减少聚合物和加工设备之间的摩擦力,如混炼和压延时防止物料黏辊,后者则在于减少聚合物分子链间的内摩擦,外润滑剂一般与聚合物的相容性较差,容易从聚合物内部向表面渗出,并且在聚合物和加工设备间形成一层很薄的分子层,从而减小了聚合物与设备间的摩擦力,防止黏流态的聚合物黏结在设备表面;或使聚合物有良好的离辊性和脱模性,产品表面的光洁度得以提高。内润滑剂则与聚合物有良好的相容性,从而降低了聚合物分子的内摩擦,降低熔融流动黏度等。

由于聚合物加工时还有其他添加剂的加入,所以润滑剂应具备上述功能外,还应具备热稳定性,耐老化性,不腐蚀金属模具或设备,化学惰性,不产生气体和毒气等性质。

常用的润滑剂包括烃类润滑剂、脂肪酸类、金属皂类、复合润滑剂等。

3.9.1　烃类润滑剂

用作润滑剂的烃类是一些相对分子量在 350 以上的脂肪烃,包括石蜡、微晶石蜡和低分子量聚乙烯蜡等。

① 固体石蜡:熔点为 57～70℃,相对密度为 0.9,折射率 1.53,不溶于水,溶于有机溶剂,在树脂中分散性、相容性、热稳定性均差,用量一般在 0.5 份以下,尽管石蜡适于外润滑剂,但它为非极性直链烃,不能用来润湿金属表面,也就是要阻止 PVC 黏金属壁,只有和硬脂酸钙并用时才能发挥协同效应。

② 液体石蜡:凝固点 -15～35℃,在挤出和注射加工时,可作为 PVC 的内润滑剂,与树脂的相容性差,添加量一般为 0.3～0.5 份,过多时,反而会使加工性能变坏。

③ 微晶石蜡:由石油炼制过程中得到,其相对分子量较大,且有许多异构体,熔点 65～90℃,相对密度 0.89～0.94,润滑性和热稳定性好,但分散性差,用量一般为 0.1～0.2 份,最好与硬脂酸丁酯、高级脂肪酸并用。

④ 氯化石蜡:与 PVC 树脂相容性比石蜡好,但透明性较差,还起增塑作用,用量在 0.3 份以下。与其他润滑剂并用效果较好。若作为辅助增塑剂用,其添加量可加大。

3.9.2　脂肪酸类

① 硬脂酰胺:无色结晶,熔点 109℃,可用于透明制品,与高级醇并用,可改善润滑性和热稳定性,用量 0.3～0.8 份,还可作聚烯烃的润滑剂。

② 乙二胺双硬脂酰胺:也叫乙撑基双硬脂酰胺(EBS),淡黄色片状,熔点 140～145℃,密度 0.97,具有较好的内外润滑作用,还具有抗静电性能,主要用于 PVC、PP、PS、ABS、PF、PE 等树脂中,是一种高熔点润滑剂,用量为 0.5～2 份。

③ 硬脂酸丁酯:淡黄色液体,凝固点 20～22℃,相对密度 0.85,闪点 188℃,着火点 224℃,常用作脱模剂,适用于透明制品。

④ 硬脂酸单甘油酯(GMS):熔点 60℃,用于透明制品,无毒、用量为 0.25%～1.5%,与外润滑剂并用效果好。

⑤ 三硬脂酸甘油酯(HTG):熔点 60～64℃,相对密度 0.96。

⑥ 油酸酰胺:也叫油酰胺,白色结晶,熔点 75～76℃,闪点 210℃,着火点 235℃,用于 PE 和 PP 的滑爽剂及薄膜的抗黏连剂,用量 0.2～0.5 份。

脂肪酸酯类兼有润滑和增塑两种功能,其润滑主要体现为内润滑。

3.9.3 金属皂类

可用作润滑剂的还有高级脂肪酸的金属盐类,如硬脂酸钡(熔点 200℃)、硬脂酸锌(熔点 120℃)、硬脂酸钙(熔点 150℃)、硬脂酸镉、硬脂酸镁、硬脂酸铅等,这类润滑剂既有热稳定作用,又有润滑作用。

3.9.4 复合润滑剂

常用的复合润滑剂有如下几类:金属皂类和石蜡烃类复合润滑剂、稳定剂和润滑剂复合体系、以褐煤蜡型酯为主体的复合润滑剂、脂肪酰胺与其他润滑剂复合物、石蜡烃类复合润滑剂。复合润滑剂不仅使用方便,而且润滑性能好,能够使内部和外部润滑性能相平衡;在挤出过程中,使初期润滑效果、中期润滑效果和后期润滑效果相互平衡。

其他高温型润滑剂如乙内酰脲二醇脂肪酸酯、聚甘油脂肪酸酯等热稳定性好,挥发低,可适应于高软化点树脂的加工需要。

3.10 阻燃剂[8,28-29]

聚合物都是可燃物,能改善聚合物阻燃性能的助剂,称作阻燃剂。

优良的阻燃剂应具备的条件有:不降低或少降低高分子的耐热性、机械强度、电性能等使用性能;分解温度不太高,在加工温度下不分解;耐热性和耐候性较好;价格低廉。

阻燃剂可分为添加型和反应型两大类。添加型阻燃剂通常为液体或固体,在高分子加工成型过程中掺混进去,起到阻燃效果。反应型阻燃剂是在合成高分子的聚合或缩聚时加入,化学键合到高分子结构中,起到阻燃效果。

3.10.1 添加型阻燃剂

添加型阻燃剂包括有机卤化物、有机磷、无机化合物。

1. 有机卤化物阻燃剂

含卤阻燃剂作用机理可分为以下三种方式:① 在一定温度下阻燃剂分解产生卤化氢,它是不燃性气体,稀释了聚合物燃烧时产生的可燃性气体,阻止继续燃烧;② 燃烧生成的 HX 极易与 HO· 等活性游离基结合,从而降低了其浓度,抑制了燃烧的发展;③ 含卤酸类能促进聚烯烃在燃烧时固体炭的形成,有利于阻燃。

含卤阻燃剂是一类重要的阻燃剂,其中卤素阻燃剂以溴、氯为主,而含溴阻燃剂的效能比含氯阻燃剂的效能高。卤代烃类化合物中烃类阻燃效果的顺序为:脂肪族＞脂环族＞芳香族。脂肪族卤代物热稳定性差,加工温度不能超过 205℃,芳香族卤代物热稳定性好,加工温度可以高达 315℃。脂肪族卤代物的主要品种有氯化石蜡、全氯戊环癸烷、氯化聚乙烯、溴代烃、溴化醚,结构式如下:

$$C_{20}H_{24}Cl_{18} \sim C_{24}H_{29}Cl_{21}(主要成分)$$
氯化石蜡

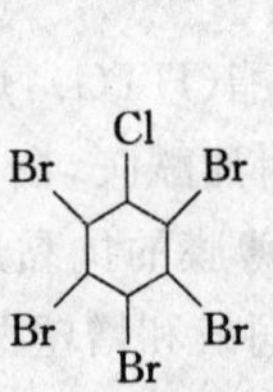

(一氯五溴环己烷)

芳香族溴化物主要包括溴化苯、溴代联苯、溴代联苯醚、四溴双酚 A,分子式如下:

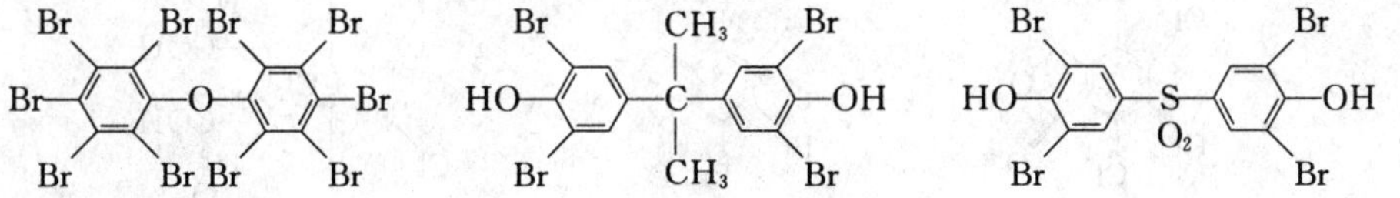

（十溴联苯醚）　　　　　　　　（四溴双酚A）　　　　　　　　（四溴双酚S）

2. 有机磷系阻燃剂

有机磷化物是最主要的添加型阻燃剂,其阻燃效果比溴化物要好,主要类型有磷酸酯、含卤磷酸酯、磷酸酯和卤化磷四类。

① 磷酸酯:主要包括磷酸三甲苯酯（TCP）、二苯基磷酸甲苯酯（CDP）、磷酸三苯酯（TPP）、磷酸二苯基异丙基苯酯、磷酸二苯基叔丁基苯酯、磷酸 2 -乙基己基二酚酯、磷酸二苯基异癸酯等等。

② 含卤磷酸酯:分子中含有卤素和磷,由于卤素和磷的协同作用,阻燃效果好;是一类优良的添加型阻燃剂,如磷酸三(2,4 -二溴酚)酯、磷酸三(β -氯乙基)酯、磷酸三(1 -氯丙基)酯、磷酸三(2,3 -二氯丙基)酯、磷酸双(2,3 -二溴丙基)二氯丙酯、磷酸三(2,3 -二溴丙基)酯等。

③ 磷酸酯:磷酸酯的分子式为 $(RO)_2$$-$$\overset{\overset{O}{\|}}{P}$$-CH_2-R$,如孟山都公司开发的 phosgarad. C-22-R 和 phosgarad. β-22-R,(结构式如下)用于聚氨酯、聚酯、环氧树脂、聚甲基丙烯酸甲酯和酚醛树脂等塑料中。

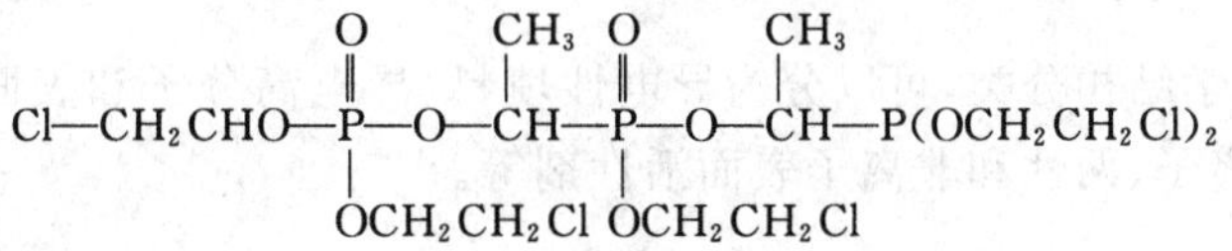

phosgarad. C-22-R

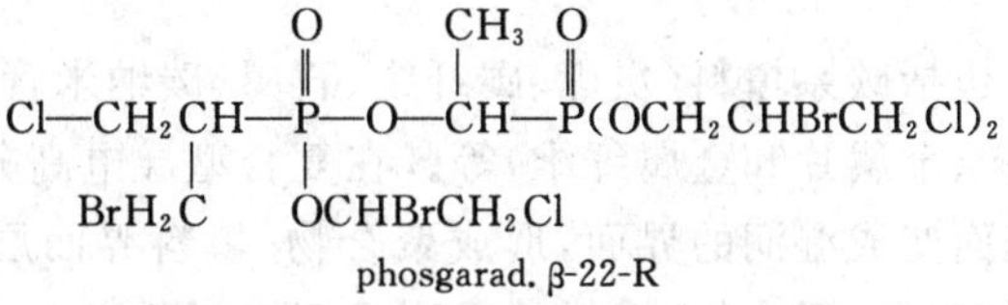

phosgarad. β-22-R

④ 卤化磷:包括亚乙基双三(2 -氰乙基)溴化磷（ETPB）,商品名称 cyagard RF - 1、四(2 -氰乙基)溴化磷（TPB）,商品名称 cyagard RF - 272。

3. 无机类阻燃剂

无机类阻燃剂如氢氧化铝、氢氧化镁、滑石粉、硼酸锌、硼酸钡、三氧化二锑、赤磷、磷酸盐、聚磷酸盐、磷酰胺、磷氮基化合物等。

3.10.2　反应型阻燃剂

反应型阻燃剂分子中,除含有溴、氯、磷等阻燃性元素外,同时还有反应性官能团,它们在高分子聚合或缩合过程中作为一个组分参加反应,并化学键合到高分子结构中,因此,对塑料物理性能影响较大,有操作不方便、价格高等缺点。主要有卤代酸酐类、氯桥酸酐类、四溴双酚 A 及衍生物、含磷多元醇等。分子式为:

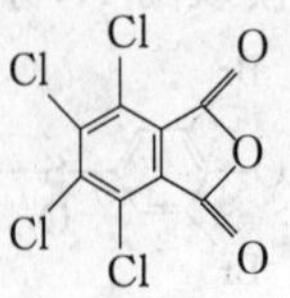

（四氯邻苯二甲酸酐） 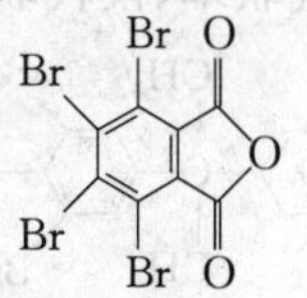　　　（四溴邻苯二甲酸酐） 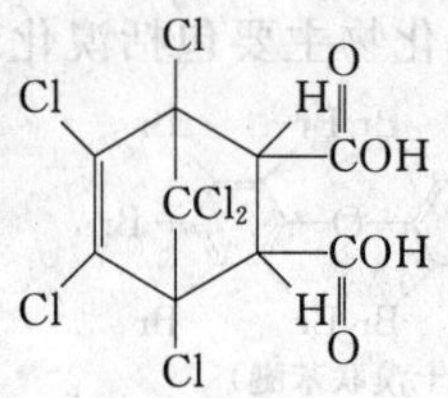　　　　　　　（氯桥酸）

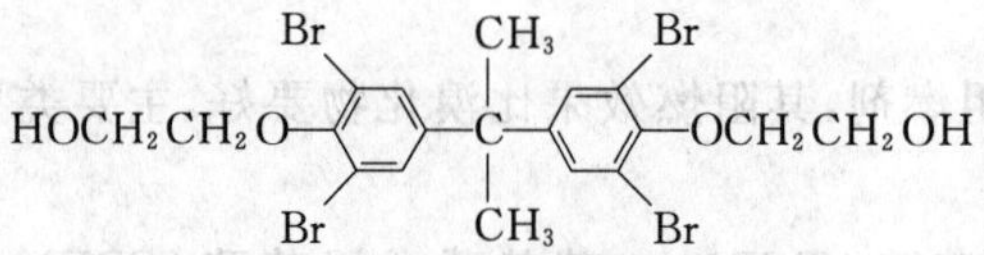

（四溴双酚A(2,5-二溴基)醚） 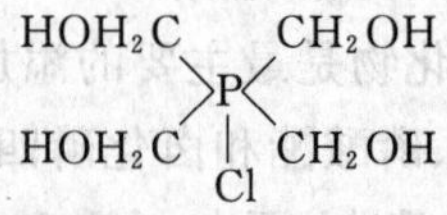　　　　　　　（四羟甲基氯化膦）

3.11　抗静电剂[7,30-31]

聚合物中各原子由共价键结合在一起,不能电离,也不能传递电子,因此电阻率高。在加工和制品使用过程中,经摩擦,易产生静电。通常电阻越大,静电释放越慢,就越容易产生静电吸收、电震或电击,甚至产生放电火花而造成事故。

最有效的抗静电方法是把产生的静电迅速向大地泄漏掉。泄漏静电的方法有接地、提高周围环境湿度和增加材料的电导率。其中增加材料的电导率是最根本的方法,目前提高材料抗静电性能的方法有:① 共聚法或化学反应法,使材料表面改性,如用聚乙二醇二卤化物与聚酰胺类反应,在材料表面形成有抗静电作用的亲水性皮层;② 共混法,将抗静电剂与聚合物共混。

抗静电剂按化学结构分类,可以分为导电性填料、导电高分子和表面活性剂,表面活性剂包括阴离子、阳离子、两性和非离子表面活性剂等。

3.11.1　导电填料

无机导电填料主要包括碳系填料(炭黑、碳纤维、石墨、碳纳米管)和金属类填料(金属粉及金属碎屑、金属氧化物、金属片和金属纤维)等。在复合型导电高分子材料的制备过程中,导电填料粒子的自由表面变成湿润的界面,形成聚合物-填料界面层,体系产生的界面能过剩,随着导电填料含量的添加,聚合物-填料的过剩界面能不断增大,当体系过剩界面能达到一定程度时,导电粒子开始形成导电网络,宏观上表现为体系的电阻率突降,通常导电填料加入聚合物基体中后,不可能真正达到均匀分布,总有部分导电粒子能够互相接触而形成链状导电通道,使复合材料导电,即导电通道学说。而另一部分导电粒子以孤立粒子或小聚集体形式分布在绝缘的聚合物基体中,基本上不参与导电,但由于导电粒子之间距离很近,并存在内部电场,中间只被很薄的树脂层隔开,那么由于热振动而被激活的电子就能越过树脂层所形成的势垒而跃迁到相邻的导电粒子上,形成较大的隧道电流或者是导电粒子间的内部电场很强,电子有很大几率飞跃树脂层势垒跃迁到相邻的导电粒子上产生场致发射电流。此时,树脂层起内部分布电容的作用,因此复合型导电高分子材料存在着导电通道、隧道效应、场致发射三种导电机理。

3.11.2　导电高分子[32]

导电高分子材料中的高分子(或聚合物)是由许多小的重复结构单元组成,当在材料两端加上一定的电压,材料中就有电流通过,即具有导体的性质,凡同时具备上述两项性质的材料称为导电高分子材料。与金属导体不同,它属于分子导电物质,按其结构特征和导电机理可以分为三类:① 载流子为自由电子的电子导电聚合物,其结构特征是分子内含有大量的共轭体系,为载流子/自由电子的离域提供迁移的条件;② 载流子是能在聚合物分子间迁移的正、负离子的离子导电聚合物,其分子的亲水性好、柔性好;③ 以氧化-还原反应为电子转移机理的氧化还原型导电聚合物,其导电能力完全是由在可逆氧化-还原反应中电子在分子间的转移产生的。

这类结构的导电高分子材料主要包括聚苯胺、聚乙炔、聚吡啶、聚对苯撑、聚噻吩、聚喹啉、聚对苯硫醚等共轭性高分子,这些高分子由于结构中含有共轭双键,π 电子可以在分子链上自由运动,载流子迁移率很大。因而这类材料具有高的电导率。从根本上讲,此类导电高分子材料本身就可以作为抗静电材料,但由于这类高分子一般分子刚性大、不溶不熔、成型困难、易氧化和稳定性差,无法直接单独应用,一般作导电填料与其他高分子基体进行共混,制成抗静电复合型材料,这类抗静电高分子复合材料具有较好的相容性。

3.11.3　表面活性剂

有机小分子抗静电剂是一类具有表面活性剂特征结构的有机物质,其结构通式为 R—Y—X,其中 R 为亲油基团,X 为亲水基团,Y 为连接基。分子中非极性部分的亲油基和极性部分的亲水基之间应具有适当的平衡,与高分子材料要有一定的相容性,C_{12} 以上的烷基是典型的亲油基团,羟基、羧基、磺酸基和醚键是典型的亲水基团,此类有机小分子抗静电剂可分为阳离子型、阴离子型、非离子型和两性离子型四大类。

① 阳离子型抗静电剂　阳离子型抗静电剂主要包括铵盐、季铵盐、烷基氨基酸盐等,其中季铵盐最为重要,抗静电效果优异,对高分子材料有较强的附着力,广泛用作纤维和塑料的抗静电剂,代表品种有:(月桂酰胺丙基三甲基铵)硫酸甲酯盐、N,N -双(2 -羟乙基)- N -(3′-十二烷氧基-2′-羟基丙基)甲铵硫酸甲酯盐、三羟乙基甲基季铵硫酸甲酯盐、N,N -十六烷基乙基吗啉硫酸乙酯盐等。

② 阴离子型抗静电剂　这类抗静电剂分子活性部分主要是阴离子,其中包括烷基磺酸盐、硫酸盐、磷酸衍生物、高级脂肪酸盐、羧酸盐及聚合型阴离子抗静电剂,该类产品主要用于化纤油剂和油品的抗静电剂,在塑料工业中除某些烷基磷酸酯和烷基硫酸酯用于 PVC 和聚烯烃作为内部抗静电剂使用,大部分用作外部抗静电使用。

③ 非离子型抗静电剂　这类抗静电剂分子本身不带电荷,而且极性很小。通常非离子型抗静电剂具有一个较长的亲油基,与树脂有良好的相容性,同时毒性低,具有良好的加工性和热稳定性,是合成材料理想的内部抗静电剂,主要聚乙二醇酯或醚类、多元醇脂肪酸酯、脂肪酸烷醇酰胺、脂肪胺乙氧基醚等化合物,此类化合物分子中烷基链长以及极性基团的数量,对发挥最佳抗静电效果至关重要。

④ 两性型抗静电剂　从广义上看两性抗静电剂是指抗静电分子结构中同时具有两种或两种以上离子。如十二烷基二甲基季铵乙内盐、1 -羟甲基- 1 - β -羟乙基- 2 烷基- 2 -咪

唑啉盐氢氧化物。

此外,还有高分子型抗静电剂,即高分子型电解质或高分子表面活性剂。如聚丙烯酸衍生物、聚酰胺树脂等。

3.12 其他助剂

3.12.1 着色剂

着色剂是聚合物重要的加工助剂,着色剂通常包括无机颜料和有机颜料两大类[6]。无机颜料主要包括白色、黄色、红色、黑色。白色颜粉主要有钛白粉(TiO_2)、立德粉($ZnS+BaSO_4$)、氧化锌(ZnO)、三氧化二锑(Sb_2O_3),用于油毡、橡胶、PVC、酚醛等;黄色颜料有铬黄($PbCrO_4$),包括柠檬黄、淡铬黄、中铬黄、深铬黄、桔铬黄、镉黄(CdS)等,用于 PVC 等;红色颜料有镉红($CdS+CdSe$)、氧化铁红,用于聚烯烃着色。此外,各类炭黑用作黑色颜料、铜锌合金用作金黄色颜料、铅粉用作银色颜料等。有机颜料包括塑料红 GR、塑料紫 RL、耐晒黄 G、永固黄 GR、橡胶大红等,可用于橡胶和塑料的着色。

3.12.2 透明剂

透明剂也称为增透剂,是一类用于改善聚合物透光性能的添加剂。聚丙烯透明剂种类很多。按照化学结构来区分,透明剂主要有二亚苄基山梨醇类、有机磷酸酯盐类、松香脂类。二亚苄基山梨醇类和有机磷酸酯盐类都有比较好的透明改性效果[8]。

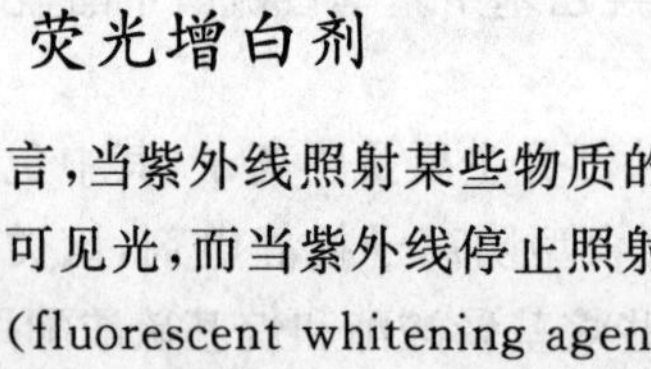

二亚苄基山梨醇类

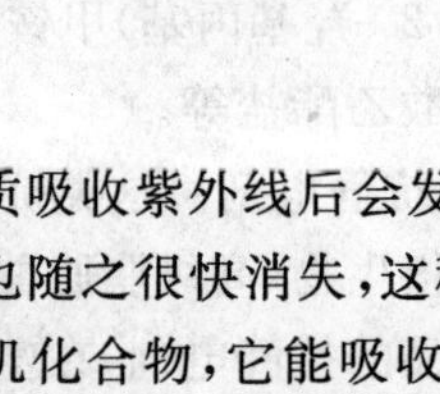

脱氢枞酸金属盐
M 为 Na、K、Mg、Ca、Zn,松香脂类透明剂

3.12.3 荧光增白剂

一般而言,当紫外线照射某些物质的时候,这些物质吸收紫外线后会发射出各种颜色和不同强度的可见光,而当紫外线停止照射时,这种光线也随之很快消失,这种光线称为荧光。荧光增白剂(fluorescent whitening agent)是无色的有机化合物,它能吸收肉眼看不到的近紫外线(波长在 $300\sim400$ nm 之间)再发射出可见的蓝紫色荧光(波长在 $420\sim480$ nm 之间)。荧光增白剂能显著地提高被作用物(底物)的白度和光泽,所以被广泛地应用于纺织、造纸、塑料及合成洗涤剂等工业。

荧光增白剂自身无色,在织物上不但能反射可见光,而且还能吸收日光中的紫外线而发射波长为 $415\sim466$ nm,即紫外光的荧光,正好同织物原来反射出的黄色光互为补色,叠加而成白色,使织物具有明显的增白感。由于荧光增白剂发射荧光,使织物总的可见光率较原来增大,故也提高了白度,使织物更悦目。荧光增白剂用于浅色织物,也同样使亮色增加而起增艳作用。荧光增白剂是利用光学上的补色作用来增白,因此,又可称为光学增白剂。

荧光增白剂因其化学结构不同,其发射的最大荧光波长也有所不同,因而荧光色调也不同。最大荧光波长在 415～429 nm 之间呈紫色调,在 430～440 nm 之间呈蓝色调,在 441～466 nm 之间呈带绿色的蓝光,由此用荧光增白剂增白的织物上的白度有偏红、偏青等不同色调,必要时还可用颜料或染料加以校正。荧光增白剂一般对紫外线较敏感,所以用荧光增白剂处理过的产品,长期在阳光下曝晒,则会因荧光增白剂的逐渐破坏而使白度减退。

荧光增白剂的增白,只是光学上的增亮补色,并不能代替化学增白。因此,含有色素的纤维,如原棉织物,如若不经漂白,就用荧光增白剂处理,则不能获得增白效果。

虽然许多有机化合物能产生荧光,但有实用价值的荧光增白剂,除了能吸收紫外线而发出紫外光的荧光和具有高的荧光效率为必要之外,还必须本身无色或接近无色。对纤维应具有良好的亲和力,溶解性或分散性好,具有较好的耐洗、耐晒和耐熨烫的牢度;用于塑料的荧光增白剂要具有耐热、相容性好、不渗出、不析出等性能。

常用的荧光增白剂包括二苯乙烯型、双苯乙烯联苯型、香豆素型及苯并噻唑型[8],如:

二苯乙烯三嗪

3-苯基-7-取代氨基香豆素

3.12.4　发泡剂

常见有机化学
发泡剂

发泡剂是能使处于一定黏度范围内的橡胶、塑料形成微孔结构的一类物质,可以是固体,液体或气体,也可以分为物理发泡剂和化学发泡剂两大类。

物理发泡剂在发泡过程中依靠本身物理状态的变化,而产生气孔。包括压缩气体体积膨胀、挥发性液体汽化、可溶性固体被浸取等。其中挥发性液体是最重要的物理发泡剂,这些液体在常压下沸点多低于110℃。最常用的物理发泡剂包括氮气、空气、戊烷、己烷、二氯乙烷、二氯甲烷、氟化氯化烃类等。

化学发泡是利用化学变化产生气体使聚合物发泡的过程。化学发泡有两种产生气体的方法:一是发泡的气体是聚合反应的副产物,如聚氨酯的发泡;另一是发泡剂分解产生气体。

化学发泡剂是一种无机或有机的热敏性化合物,在一定温度下会热分解而产生气体,从而使聚合物发泡。化学发泡剂包括无机发泡剂和有机发泡剂两大类,无机发泡剂主要有碳酸铵(发泡量 700～980 mL/g)、碳酸氢铵(发泡量 850 mL/g)、碳酸氢钠(发泡量267 mL/g)、硼氢化钾(发泡量 166 mL/g)和硼氢化钠(发泡量 2 370 mL/g),其中碳酸盐是常用的发泡剂,主要应用于天然橡胶和胶乳、合成橡胶的干胶和胶乳等场合。

有机发泡剂比无机发泡剂容易使用,孔径小,泡孔细密,分解温度恒定,发气量大,是目前工业上最广泛使用的发泡剂。它们主要产生氮气,所以分子中含有—N＝N—结构,如偶氮化合物、亚硝基化合物、肼类衍生物等等,常见的有机化学发泡剂见表 3-7。

表 3-7 常见有机化学发泡剂[7]

化学名称	空气中的分解温度(℃)	塑料中的分解温度(℃)	发气量(mL/g)(在标准状况下)
偶氮二甲酰胺(AC 或 ADCA)	195～210	155～210	220
偶氮二异丁腈(ABIN)	115	90～115	130
二偶氮氨基苯(DAB)	103	95～100	115
N,N'二甲基 N,N-二亚硝基对苯二甲酰胺(NTA)	105	88～105	126
N,N'-二亚硝基五次甲基四胺(DPT)	195～200	130～190	265
苯磺酰肼(BSH)	105	95～105	130
对甲苯磺酰肼(TSH)	110	100～110	115
3,3'-二磺酰肼二苯砜(DPSDSH)	155	130～150	110
1,3-苯二磺酰肼(BDSH)	146	115～130	170
4,4'-氧代双苯磺酰肼(OBSH)	157	127～150	125

其他特殊用途的有机化学发泡剂如液体发泡剂有偶氮二甲酸二异丙酯、叠氮对甲苯磺酰。高温发泡剂氧代双(苯磺酰氨基脲)、对甲苯磺酰氨基脲、偶氮二甲酸钡及三肼基均三脲等。

参考文献

[1] George Odian. Principle of Polymerization[M]. 4th ed. New York:John Wiley & Spns,Inc. ,2004.

[2] 潘祖仁.高分子化学(增强版)[M].北京:化学工业出版社,2007.

[3] 杨清芝.现代橡胶工艺学[M].北京:中国石化出版社,1995.

[4] 朱敏.橡胶化学与物理[M].化学工业出版社,1984.

[5] 陈平,刘胜平.环氧树脂[M].北京:化学工业出版社,1999.

[6] 李青山,王正平,王慧敏,徐甲强.材料加工助剂原理及应用[M].哈尔滨:哈尔滨工程大学,2001.

[7] 山西省化工研究所.塑料橡胶加工助剂[M].北京:化学工业出版社,1983.

[8] 辛忠编著.合成材料添加剂化学[M].北京:化学工业出版社,2005.

[9] Edwin. P. Plueddemam 著. 梁发思,谢世杰译.硅烷和钛酸酯偶联剂[M].上海:上海科学技术出版社,1987.

[10] 赵贞,张文龙,陈宇.偶联剂的研究进展和应用[J].塑料助剂,2007,3:4～10.

[11] 刑文.聚合物相容剂和相容性技术进展[J].现代塑料加工应用,1992,11(6):47.

[12] 杉浦基之.工业材料(日).1990,37(7):17.

[13] 植村益次,牧广著.贾丽霞,白淳岳译.高性能复合材料最新技术[M].北京:中国建筑工业出版社,1982.

[14] 郝元恺,肖加余.高性能复合材料学[M].北京:化学工业出版社,2003.

[15] 石乃聪,石志博,蒋平平主编.增塑剂及其应用.北京:化学工业出版社,2002.

[16] 姬月萍,李普瑞,汪伟等.含能增塑剂的研究现状及发展[J].火炸药学报,2005,28(4):47～51.

[17] 孙亚斌,周集义.含能增塑剂研究进展[J].化学推进剂与高分子材料.2003,19(5):20～25.

[18] 王静刚,李俊刚,张玉清.叠氮增塑剂研究进展[J].化学推进剂与高分子材料,2008,6(3):10.

[19] 王克智.新型功能塑料助剂[M].北京:化学工业出版社,2005.

[20] Schlomann R. Kunststoff,1998,88(6):2.

[21] Robert D. Leaversuch. Modern plastics,1998,8:50.

［22］张留成,闫卫东,王加喜.高分子材料进展[M].北京:化学工业出版社,2005.

［23］吴培熙,张留成.聚合物共混改性[M].北京:轻工出版社,1996.

［24］L. H. Sperling,Polymer Multicomponent Materials,[M]New York:John Wiley &.Sons INC,1997.

［25］肖波,陈兴明,朱世富等.无机纳米粒子填充改性聚合物的研究进展[J].四川师范大学学报.

［26］邓琴,付东升,张康助.非弹性体增韧高分子材料的研究进展[J].合成树脂及塑料,2003,20(5):72.

［27］约翰 S.迪克(美)主编.游长江,贾德民等译.橡胶技术——配合与性能测试[M].北京:化学工业出版社,2005.

［28］欧育湘,李建军.阻燃剂——制造、性能及应用[M].北京:化学工业出版社,2006.

［29］王元宏.阻燃剂化学及其应用[M].北京:化学工业出版社,1988.

［30］周建萍,丘克强,傅万里.抗静电高分子复合材料研究进展[J].工程塑料应用,2003,31(10):60～62.

［31］Anon. Modern Plastics,1992,69(9):815.

［32］宋武,王雅珍,高悦.高分子材料静电技术的研究进展[J].化工时刊,2005,19(12):63～66.

思考题

1. 塑料有哪些添加剂类型? 作用是什么? 以增塑剂为例简述其反应原理和研究进展。

2. 橡胶中常用的添加剂类型,作用是什么? 以硫化剂为例。简述其反应原理和研究进展。

3. 抗静电剂的种类有哪些? 其作用原理?

4. 试述抗氧剂的作用原理及种类?

5. 试述阻燃剂的种类及作用机理?

6. 试述偶联剂的种类及作用机理?

7. 试述填料的种类及作用机理?

第4章 化学功能高分子材料

本章着重介绍分离功能和反应功能两类化学功能高分子材料,前者主要包括吸附高分子材料、离子交换高分子材料和分离膜高分子材料,后者主要包括高分子试剂和高分子催化剂等。其中吸附高分子材料主要是指在溶液或气相中吸附某些物质,如有机小分子、烃类油品和水等,从而实现分离的一类高分子材料。离子交换高分子材料主要是用于分离混合物溶液中的离子,即通过离子的交换或配位,分离去除溶液中的离子的一类高分子材料。分离膜高分子材料则是指利用高分子膜材料对混合物中各组分选择透过性的不同,实现分离过程的一类高分子材料。

4.1 吸附高分子材料

根据吸附物质的不同,吸附高分子材料可分为吸附树脂、高吸油性树脂和吸水性树脂。

4.1.1 高分子吸附剂

高分子吸附树脂,是指多孔、适当交联的共聚物。这类高分子材料具有较大的比表面积和适当的孔径,可从气相或溶液中吸附某些物质,主要用作色谱分离中的载体和固定相、环保中作为污染物的富集材料、动植物中有效成分的分离与提纯等。

高分子吸附树脂品种较多,根据极性大小,可将吸附树脂分成弱极性、中极性、极性和强极性几类:① 弱极性,如苯乙烯-二乙烯基交联共聚物,主要用于水或极性溶剂中非极性物质的吸附;② 中极性,如(甲基)丙烯酸酯类交联共聚物,可用于吸附水中非极性物质或吸附非极性溶剂中极性物质;③ 极性,如聚丙烯酰胺,也可在聚苯乙烯型母体中引入中极性或极性基团;④ 强极性,如聚乙烯基吡啶,可用于吸附非极性溶剂中的极性杂质等。还可以根据交联共聚物骨架的不同,将吸附树脂分成聚苯乙烯型、聚丙烯酸酯型等。下面根据聚合物骨架的分类,介绍几种主要的吸附树脂。

1. 聚苯乙烯型吸附树脂[1-2]

这一类树脂的制备原理是将苯乙烯(S)与适量二乙烯基苯(DVB)进行悬浮共聚,得到球状交联共聚物(S-DVB),俗称白球,结构式如下:

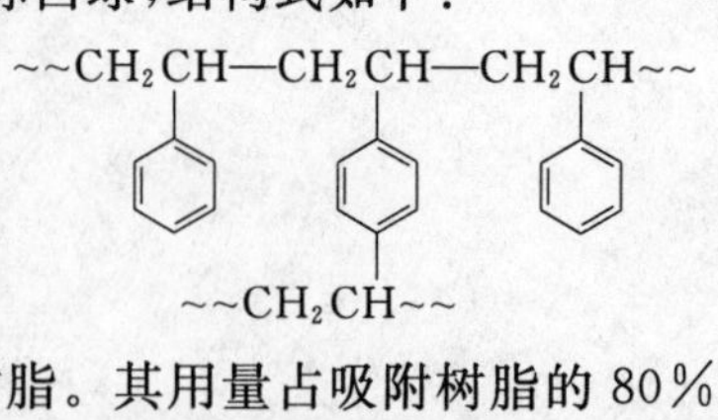

$$\sim\sim CH_2CH{-}CH_2CH{-}CH_2CH\sim\sim$$

$$\sim\sim CH_2CH\sim\sim$$

这类共聚物可直接用作吸附树脂。其用量占吸附树脂的80%左右。

S-DVB交联共聚物属于非极性或弱极性吸附树脂,主要用于水溶液中非极性或弱极性有机物的吸附和分离,如脱除废水中的酚类,脱除率可达99%。再生时用5% NaOH溶液解吸,解吸率可达98%,解吸液可以循环使用。

　　聚苯乙烯型吸附树脂的商品型号和规格很多,根据用途、结构参数的不同,可在较大范围变动,表 4-1 列出部分聚苯乙烯型吸附树脂的商品名称和结构参数。

表 4-1　聚苯乙烯型非极性吸附树脂的结构参数[2]

商品名称		生产厂商	孔隙率 /%	湿密度 /(g·mL⁻¹)	比表面积 /(m²·g⁻¹)	平均孔径 /nm	粒度 /目
Amberlite	XAD-1	Rohm&Haas	37	1.02	100	20.0	20~50
	XAD-2		42	1.02	330	9.0	20~50
	XAD-3			1.02	526	4.4	20~50
	XAD-4		51	1.02	750	5.0	20~50
	XAD-5		51		415	6.8	
Diaion	HP-10				501.3	30.0	0.46
	HP-20				718.0	46.0	1.16
	HP-30				570.0	25.0	0.87
	HP-40				740.7	25.0	0.6
	HP-50				589.8	90.0	0.8
Chromosorb	101	John's Manville		0.3(干)	30~40	350	
	102			0.29	300~400	8.5	
	103			0.32	15~25	350	
	106						
Proapak	P	Waters AssociateInc		0.28(干)	120	1 000	
	Q			0.25~0.35	600~800	7.5~40	
	R			0.33	547~780	7.6	
	S			0.35	536~470	7.6	
	N			0.39	437		
	T			0.44	306~450	9.1	
Dulite	S-861			1.02	600		0.3~1.2
	S-862			1.02	450		0.3~1.2
GDX	101	天津化学试剂 有限公司		0.28(干)	330		
	102			0.20	680		
	103			0.18	670		
	104			0.22	590		
	105			0.44	610		
	201			0.21	510		
	202			0.18	480		
	203			0.09	800		
有机载体	401	上海化学试剂 有限公司		0.32	300~400		
	402			0.27	400~500		
	403			0.21	300~500		

　　S-DVB 母体有许多优点,如价廉,机械强度好,耐温、耐氧化、耐水解,每一苯环都可以引入一个活性基团,吸附容量大,不溶解但能溶胀,利于反应试剂的扩散渗透。在聚苯乙烯型母体的苯环上可以引入多种基团,调节吸附树脂的极性,例如先后经过硝化、还原、酰胺化

反应,引入硝基、氨基、酰胺基团。聚苯乙烯型母体(白球)接上相应的离子基团,即成离子交换树脂。

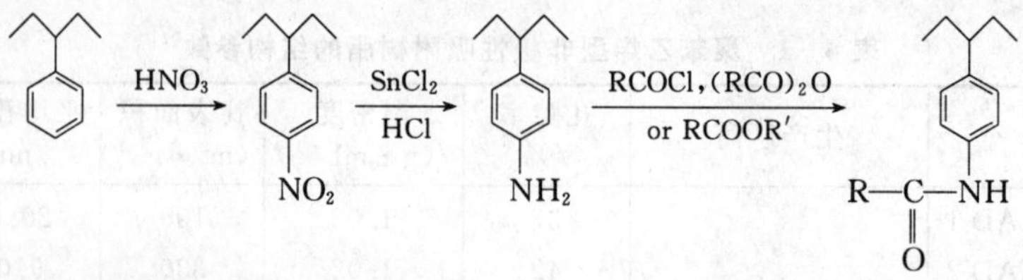

2. 甲基丙烯酸酯类吸附树脂

甲基丙烯酸甲酯属于中极性单体,与双甲基丙烯酸乙二酯(分子式如下)进行交联共聚,即成中极性吸附树脂,其用量仅次于聚苯乙烯型。

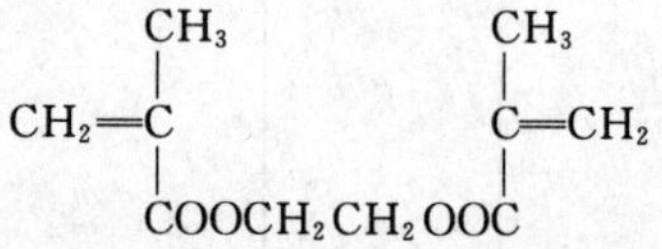

双甲基丙烯酸乙二酯

该树脂对疏水基团和亲水基团都有吸附能力,因此可从水溶液中吸附亲油性物质,从有机溶液中吸附亲水性物质。通过水解,可将其中酯基转变成羧基,成为强极性吸附剂。

此外,还有聚丙烯腈、聚乙烯醇、聚丙烯酰胺、聚酰胺、聚乙烯亚胺、纤维素衍生物等交联共聚物用作极性吸附树脂,异丁烯交联共聚物可用作非极性吸附树脂,它们都是色谱分析中常用的高分子吸附剂。

4.1.2　高吸油性树脂

随着工业的发展,由含油污水、废弃液体以及油船、油罐的泄漏而造成的环境污染日趋严重,高吸油性树脂应运而生。高吸油树脂的特点是吸油速率快,吸油倍率高,保油能力强,可用于水面浮油的回收,水环境的净化,应用前景广阔,发展迅速。

吸油树脂和吸附树脂在吸附性能及机理上有差异。吸附树脂的吸附容量低,多以被吸物质的脱除率来评价,例如脱除水中酚类的99%,并不反映树脂的饱和吸附量。在机理上,往往局限于表面吸附。吸油树脂的分离原理不局限于表面吸附,而在于相溶吸收,能吸收比自身重十几到几十倍的油,油水选择性好,吸油速度快,保油能力强,只溶胀而不溶解,有足够的强度和稳定性,便于再生利用。

吸油过程机理如下:油类向吸油树脂扩散,经范德华力吸附后亲油基团和油分子亲和相溶或溶剂化,使分子链舒展,继续吸油溶胀,最后受交联网络回弹力的限制,达到饱和的有限溶胀热力学平衡状态。常用油和溶剂一般是非极性或微极性的脂肪烃和芳烃,以及弱极性或中极性的氯代烃、酯类。根据极性相似相溶原则,可选用组成极性相似的单体来制备吸油树脂。表4-2为常见的溶剂和聚合物的溶度参数,可供选用树脂时参考。

表 4-2　溶剂和聚合物的溶度参数 $\delta/(J \cdot cm^{-3})^{1/2}$ [1]

溶剂	δ	聚合物	δ	溶剂	δ	聚合物	δ
正己烷	14.9	聚乙烯	16.1	醋酸异戊酯	16.0	聚丙烯酸丁酯	18.3
正辛烷	16.0	聚丙烯	17.0	醋酸正戊酯	17.4	聚甲基丙烯酸甲酯	19.0

续　表

溶剂	δ	聚合物	δ	溶剂	δ	聚合物	δ
环己烷	16.8	聚异丁烯	16.4	醋酸乙酯	18.6	聚醋酸乙烯酯	19.6
二甲苯	18.0	聚丁二烯	17.5	四氯化碳	17.6	聚氯乙烯	19.7
甲苯	18.2	聚异丁二烯	16.1	四氯乙烷	19.3	聚偏氯乙烯	20.6
苯	18.8	聚苯乙烯	19.1	丙酮	20.3	聚甲醛	20.5
乙醚	15.1	聚正丁醚	17.6	正丁醇	23.3	聚乙烯醇	27.5

吸油树脂一般是低交联度的非极性共聚物,根据单体种类的不同,高吸油树脂基本可分为两大类:一是丙烯酸酯类树脂;二是烯烃类树脂。丙烯酸酯和甲基丙烯酸酯类是比较常见的单体,这类单体来源广,聚合工艺也较为成熟。至于烯烃类树脂,由于烯烃分子内不含极性基团,这类树脂对油品的亲和性更加优越,但高碳烯烃来源较少是一个重要的制约因素。从结构上来看,高吸油性树脂的特点是以某种亲油性单体为基本单位,具有适当的交联度。这主要是为了增加树脂与油品的亲和力,同时又防止聚合物在油中溶解,但交联结构会影响吸油量。近年来,随着对吸油树脂研究工作地不断深入,开发出了多种类型的高吸油性树脂。最早由美国的陶氏化学公司采用烷基苯乙烯为单体,二乙烯苯为交联剂,合成了高吸油性树脂;1973 年,日本三井石油化学公司采用甲基丙烯酸烷基酯或烷基苯乙烯为单体,经交联聚合制得高吸油性树脂。其后美国、日本、中国等又相继开发了一系列的吸油树脂。下面简单介绍几类吸油树脂的合成及其特点。

1. 聚(烷基)丙烯酸酯系

甲基丙烯酸或丙烯酸长链烷基酯是合成高吸油树脂常用的单体。使用的交联剂有二乙烯基苯、乙二醇二丙烯酸甲酯、甲基丙烯酸二甘醇酯、邻苯二甲酸烯丙酯等双烯单体。

为了得到更好的吸油性能,通常采用烷基链长度不同的丙烯酸酯,按一定配比与适合的交联剂共聚,使树脂具有最佳的分子网络结构。一般随着共聚单体侧链碳原子数增加,树脂的综合吸油性能显著增加,尤其是对汽油、煤油的吸油倍率增大很多,且以侧链碳原子数为12～16 时树脂的吸油性能最佳[3]。通过在反应过程中采用致孔剂,使形成的树脂具有较大的比表面积,树脂疏松多孔,以增加树脂的吸油量和吸油速度。

在化学交联共聚物的基础上,还可以考虑充填少量非晶态的聚丁二烯、乙丙橡胶、无规聚丙烯或无规聚乙烯等,引入物理交联,以提高吸油率。

合成丙烯酸酯类和甲基丙烯酸酯类高吸油性树脂常用的制备方法有乳液聚合及悬浮聚合法等。例如,日本三菱油化公司以丙烯酸十八烷基酯为单体,二乙烯基苯为交联剂,聚乙烯醇为分散剂,过氧化二苯甲酰为引发剂,在 60～80℃下经悬浮聚合,所得树脂可吸甲苯18 g/g,或吸三氯甲烷 25 g/g[4]。

2. 聚烯烃系

聚烯烃分子中不含极性基团,因此该类树脂对油品的亲和性能更加优越。尤其是长碳链烯烃对各种油品均有很好的吸收能力,已成为国内外研究开发的新热点。已见报道的有叔丁基苯乙烯-二乙烯基苯共聚物、α-烯烃与顺丁烯二酸酐共聚物等制成的高吸油性树脂。但在工业化生产时,必须考虑解决作为原料的高碳烯烃来源较少的问题[5-7]。

此外,还有将不同吸油树脂进行复合的成功例子。日本三洋化成公司开发了丙烯酸系交联共聚物与聚氨酯泡沫复合形成的高吸油性树脂,可吸收自重约 100 倍的甲苯[8]。

根据使用场所的不同,可将吸油树脂本身或与其他支撑材料配合,制成多种形态,如粒状、水浆状、乳液,以及织物、包覆、片状等。

吸油树脂主要用于废水脱油处理,此外,也可以用作芳香剂、杀虫剂、诱鱼剂的缓释基材,以及纸张添加剂、渔网防污剂等[9]。

4.1.3 高吸水性树脂

脱脂棉、手纸、麻、海绵等是常用的一般吸水材料,吸水量可达十几到几十倍,受压时,水分容易被挤出,保水能力差。淀粉也可以吸水,无限溶胀成糊,谈不上保水能力。高吸水性树脂(Super Absorbent Resin,SAR)又称高吸水性聚合物(Super Absorbent Polymer,SAP),是一类含有强亲水性基团,并具有一定交联度的功能高分子材料,具有吸水性和保水性两大基本特点[1]。它不溶于水和有机溶剂,吸水能力可达自身重量的 500~5000 倍。吸水后加压也不易脱水,因此又称高保水剂。高吸水性树脂吸水后溶胀为水凝胶,具有弹性凝胶的基本性能,又称高弹性水凝胶。高吸水性树脂在农业、医疗卫生、工业中具有广泛的应用,如卫生巾、纸尿布、土壤保水剂、泥浆凝固剂、混凝土添加剂等。

高吸水性树脂的高吸水性和高保水性要求其结构具有下列特点:① 分子中含有羟基、羧基等强亲水性基团,对水具有很高的亲和性,与水接触后可以迅速吸水与水分子形成氢键;② 聚合物为交联型网状结构。聚合物经过适度地交联,吸水后迅速溶胀,形成水凝胶,体积增大许多,水被包裹在呈凝胶状的分子网格内部,受一定压力也不流失;③ 聚合物内部应该具有浓度较高的离子性基团,大量离子性基团的存在可以保证体系内部具有较高的离子浓度,从而在体系内外形成较高的渗透压,在此渗透压作用下,环境中的水具有向体系内部扩散的趋势;④ 聚合物应该具有较高的分子量,保证其具有足够的机械强度[2,10]。

高分子网络的亲水基团可使高分子网络扩张,形成渗透压差,是树脂吸水的动力。水分子进入网格后,热运动受到限制,不易重新从网格中逸出,因此具有好的保水性。网络中大量水合离子是提高吸水能力、加快吸水速度的重要因素。若吸附的水中含盐,则使渗透压差减小,降低树脂的吸水能力。

交联程度对树脂的吸水性有较大影响,未经交联的树脂基本没有吸水功能,而少量交联后,吸水倍率成百上千的增加,交联度太高,吸水率反而下降。若吸附的水中含盐,则使渗透压差减小,降低树脂的吸水能力。

根据不同的分类方法,可将高吸水性树脂分成不同的种类,如按产品形状分,有粉末状、薄片状、颗粒状、纤维状;按交联方法分,有交联剂交联、自身交联、辐射交联等;按亲水基团引入方式分,有单体聚合和高分子反应;按原料组成分,有淀粉类、纤维素类、合成聚合物类,其中最常见的是按原料组成分类。下面重点介绍几类高吸水性树脂。

1. 淀粉类

制备这类高吸水性树脂多选用玉米、小麦等支链形淀粉。淀粉经水解糊化,引入更多羟基,以便提高吸水能力,再经适当交联成网状结构,赋予保水能力。

最早开发的淀粉类高吸水性树脂是采用接枝合成法制备的。具体制法为:用硝酸铈铵氧化还原引发剂,采用水溶液聚合,使丙烯腈与淀粉接枝,再经碱水解,使腈基转变成酰胺基和羧基,即成高吸水性树脂。用该方法制得的高吸水性树脂虽有较好的吸水能力,但由于反应体系的黏度通常很大,水解反应不可能十分彻底,最终产品中会残留有毒的丙烯腈单体,故限制了应用。改进方法是将淀粉和丙烯酸在引发剂作用下进行接枝共聚。这种方法可直接引入大量羧基,免去水解步骤,单体转化率高,残留单体 0.4% 以下,而且无毒性[11]。

还有采用淀粉与丙烯酰胺接枝共聚、淀粉与多组分单体的接枝共聚制备高吸水性树脂。如用辐射引发方式将丙烯酸和马来酸接枝聚合到木薯淀粉上,得到海绵状的、对蒸馏水吸收率达到 2 256 g/g 的淀粉接枝共聚物[12]。

2. 纤维素类

纤维素类高吸水性树脂是 1978 年由德国的赫尔斯特(Holst)首先报道。纤维素的结构单元是葡萄糖残基,与淀粉相似,只是结晶度高,不溶于水,须经改性并适当交联后,才能转变成吸水性树脂。例如纤维素与氯乙酸钠反应[1](如下式)得到羧甲基纤维素并适当交联后,可作卫生巾的吸水材料。

$$Ⓟ—OH·NaOH+ClCH_2COONa \longrightarrow Ⓟ—OCH_2COONa+NaCl+H_2O$$

由纤维素与环氧丙烷反应而得的羟丙基甲基纤维素也是高吸水性树脂。纤维素还可通过与其他单体进行接枝共聚引入亲水性基团的方法来制取高吸水性树脂。制备方法与淀粉类基本相同。如单体可采用丙烯腈、丙烯酸及其盐、丙烯酰胺等,交联剂可采用双丙烯酰胺基化合物,如 N,N-亚甲基二丙烯酰胺等,引发体系则可采用亚铁盐-过氧化氢、四价铈盐、黄原酸酯等,也可用 γ 射线辐射引发。不同的引发方法所得的共聚物,其分子量和支链数量差别很大[13]。

纤维素类高吸水性树脂的吸水能力比淀粉类低,但在一些特殊形式的用途方面是淀粉类树脂不能代替的。例如,制作高吸水性织物,用纤维素类树脂与合成纤维混纺以改善其吸水性,可用于吸水性纤维衣料等。

3. 壳聚糖类

壳聚糖是甲壳质的水溶性改性产物,甲壳素和壳聚糖都具有和纤维素、淀粉极相似的结构,仅仅是糖环上的第二位碳原子所带的取代基为酰胺基或氨基。在数量和分布上甲壳素是自然界中仅次于纤维素的天然高分子化合物,但是作为高吸水性树脂的制备原料还比较少见。壳聚糖通过与丙烯腈在 5% 醋酸水溶液中进行反应,接枝共聚改性后,在 20% 的氢氧化钠溶液中进行水解和皂化[2,10],皂化后得到淡黄色吸水性树脂。

4. 聚丙烯酸类

聚丙烯酸是水溶性高分子,经少量交联,即成高吸水性高分子,可吸水上千倍,吸尿液10 余倍,主要用于生理卫生材料。用作土壤保水剂时,可使 95% 水分供农作物利用,拌种使用则可提高发芽率。

丙烯酸的交联共聚可以采用溶液聚合或反相悬浮聚合,水溶性过硫酸钾或其氧化还原体系选作引发剂。丙烯酸活性高,聚合快,难以控制,往往预先部分中和成丙烯酸钠(如80%~90% 中和度)而后聚合。丙烯酸(或钠)水溶液交联共聚产品呈粉状,而反相悬浮聚合产品则呈珠粒状。

丙烯酸钠与微量(0.01%~0.02%)交联剂(如 N,N'-亚甲基双丙烯酰胺)进行水溶液聚合,所得产品吸水率可达 650~700 倍,吸盐水(0.9%)80~90 倍。

羧基及其钠盐是电解质,不耐盐,聚丙烯酸类交联共聚物吸水率虽高(上千倍),但吸盐水率却很低。为了提高耐盐性,可以选用丙烯酰胺作共聚单体,并可保持高吸水速率。

马来酸钠与丙烯酰胺(摩尔比 20∶80)进行反相悬浮交联共聚,也可制备高耐盐高吸水性树脂。共聚产物吸水 840 倍,吸盐水(0.9％)高达 270 倍[1]。

聚丙烯酸类高吸水性树脂的吸水能力与淀粉等天然高分子接枝共聚物相当,但是它们不存在多糖单元,不受细菌影响,能改善制成的薄膜状吸水材料的结构性能。缺点是不能生物降解,在农业上应该谨慎使用。

5. 聚乙烯醇类

聚乙烯醇是一种水溶性高分子,分子中存在大量活性羟基,用一定方法使其交联,并引入电离性基团,可获得高吸水性树脂。所用的交联剂有顺丁烯二酸酐、邻苯二甲酸酐、双丙烯酰胺脂肪酸等。这些交联剂在起交联作用的同时,引入了电离性基团,起到了一举两得的效果。根据交联剂的不同,得到的树脂的吸水率一般为自身质量的 500～700 倍[14]。

此外,醋酸乙烯酯和丙烯酸甲酯的共聚物经水解后生成含有羟基和羧基的高吸水性共聚物。醋酸乙烯酯与马来酸酐的共聚物水解后,也得到类似产物,其特点是除了吸水外,还能够吸收大量乙醇。

高吸水性树脂是高分子电解质,对含有离子的液体吸收能力显著下降,因此,产品的净化程度对吸水率影响很大。通常采用渗析、醇沉淀、漂洗净化,再用碱中和处理,产品的最终形式随净化和干燥的方式而异。醇沉淀及鼓风干燥的一般为粒状产品;渗析和酸沉淀及转鼓干燥的一般制成膜,也可加工为粒状;若用冷冻干燥,则可制得海绵状产品。这些形式都有各自的独特用途。

6. 复合型高吸水材料

目前高吸水性材料的研究不仅仅限于开发新型高吸水性材料方面,而且向复合化、功能化方向发展。开发高吸水纤维、吸水性无纺布、吸水性塑料与遇水膨胀橡胶等已经成为研究新方向。目前已经在以下几个领域获得进展。

高吸水性纤维。高吸水性纤维目前多为共聚物纤维,由聚丙烯酸钠盐直接纺丝成吸水性纤维,也可利用纤维与树脂复合,通过纤维表面与吸水树脂进行化学反应或黏附制造吸水纤维,其中黏胶纤维、纤维素纤维、聚氨酯纤维、聚酯纤维等可以作为原丝使用。例如,丙烯酸-丙烯酰胺-聚乙烯醇体系共聚共混物,加入一定量的 PVA 即具备溶液纺丝的性能,当 PVA 含量为 15％时,纤维的吸水倍率达 298 倍,吸盐水倍率也达 57 倍[15]。

吸水性非织造布。高吸水性非织造布主要作为一次性用品,多用于医疗卫生领域。可采用两种途径进行加工:① 直接将无纺布等纤维基材浸渍在聚合单体水溶液中进行聚合,单体溶液组成按照吸水性树脂聚合要求配制,然后用微波辐射引发聚合,生成表面含吸水层的纤维复合体,其吸水率高,能稳固地附着在基材上[16];② 将吸水树脂半成品浆液涂布在纤维基材上后再交联,这种方法制得的吸水性材料吸水速率要比颗粒状吸水性树脂大得多[17]。

吸水性塑料或橡胶。将高吸水性树脂与塑料或橡胶进行复合可以得到吸水性工程材料,例如将吸水树脂与橡胶复合可以得到遇水膨胀橡胶,是一种弹性密封和遇水膨胀双重作用的功能弹性体,作为水密封材料应用于工程变形缝、施工缝、各种管道接头、水坝等密封止水。高吸水性树脂与塑料复合可以制成性能优良的擦拭材料。

4.2　离子交换高分子材料

离子交换高分子材料,根据离子分离过程的不同,可分为离子交换树脂和螯合树脂。

4.2.1　离子交换树脂

离子交换树脂的主要功能是可以与阴、阳离子交换,去除水中离子,此外还有脱水、脱色、吸附、催化等功能,因此具有多种用途:如水处理制备去离子水,糖和多元醇的脱色精制,废水处理回收贵金属,抗生素和生化药物的分离精制,以及酯化、烷基化、烯烃水合、水解、脱水、缩醛化、缩合等催化,广泛用于水处理、冶金工业、海洋资源利用、化学工业、食品工业、医药卫生、环境保护等领域。

离子交换树脂在色谱中的应用原理

应用最多的离子交换树脂母体是交联聚苯乙烯,因为苯环上容易引入电离基团,结构容易控制。为了使母体结构稳定,并保持溶胀能力,苯乙烯须与少量二乙烯基苯共聚,形成交联。聚丙烯酸型也可用作母体。早期曾使用酚醛树脂,因结构难以控制,后渐被淘汰。

离子交换树脂的分类方法有很多种,最常用和最重要的分类方法有以下两种。

按交换基团的性质分类。可分为阳离子交换树脂和阴离子交换树脂,阳离子交换树脂包括强酸型、中酸型和弱酸型三种;阴离子交换树脂包括强碱型和弱碱型两种[1]。

① 强酸型,带磺酸基团($-SO_3H$),如聚苯乙烯型,酸性与硫酸、盐酸相当,在碱性、中性甚至酸性介质中都有离子交换功能。

② 弱酸型,带羧酸($-COOH$)或磷酸基团、酚基,如聚丙烯酸型,酸性相当于 $pH=5\sim7$,只在碱性或接近中性的介质中才有离子交换能力。

③ 强碱型,带季胺基团($-NR_3$),如聚苯乙烯型,在碱性、中性、酸性介质中都可显示出离子交换功能。

④ 弱碱型,带伯胺($-NH_2$)、仲胺($-NHR$)或叔胺($-NR_2$),如聚苯乙烯型,只在中性和酸性介质中显示出离子交换能力。

离子交换树脂能在水中溶胀,有利于离子的迁移扩散。阳离子交换树脂中的 H^+ 能与金属阳离子交换,阴离子交换树脂中的 OH^- 能与酸根阴离子交换,从而除去水中的电解质,成为去离子水。以 ⓟ⁻ 和 ⓟ⁺ 代表聚合物阴、阳离子交换树脂的母体,离子交换反应如下:

$$ⓟ^- H^+ + Na^+ \Longleftrightarrow ⓟ^- Na^+ + H^+$$
$$ⓟ^+ OH^- + Cl^- \Longleftrightarrow ⓟ^+ Cl^- + OH^-$$
$$ⓟ^- H^+ + ⓟ^+ OH^- + NaCl \Longleftrightarrow ⓟ^- Na^+ + ⓟ^+ Cl^- + H_2O$$

离子交换是可逆反应。交换树脂被金属阳离子、酸根阴离子饱和以后,可分别用无机酸、碱处理,按上述逆反应再生,就可恢复成原来的阳、阴离子交换树脂,供继续循环使用。

按树脂的物理结构。可分为凝胶型、大孔凝胶型和载体型三种。离子交换树脂的交换能力与每一单体单元上可电离的基团数、交联度、孔隙度有关。一般大孔型具有较强的交换能力,但交联度过大,会使交换能力降低。下面从树脂结构介绍主要的离子交换树脂。

1. 凝胶型离子交换树脂

这类树脂表面光滑,球粒内部没有大的毛细孔。在水中会溶胀成凝胶状,并呈现大分子链的间隙孔。大分子链之间的间隙约为 2～4 nm。一般无机小分子的半径在 1 nm 以下,因此可自由地通过离子交换树脂内大分子链的间隙。在无水状态下,凝胶型离子交换树脂的分子链紧缩,体积缩小,无机小分子无法通过。所以,这类离子交换树脂在干燥条件下或油类中将丧失离子交换功能。

凝胶型离子交换树脂的制备过程主要包括两大部分:① 合成三维网状结构的大分子;② 连接离子交换基团。可采用高分子功能化和功能基团高分子化来制备。

苯乙烯系离子交换树脂。苯乙烯系离子交换树脂可以制成强酸型阳离子交换树脂和强碱型阴离子交换树脂。

以苯乙烯-二乙烯基苯为单体,通过悬浮聚合制备苯乙烯-二乙烯基苯的共聚物(俗称白球),以球状交联共聚物为母体,经溶胀,在 100℃与浓硫酸或发烟硫酸反应,在苯环上引入磺酸基团,就成为强酸型阳离子交换树脂。母体在 35℃下经氯甲基化,再与三甲基氨 (N(CH$_3$)$_3$)反应,就得强碱性季铵型阴离子交换树脂;如用仲胺 HN(CH$_3$)$_2$ 或伯胺进行胺化,则得弱碱型阴离子交换树脂[1],反应式如下:

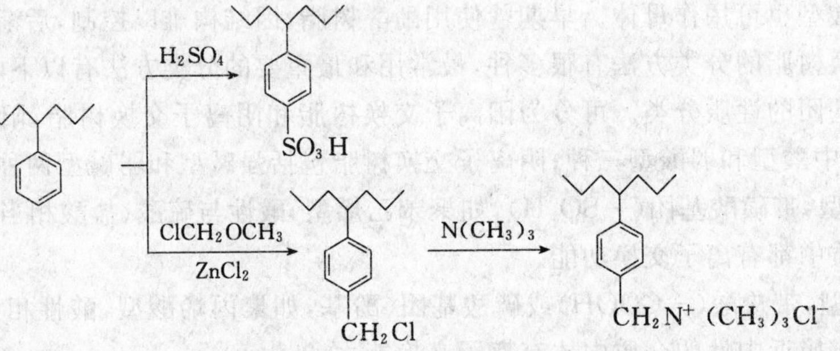

对于前面的苯乙烯与二乙烯苯基反应得到白球,共聚时由于二乙烯基苯的自聚速率大于与苯乙烯共聚的速率,故聚合初期,进入共聚物的二乙烯基苯单体比例较高;而聚合后期,二乙烯基苯单体已基本耗尽,反应主要为苯乙烯的自聚。结果球状树脂内的交联密度不同,外疏内密。在离子交换树脂的使用中,体积较大的离子或分子扩散进入树脂的内部,而在再生时,由于外疏内密的结构,较大的离子或分子会卡在分子间隙中,不易与可动离子发生交换,最终失去交换功能。这种现象称为离子交换树脂中毒。

母体的聚集态结构和孔隙大小对交换容量和速率影响很大。苯乙烯-二乙烯基苯共聚既可制成均相凝胶状珠粒,也可以添加稀释剂,制成大孔凝胶。稀释剂包括良溶剂(甲苯)、非溶剂或沉淀剂(庚烷)和不良溶剂,甚至再添加线形聚合物,以改变孔隙体积和孔径分布。

丙烯酸系离子交换树脂。聚丙烯酸系可以制成弱酸型阳离子交换树脂和弱碱型阴离子交换树脂。

丙烯酸的水溶性较大,聚合不易进行,故常采用其酯类单体进行聚合后再进行水解的方法来制备弱酸型阳离子交换树脂。

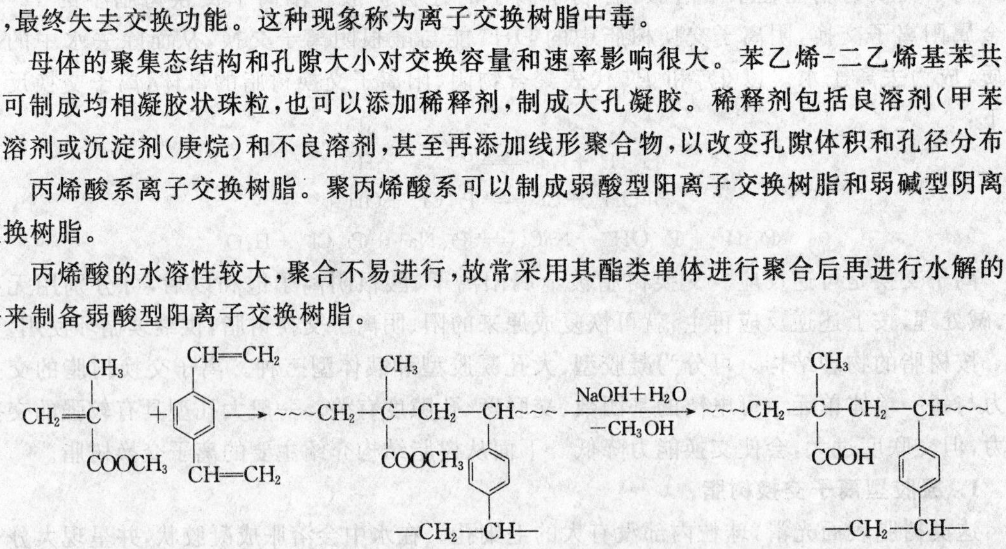

　　上述共聚物中由于两单体的竞聚率悬殊,使共聚物的交联结构不均匀,导致离子交换树脂的容量低,使用性能差,可以采用加入双甲基丙烯酸乙二醇酯、甲基丙烯酸丙基酯、衣康酸丙基酯和三聚异氰酸三烯丙基酯等单体进行共聚改性[4]。

　　聚丙烯腈水解后也形成聚丙烯酸系弱酸型阳离子交换树脂,但是该类树脂性能差,目前正在寻找好的交联剂以制备该类树脂。

　　利用羧酸基团与胺类化合物进行酰胺化反应,可制得聚丙烯酸系弱碱型阴离子交换树脂。

$$
\begin{array}{c}
-CH_2-CH-CH_2-CH- \\
| \qquad\qquad | \\
\text{(苯环)} \quad COOCH_3 \\
| \\
-CH_2-CH-
\end{array}
\xrightarrow[-CH_3OH]{NH_2(C_2H_4NH)_nH}
\begin{array}{c}
-CH_2-CH-CH_2-CH- \\
| \qquad\qquad | \\
\text{(苯环)} \quad CONH(C_2H_4NH)_nH \\
| \\
-CH_2-CH-
\end{array}
\xrightarrow{CH_2O}
$$

$$
\begin{array}{c}
-CH_2-CH-CH_2-CH- \\
| \qquad\qquad | \\
\text{(苯环)} \quad CONH(C_2H_4N)_nCH_3 \\
| \qquad\qquad\qquad\qquad | \\
-CH_2-CH- \qquad CH_3
\end{array}
$$

　　和苯乙烯系碱型阴离子交换树脂相比,聚丙烯酸系碱型阴离子交换树脂具有亲水性高、耐有机污染、交换容量高、力学强度高等优点,缺点是耐氧化性能低、易水解、应用范围小。

2. 大孔型离子交换树脂

　　大孔型离子交换树脂外观不透明,表面粗糙,为非均相凝胶结构,内部存在大量的毛细孔。无论树脂处于干态或湿态、收缩或溶胀时,这种毛细孔都不会消失,因此可在非水体系中起离子交换和吸附作用。与凝胶型离子交换树脂中的分子间隙相比,大孔型树脂中的毛细孔直径可达几纳米至几千纳米,比表面积更大。例如分子间隙为 2 nm 的凝胶型离子交换树脂的比表面积约为 1 m^2/g,而 20 nm 孔径的大孔型离子交换树脂的比表面积高达几千 m^2/g,因此其吸附功能十分显著。

　　大孔型离子交换树脂的制备方法与凝胶型离子交换树脂基本相同。重要的大孔型树脂仍以苯乙烯类为主。与凝胶型离子交换树脂相比,制备方法有两个最大的不同:一是二乙烯基苯含量大,一般达 85% 以上;二是在制备中加入致孔剂。

　　致孔剂可分为两大类:一类为聚合物的良溶剂如甲苯,又称溶胀剂;另一类为聚合物的不良溶剂如脂肪醇。一般来说,由不良溶剂致孔的大孔型树脂比良溶剂致孔的大孔型树脂得到的孔径大、比表面积小。通过对两种致孔剂的选择和配合,可以获得各种规格的大孔型树脂。如将 100% 己烷作致孔剂,产物的比表面积为 90 m^2/g,孔径为 43 nm。而改为 15% 甲苯和 85% 己烷混合物作致孔剂,孔径降至 13.5 nm,而产物的比表面积提高到 171 m^2/g。在上述树脂中连接上各种交换基团,就得到各种规格的大孔型离子交换树脂[2,4,10]。

3. 载体型离子交换树脂

　　主要用作液相色谱的固定相。一般是将离子交换树脂包覆在硅胶或玻璃珠等表面上制成。它可经受液相色谱中流动介质的高压,又具有离子交换功能。

4.2.2　螯合树脂

　　螯合树脂是吸附树脂的一种,通过树脂与金属离子的配位螯合,达到"吸附"分离的目的。螯合树脂主要用于重金属、贵金属的分离。

从原料来看,螯合树脂可分为天然的(如纤维素、海藻酸盐等)和人工合成的两类。从结构上分类,螯合树脂可分为侧链型和主链型两类(如图 4-1),带侧基配体的螯合树脂最常用。配体主要由 O、N、S 组成,P、As、Se 次之。氧是最常见的配位原子,配体可以是非环状或杂环状。

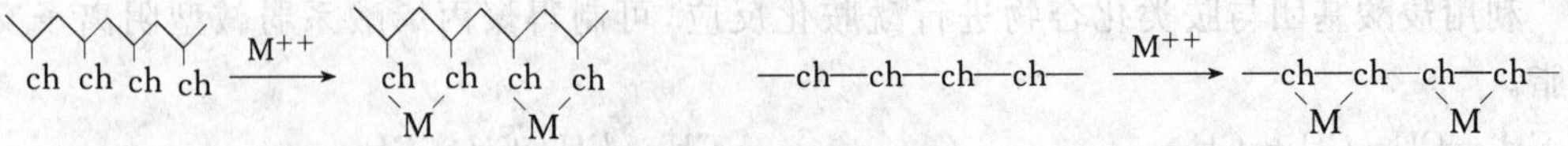

$$\text{ch} \quad \text{ch} \quad \text{ch} \quad \text{ch} \xrightarrow{\text{M}^{++}} \text{ch} \quad \text{ch} \quad \text{ch} \quad \text{ch}$$

(a) 侧链型　　　　　　　　　　　　　　　　(b) 主链型

图 4-1　螯合树脂

螯合树脂可与金属离子螯合,用适当药剂(如 2% 硫脲)又可使金属离子洗脱,甚至将吸附后的树脂灼烧,烧尽有机物,留下贵金属。应用这一原理可以进行贵金属的湿法冶金和从废液中回收贵金属。例如可从组成复杂的离子溶液中有选择性地吸附 Au^{3+}、Pt^{4+}、Pd^{2+},而不吸附 Cu^{2+}、Fe^{3+}、Ni^{2+}、Co^{2+},使之分离。

金属螯合物的稳定性与金属离子种类、配体种类和螯合结构有关。金属离子正电荷数增加和离子半径减小,一般会使螯合物稳定性降低。二价金属离子螯合物的稳定性顺序大致如下:

$$Mn^{2+} < Fe^{2+} < Co^{2+} < Ni^{2+} < Cu^{2+} < Zn^{2+}$$

配体的 pK_d 愈大,则螯合物愈稳定。一般五元环最稳定,但含双键的六元环更稳定。

螯合树脂对贵金属的吸附容量差别很大,以氯甲基化交联聚苯乙烯骨架为例,结合上不同基团,对 Au^{3+} 的吸附容量大不相同,多原子杂环往往更有利于贵金属离子的螯合。

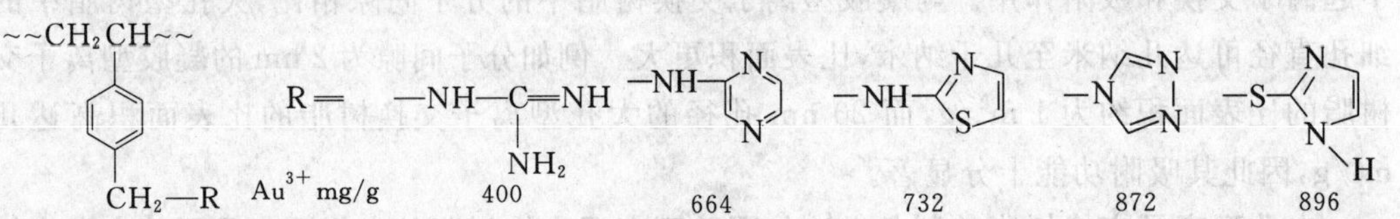

根据螯合剂对金属离子有选择性络合、富集的原理,可以用于湿法冶金,尤其是提炼贵金属和稀有元素;富集回收电镀废液、照相废液中的贵重金属;脱除废污水中的有害金属离子;分析化学中的络合分析等。有些螯合树脂与特定金属离子螯合之后,赋予了树脂新的物理化学性能,还可用作催化剂、光敏剂、抗静电剂等。

高分子螯合剂结构复杂,种类繁多,所能螯合的金属离子或原子各异。吸附选择性和吸附容量、吸附速率、可洗脱性、再生难易等是评价螯合剂性能的重要指标。现举例介绍几种重要的高分子螯合剂。

1. 胺基羧酸类(EDTA 类)螯合树脂

乙二胺四乙酸(EDTA)是分析化学中最常用的分析试剂,它能在不同条件下与不同的金属离子络合,具有很好的选择性。仿照其结构合成出来的螯合树脂也具有良好的选择性。这类树脂通常具有下列结构:

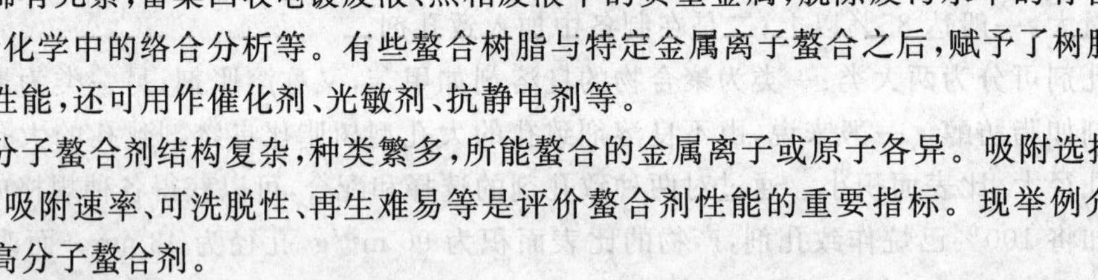

EDTA 类螯合树脂可以通过多种途径制得。主要制备方法为:氯甲基化的交联聚苯乙烯(简称氯球)用作母体,经过不同反应,可合成多种 EDTA 类的螯合树脂,如下式:

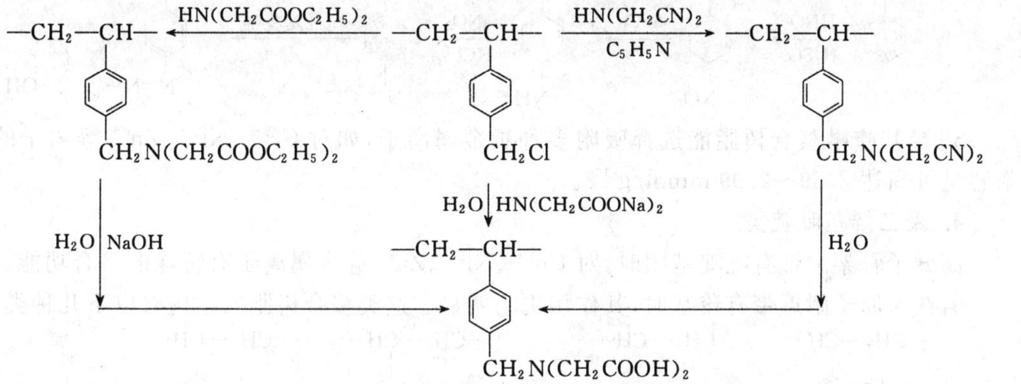

$$\text{—CH}_2\text{—CH—} \xleftarrow{\text{HN(CH}_2\text{COOC}_2\text{H}_5)_2} \text{—CH}_2\text{—CH—} \xrightarrow[\text{C}_5\text{H}_5\text{N}]{\text{HN(CH}_2\text{CN)}_2} \text{—CH}_2\text{—CH—}$$

$$\text{CH}_2\text{N(CH}_2\text{COOC}_2\text{H}_5)_2 \qquad \text{CH}_2\text{Cl} \qquad \text{CH}_2\text{N(CH}_2\text{CN)}_2$$

$$\downarrow \text{H}_2\text{O}\ \text{NaOH} \qquad \downarrow \text{H}_2\text{O}\ |\ \text{HN(CH}_2\text{COONa)}_2 \qquad \downarrow \text{H}_2\text{O}$$

$$\text{—CH}_2\text{—CH—}$$

$$\text{CH}_2\text{N(CH}_2\text{COOH)}_2$$

这类螯合树脂在 pH=5 时对 Cu^{2+} 的最高吸附容量为 0.62 mmol/g,可用 $HClO_4$ 溶液解吸;在 pH=1.3 时对 Hg^{2+} 的最高吸附容量为 1.48 mmol/g。可见对特种贵金属有很好的选择分离性[18]。

2. 肟类螯合树脂

肟类化合物能与金属镍(Ni)形成络合物。在树脂骨架中引入二肟基团形成肟类螯合树脂,对 Ni 等金属有特殊的吸附性。肟类螯合树脂的合成方法主要有两类:高分子基团化和配体高分子化,如:

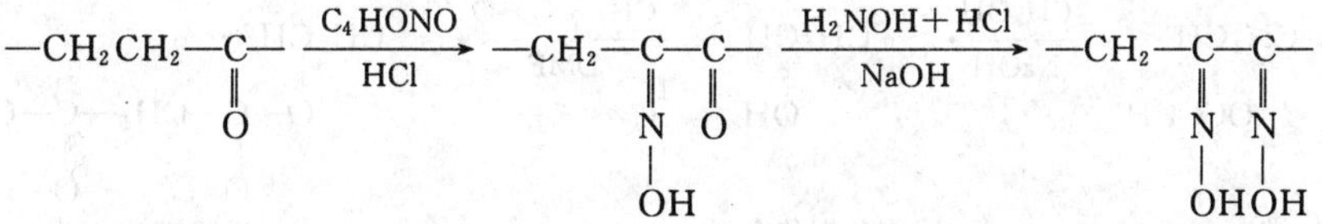

$$\text{—CH}_2\text{CH}_2\text{—C—} \xrightarrow[\text{HCl}]{\text{C}_4\text{HONO}} \text{—CH}_2\text{—C—C—} \xrightarrow[\text{NaOH}]{\text{H}_2\text{NOH+HCl}} \text{—CH}_2\text{—C—C—}$$

肟基近旁带有酮基、胺基、羟基时,可提高肟基的络合能力。因此,肟类螯合树脂常以酮肟、酚肟或胺肟等形式出现,吸附性能优于单纯的肟类树脂。

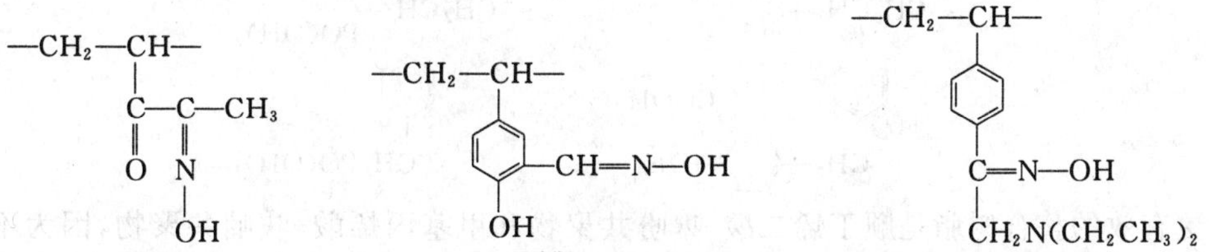

酮肟　　　　　　酚肟　　　　　　胺肟

肟类螯合树脂与 Ni 的络合反应如下式所示:

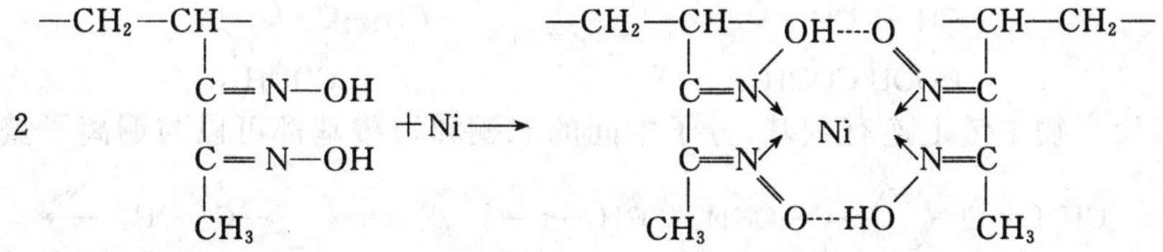

3. 8-羟基喹啉类螯合树脂

8-羟基喹啉是有机合成和分析化学中常用的络合物,将其引入高分子骨架中,就形成螯合树脂。例如将苯乙烯先后经硝化、还原、重氮化等反应,进一步在偶氮上接上 8-羟基喹啉，形成特殊络合能力的 8-羟基喹啉螯合树脂。

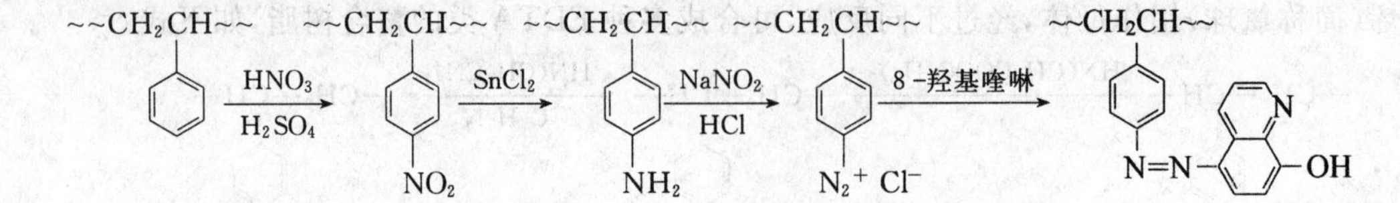

8-羟基喹啉螯合树脂能选择吸附多种贵金属离子，如对 Cr^{2+}、Ni^{2+}、Zn^{2+} 等离子的吸附容量可高达 2.39～2.99 mmol/g[19]。

4. 聚乙烯基吡啶类

高分子骨架中带有吡啶基团时，对 Cu^{2+}、Ni^{2+}、Zn^{2+} 等金属离子有特殊的络合功能。若在氮原子附近带有羧基时，其作用更为明显。这类螯合树脂的结构有以下几种类型：

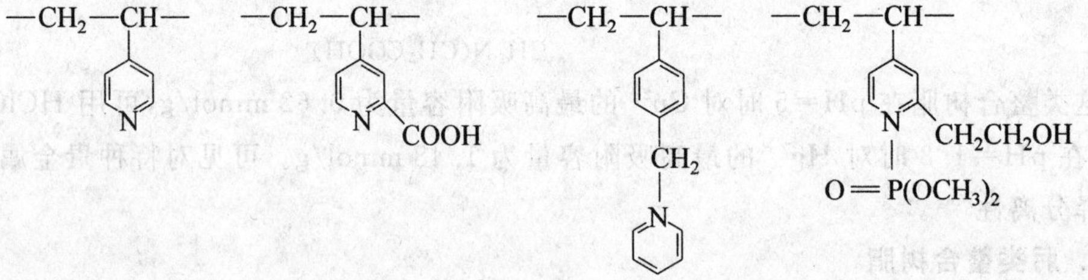

5. 其他

聚乙烯醇是二价铜的螯合剂。将聚乙烯醇进一步与乙烯酮反应，形成 β-酮酸酯，则转变成三价铁离子的有效螯合剂。

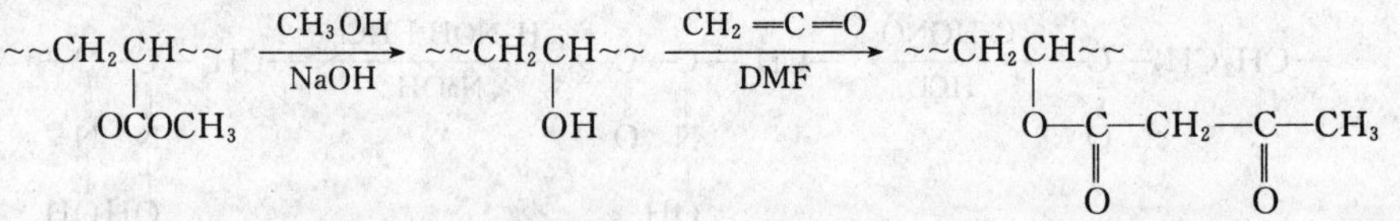

二价铜螯合剂　　三价铁螯合剂

带有酚羟基的螯合树脂，可用于重金属离子、维生素和抗生素的分离。带有磷酸基团的螯合树脂，对重金属离子有突出的吸附性，可用于 UO^{2+} 的分离。

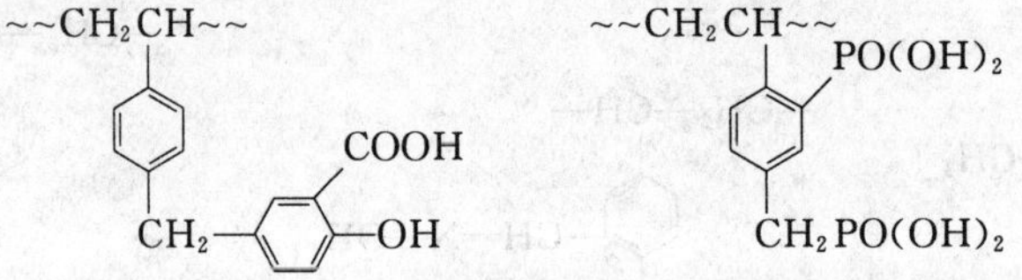

更有效的螯合树脂是顺丁烯二酸-噻吩共聚物和甲基丙烯酸-呋喃共聚物，因为不同基团有协同作用，与金属离子的螯合更加稳定。

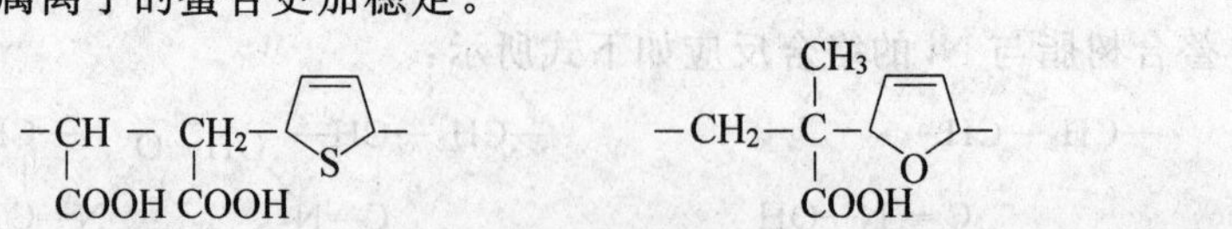

下列缩聚产物主链上连有羰基，分子中间的二酮和端羧基都可以与铜离子螯合：

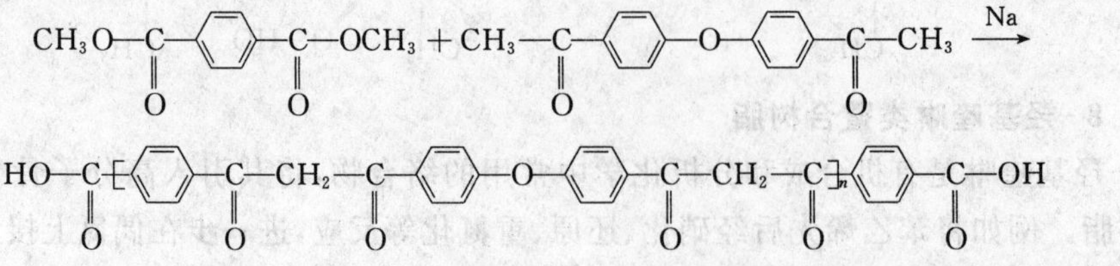

三元的氮丙啶开环聚合后,形成聚乙烯亚胺。其中氮原子上孤对电子可以与过渡金属络合或螯合。例如与钴离子络合后,树脂易吸收氧,可用作氧的介质,用于氧化还原电池。

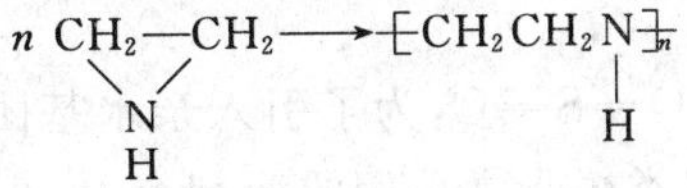

$$n\ CH_2—CH_2 \longrightarrow \text{—}\!\!\left[CH_2\,CH_2\,N \right]\!\!\text{—}$$

4.3　高分子分离膜

自然界生命活动中有许多膜分离现象,如营养液的吸收、尿液的排泄、肺鳃皮肤的呼吸等。现代膜分离技术是利用膜对混合物中各组分的选择性透过或截留来实现分离、提纯或富集的过程。待分离的混合物可以是气体、液体或微细悬浮液,尺度从约 0.1 nm 的分子到约 10 μm 的粒子;推动力可以是能量差或化学位差,如压差、浓度差、电位差等[1]。

膜是膜分离技术中的关键。膜的种类很多,可从不同角度进行分类:① 按膜的材料分类,可分为纤维素酯类和非纤维素酯类两大类;② 按膜断面的物理形态,可分为对称膜、不对称膜、复合膜、平板膜、管式膜、中空纤维膜等;③ 按功能分为分离功能膜(包括气体分离膜、液体分离膜、离子交换膜、化学功能膜)、能量转化功能膜(包括浓差能量转化膜、光能转化膜、机械能转化膜、电能转化膜,导电膜)、生物功能膜(包括探感膜、生物反应器、医用膜)等;④ 按分离膜的分离原理和推动力,可分为微孔膜、超滤膜、反渗透膜、纳滤膜、渗析膜、电渗析膜、渗透蒸发膜等[20]。

膜分离是新型分离技术,具有节能、高效、环保等特点,已经广泛应用于海水淡化,果汁、牛奶、药剂的浓缩和提纯,电镀、照相、造纸等废液的处理,有用气体的分离和回收,物性相近有机物的分离等领域,并向药物控制释放、人工肾、人工肺等医用领域发展。

4.3.1　高分子膜材料

不同的膜分离过程对膜材料具有不同的要求,如反渗透膜必须是亲水性的,膜蒸馏要求膜材料是疏水性的。因此高分子膜材料的选择是制备分离膜的关键。

原则上,凡是可以成膜的聚合物都可制作分离膜,但实际上常用的聚合物分离膜材料不过十几种,主要包括:纤维素衍生物类、聚砜、聚酰胺、聚酰亚胺、聚碳酸酯、硅橡胶、聚丙烯、聚乙烯、聚乙烯醇(缩醛)、聚丙烯腈和聚四氟乙烯等,下面简单介绍几种。

1. 纤维素酯类膜材料[21-23]

纤维素中含有羟基,在催化剂(如硫酸、高氯酸或氧化锌)存在下,和冰醋酸、醋酸酐进行酯化反应,得到三醋酸纤维素,进一步水解,则可得常用的二醋酸纤维素。醋酸纤维素是当今最重要的膜材料之一。

醋酸纤维素性能稳定,但在高温和酸、碱存在下易发生水解。为了进一步提高分离效率和透过速率,可采用各种不同取代度的醋酸纤维素的混合物来制膜,也可采用醋酸纤维素与硝酸纤维素的混合物来制膜。此外,醋酸丙酸纤维素、醋酸丁酸纤维素也是很好的膜材料。

纤维素酯类材料易受微生物侵蚀,pH 适应范围较窄,不耐高温和某些有机溶剂或无机溶剂。因此发展了合成高分子类膜。

合成的高分子膜中其分子链中必须含有亲水性的极性基团,主链上应有苯环、杂环等刚性基团,使之有高的抗压密性和耐热性,可溶并且化学稳定。常用于制备分离膜的合成高分子材料有聚砜类、聚酰胺类、芳香杂环类、乙烯类和离子性聚合物等。

2. 聚砜类膜材料

聚砜结构中的特征基团为 $O=S=O$,为了引入亲水基团,常将粉状聚砜悬浮于有机溶剂中,用氯磺酸进行磺化。聚砜类树脂常采用的溶剂有:二甲基甲酰胺、二甲基乙酰胺、N-甲基吡咯烷酮、二甲基亚砜等,它们均可形成制膜溶液。

聚砜类树脂具有良好的化学、热和水解稳定性,强度也很高,pH 适应范围为 $1\sim13$,最高使用温度达 120℃,抗氧化性和抗氯性都十分优良,因此已成为重要的膜材料之一。这类树脂中,目前的代表品种有聚砜、聚芳砜、聚醚砜、聚联苯醚砜[4,18]。结构式如下:

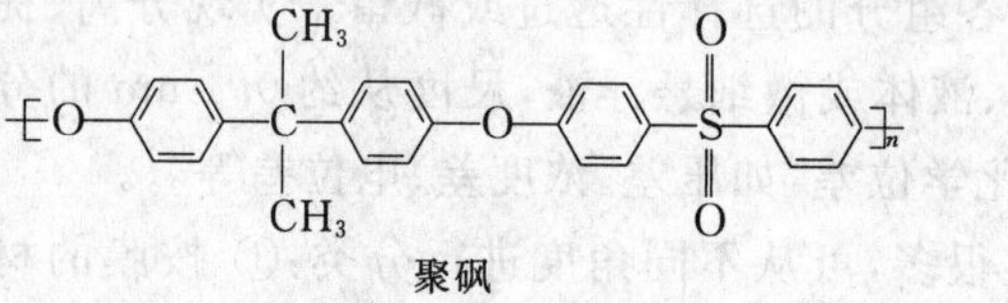

聚砜

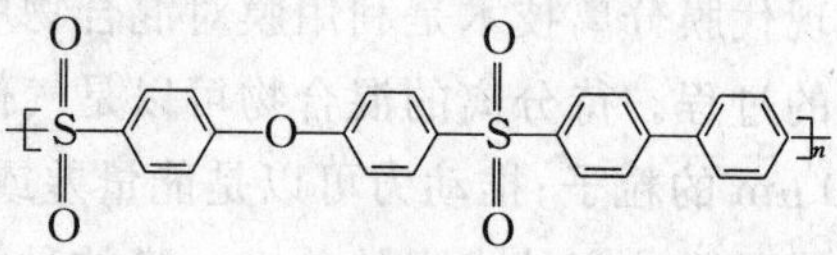

聚芳砜

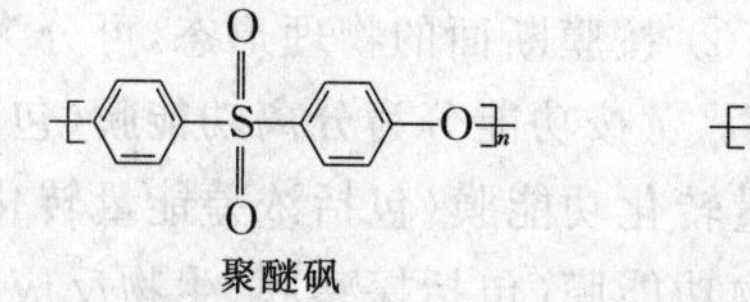

聚醚砜

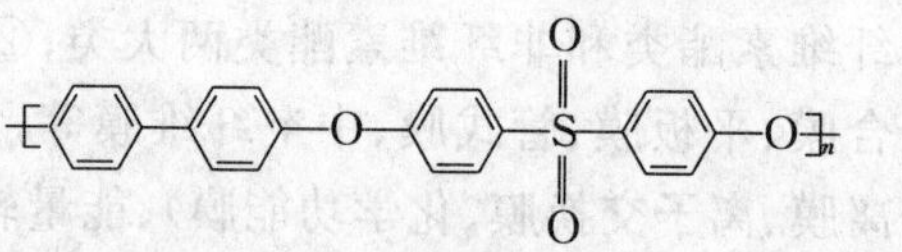

聚联苯醚砜

3. 聚酰胺类膜材料[24]

早期使用的聚酰胺是脂肪族聚酰胺,如尼龙-4、尼龙-66 等制成的中空纤维膜。这类产品对盐水的分离率在 $80\%\sim90\%$ 之间,但透水率很低,仅 $0.076\ \mathrm{mL/cm^2 \cdot h}$,之后发展了芳香族聚酰胺,用它们制成的分离膜,pH 适用范围为 $3\sim11$,对盐水的分离率可达 99.5%,透水速率为 $0.6\ \mathrm{mL/cm^2 \cdot h}$,长期使用稳定性好。由于酰胺基团易与氯反应,故这种膜对水中的游离氯有较高要求。常用的聚酰胺膜的结构式如下:

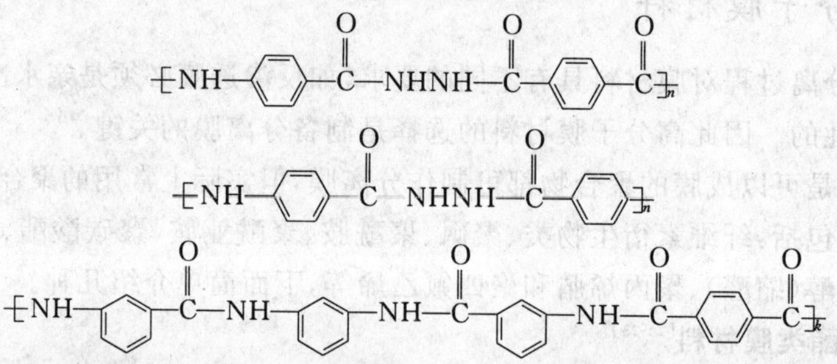

4. 芳香杂环类膜材料

这类膜材料品种十分繁多,但真正形成工业化规模的并不多,主要有聚苯并咪唑类、聚苯并咪唑酮类、聚吡嗪酰胺类和聚酰亚胺类。

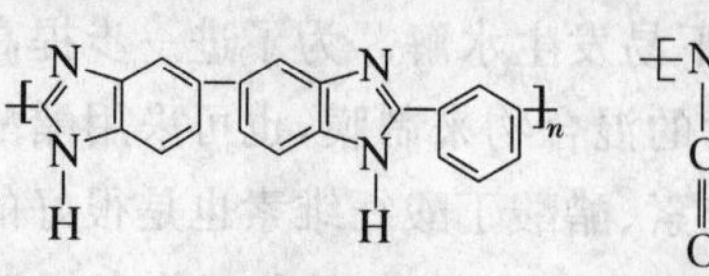

聚苯并咪唑

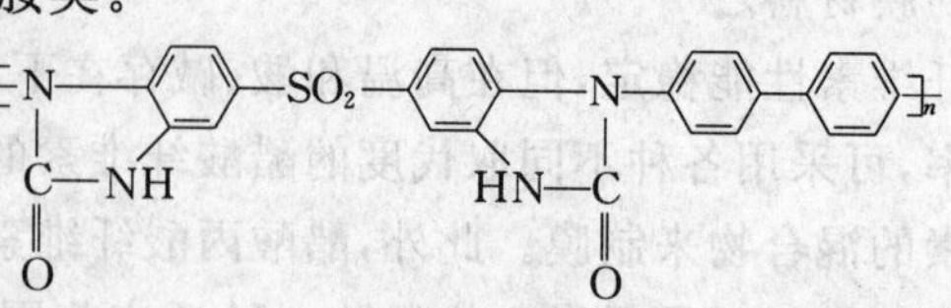

聚苯并咪唑酮

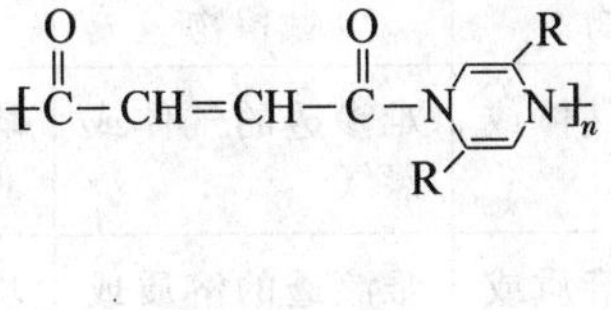

聚吡嗪酰胺类 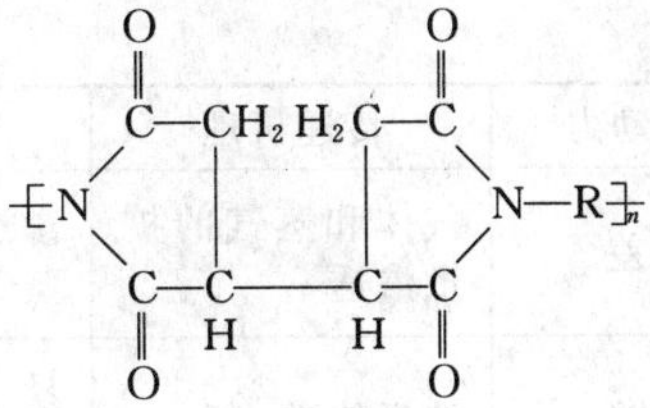　　　　　　　　　　可溶性聚酰亚胺

5. 离子性聚合物

离子性聚合物可用于制备离子交换膜。与离子交换树脂相同,离子交换膜也可分为强酸型阳离子膜、弱酸型阳离子膜、强碱型阴离子膜和弱碱型阴离子膜等。在淡化海水的应用中,主要使用的是强酸型阳离子交换膜。

聚苯醚中引入磺酸基团,即可制得常见的磺化聚苯醚膜,用氯磺酸磺化聚砜,则可制得性能优异的磺化聚砜膜。

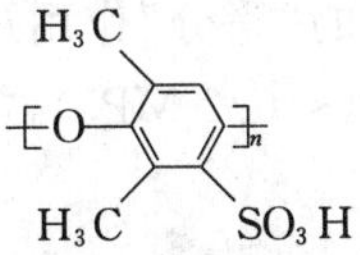

磺化聚苯醚 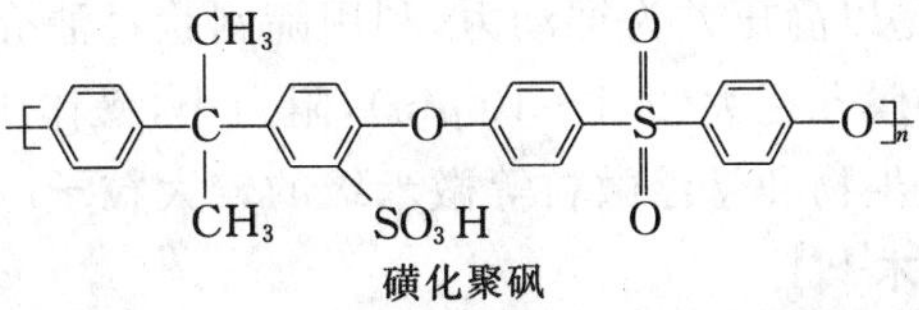　　　　　　　　　　　磺化聚砜

除在海水淡化方面使用外,离子交换膜还大量用于氯碱工业中的食盐电解,具有高效、节能、污染少的特点。

离子交换膜在相当宽浓度范围的盐溶液内对盐的分离率几乎不变。

6. 乙烯基类

常用作膜材料的乙烯基聚合物包括聚乙烯醇、聚乙烯吡咯烷酮、聚丙烯酸、聚丙烯腈、聚偏氯乙烯、聚丙烯酰胺等。共聚物包括聚乙烯醇/磺化聚苯醚、聚丙烯腈/甲基丙烯酸酯、聚乙烯/乙烯醇等。聚乙烯醇/丙烯腈接枝共聚物也可用作膜材料。

4.3.2　膜分离技术

物质的分离是通过膜的选择性透过实现的。表 4-3 列出了几种主要的膜分离过程及其传递机理,典型的膜分离技术有微滤(MF)、超滤(UF)、反渗透(RO)、纳滤(NF)、渗析(D)、电渗析(ED)、液膜(LM)及渗透蒸发(PV)等,下面分别介绍。

表 4-3　几种主要分离膜的分离过程[1,4]

膜过程	推动力	传递机理	透过物	截留物	膜类型
微滤	压力差	颗粒大小形状	水、溶剂、溶解物	悬浮物颗粒	纤维多孔膜
超滤	压力差	分子特性大小形状	水、溶剂小分子	胶体和超过截留分子量的分子	非对称性膜
纳滤	压力差	离子大小及电荷	水、一价离子、多价离子	有机物	复合膜
反渗透	压力差	溶剂的扩散传递	水、溶剂	溶质、盐	非对称性、复合膜
渗析	浓度差	溶质的扩散传递	低分子量物、离子	溶剂	非对称性膜
电渗析	电位差	电解质离子的选择传递	电解质离子	非电解质,大分子物质	离子交换膜

续　表

膜过程	推动力	传递机理	透过物	截留物	膜类型
气体分离	压力差	气体和蒸气的扩散渗透	渗透性的气体或蒸气	难渗透的气体或蒸气	均相膜、复合膜、非对称性膜
渗透蒸发	压力差	选择传递	易渗透的溶质或溶剂	难渗透的溶质或溶剂	均相膜、复合膜、非对称性膜
液膜分离	化学反应和浓度差	反应促进和扩散传递	杂质	溶剂	乳状液膜、支撑液膜
膜蒸馏	膜两侧蒸气压力差	组分的挥发性	挥发性较大的组分	挥发性较小的组分	疏水性膜

1. 微滤技术

微滤技术是以静压差为推动力,利用筛网状过滤介质膜的"筛分"作用进行分离的膜过程。微滤(MF)膜孔径大($0.1\sim10\ \mu m$),阻力小,操作压力低($<0.2\ MPa$),主要用来去除溶液中的病毒、微生物和悬浮微粒等微米级的较大粒子。

2. 超滤技术[1,4]

超滤技术以静压差为推动力,分离截留的原理为筛分。超滤(UF)膜孔径约 $0.1\sim100\ nm$,操作压力稍高,主要用来去除溶液中胶体、细菌等,分离中草药中鞣质、蛋白质、淀粉和树脂等大分子。其选择性依据为膜孔径的大小和被分离物质的尺度。

超滤膜均为不对称膜,形式有平板式、卷式、管式和中空纤维状等。超滤膜的结构一般由三层结构组成。即最上层的表面活性层,致密而光滑,厚度为 $0.1\sim1.5\ \mu m$,其中细孔孔径一般小于 $10\ nm$;中间的过渡层,具有大于 $10\ nm$ 的细孔,厚度一般为 $1\sim10\ \mu m$;最下面的支撑层,厚度为 $50\sim250\ \mu m$,具有 $50\ nm$ 以上的孔。支撑层的作用为提高膜的机械强度。膜的分离性能主要取决于表面活性层和过渡层。

制备超滤膜的材料主要有聚砜、聚酰胺、聚丙烯腈和醋酸纤维素等。超滤膜的工作条件取决于膜的材质,如醋酸纤维素超滤膜适用于 $pH=3\sim8$,三醋酸纤维素超滤膜适用于 $pH=2\sim9$,芳香聚酰胺超滤膜适用于 $pH=5\sim9$,温度 $0\sim40℃$,而聚醚砜超滤膜的使用温度则可超过 $100℃$。

3. 反渗透技术[1,4,26-28]

反渗透,是压力驱动分离过程中分离颗粒粒径最小的一种分离方法。可以采用致密膜,更多采用具有致密面层和多孔支撑层的复合膜,分离原理是溶解扩散。反渗透膜的孔径极小($0.1\ nm\sim1\ nm$),只允许 H^+、OH^- 透过,截留任何其他无机离子和低分子有机物。为了克服小孔径和渗透压的双重阻力,需要较高的压力。反渗透可用于高纯水的制备、海水淡化、牛奶、果汁的浓缩、己内酰胺水溶液的浓缩等。

反渗透、超滤和微孔过滤都是以压力差为推动力使溶剂通过膜的分离过程,它们组成了分离溶液中的离子、分子到固体微粒的三级膜分离过程。如表 4-4 所示。

表 4 - 4　反渗透、超滤和微滤技术的比较[4]

分离技术类型	反　渗　透	超　　滤	微　　滤
膜的形式	表面致密的非对称膜、复合膜等	非对称膜、表面有微孔	微孔膜
膜材料	纤维素、聚酰胺等	聚丙烯腈、聚砜等	纤维素、PVC 等
操作压力/MPa	2～100	0.1～0.5	0.01～0.2
分离的物质	相对分子量小于 500 的低分子物	相对分子量大于 500 的大分子和细小胶体粒子	0.1～10 μm 的粒子
分离机理	非简单筛分,膜的物化性能对分离起主要作用	筛分,膜的物化性能对分离起一定作用	筛分,膜的物理结构分离起决定作用
水的渗透通量/$m^3 \cdot m^{-2} \cdot d^{-1}$	0.1～2.5	0.5～5	20～200

4. 纳滤技术

纳滤(NF)膜是 20 世纪 80 年代在反渗透复合膜基础上开发出来的,是超低压反渗透技术的延续和发展分支,早期被称作低压反渗透膜或松散反渗透膜。目前纳滤技术已从反渗透技术中分离出来,成为独立的分离技术。纳滤膜的孔径在 1 nm 上下,操作压力高于超滤,用于去除分子量大于 200 的有机物,对二价及二价以上无机离子具有良好的截留效果[25]。

5. 气体分离技术[26]

利用气体在膜中溶解扩散性能的不同而达到分离目的,可用于气体除湿,氧的富集,天然气中氦、合成氨尾气中氢的分离和回收等。

根据不同的分离对象,气体分离膜采用不同的材料制备。如醋酸纤维素、聚砜、聚酰亚胺等主要用于氢气的分离,聚二甲基硅氧烷(PDMS)及其改性产品和含三甲基硅烷基的高分子材料主要用于氧气的分离。具有亲水基团的芳香族聚酰亚胺和磺化聚苯醚等对 H_2O 有较好的分离作用。

6. 离子交换膜(荷电膜)[27-28]

主要用于电渗析、膜电解等过程。离子交换膜有着特殊的制膜要求以外,还要交联和引入离子交换基团。交联可用多官能度共聚单体,在聚合时引入,也可以在聚合之后经后处理或辐照形成。离子交换基团一般在交联膜形成之后引入,即高分子进行功能化。此外,含交换基团的单体经聚合(或高分子化)也可以制成交换膜。

7. 渗透蒸发技术[29]

渗透蒸发是近十几年中颇受人们关注的膜分离技术。渗透蒸发是指液体混合物在膜两侧组分的蒸气分压差的推动力下,透过膜并部分蒸发,从而达到分离目的的一种膜分离方法。可用于传统分离手段较难处理的恒沸物及近沸点物系的分离,具有一次分离度高、操作简单、无污染、低能耗等特点。

8. 液体膜(Liquid membranes)[30]

与其他膜材料相比,液体膜的不同点是膜材料在使用过程中仍然以液态存在,而非固体。液体膜多存在于两相之间的界面(气 - 液或液 - 液界面),因此有时也称为界面膜。

4.3.3　高分子分离膜的制备[1,31]

分离膜制法有多种,如溶液浇铸、熔融挤出、粉末烧结、径迹刻蚀和原位聚合等。

1. 相转变法（Phase Inversion）

分离膜的最常用制法是溶液浇铸法，在膜技术中则称作"相转变法"。利用溶剂-非溶剂和温度等因素对高分子浓溶液相平衡的影响，改变聚合物的溶解度，使起始的高分子均相溶液向多相转变，经沉析、凝胶化、固化而成膜。浇铸法可用来制备致密膜和多孔膜，制备不对称多孔膜更具优势。目前几乎全部超滤膜、反渗透膜和大部分微滤膜都由相转变法制备。

常用的膜用高分子、溶剂、致孔剂、制膜方法举例如表4-5。

表4-5 浇铸法制备多孔膜的聚合物/溶剂体系[1]

聚合物	溶剂	致孔剂	成膜法	膜形状	膜类型
硝基纤维素	丙酮	丁醇	干法	平面	大孔径微滤膜
醋酸纤维素	丙酮 丙酮、甲酸甲酯	无 甲醇、$Mg(ClO_4)_2$ 水溶液	干法 湿法	平面 中空纤维、平面	微滤、超滤、纳滤膜 微滤、超滤膜
聚（醚）砜	二氯甲烷 DMF或二甲基亚砜	三氟乙醇 醋酸钠、硝酸钠或氯化锌	干法 干法	中空纤维、毛细管、平面	微滤、超滤、纳滤膜 微滤、超滤、纳滤膜
尼龙-66	98%甲酸 90%甲酸	水	湿法 干法	平面	微滤膜 微滤膜
尼龙-6	N,N-二羟基乙基胺	无	热法	平面	微滤膜
聚乙烯	DOP	无，或加二氧化硅后脱除	热法	中空纤维	微滤膜
聚丙烯	N,N-二羟基乙基胺		热法	中空纤维	微滤膜
聚四氟乙烯	无		烧结法	平面	微滤膜
聚丙烯腈	二甲基甲酰胺DMF	水	湿法	中空纤维、平面	超滤
聚偏氟乙烯	DMF	甘油	湿法	中空纤维、毛细管、平面	微滤、超滤膜

浇铸法制致密膜时，可采用单一溶剂；而制备多孔膜时，多采用溶剂和非（或劣）溶剂的混合溶剂，聚合物可以是均聚物、共聚物或共混物。

溶剂选择是制膜成功的关键。所用的溶剂可以定性地分为良溶剂、劣溶剂（溶胀剂）和非溶剂（沉淀剂）。良溶剂可使聚合物完全溶解，配成均相溶液。劣溶剂对聚合物溶解有限，或溶胀，或部分互溶；温度适当，可以完全溶解；降温，则可能分离成两相。非溶剂不能溶解聚合物，成为沉淀剂。劣溶剂和非溶剂都有致孔的功能，只是程度不同而已。

相转变法制备多孔膜的过程一般要经过均相浓溶液、溶胀溶胶、凝胶、固膜等阶段，实施方法则有干法、湿法、热法和聚合物辅助法等。

① 干法 又称完全蒸发法，利用加热使溶剂挥发而成膜，这是最早、最简单的制膜法。制备致密膜时，仅由聚合物和溶剂两组分（如醋酸纤维素和丙酮）配成均相溶液，铸膜，使溶剂完全蒸发，即成。成膜关键有两点：一是选用良溶剂，使高分子处于舒展状态；另一是控制溶剂挥发速度，使大分子接近溶液中原有分散形态，保持"无孔致密"。

制备多孔膜时，须在上述均相溶液的基础上，再添加沸点比溶剂高30℃的少量非溶剂，先使聚合物完全溶解，保持均相，以便铸膜。加热，先使膜中溶剂挥发，逐渐转变成两相，成为聚合物/非溶剂的不互溶凝胶,再升温,脱除非溶剂,即成多孔膜。以硝基纤维素制备多孔膜为例,选用醋酸甲酯(T_b＝57℃)作良溶剂,乙醇(78℃)和丁醇(118℃)作劣溶剂,水(100℃)和少量甘油(290℃)作非溶剂,配成约3％的均相溶液,铸膜,然后逐步升温,最后留下硝基纤维素多孔膜,孔隙率可以高达85％。

② 湿法　这是目前用得最多的制膜法,原理类似湿法纺丝。将聚合物/溶剂(如醋酸纤维素/丙酮,也可添加致孔剂)配成10％～30％浓溶液,浇铸成厚度100～500 μm 膜,浸入沉淀浴(水)中,水将膜中溶剂萃取出来,部分水进入膜内,形成两相。聚合物富相成膜,溶剂富相成孔,其中水含量就相当于孔隙率。表层孔比底层孔小得多,因而成为不对称膜。

不对称膜的成因可以解释如下:当铸膜浸入水中,表层溶剂迅速被水抽提,聚合物快速沉析,形成致密表层,厚度约0.25 μm,孔径0.8～2.0 nm。表层形成后,水对内层溶剂的抽提减慢,先形成水凝胶,后成疏松多孔的支撑层,厚度达100 μm,孔径100～400 nm。如加致孔剂,则可改变聚合物的沉析速度,从而改变孔的形状。快速沉析,容易形成指状孔,其通量大,而选择性低;相反,缓慢沉析,则容易形成海绵状,选择性好,但通量低。

③ 热(致相变)法　要求所用溶剂对聚合物的溶解性能随温度而变,在较高温度下,聚合物/溶剂体系完全互溶成均相溶液,铸膜。冷却至共溶点以下,体系沉析成两相:一相是溶剂富相,内含少量聚合物;另一相为凝胶状聚合物富相,溶胀有少量溶剂。具有这种特性的溶剂可称作潜溶剂,一般是沸点较高的非挥发性液体。残留在膜中的潜溶剂常温下难以蒸发除净,可用沸点较低的溶剂萃取出来,留下微孔,再设法除净低沸溶剂,就成为多孔膜。

高密度聚乙烯、聚丙烯、聚苯乙烯、苯乙烯-丁二烯共聚物、改性聚苯醚等均可选用N-二醇取代的脂肪胺类(TDEA)作潜溶剂,成膜温度200～250℃。

④ 聚合物辅助法　将聚合物1、聚合物2、溶剂三组分配成均相溶液,铸膜。如果直接加热,脱除全部溶剂,将成致密共混膜。若另选不使聚合物1溶解的溶剂,将膜内原有溶剂和聚合物2萃取出来,则成多孔膜。聚合物2就起到致孔剂的作用。如果聚合物2是水溶性高分子,则可用水作萃取剂。

总的说来,分离膜的制作包括聚合物的合成、聚合物溶液的配制、成膜和功能化等步骤。

2. 粉末烧结法

粉末烧结法是模仿陶瓷或烧结玻璃等加工制备无机膜的方法,将高密度聚乙烯粉末或聚丙烯粉末筛分出一定目度范围的粉末,经高压压制成不同厚度的板材或管材,在略低于熔点的温度烧结成型,制得产品的孔径在微米级,质轻,大都用作复合膜的机械支撑材料。近年来有以超高分子量聚乙烯代替高密度聚乙烯的趋势。超细纤维网压成毡,用适当的黏合剂或热压也可得到类似的多孔柔性板材,如聚四氟乙烯和聚丙烯,平均孔径是0.1～1 μm。

3. 拉伸致孔法

低密度聚乙烯和聚丙烯等室温下无溶剂可溶的材料无法用相转变法制膜。但这类材料的薄膜在室温下拉伸时,其无定形区在拉伸方向上可出现狭缝状细孔(长宽比约为10∶1),再在较高温度下定型,即可得到对称性多孔膜,可制备成平膜(Celgard 2 500,厚25 μm,宽30 cm)或中孔纤维膜(如图4-2所示)。中科院化学所用双向拉伸聚丙烯的方法得到各向同性的聚丙烯多孔膜,孔呈圆到椭圆形。聚四氟乙烯(不溶于溶剂)多孔膜也可用类似方法制备。

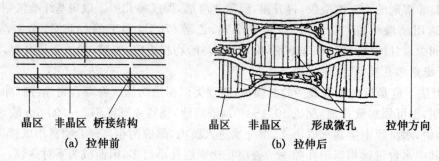

晶区　非晶区　桥接结构　　　　　　　晶区　非晶区　形成微孔　拉伸方向
　　　(a) 拉伸前　　　　　　　　　　　　　　　(b) 拉伸后

图 4－2　拉伸致孔法示意图

4. 热致相分离法

聚烯烃(聚乙烯、聚丙烯、聚 4－甲基－1－戊烯)溶于高温溶剂,在纺中空纤维或制膜过程中冷却时发生相分离形成多孔膜,再除去溶剂后得到多孔不对称膜。此法 20 世纪 80 年代末即已成功,但至今尚未见有规模商业生产的报道。

5. 径迹法

聚碳酸酯等高分子膜在高能粒子流(质子、中子等)辐射下,粒子经过的径迹经碱液刻蚀后可生成孔径均一的多孔膜,膜孔呈贯穿圆柱状,孔径分布极窄可控,在窄孔径分布特殊要求下,是不可取代的膜材料,但开孔率较低,因而单位面积的水通量较小。

6. 铝阳板氧化多孔氧化铝膜

铝用作阳极时,在电场作用下阳极氧化生成 Al_2O_3,Al_2O_3 膜上生成排列非常整齐的孔,其孔径和孔间距可以由电解液(如硫酸、磷酸等)组成、所加直流电压大小等控制。还可先在高电压下生成大贯穿孔的 Al_2O_3 膜,长至所需厚度时再降低电压以生成小孔 Al_2O_3 膜,从而实现制备不对称的 Al_2O_3 膜。这种多孔氧化铝膜在医疗上用于注射液的脱除细菌和尘埃,已得到广泛的应用。

4.4　高分子试剂

高分子试剂是指键接有反应基团的高分子,其品种可以与低分子试剂相对应。与低分子试剂相比,高分子试剂有许多优点:不溶,稳定;对反应的选择性高;经再生,可就地重复使用;生成物容易分离提纯。如高分子过氧酸的制备和应用如下[1]:

在二甲基亚砜溶液中,用碳酸氢钾处理氯甲基化交联聚苯乙烯($Ⓟ—\phi—CH_2Cl$),先转变成醛,进一步用过氧化氢氧化成高分子过氧酸。

$$Ⓟ—\phi—CH_2Cl \xrightarrow{KHCO_3} Ⓟ—\phi—CHO \xrightarrow{H_2O_2,H^+} Ⓟ—\phi—CO_3H$$

在适当溶剂中,烯烃可用高分子过氧酸氧化成环氧化合物,流程示意如下:

$$Ⓟ—\phi—CO_3H \xrightarrow{R_2C=CR_2} 过滤$$

$Ⓟ—\phi—CO_2H \xrightarrow{H_2O_2,H^+} Ⓟ—\phi—CO_3H$　循环使用

高分子过氧酸

$$R_2C\underset{O}{\diagup\!\diagdown}CR_2 \xrightarrow[精制]{溶剂蒸发} 精制品$$

低分子粗产物

高分子过氧酸被烯烃还原成高分子酸,过滤,使环氧化合物粗产物与高分子酸分离。蒸出粗产物中溶剂,经纯化,即成环氧化合物精制品。高分子酸则可用过氧化氢再氧化成过氧酸,循环使用。高分子过氧酸比臭氧、过氧化氢安全。

表 4-6 列出了常见的高分子试剂、母体、功能基团及有关反应。

表 4-6　高分子试剂[1]

高分子试剂	母　体	功能基团	反　应
氧化剂	聚苯乙烯	—ϕ—COOOH	使烯烃环氧化
还原剂	聚苯乙烯	—ϕ—Sn(n-Bu)H$_2$	将醛、酮等羰基还原成醇
氧化还原树脂	乙烯基聚合物	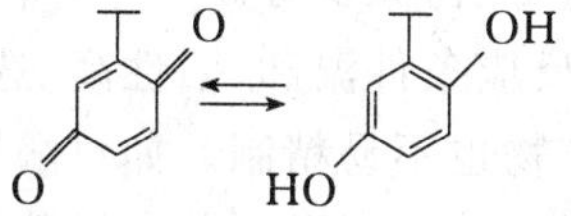	兼有氧化还原可逆反应特性
卤化剂	聚苯乙烯	—ϕ—P(C$_6$H$_5$)$_2$Cl$_2$	将羟基或羧基转变成氯代或酰氯
酰化剂	聚苯乙烯	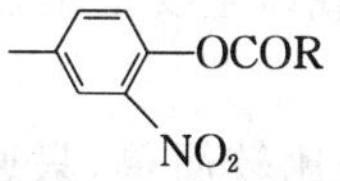	可使胺类转变成酰胺,R 为氨基酸衍生物时,则为肽的合成
烷基化剂	聚苯乙烯	—ϕ—SCH$_2^-$Li$^+$	与碘代烷反应,增长碳链
亲核合成试剂	聚苯乙烯	—ϕ—C$_2$N$^+$(CH$_3$)$_3$(CN$^-$)	卤烷被氰基的亲核取代
Wittig 反应试剂	聚苯乙烯	—ϕ—P$^+$(C$_6$H$_5$)$_2$CH$_2$RCl$^-$	R'C=O 经 Wittig 反应,转化为 R$_2'$C=CHR

ϕ—苯环;

表中所列高分子试剂的聚苯乙烯母体代表苯乙烯-二乙烯基苯共聚物及其衍生物。

4.5　高分子催化剂[1]

高分子催化剂由高分子母体 Ⓟ 和催化基团 A 组成,催化基团不参与反应,只起催化作用;或参与反应后恢复原状。因属液固相催化反应,产物容易分离,催化剂可循环使用。

$$Ⓟ—A + 低分子反应物 \longrightarrow Ⓟ—A + 产物$$

苯乙烯型阳离子交换树脂可用作酸性催化剂,用于酯化、烯烃的水合、苯酚的烷基化、醇的脱水,以及酯、酰胺、肽、糖类的水解等。带季胺羟基的高分子,则可用作碱性催化剂,用于活性亚甲基化合物与醛、酮的缩合、酯和酰胺的水解等。其他高分子催化剂见表 4-7。

表 4-7　高分子催化剂[1]

聚合物载体	催化剂基团	反　应
聚苯乙烯	—ϕ—SO$_3$H	酸催化反应
聚苯乙烯	—ϕ—CH$_2$N$^+$(CH$_3$)$_3$(OH$^-$)	碱催化反应
聚苯乙烯	—ϕSO$_3$H·AlCl$_3$	正己烷的裂解和异构化
二氧化硅	—Pϕ$_2$RhCl(Pϕ$_3$)$_2$	氢化,加氢甲酰化
聚苯乙烯	—Pϕ$_2$P$^+$Cl	
聚(4-乙烯基吡啶)	—ϕ—NCu(OH)Cl	取代酚的氧化聚合

续　表

聚合物载体	催化剂基团	反　应
聚苯乙烯	—φ—CH₂	光敏反应,如单线氧的产生,有机物的光氧化,环化加成,二聚
聚苯乙烯	—φH·AlCl₃	醚、酯、醛的形成

φ—苯环。

高分子催化剂反应设备类似固定床反应器或色谱柱,将催化剂填装在器内,令液态低分子反应物流过,流出的就是生成物,分离简便,催化剂也容易再生。高分子催化剂另有许多优点:如选择性高、稳定、易储运、低毒、污染少等。

酶是生化反应的催化剂,具有反应条件温和、活性高、选择性高等优点。但反应后,混在产物中,难以分离回收循环使用,产物也不易精制。如将酶固定在高分子载体上形成固定化酶,可克服以上缺点,具有稳定、不易失活、可以重复使用等优点。

酶的固定化有物理法和化学法两大类,载体主要是聚合物,也偶用无机物。固定化酶可以制成颗粒、膜、微胶囊、纤维、导管等形状。

物理固定法有吸附和包埋两种。吸附法比较简单,只通过分子间力或离子键将酶吸附在载体表面。包埋法则将酶封闭在微交联的聚合物凝胶或微胶囊中,但并非化学键接。例如将酶与丙烯酰胺、少量 N,N-亚甲基双丙烯酰胺进行水溶液交联共聚,酶即被封装在交联凝胶内。进行生化反应时,反应物和生成物均可自由透过溶胀的凝胶,而酶的分子较大,无法透过,留在凝胶网络之内。

化学固定法则将酶共价键接在聚合物载体上,成为非水溶性酶,键接点可以是聚合物表面或交联凝胶网络上。聚合物载体中的常见活性基团有 OH、NH₂、COOH 等,酶含有 NH₂或其他基团,两者不能直接反应时,还需要经过许多有机反应。最常用的载体有琼脂糖或纤维素衍生物、聚丙烯酰胺或聚丙烯酸酯、丁烯二酸酐-乙烯共聚物等。以下是酶固定化的例子。

① 利用琼脂糖的羟基,再经有关反应。

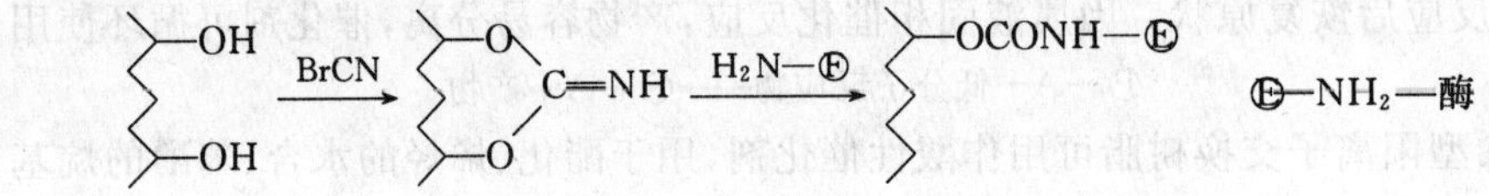

② 利用羧甲基纤维素中的羧基,再通过叠氮化等反应。

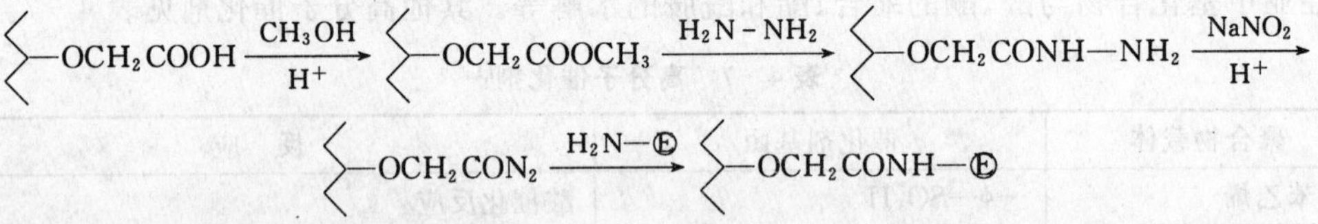

③ 利用聚丙烯酰胺的酰胺键进行系列反应。

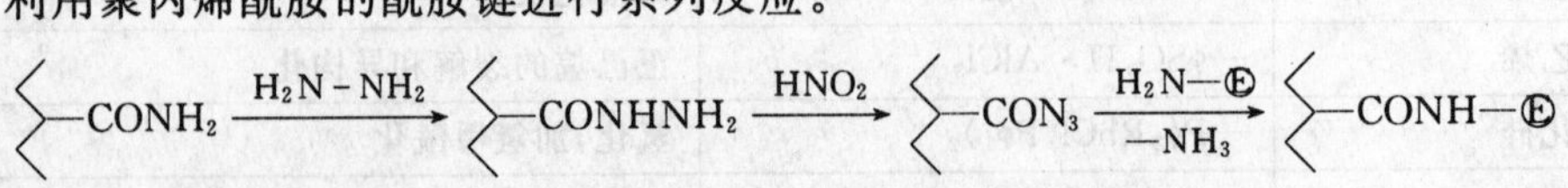

④ 利用聚合物中的氨基,经过相应反应。

$$\text{—NH}_2 \xrightarrow{\text{BrCN}} \text{—NH—CN} \xrightarrow{\text{H}_2\text{N—} \text{ⓔ}} \text{—NH—C—NH—} \text{ⓔ}$$

$$\text{—NH}_2 \xrightarrow{\text{OHC(CH}_2)_3\text{CHO}} \text{—N=CH(CH}_2)_3\text{CHO} \xrightarrow{\text{H}_2\text{N—} \text{ⓔ}} \text{—N=CH(CH}_2)_3\text{CH=N—} \text{ⓔ}$$

顺丁烯二酸酐-乙烯共聚物中羧基可与酶中多个氨基反应,直接形成交联网络。

　　酶约有 2 000 种,近年来已有多种固定化酶用于工业化生产,如光学纯 L-氨基酸、淀粉的糖化和转化糖、6-氨基青霉素酸、干扰素诱导剂的合成和生产、甾族化合物的转化等。

　　固定化酶连续反应器代替间歇反应器,生产效率显著提高,可用于大规模生产。

参考文献

[1] 潘祖仁主编.高分子化学(增强版)[M].北京:化学工业出版社,2007.

[2] 赵文元,王亦军.功能高分子材料[M].北京:化学工业出版社,2007.

[3] 朱斌,张兵,生辉.快速高吸油树脂的合成及吸油性能研究[J].华南理工大学学报:自然科学版,1999,27(12):100～105.

[4] 王国建,王德海,邱军,等.功能高分子材料[M].上海:华东理工大学出版社,2006.

[5] 张金生,代孟元,李丽华.高吸油性树脂的研究进展与展望[J].化学与黏合,2006,28(6):429～435.

[6] 蔺海兰,廖双泉,张桂梅.高吸油性树脂的研究进展[J].热带农业科学,2005,25(2):78～84.

[7] 美国道化学公司.日本公开特许公报,昭45—27081.1970.

[8] Hashimoto Kazumass,Mastswmoto Yukio. Oil-absorbing resin composition for spill cleanup[P].日本,05—17537,1993.

[9] 李芸芸,舒武炳,蔺福强.高吸油性树脂的研究及应用现状[J].精细与专用化学品 2007,15(20):1～4.

[10] 张宝华,张剑秋.精细高分子合成与性能[M].北京:化学工业出版社,2005.

[11] 崔丽丽,江雄知,李和平.淀粉类高吸水性树脂的研究进展[J].精细石油化工进展,2008(8):37.

[12] Suda K,Mongkolsawat K,Sonsuk M. Synthesis and Property Characterization of Cassava Starch Grafted Poly acrylamide—CO—maleic acid] Superabsorbent via g-Irradiation. Polymer,2002. 43(14):3915～3924.

[13] 吴文娟.纤维素系高吸水性树脂的研究进展[J].纤维素科学与技术 2006,14(4):57～62.

[14] 包新忠,章悦庭,胡绍华.聚乙烯醇系高吸水性树脂[J].维纶通讯,1998,18(3):1～4.

[15] 马书斌,宁象成.高吸水纤维的开发和应用现状[J].石油化工,1994(23):820～825.

[16] 赵宝秀,王鹏,郑彤等.微波辐射纤维素基高吸水树脂的合成工艺及性能[J]高分子材料科学与工程 2005,21(4):133～136.

[17] 章悦庭,胡绍华.高吸水非织布的研制[J].非织布,2000,8(2):29～31.

[18] 王国建,王公善.功能高分子[M].上海:同济大学出版社,1996.

[19] 范云鸽,史作清.8-羟基喹啉树脂的制备及应用研究进展[J].离子交换与吸附,2001,17(3):28～128.

[20] 清水刚夫.新功能膜[M].李福绵译.北京:北京大学出版社,1990.

[21] 郑领英.膜分离与分离膜[J].高分子通报,1999:134～144.

[22] 郑领英,王学松.膜技术[M].北京:化学工业出版社,2000.

[23] Gollan. Aryez. US. 4681605,1987.

[24] 周勇,潘巧明,郑根江.芳香聚酰胺类反渗透膜的研究进展[J].水文处理技术,2009,35(1):5～10.

[25] 王晓林.反渗透和纳滤技术与应用[M].北京:化学工业出版社,2005.

[26] 陈勇,王从厚.气体膜分离技术与应用[M].北京:化学工业出版社,2004.

[27] 王津.离子交换膜技术的应用[J].福建化工,2002(2):23～24.

[28] 黄万抚,罗凯,李新冬.电渗析技术研究现状与进展.过滤与分离,2003,13(4):20～23.

[29] 陈翠仙,韩宾兵,渗透蒸发和蒸气渗透[M].北京:化学工业出版社,2004.

[30] 张玉忠,郑领英.液膜分离膜技术及应用[M].北京:化学工业出版社,2004.

[31] 李旭祥.分离膜制备与应用[M].北京:化学工业出版社,2004.

思考题

1. 什么是吸附树脂? 吸附树脂和离子交换树脂的结构有何区别?

2. 什么是高吸油树脂和高吸水性树脂? 它们具有哪些结构特点? 影响其吸油效果和吸水效果的因素有哪些? 如何提高橡胶材料的吸水性能?

3. 什么是离子交换树脂? 有哪些类型? 离子交换树脂常用的制备方法有哪些? 如何控制其质量? 为什么市面上该类型树脂母体大部分是交联聚苯乙烯?

5. 螯合树脂的主要用途是什么? 请举例说明该树脂如何实现其吸附分离的效果。

6. 请简述高分子分离膜的分类和结构,其常用的制备方法有哪些? 简述微滤、超滤和反渗透技术在膜结构、分离物质尺寸、原理及操作特点等方面的区别。

7. 在膜分离过程中,驱动力有哪些? 请结合实际应用分别举例说明

8. 什么是高分子试剂? 具有哪些特点? 可以通过哪些手段进行制备?

第5章 光、电、磁功能高分子材料

5.1 光功能高分子材料

在光的作用下，光功能高分子材料能够表现出某些特殊物理性能或化学性能，包括对光的传输、吸收、储存和转换等，是功能高分子材料中的重要一类。

单体或聚合物吸收紫外光、可见光、电子束或激光后，可以从基态 S_0 跃迁至激发态 S_1。激发态具有较高的能量，不稳定，可能通过光化学反应（如引发聚合、交联、降解）和物理变化（如发射荧光、磷光或转化成热能）两种方式耗散激发能，而后恢复成基态。参见图 5-1。

因此，光功能高分子可以粗分成化学功能和物理功能两大类。光化学功能，包括光固化涂料、光刻胶等感光性树脂。光物理功能，包括光致变色、光致导电、电致发光、光能转换，以及线性和非线性光学高分子等。

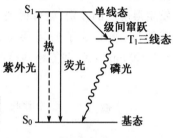

图 5-1 光吸收和耗散图

5.1.1 感光性树脂

感光性树脂是指在光的作用下能迅速发生光化学反应，引起物理和化学变化的高分子。这类树脂在吸收光能量后分子内或分子间产生化学或物理结构的变化。利用光化学反应性质可以制造许多有重要价值的功能材料，如光刻胶、光敏涂料等。

1. 光固化涂料[1-3]

光固化涂料的基料是能进行光交联固化的低分子量预聚物，其特点是含有能光交联的基团，尤其是双键。低分子量（约 1 000～5 000）的目的是使黏度和熔点适当，便于涂布成膜。不饱和聚酯本身，以及环氧树脂、聚氨酯、聚醚类等引入双键后，都可成为光固化涂料。

$$\sim\sim OCH_2CH\!-\!CH_2 \ + \ \begin{cases} HOOCCH\!=\!CH_2 \longrightarrow \sim\sim OCH_2\,\underset{OH}{CHCH_2}\,O\underset{O}{CCH}\!=\!CH_2 \\[2mm] HOCH_2CH_2OOCCH\!=\!CH_2 \longrightarrow OCH_2\,\underset{OH}{CHCH_2}\,OCH_2CH_2O\underset{O}{CCH}\!=\!CH_2 \\[2mm] HOOCCH\!=\!CHCOOH \longrightarrow \sim\sim OCH_2\,\underset{OH}{CHCH_2}\,O\underset{O}{CCH}\!=\!CHCOOH \end{cases}$$

光固化聚氨酯可由羟端基的聚酯预聚物（如己二酰己二醇酯）先后与二异氰酸酯、丙烯酸羟乙酯反应而成。聚醚由环氧化合物与多元醇缩合而成，羟基可作为光交联的活性点。

光敏涂料除预聚物基料外，为保证快速交联固化（几秒到几十秒），尚须添加光引发剂或光敏剂。光敏剂吸收光能后易跃迁到激发态，而后将能量转移给另一分子，为交联提供自由基。而光敏剂本身恢复基态，并不损耗，类似催化剂。常用光敏剂有苯乙酮、二甲苯酮等，光引发剂的种类、感光波长详见第三章。

为保证涂膜性能,如流平性、强度、化学稳定性、光泽、黏结力等,尚须添加相应助剂。氧有阻聚作用,故在惰性气氛中有利于光固化。提高温度,也可以加速固化,并提高固化程度。

2. 光致抗蚀剂[1-4]

光致抗蚀剂俗称光刻胶,实际上以能进行光化学反应的感光树脂为主体,添加增感剂、溶剂配制而成,在受光照后即发生交联或分解反应,引起溶解度的变化。主要用于集成电路、印刷电路板以及普通印刷版的制作。

制作集成电路或半导体电子器件时,需要在硅晶体或金属等表面进行选择性腐蚀,用预先设计好的图案保护半导体表面的氧化层,将光刻胶均匀涂布于被加工物体的表面,通过所需加工的图形(掩膜)曝光进行光化学反应,再用溶剂处理而显影。由于受光与未受光部分发生溶解度的差别,就可得到由光刻胶组成的图形,再用适当的腐蚀液除去被加工表面的暴露部分,就形成了所需要的图形。这种刻蚀工艺称为光刻。光刻工艺可以加工细至1/1 000 mm线条,并能精确控制图形尺寸和位置。光刻工艺过程如图5-2所示。

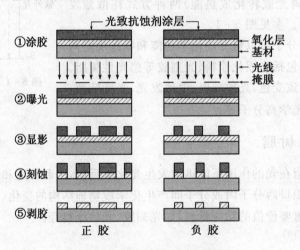

图 5-2　光刻工艺过程示意图

根据光交联和光分解的不同,光刻胶可分为负性胶和正性胶。

① 光交联型负性光刻胶　在紫外光作用下,图案部分的涂层发生交联,不溶于溶剂,被保留下来,而掩膜保护的未曝光部分则可溶,用适当溶剂把未曝光的部分显影后去除,经刻蚀,图案部分显影出来,所得电路板成为负性板(凹板),因此光交联型胶就称为负性胶。属于这一类的光刻胶主要有聚乙烯基肉桂酸酯、感光性聚酰亚胺等。

聚乙烯醇肉桂酸酯的光交联是肉桂酰基在光作用下发生二聚化反应,如下式:

$$2\sim\sim CH_2-CH\sim\sim \quad \xrightarrow{h\nu(230\sim340\text{ nm})} \quad \sim\sim CH_2-CH\sim\sim$$

$$O-C(O)CH=CHC_6H_5 \qquad\qquad O-C(O)CH-CHC_6H_5$$

$$C_6H_5CH-CH(O)C-O$$

$$\sim\sim CH-CH_2\sim\sim$$

聚乙烯醇肉桂酸酯的特征吸收波长为230～340 nm,为适用于可见光源(如450 nm),须添加适当光敏剂(增感剂),如硝酸芴、硝酸蒽等。

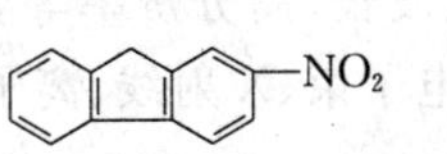

2-硝酸芴 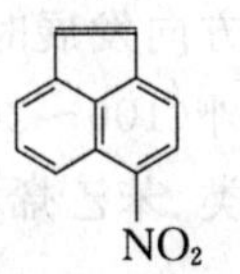　　　　　　　　　　5-硝酸苊

聚乙烯醇肉桂酸酯的苯环上如接上硝基或叠氮基团,感光度可以提高 2~3 数量级。

负性光刻胶也可以由二元预聚物组成,特点是两种预聚体(一般由线形预聚物和交联剂组成)共同参与光化学反应,形成网状不溶性保护膜。这种光刻胶也可以通过加入两种以上的多功能基单体与线性聚合物混合制备,当受到光照时,胶体内发生光化学反应,生成不溶性网状聚合物,将可溶性线形聚合物包裹起来,形成不溶性膜保护硅氧化层。比如由不饱和聚酯、活性单体、光引发剂(如安息香)组成的光刻胶,活性单体可以是苯乙烯、丙烯酸酯类,以及二乙烯基苯、N,N-亚甲基双丙烯酰胺、双丙烯酸乙二醇酯等。这类光刻胶已经用于集成电路和印刷制版工艺。

② 光分解型正性光刻胶　正性光致抗蚀剂的作用原理与上述过程正好相反,光分解型预聚物用作光刻胶,光照后,图案部分的涂层分解,被溶剂溶解而刻蚀,而未曝光部分不溶,被保留下来,最后成了正性版(凸版),因此,光分解型胶也就是正性胶。

邻重氮醌化合物经紫外光照后分解,脱 N_2,重排成五元环烯酮,经水解,形成能溶于稀碱液的茚酸。如果将邻重氮醌基团键接在高分子上,甚至共混,就成为光分解型正性光刻胶,例如酸性酚醛树脂的重氮萘醌磺酸酯。光分解过程有如下式:

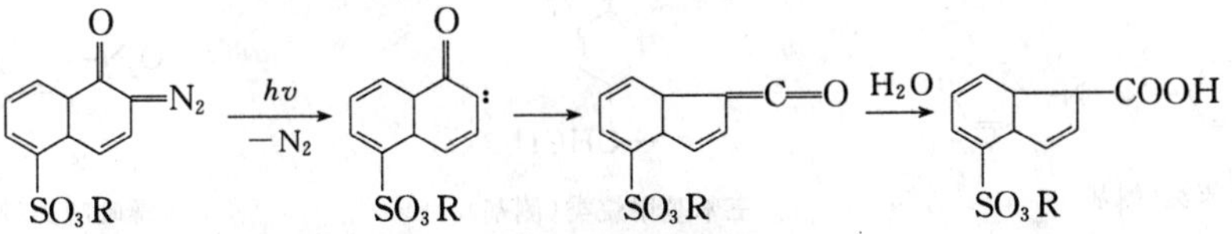

R=酸催化酚醛树脂

酚醛树脂-重氮萘醌型正性光致抗蚀剂主要适用于 436 nm(G 线)~365 nm(I 线)的紫外曝光区域,此类抗蚀材料具有高反差、不溶胀和非有机溶剂显影等优点,是目前电子和预涂感光平版工业中使用最多的正性抗蚀材料。

在一定条件下使感光性树脂曝光后变为不溶性物质所需的能量叫感度,是感光树脂重要的参数,受高分子结构的影响,表 5-1 为常见感光树脂的感光性官能团及其感度。

表 5-1　感光性官能团对感度的影响

感光树脂	感光性官能团	感度
聚乙烯醇肉桂酸酯	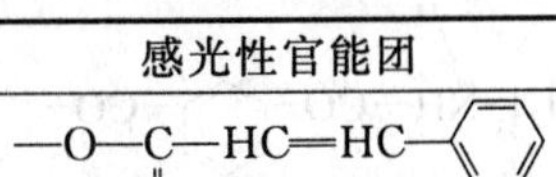	2.2
聚乙烯醇-氯代肉桂酸酯	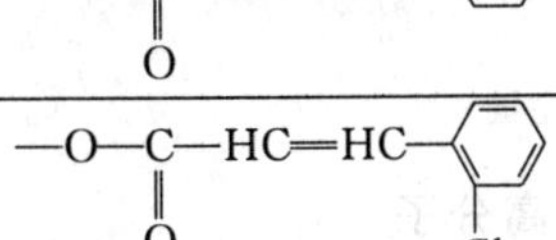	2.2
聚乙烯醇-硝基肉桂酸酯	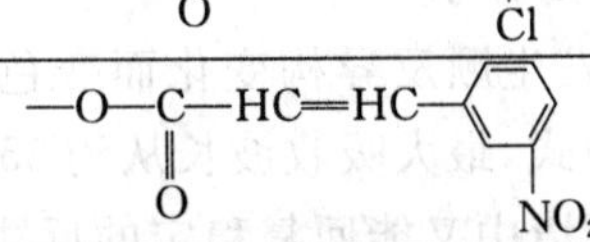	350
聚乙烯醇-叠氮苯甲酸酯	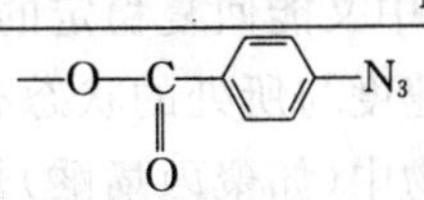	4 400

当集成电路向大规模方向发展时,需要短波长、高分辨率等要求更高的辐射光刻胶,曝光光源也从紫外光向远紫外(100~260 nm)、电子束、X 射线、离子束等发展。聚合物有甲基丙烯酸酯类、烯酮类、重氮类、苯乙烯类等。

5.1.2 光致变色高分子材料[1-4]

含有光色基团的化合物受一定波长的光照射时,发生颜色变化,而在另一波长的光或热的作用下又恢复原来的颜色,这种可逆的变色现象称为光色互变或光致变色。光致变色过程包括显色反应和消色反应两步。显色反应是指化合物经一定波长的光照射后显色和变色的过程。消色有热消色反应和光消色反应两种途径。但有时其变色过程正好相反,即稳定态 A 是有色的,受光激发后的亚稳态 B 是无色的,这种现象称为逆光色性。

不同类型的化合物的变色机理不同,通常有以下几类:键的异裂、键的均裂、顺反互变异构、氢转移互变异构、价键互变异构、氧化还原反应等。比如:具有连吡啶盐结构的紫罗精类发色团,在光的作用下通过氧化还原反应,可以形成阳离子自由基结构,从而产生深颜色:

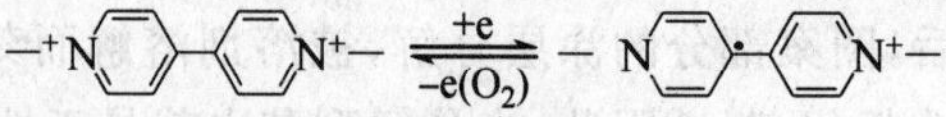

$$-^+N\text{—}\bigcirc\text{—}\bigcirc\text{—}N^+-\ \underset{-e(O_2)}{\overset{+e}{\rightleftharpoons}}\ -N\text{—}\bigcirc\text{—}\bigcirc\text{—}\overset{\cdot}{N}^+-$$

以下列出了一些常见光致变色聚合物及其结构式:

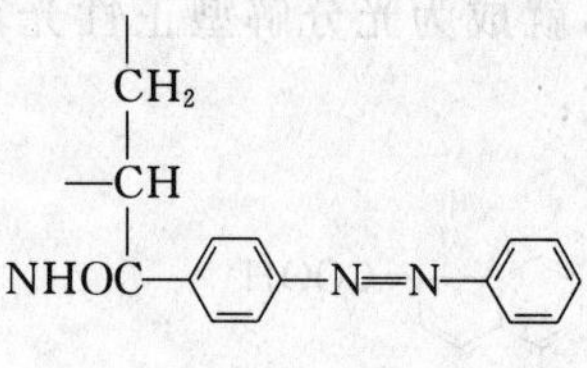

偶氮苯类(侧基) 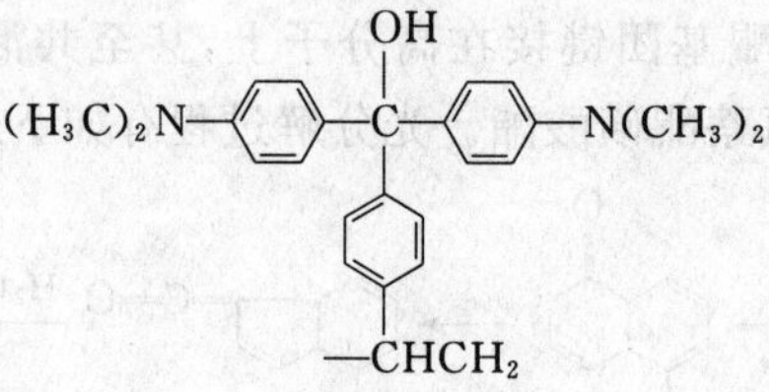 三苯基甲烷类(侧基) 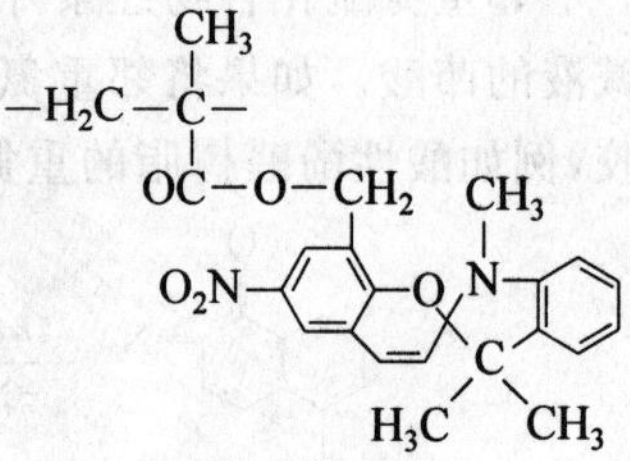 螺吡喃类(侧基)

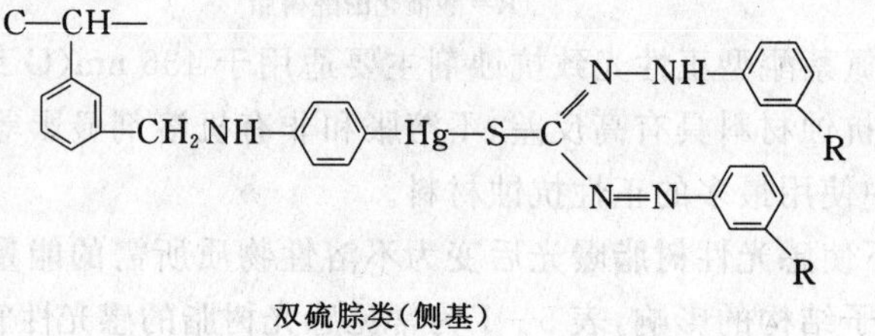

双硫腙类(侧基)

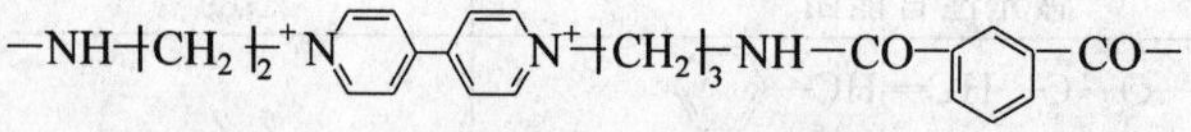

氧化还原类(主链) 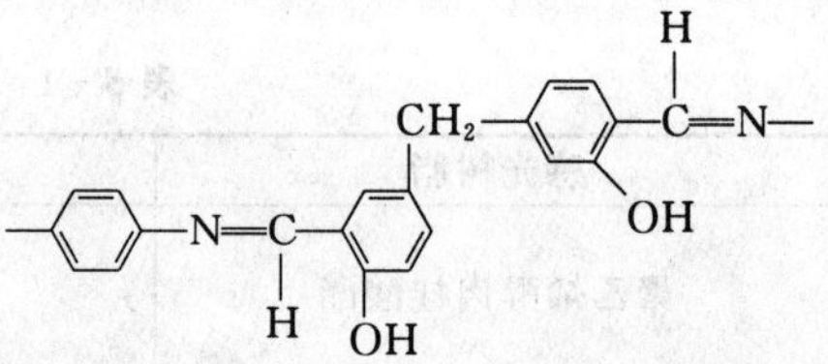 聚甲川(主链)

1. 含偶氮苯的光致变色高分子

偶氮苯结构受光激发后发生顺反异构变化而变色。逆光致变色过程参见图 5-3。分子吸光后,反式偶氮苯变为顺式,最大吸收波长从约 350 nm 蓝移到 310 nm 左右。由于顺式结构是不稳定的,在黑暗的环境中又能回复稳定的反式结构,重新回到原来的颜色。

偶氮苯高分子光致变色的速度与所处的状态有关,一般来说在溶液中的转换速度较快,在固体膜中较慢。在柔性聚合物中(如聚丙烯酸)快,在刚性聚合物中(聚苯乙烯)慢。偶氮

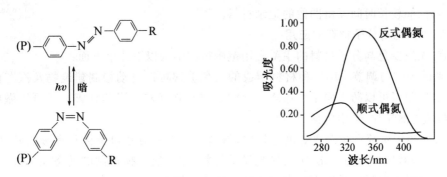

图 5-3　偶氮苯聚合物的光致互变异构反应及最大吸收波长在光照前后的变化

苯型光致变色聚合物在光照时的消光值小于在无光照时的消光值,也就是说,环境越亮,它的透光率越高,不能作为变色太阳镜。但是光学活性和存储密度高、开关时间短,是很有发展前途的光学记录介质。

2. 含螺苯并吡喃结构的光致变色高分子

带有螺苯并吡喃结构的高分子材料变色明显,是目前人们最感兴趣的光致变色材料。原来无色,经光照后吡喃环中的 C—O 键断裂开环,生成开环的部花青化合物,因有顺反异构而呈紫色,加热后又闭环而恢复无色的螺环结构。此类化合物属于正性光致变色材料。其结构变化如下所示:

将螺吡喃等光色分子接入(甲基)丙烯酸酯类等高分子侧基中或主链中,即得到高分子光色材料。含有螺吡喃结构的聚肽,如聚酪氨酸等衍生物也具有光致变色性。在高分子中,异构化转变速度取决于螺吡喃等结构的转动自由度。一般高分子螺吡喃的消色速率常数是螺吡喃小分子溶液的 $1/400 \sim 1/500$,因而有很好的稳定性。为了使其显色速率加快,可以选择 T_g 较低的柔性高分子。

R＝H、CH₃ 等,Z＝芳烃、脂肪烃、醚、胺等,X＝S、C(CH₃)₂ 等

这种光致变色聚合物有良好的储存寿命,温度依赖性小,可用作显示装置。螺吡喃分子实际上是由两个互相交叉的大 π 电子体系组成的。由于 π 电子可以与 n 型或 p 型半导体形成强烈相互作用,因此,它可以在 SiO_2、TiO_2 等半导体表面形成高度有序的定向排列,而最稳定的开环体呈平面状结构,因而,吸附在半导体表面的螺吡喃有色体的消色速率常数将很小,而且外加电场无疑使 π 电子与半导体表面间的结合更加牢固。利用这个原理,现已试制

成高分辨力、能较长时间保留图像的记录材料。

3. 光致变色高分子材料的应用

目前,光致变色高分子材料的主要应用范围可归纳为以下几个方面:

① 光的控制与调节　用这种材料制成的光色玻璃可以自动控制建筑物及汽车内的光线,做成防护眼镜可以防止原子弹爆炸产生的射线和强光对人眼的伤害。还可以做成照相机自动曝光的滤光片、军用机械的伪装等。

② 信号显示系统　在光致变色过程中,材料至少有一方在可见区具有吸收特性,这就使我们很容易看出材料的变化,可用作光显示材料,如宇航指挥控制的动态显示屏、计算机终端输出的大屏幕显示,是军事指挥中心的一项重要设备。

聚双吡啶锡高分子材料已用于电子显示板的多彩显示。涂于氧化锡载体上的这种聚合物膜,从橙色到鲜红色有七种颜色变化,变化的次数可达 10^6 次。

③ 记录介质　3M 公司制备了一系列含有氰基的高分子染料,用于光盘记录材料,其吸收波长可从 $300\sim1\,000$ nm,适用于各种激光器。日本 TDK 公司也研究了一系列侧链带有碱性染料的有色聚合物,应用于激光记录材料,表现出优良的性能。它比无机光盘的信息容量大、成本低、制造容易。

④ 计算机记忆元件　光致变色材料的显色和消色的循环变换可用来建立计算机的随机记忆元件,能记录相当大量的信息,可用于分子电子学的光存储器上。光可逆反应并不局限于可见光的变色上,只要能进行光谱识别,就可用于信息记录。例如光异构化反应就可用于进行光化学烧孔(PHB),制作超高密度的存储器。

⑤ 太阳能存贮材料　常温下使稳定的构型吸收阳光转换成高能构型,在添加催化剂后,可使之回复而放热。例如,偶氮化合物的反式与顺式间的转化就可用于太阳能的存贮和释放。

5.1.3　光电导高分子材料[1-4]

在黑暗时是绝缘体,紫外光光照下电导率可增加几个数量级而变为导体,这种现象称作光致导电。实际上,所有的绝缘体和半导体或多或少都具有一定的光电导性。但一般说来,光电流与暗电流的比值很大,光生载流子的量子效率高,寿命长,载流子迁移率大的材料才称为光电导材料。

光电导材料可以分成无机材料、有机材料两大类。无机光电导材料包括硒、硫化锌、硫化镉、砷化硒和非晶硅等,其中硫化锌感度低、硫化镉有毒,使用受到较大限制。有机光电导材料可细分成高分子光导材料和小分子光导材料,具有无毒、制作容易、光电导性能好等特点,具有广阔的发展前途。

光电导高分子有两大类别:一类是复合型的,它是用带有芳香环或杂环的高分子如聚碳酸酯等为复合载体,加入小分子有机光电导体如酞菁染料、双偶氮类染料等组合而成;另一类是本征型的,即高分子本身具有光电导性能。本节主要介绍本征型高分子材料。

对高分子光电导材料而言,导电过程分成两步:① 形成电子-空穴对,光活性分子中的基态电子吸收光能后至激发态。激发态分子通过辐射和非辐射耗散回到基态或者发生离子化形成电子-空穴对;② 产生载流子,在外电场作用下,电子-空穴对发生解离,电子逸出笼子,使电子(或空穴)处于能独立移动的状态,成为导体内的载流子,在电场作用下迁移产生导电现象。

导电过程可以用下式表示：

$$D+A \xrightarrow{\text{光激发}} [D^+ A^-] \xrightarrow{\text{外电场}} D^+ + A^-$$

式中：D 表示电子给体；A 表示电子受体。电子给体和受体可以在同一分子中，电子转移在分子内完成。也可以在不同的分子之中，电子转移在分子间进行。无论哪种情况，在光消失后，电子-空穴对都会逐渐重新结合而消失，导致载流子数下降，电导率减低，光电流消失。

本征型导电高分子主要有以下几种：① 线性共轭高分子光电导材料，高分子主链中具有共轭结构，如聚乙炔等线型 π 共轭高分子、聚酞菁等平面型 π 共轭高分子；② 侧链带有大共轭结构的光电导高分子材料，侧链或主链含多环芳烃或杂环基团的高分子，如聚乙烯基咔唑；③ 高分子电荷转转移络合物。

1. 线性共轭高分子光电导材料

线性共轭高分子是重要的本征导电高分子材料，在可见光区有很高的光吸收系数，吸收光能后在分子内产生孤子、极化子和双极化子等载流子，因此导电能力大大增加，表现出很强的光电导性质。由于多数线性共轭导电高分子材料的稳定性和加工性能不好，因此，在作为光电导材料方面没有获得广泛应用。其中研究较多的光导材料是聚苯乙炔和聚噻吩。线性共轭高分子作为电子给体，作为光导电材料时需要在体系内提供电子受体。

2. 侧链带有大共轭结构的光电导高分子材料

带有大的芳香共轭结构的化合物一般都表现出较强的光导性质，将这类共轭分子连接到高分子骨架上则构成光电导高分子材料。

属于此类的光电导性高分子中最引人注目的是聚乙烯基咔唑（PVK），分子结构如下：

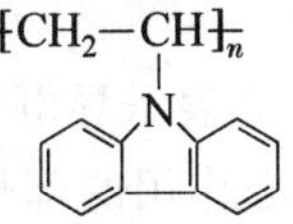

$$\cdots \text{CH}_2 - \text{CH} \cdots_n$$

图 5-4 是聚乙烯咔唑的导电示意图。聚乙烯咔唑中电子在某处被俘获不动只有空穴迁移。由于空穴是咔唑基阳离子自由基，在电场作用下，邻近的咔唑基向已形成的咔唑基阳离子自由基逐个转移电子，导致空穴在整个高分子体内迁移。因此空穴导电并非指阳离子自由基的运动，空穴导电不会产生物质的迁移。

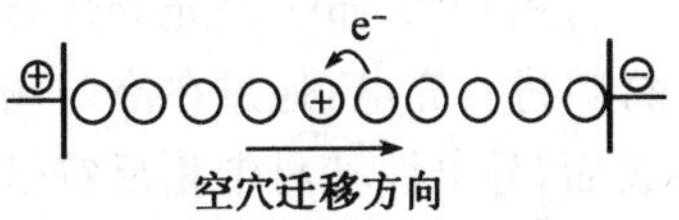

空穴迁移方向

图 5-4　电场作用下的空穴迁移

PVK 是一种易结晶的聚合物，同一条分子链上存在全同立构的 $H3_1$ 螺旋与间同立构的 $H2_1$ 螺旋的嵌段结构，因此咔唑环的相互作用十分强烈。PVK 在暗处是绝缘体，而在紫外光照射下，电导率则可提高到 5×10^{-11} S·cm^{-1}。

咔唑基团具有特殊的刚性结构、拥有较大的共轭体系以及较强的分子内电子转移能力，因此具有卓越的光电性能。由于咔唑很容易在其分子的 3、6、9 位进行化学修饰，可引入各种取代基团或官能团，以适应各种应用需要。含有咔唑结构的聚合物可以是由带有咔唑基的单体均聚而成，也可以是带有咔唑基的单体与其他单体的共聚产物，特别是与带有光敏化结构的共聚物更有其特殊的重要意义。共聚物具有如下优点：① 控制反应条件，可以设计电子供体和电子受体在聚合物侧链上的比例和连接次序；② 改变单体结构和组成，可以改进形成的光电导膜的机械性能;③ 选择具有不同电子亲和能力的电子受体参与聚合反应,可以使生成的光导聚合物适应不同波长的光线。

3. 光电导高分子的应用

光电导物质是一种重要的信息功能材料,已在复印技术、印刷制版、全息摄影及计算机激光打印等方面得到应用,同时也是太阳能电池的重要材料。

① 在静电复印和激光打印中的应用　光电导材料最主要的应用领域是静电复印,在静电复印过程中光电导体在光的控制下收集和释放电荷,通过静电作用吸附带相反电荷的油墨。静电复印的基本过程如图 5-5 所示。

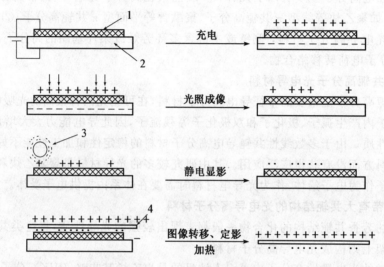

图 5-5　静电复印原理及过程

图 5-5 中数字 1 表示光电导材料,2 表示导电性基材,3 表示载体(内)和调色剂(外),4 表示复印纸。在静电复印设备中,起核心作用的部件是感光鼓,感光鼓由在导电性基材(一般为铝)上涂布一层光导性材料构成。复印的第一步是在无光条件下利用电晕放电对光导材料进行充电,通过在高电场作用下空气放电,使空气中的分子离子化后均匀散布在光导体表面,导电性基材带相反符号电荷。此时由于光导材料处在非导电状态,使电荷的分离状态得以保持。第二步是透过或反射要复制的图像将光投射到光导体表面,使受光部分因光导材料电导率提高而正负电荷发生中和,而未受光部分的电荷仍得以保存。此时电荷分布与复印图像相同,称为潜影,因此称其为曝光过程。第三步是显影过程,采用的显影剂通常是由载体和调色剂两部分组成,调色剂是含有颜料或染料的高分子,在与载体混合时由于摩擦而带电,且所带电荷与光导体所带电荷相反。通过静电吸引,调色剂被吸附在光导体表面带电荷部分,使第二步中得到的静电影像(潜影)变成由调色剂构成的可见影像。第四步是将该影像再通过静电引力转移到带有相反电荷的复印纸上,经过加热定影将图像在纸面固化,至此复印任务完成。

聚乙烯咔唑-硝基芴酮(PVK-TNF)是新一代有机光电导材料,在静电复印领域的使用量位居首位。在无光条件下,咔唑聚合物是良好的绝缘体,吸收光后分子跃迁到激发态,并在电场作用下离子化,构成大量的载流子,从而使其电导率大大提高。

② 光导材料在图像传感器方面的应用　图像传感器是利用光电导特性实现图像信息

的接收与处理的关键功能器件,广泛作为摄像机、数码照相机和红外成像设备中的电荷耦合器件用于图像的接收。

　　光导图像传感器的工作原理:当入射光通过玻璃电极照射光导电层时,产生光生载流子,在外加电场的作用下光生载流子定向迁移形成光电流。由于光电流的大小是入射光强度和波长的函数,因此光电流信号反映了入射的光信息。将此光电流检测记录,就可以接收和处理光信息。如果将上述结构作为一个图像单元,将大量(几十万到几百万)的图像单元组成一个 x-y 二维平面图像接收矩阵,利用外电路建立寻址系统,就可以构成一个完整的图像传感器。根据传感器中每个单元接收到的光信息,就可以组成一个由电信号构成的完整的电子图像(图 5-6)。

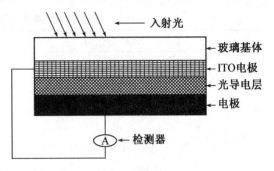

图 5-6　光导图像传感器结构和原理示意图

　　目前已经有多种高分子光电导材料用于图像传感器的制备。例如,以聚 2-甲氧基-5-(2′-乙基)己氧基-对亚苯基乙烯树脂(MEH-PPV)和聚 3-辛氧基噻吩(P3OT)与 C_{60} 衍生物复合体系为基本材料体系已经实现 3% 的光电能量转换效率,30% 的载流子收集效率,2 mA/cm 的闭路电流,在性能上已经接近非晶硅材料制成的器件。

5.1.4　聚合物非线性光学材料[5-10]

　　多数非晶态高分子材料是透明材料,其透光率都大于 80%,如 PMMA 透光率为 92%,PC、PSt、苯乙烯-丙烯腈共聚物,苯乙烯-甲基丙烯酸甲酯共聚物和非晶态聚烯烃的透光率都达到 90%。结晶高分子中,当晶区和非晶区的折射率相同时也透明,如聚甲基戊烯-1。折射率取决于单位体积的电子数,电子密度越大,折射率越高。聚合物中引入芳环、溴或碘,可以提高电子密度。因此大部分光学聚合物都含有苯环。聚磷氮烯引入二苯氧和萘氧侧基,芳环上再接溴或碘,都可以提高折射率。无机玻璃和聚合物的折射率如表 5-2。

表 5-2　无机玻璃和聚合物的折射率

物质	折射率(589~623 nm)	物质	折射率(589~623 nm)
水	1.33	聚(2-氯苯乙烯)	1.61
石英	1.50	涤纶聚酯	1.64
无铅玻璃	1.52	带 2-和 4-苯基苯氧侧基的聚磷氮烯	1.69
铅玻璃	1.65		
聚甲基丙烯酸甲酯	1.49	带碘萘氧侧基的聚磷氮烯	1.75
聚碳酸酯	1.57	聚苯乙烯	1.59

　　在外加电场作用下或光强变化时,折射率发生变化的光学材料称作非线性光学(NLO)材料。NLO 聚合物材料具有下列特点:① 非共振的非线性极化系数大,响应时间(10^{-15} ~ 10^{-14} s)快,直流介电常数小(3 左右);② 吸收系数小,热荷因子低,逻辑排列快;③ 无载荷扩散,化学和结构稳定性好,激光损伤阈值可达 10 GW/cm²;④ 易加工,可制成自支撑膜、纤维、块材。非线性光学材料有二阶(χ^2)和三阶(χ^3)两类。

1. 二阶非线性光学聚合物材料

显示二阶 NLO 效应的必要条件是分子及其集合体为非中心对称，有效的二阶非线性。光学高分子材料是含有杂环共轭单元或多烯 π 桥与具有电子给体和受体基团或非中心对称结构的生色团分子组成的高分子材料。一维生色团分子如表 5-3 所示。

表 5-3　一维生色团分子（μ 是偶极矩）[11]

NLO 生色团	$\mu\beta(1\,907\text{ nm})/10^{-48}$ esu	$\mu\beta/Mw$
(结构式：$(CH_3)_2N$—苯—$N=N$—苯—NO_2)	580	2.1
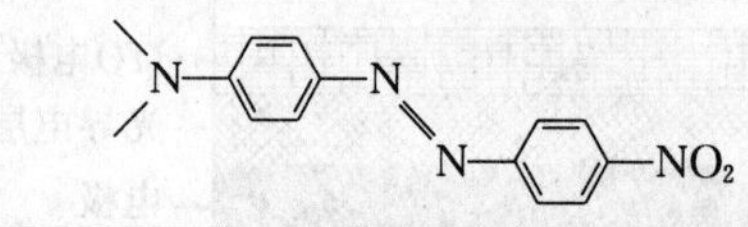	$r_{33}(1330_{nm})=8\text{pm/V}$[在 PMMA 中占 30% （质量分数）]	
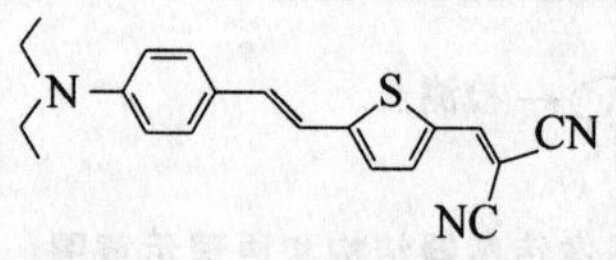 (结构式：二乙氨基苯乙烯基噻吩，CN/NC)	1 300	3.9
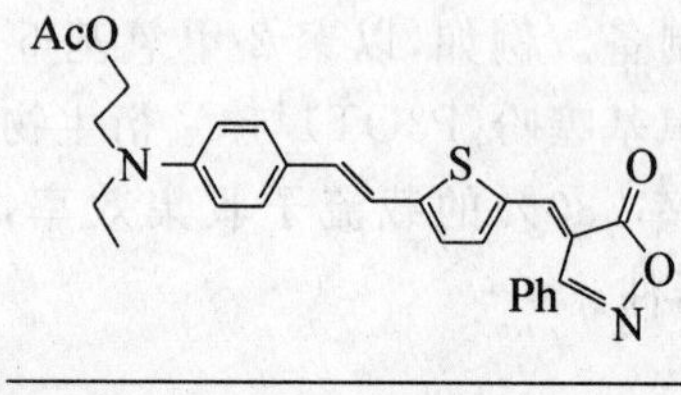 (结构式：AcO—N—苯乙烯基噻吩—异噁唑酮，Ph、O、N)	2 000	4.1
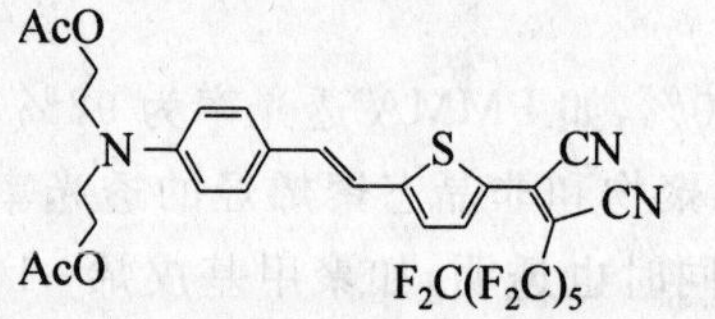 (结构式：AcO—N—苯乙烯基噻吩，CN、CN、$F_2C(F_2C)_5$)	3 300	4.3
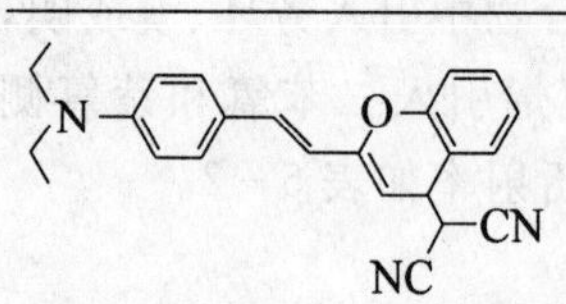 (结构式：二乙氨基苯乙烯基色烯，NC、CN)	1 720	4.7
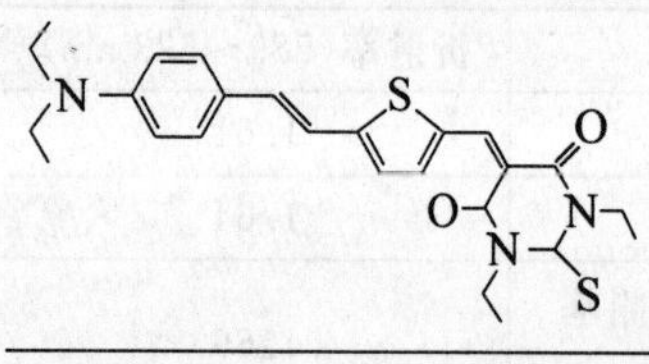 (结构式：二乙氨基苯乙烯基噻吩—噻唑酮，O、O、S)	2 400	5.1
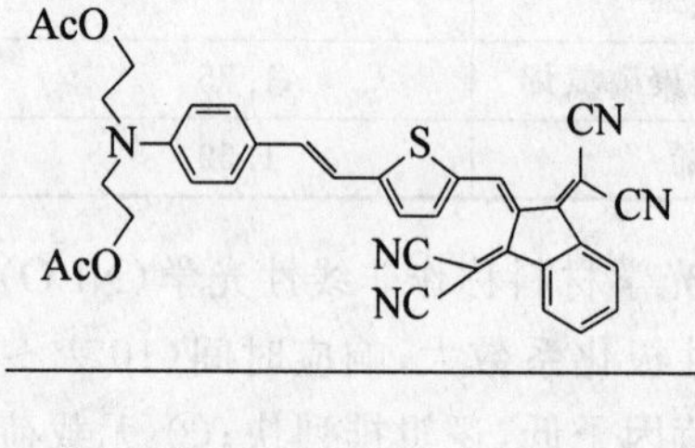 (结构式：AcO—N—苯乙烯基噻吩—茚，CN、CN、NC、NC)	6 100	9.7

续　表

NLO 生色团	$\mu\beta(1\,907\ \mathrm{nm})/10^{-48}$ esu	$\mu\beta/Mw$
	10 400	14.1
	6 200	17.3
	10 600	19.8
	10 200	22.1
	9 800	25.5
	18 000	25.9
	19 400	26.4

　　材料的非线性是由于生色团的偶极子在电场作用下的极化取向造成的。对含有生色团的高分子材料而言,当温度高于聚合物的玻璃化温度时,分子可自由旋转并在电场作用下取向,在电场存在下把材料冷却就可使取向"冻结"得到极化聚合物。从化学组成看,极化聚合物主要有聚丙烯酸酯类、聚苯乙烯类、聚氨酯类、聚酰亚胺类和环氧树脂类等;从结构特点上可大致分为主客体型、主链型、侧链型和交联型四类;从生色团与聚合物组合方式看,可分为掺杂型和键合型。

　　① 主客掺杂聚合物体系　将具有 NLO 生色团的小分子溶于聚合物主体中制成 NLO材料,其特点是制备简单,但生色团的含量不高,宏观 NLO 系数小,取向的弛豫快。通常以

聚甲基丙烯酸甲酯(PMMA)、聚苯乙烯(PS)、聚碳酸酯(PC)等透明性和成膜性好的聚合物为主体,偶氮苯(如分散红-1)或其他有机小分子为客体生色团。如 PMMA/DR1(分散红-1)体系的电光系数 r_{33} 为 1 pm/V(1 047 nm),两周后就下降了一半。以高 T_g 的刚性主链聚合物(如聚酰亚胺)作为主体的掺杂体系,具有高温稳定性。提高二阶 NLO 系数和改善稳定性是这类体系要解决的问题。

② 含发色侧基的线形聚合物　将发色团作为侧基接在链上,可大幅度地提高发色团密度而不导致结晶或相分离,获得大的 $\chi^{(2)}$,减慢松弛。与主客体系相比,稳定性提高。如以分散红 19 为侧基的聚氨酯,发色团浓度达 68％,有很高的共振增强 $\chi^{(2)}$。含苯并噻唑侧基及偶氮二胺的聚酰亚胺有较好的高温取向稳定性,r_{33} 往往在 20 pm/V 以上,与 PMMA 掺杂型材料相比,其非线性光学性能有了很大提高。

③ 主链含发色团的聚合物　将发色团引入聚合物主链中可阻止极化取向松弛。但是这种聚合物大都不溶,难以加工,刚性长链会相互阻挡,很难取向。

④ 交联型极化聚合物　交联型极化聚合物可提高取向稳定性,满足电光器件长时间高性能的使用要求。交联过程一般都在极化同时或极化后进行。交联的方法有热交联和光交联两种。热交联中交联和极化同时进行,光交联中先极化后交联。这类材料有含 4-氨基-4′-硝基联苯(PNB)生色团的环氧树脂、以 β_2 羟丙基丙烯酸酯-DR1-甲基丙烯酸酯共聚物和苯酚封端的 DR19-二异氰酸酯聚氨酯、以 DR1 和 DR19 为生色团的聚氨酯-环氧树脂互穿网络 NLO 聚合物等。

2. 三阶非线性光学聚合物材料

三阶非线性光学材料是指那些在强激光作用下产生三阶非线性极化响应,具有强的光波间非线性耦合的材料。原则上任何结构对称性的材料都具有三阶非线性性能,但具有结构对称中心且具有大的分子或基团的三阶非线性极化材料才能免除二阶非线性的干扰,呈现强的纯三阶效应。

具有 π 电子离域结构的有机和聚合物分子具有很强的非线性光学响应,且三次极化率 $\chi^{(3)}$ 和其 π 共轭链长度的 5 次方成正比,在聚合物分子中引入双键或富 π 电子的功能基团,将大大提高三次极化率。另外,高分子的链取向、堆积密度、构象、维数等因素对自身的三阶非线性性质也有较大的影响。本节介绍几种重点研究的三阶非线性光学聚合物材料。

① 共轭型聚合物　共轭型聚合物由于主链上 π 电子的离域化,电荷易于移动,介质粒子极化时间短,具有良好的电学性质、光学性质、机械性能和加工性能。如对甲苯磺酸取代基的聚二乙炔(PDA-PTS)晶体、聚二乙炔(PDA)、聚苯胺、聚噻吩、聚吡咯、聚乙炔、聚苯乙炔、聚丙烯腈及其衍生物等。表 5-4 列出了一些共轭聚合物的 $\chi^{(3)}$ 值及条件。

表 5-4　一些共轭聚合物的 $\chi^{(3)}$ 值及条件

聚合物	波长/μm	$\chi^{(3)}/(4.2\times10^{-4}\ pm \cdot V^{-1})$	条件
聚二乙炔-磺酸甲苯	1.90	900	非共振
聚硅氧烷	0.50	3	非共振
聚乙炔	1.90	30 000	共振
聚二甲氧基对苯乙烯	1.06	300	共振
聚十二烷基噻吩	0.60	300	共振

续　表

聚合物	波长/μm	$\chi^{(3)}/(4.2\times10^{-4}\ pm\cdot V^{-1})$	条件
聚苯基乙炔	1.06	7	共振
聚吡咯	0.60	3	共振
聚苯胺	2.40	26	非共振
聚二乙炔基硅烷	0.62	3 000	共振

PDA 类衍生物具有较大的非共振三阶非线性光学特性和皮秒量级的 NLO 响应时间，在超快全光开关、光波导等领域具有广阔的应用前景，是迄今研究最广泛的共轭聚合物三阶非线性光学材料之一。

② 偶氮苯聚合物　偶氮化合物具有 π 共轭电子结构，表现出优良的三阶非线性光学性能，在偶氮全息光栅的制作与全息存储、空间光调制器及波导耦合器件等方面的应用已有很多研究。偶氮聚合物体系主要包括甲基橙掺杂聚甲基丙烯酸甲酯、含偶氮苯光学活性侧基的接枝共聚物、含偶氮基团的小分子单体聚合而成的聚合物。其中带有偶氮苯光学活性侧基的聚合物，具有较高的热稳定性、力学性能和分子设计性。

③ 配位聚合物　配位聚合物是通过金属离子与多官能团配位体合成的高分子化合物，配位聚合物中大量的金属离子使体系产生很多低电子能级，增加了电子迁移的几率，提高了体系的非线性光学效应。配位聚合物具有很强的三阶非线性光学吸收效应和折射效应。如 Zn^{2+} 为中心离子的一维单螺旋链结构的配位聚合物，折射率值高达 $1.38\times10^{-17}\ m^2\cdot W^{-1}$，已达到有机氧化物、半导体和原子簇化合物等典型的三阶非线性光学材料的水平。

5.2　电绝缘高分子材料

环保型高压直流
电缆绝缘材料

材料的导电性能高低可以用电导率来表征。根据电导率大小，可将材料分为绝缘体、半导体、导体三大类，如图 5 - 7 所示[12]。其中绝缘体的一个重要应用，就是利用其不导电性来隔离电位不同的两个导体。有时，人们把绝缘体(insulator)简单地认为是电介质(dielectric)，其实并不确切。严格地说，绝缘体是指能够承受较强电场的电介质材料，而电介质除了绝缘特性以外，主要是指在较弱电场下具有极化能力并能在其中长期存在电场的一种物质。与金属不同，电介质材料内部没有电子的共有化，不存在自由电子，只存在束缚电荷。电介质的特征是以正、负电荷重心不重合的电极化方式传递、存贮或记录电场的作用和影响，其中起主要作用的是束缚电荷。电介质不必一定是绝缘体，但绝缘体都是典型的电介质。为方便起见，本书对这两个术语不加区分地使用。

大多数传统聚合物的电导率很低，约为 $10^{-18}\sim10^{-10}$ S/m，属于典型的绝缘体。有人曾从理论上计算出纯净聚合物的电导率只有 10^{-23} S/m，因而是很好的绝缘材料。历史上最早合成的酚醛树脂便应用于电气绝缘领域中。20 世纪中叶以来，伴随着现代高分子化学与工业的发展，合成高分子在电气绝缘领域的应用越来越广，产生了一大批新型绝缘高分子材料。由于高分子合成材料不仅绝缘强度高、加工性能好，而且经过组成、结构的改变，还能提高其耐热、阻燃、耐油等特性，对于电气设备和电子元器件的发展和革新起到了巨大的推动作用。

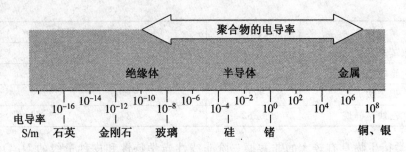

图 5 - 7　材料导电性的分类

本节主要讨论绝缘高分子材料的介电性能,包括介电常数、介电损耗、绝缘电阻、击穿场强等及其与高分子结构的内在关系。最后简要介绍聚合物的静电现象。

5.2.1　聚合物的极化与介电常数

1. 电介质极化的宏观参数与微观参数之间的关系

（1）极化的微观机制[13-16]

电介质的极化现象归根到底是电介质中的微观荷电粒子,在电场作用下,电荷分布发生变化而导致的一种宏观统计平均效应。按照微观机制,电介质的极化可以分成两大类型:弹性位移极化和松弛极化。弹性位移极化包括电子(弹性)位移极化和原子(弹性)位移极化两类;而松弛极化主要包括偶极子取向极化。

电场会使聚合物分子中任何原子的电子云相对其带正电的原子核发生微小的位移。电子云相对于原子核位移,使得电子云的负电荷重心与原子核的正电荷重心不重合,从而建立起感应偶极矩,这种现象就是电子位移极化。由电子位移极化所引起的位移是十分小的,因为外加电场与由原子核所产生而作用于一个电子上的原子内电场相比较要弱得多。

电子位移极化对外场的响应时间也就是它建立或消失过程所需要的时间是极短的,约在 $10^{-16} \sim 10^{-14}$ s 范围。这个时间可与电子绕核运动的周期相比拟。这表明,如所加电场为交变电场,其频率即使高达光频,电子位移极化也来得及响应。因此电子位移极化又有光频极化之称。任何电介质都能发生电子位移极化。一般情况下,一个原子、分子或离子的电子位移极化所产生的感应偶极矩 $\boldsymbol{\mu}_e$ 与所受到的局部有效电场 $\boldsymbol{E}_e$ 成正比:

$$\boldsymbol{\mu}_e = \alpha_e \boldsymbol{E}_e \tag{5-1}$$

α_e 被称为电子位移极化率,其单位为法·米^2（F·m^2）,是表征电介质电子位移极化的微观参数,与物质结构有关。

原子位移极化是分子骨架在外电场作用下发生变形造成的。从振动光谱的研究知道,包含键角改变的分子的弯曲或扭转力常数,通常远低于键的伸缩力常数,因此可以推测,分子弯曲型的极化是原子极化的主要形式。例如,CO_2 分子,本来是 O=C=O 直线型结构,在外电场中,电负性较大的氧原子略偏向正极,而电负性较小的碳原子略偏向负极,发生各原子核之间的相对位移,结果键角 $\angle OCO$ 小于 $180°$,使分子的正、负电荷中心位置发生变化。因为原子的质量较大,运动速度比电子慢得多,这种极化所需要的时间比电子位移极化慢 2～3 个数量级,约为 $10^{-13} \sim 10^{-12}$ s,这个时间相当于原子固有振动周期,也相当于红外光周期。总体而言,这两种弹性位移极化对外场的响应时间极短,属于快速极化类型。与式(5-1)相仿,原子位移极化所产生的感应偶极矩也与所受到的局部有效电场 E_e 成正比,比例系数称为原子位移极化率。实验和理论表明,电子位移极化率和原子位移极化率均与温度关系不大。

对于非晶态极性高分子电介质,其分子或分子链节具有一定的固有偶极矩,可以把它们看成偶极子。但是它对外并不呈现极性,其宏观偶极矩为零。这是分子热运动使偶极分子或链节作混乱排布,分子的偶极矩空间各个方向取向几率相同的缘故。而当其在电场作用下,偶极分子或链节受到电场转矩的作用,驱使它们在电场方向取向。但热运动又使分子作混乱排布,起解取向作用。此外,大分子间的相互作用也阻碍极性分子在电场方向的取向。在一定温度和电场作用下,达到一个新的统计平衡状态。在新的平衡状态下,偶极子在空间各个方向取向的几率就不再相同,沿电场方向取向的几率大于其他方向,因此就在电场方向形成宏观偶极矩,这就是偶极子转向极化。偶极子转向极化对外场的响应时间较长,并且对应于各种不同的极性结构,响应时间也不相同,时间范围较大,约为 $10^{-9} \sim 10^{-2}$ s,甚至更长。其原因就在于,电场使极性分子有序化的作用,必须克服分子热运动的无序化作用和分子间的相互作用。通过计算可得偶极子转向极化率 α_d 为:

$$\alpha_d = \frac{\mu_0^2}{3kT} \qquad (5-2)$$

其中 μ_0 为分子或链节固有偶极距的大小,k 是玻兹曼常数,T 是绝对温度。此式表明,偶极子转向极化率除与电介质本身固有偶极距有关外,还与外界条件——温度有关。与温度成反比,随温度的升高而下降。这是容易理解的,因为随着温度的升高,分子热运动能量高,极性分子不容易沿电场方向整齐排列,即热运动的解取向作用加剧,从而使转向极化降低。偶极子转向极化率比前面两种弹性位移极化率大得多,约为 10^{-38} F·m^2 的数量级。

除了上面讨论的三种主要极化机制以外,还有一些特殊的极化形式,如界面极化。它是电介质含有电子、离子等载流子时,由于正电荷向负极移动和负电荷向正极移动,并在空间上分别集聚到某一地方而引起的极化。一般发生在由不同电导率或介电常数的电介质所构成的分界面上,也叫空间电荷极化。它所需的时间较长,从几分之一秒至几分钟,甚至更长。界面极化在聚合物在电气和电子工程中的应用上很常见,例如掺入大量炭黑的橡胶制品中,炭黑粒子总是被许多绝缘聚合物分隔开来,其界面极化变得十分大。而且界面极化还和聚合物的击穿有密切的关系。实际上,一种材料往往有不均匀性,可能存在第二相。例如,在聚合物中添加防止热老化和光老化的稳定剂,通常这些添加剂就是分散的第二相材料。填料和颜料也能形成分离相。界面极化的测量(要使用低频技术),现已成为研究高分子共混物的一种工具。最后需要指出的是,由于高分子链结构和聚集态结构的复杂性,聚合物还会出现其他更为复杂的微观极化机制。

(2)洛伦兹(Lorentz)有效电场[13-16]

在有电介质存在时的电场,可以等效地看成是自由电荷和极化电荷在真空中共同建立的电场,这个电场称为宏观平均电场,也称为外电场。而有效电场不同于宏观平均电场,是作用在微观粒子上的局域电场(local field)。作用在某一被考察原子、分子或离子上的有效电场可以看成是自由电荷和除该粒子以外的所有其他极化粒子在其上建立的电场。由于偶极子间的库仑相互作用是长程的,要直接计算所有其他极化粒子对被考察粒子的作用是很困难的，为此，很多学者提出了各种计算模型。为简便起见，本书只介绍洛伦兹（Lorentz）模型对有效电场的计算。图 5-8 给出了洛伦兹有效电场计算模型。这个模型可表述如下：在均匀电场 E 作用下，电介质均匀极化，极化强度为 P。设电介质中某一被考察粒子所在点为 O，以 O 为中心想象作一个半径为 a 的圆球。作这个想象圆球的目的是：试图把球内外介质对球心被考察粒子的作用按不同方式进行处理。洛伦兹把离被考察粒子很远的球外电介质作宏观处理。换句话说，就是把球外的电介质看成是介电常数为 ε 的连续均匀媒质。这样一来，有效电场所要计算的其他极化粒子的作用，就从整个电介质的范围缩小到球内的极化粒子上了。为达这个目的，所作圆球的半径 a，一方面在微观尺度上要求尽量大，比粒子间距离大得多，以使球外介质的作用可以用宏观方法予以处理；另一方面在宏观上要足够小，比两极板间距离要小得多，以使球内介质的不连续不均匀性对球外电介质中的电场分布不致发生影响。这个想象的电介质圆球常被称为洛沦兹球，这就是洛伦兹计算模型。

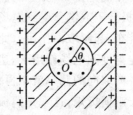

图 5-8　洛伦兹有效电场的计算模型

按照以上模型，应用叠加原理，作用于球心被考察粒子上的电场强度 E_e，由以下几个分量组成：

$$E_e = E_0 + E_1 + E_2 \tag{5-3}$$

式中：E_0 为极板上自由电荷所产生的电场强度；E_1 为球外极化电介质所产生的电场强度；E_2 为球内极化粒子所产生的电场强度。

极板上自由电荷在真空中所产生的电场强度 E_0，根据真空中的高斯定理可计算得到：

$$E_0 = \frac{\sigma}{\varepsilon_0} = \frac{D}{\varepsilon_0} \tag{5-4}$$

其中 σ 为自由电荷面密度。球外极化电介质在球心所产生的电场强度 E_1 包括两项：一项为电介质与极板界面上极化电荷在真空中所产生的电场强度 E_P，有：

$$E_P = -P/\varepsilon_0 \tag{5-5}$$

另一项则为洛伦兹球表面极化电荷在真空中所建立的电场强度 E_P'。通过推导可计算出：

$$E_P' = P/3\varepsilon_0 \tag{5-6}$$

因此有：

$$E_1 = E_P + E_P' = -P/\varepsilon_0 + P/3\varepsilon_0 \tag{5-7}$$

需要说明，洛伦兹球内外为同一电介质，为什么在该球表面上会出现感生极化电荷呢？这是因为洛伦兹模型把球外的电介质看成是介电常数为 ε 的连续均匀媒质，而把球内电介质看成是充有很多极化粒子的真空。这样洛伦兹球面就相当于媒质与真空的界面。于是在这个界面上就有感生极化电荷。

球内极化粒子作用在球心被考察粒子上的电场 E_2 则不能一概而论。它主要取决于电介质的组成和结构，鉴于物质微观结构的复杂性，虽然洛伦兹模型已求解其他极化粒子的作用缩小到尽可能小的范围，但仍难于直接计算，因此除了 $E_2 \approx 0$ 的特例以外，其他电介质的 E_2，还难以进行计算。

假设 $E_2 = 0$，并将式（5-7）代入式（5-3），并利用关系式 $D = \varepsilon_0 E + P$ 可得：

$$E_e = E_0 + E_1 + E_2 = \frac{D}{\varepsilon_0} - \frac{P}{\varepsilon_0} + \frac{P}{3\varepsilon_0}$$

$$= E + \frac{(\varepsilon_r - 1)\varepsilon_0 E}{3\varepsilon_0} = \frac{\varepsilon_r + 2}{3} E \tag{5-8}$$

这就是洛伦兹有效电场。由于电介质相对介电常数恒大于 1，因此洛伦兹有效电场总是大于宏观平均电场。需要强调，洛伦兹有效电场仅适用于 E_2 趋于零或等于零的电介质。即极化粒子之间的相互作用可以忽略不计或相互抵消的电介质。通常认为适用于洛伦兹电场的电介质有：气体、非极性电介质、结构高度对称的立方晶体等。对于极性液体和固体电介质，由于偶极分子间相互作用较强，洛伦兹有效电场就不再适用了。

（3）电介质极化的宏观参数与微观参数之间的关系[13-16]

从宏观上来看，电介质的介电行为与真空的唯一区别是它的介电常数比真空大，是真空的 ε_r 倍。这相当于把电介质看成是连续均匀的一片，这个"形象"实际上是不确切的。电介质实际上是不连续不均匀的，它是由原子、分子或离子等微观粒子所组成的。因此从微观上来看，极化强度 P 应定义如下：极化强度是电介质单位体积中所有极化粒子偶极矩的矢量和。若单位体积中有 n_0 个极化粒子，各个极化粒子偶极矩的平均值为 μ，则有：

$$P = n_0 \mu \tag{5-9}$$

对于线性极化 μ 与电场强度成正比，有：

$$\mu = \alpha E_e \tag{5-10}$$

式中：E_e 是作用在各原子、分子等微粒上的有效电场；α 为比例系数，称为微观极化率，是上述各种极化机制产生的极化率之和。它是表征电介质各种微粒极化性质的微观极化参数。将式（5-10）代入式（5-9），则得：

$$P = n_0 \alpha E_e \tag{5-11}$$

对于各向同性的线性电介质，极化强度 P 和介质中的宏观平均电场 E 之间有如下关系：

$$P = (\varepsilon_r - 1)\varepsilon_0 E \tag{5-12}$$

结合式（5-11）和式（5-12），有：

$$P = (\varepsilon_r - 1)\varepsilon_0 E = n_0 \alpha E_e \tag{5-13}$$

或

$$\varepsilon_r - 1 = \frac{n_0 \alpha E_e}{\varepsilon_0 E} \tag{5-14}$$

以上两式表明了电介质中与极化有关的宏观参数与微观参数之间的关系。

（4）克劳休斯-莫索缔（Clausius-Mossotti）方程[13-16]

将洛伦兹有效电场表达式（5-8）代入式（5-14）可得：

$$\frac{\varepsilon_r - 1}{\varepsilon_r + 2} = \frac{n_0 \alpha}{3\varepsilon_0} \tag{5-15}$$

这个关系式称为克劳休斯-莫索缔（Clausius-Mossotti）方程，简称克-莫方程。它是在采用洛伦兹有效电场的条件下，建立了可测物理量介电常数 ε_r（宏观量）与极化率 α（微观量）之间的关系。显然，克-莫方程的应用范围应限制在洛伦兹有效电场的适用范围内。但在高频交变电场作用下，克-莫方程也可用于极性电介质。

克-莫方程右端 n_0 是电介质单位体积内的极化粒子数。如果我们以摩尔体积 M/ρ（其中 M 和 ρ 分别为电介质的摩尔质量和密度）来代替单位体积，则有：

$$\frac{\varepsilon_r - 1}{\varepsilon_r + 2} \frac{M}{\rho} = \frac{N_A \alpha}{3\varepsilon_0} \tag{5-16}$$

其中 N_A 是阿佛加德罗常数,这是克-莫方程的摩尔形式。通常定义摩尔极化 P_M 为:

$$P_M = \frac{\varepsilon_r - 1}{\varepsilon_r + 2} \frac{M}{\rho} = \frac{N_A \alpha}{3\varepsilon_0} \tag{5-17}$$

由上式右端可见,对于一定的电介质,当极化率 α 有确定的值,并且与密度 ρ 无关时,P_M 为常数。式左端表明,$(\varepsilon_r - 1)/(\varepsilon_r + 2)$ 与密度 ρ 成正比。通常介电常数随着电介质密度 ρ 的增大而增大。其物理意义也是容易理解的,因为随着电介质密度增加,单位体积内极化粒子数增多,所以介电常数增大。当交变电场的频率很高时,如达到光频范围,此时电介质的介电常数 ε_r 可用折射率 n 来表示。

$$\varepsilon_r = n^2 \tag{5-18}$$

即电介质的介电常数等于折射率的平方。在光频范围内,像偶极子转向极化等缓慢极化形式对介电常数的贡献可忽略不计。此时电介质的介电常数 ε_r 等于光频介电常数 ε_∞,粒子的极化率等于电子位移极化率 α_e,则:

$$\varepsilon_\infty = n^2 \tag{5-19}$$

于是克-莫方程变为:

$$\frac{\varepsilon_\infty - 1}{\varepsilon_\infty + 2} = \frac{n^2 - 1}{n^2 + 2} = \frac{n_0 \alpha_e}{3\varepsilon_0} \tag{5-20}$$

称为洛伦兹-洛伦茨(Lorentz-Lorenz)方程。同样上式的摩尔形式为:

$$\frac{n^2 - 1}{n^2 + 2} \frac{M}{\rho} = \frac{N_A \alpha_e}{3\varepsilon_0} \tag{5-21}$$

2. 聚合物的介电常数与结构的关系[17-20]

在电子工程和电气工程中所采用的高分子材料,其介电常数的范围相当宽。例如,作为高频通信电缆的绝缘材料,其介电常数应低于 2,或尽可能接近于 1。在电容器中作为电介质的聚合物其介电常数应尽可能高。介电常数的数值决定于电介质的极化,而极化与电介质的分子结构及其所处的物理状态有关。从前面关于极化的讨论可知,介质的极化按其微观机理至少可分为弹性位移极化和偶极子转向极化,其中以转向极化对介电常数的贡献最大。而转向极化只有极性分子才可能发生,而且其强弱直接与介质分子的极性大小有关,因此分子极性大小是介质介电常数大小的主要决定因素。分子的极性大小是用偶极矩来衡量的。一般假定分子的偶极矩等于分子中所有化学键偶极矩的矢量和。表 5-5 给出一些共价键的偶极矩,可借以判断分子极性的大小。不过,总偶极矩是化学键偶极矩的矢量和的假定太简单化了。化学键的电荷密度分布要受到通过诱导效应和电子密度重叠的相邻原子的影响。这可用表 5-6 来说明,其中 C—H、C—Cl 及 C—F 键的偶极矩用不同的卤素取代。由表 5-6 可见,C—H 键偶极矩由于卤素的取代而大大地增加,而 C—X 键偶极矩则下降。

表 5-5　一些化学键的偶极矩

化学键	偶极矩/D	化学键	偶极矩/D	化学键	偶极矩/D
+ -		+ -		+ -	
H—C	0.4	$C(sp^3)$—$C(sp^2)$	0.69	H—O	1.5
C—F	1.39	$C(sp^3)$—$C(sp)$	1.48	H—N	1.3
C—Cl	1.47	$C(sp^2)$—$C(sp)$	1.16	H—S	0.7
C—Br	1.38	C=N	1.4	Si—C	1.2
C—I	1.19	C=O	2.4	Si—N	1.55
C—N	0.45	C=S	2.0	Si—H	1.0
C—O	0.74	C≡N	3.1		
C—S	0.9	N—O	0.3		

表 5-6　卤素取代对化学键偶极矩的诱导效应

化合物	化学键的偶极矩/D		分子总偶极矩/D
	C—H - +	C—Cl + -	
CH_3Cl	0	1.86	1.87
CH_2Cl_2	0.16	1.25	1.62
$CHCl_3$	0.19	0.92	1.20
CH_3F	0	1.81	1.76
CH_2F_2	0.23	1.45	1.96
CHF_3	0.32	1.22	1.64

高聚物分子的极性大小也用其偶极矩来衡量,通常可以用重复单元的偶极矩来作为高分子极性大小的一种指标。当然相比于小分子而言,情况要复杂得多。按照偶极矩的大小,可将聚合物大致归为下面四类,如表 5-7 所示,它们分别对应于介电常数的某一数值范围,随着偶极矩的增加,高聚物的介电常数逐渐增大。

表 5-7　聚合物极性大小分类

聚合物类型	偶极矩 $\bar{\mu}$ 范围/D	介电常数 ε_r 范围
非极性	0	2.0~2.3
弱极性	0~0.5	2.3~3.0
中等极性	0.5~0.7	3.0~4.0
强极性	>0.7	4.0~7.0

例如,非极性分子有聚乙烯、聚丁二烯、聚四氟乙烯;弱极性分子有聚苯乙烯、聚异丁烯和天然橡胶等;中极性分子有聚氯乙烯、聚醋酸乙烯、聚甲基丙烯酸甲酯和尼龙等;强极性分子有酚醛树脂、聚酯和聚乙烯醇等。

表 5-8 列出了一些非极性液体和非极性聚合物电介质的介电常数和折射率的平方。可见该两数值相当吻合,这表明非极性电介质的极化主要来自电子位移极化,满足式 (5-18)。实际测量表明,洛伦兹有效电场和克-莫方程适用于这类电介质。

表 5-8   一些非极性液体和聚合物电介质的介电常数与折射率的平方

名称	状态	ε_r	n^2	名称	状态	ε_r	n^2
己烷	液体	1.89	1.89	石蜡	固体	2.3	2.20
环己烷	液体	2.02	2.02	聚乙烯	固体	2.3	2.15
苯	液体	2.28	2.25	聚苯乙烯	固体	2.6	2.40
萘	固体	2.5	2.25	聚四氟乙烯	固体	2.2	2.10

需要说明,聚合物的极性与高分子的构象有关。如果整个高分子主链连同它的极性基团一起,僵硬地固定在一种单一的构象中,这种情况下,整个分子的偶极矩可以简单地由重复单元偶极矩的矢量加和来确定。如聚四氟乙烯,虽然分子中的 C—F 的键矩高达1.83D,但是在伸直构型中,高偶极矩的—CF_2—基团严格地交替反向排列,互相抵消,在螺旋构型(这在聚四氟乙烯的晶相中是典型的)中,同样由于偶极的平衡化,使整个分子偶极矩接近于0,只有当某些结构缺陷出现在分子构象中时,才使分子表现出刚刚可被检测的偶极取向效应。因此聚四氟乙烯的介电常数和其他非极性聚合物一样,是很低的。

聚合物的物理状态也会影响其极性。例如,虽然聚氯乙烯的极性大于氯丁橡胶,但在室温下,前者的介电常数为 3.2,而后者的约为 10,原因是在室温下氯丁橡胶呈橡胶态,其链段可自由活动,其高值起因于链段的偶极转向极化。在室温下,聚氯乙烯呈玻璃态,其链段运动受阻,而偶极转向极化只是来自极性基本身的运动。在很高的温度下(例如在玻璃化温度以上)聚氯乙烯转变为橡胶态,其介电常数便很高,约为 15。

如果在不同化学结构的两个聚合物中出现相同的极性基,一个在主链上,而另一个在侧基上,这样在主链上的极性基比在侧基上更不易活动。前者的有效偶极矩小于后者,而柔性的极性基将会有更大的有效偶极矩。对称性、交联,以及拉伸都趋向于降低由极性基热运动引起的有效偶极矩,而支链却趋向于增加有效偶极矩。

5.2.2   聚合物的介质损耗角正切

前面讨论的电介质极化行为都是针对静电场而言的,在恒定电场作用下,电介质的静态响应是介质响应的一个重要方面。然而事实表明,无论从应用或从理论上来看,变化电场作用下的介质响应,具有更重要和更普遍的意义。从前面的讨论可知,电介质极化的建立与消失需要一定的时间,都有一个响应过程,电介质极化是与时间有关的现象。在变化电场作用下的极化响应大致可能有以下三种情况:

① 电场的变化很慢,可以按照与静电场类似的方法进行处理;

② 电场的变化极快,以至缓慢极化完全来不及响应,因此也就没有这种极化发生;

③ 电场的变化与极化建立的时间可以相比拟,则极化对电场的响应强烈地受到极化建立过程的影响,产生比较复杂的介电现象。

其中,前两种情况和前面静电场时的处理方法相似,而第三种情况则完全不同,是本节主要讨论的问题。

1.   介质损耗角正切和德拜(Debye)弛豫方程[13-16]

在交流电场下,如果频率一增加,极化就可能变得跟不上,介电常数值随电场频率而变化起来,这种现象称为介质松弛(弛豫)(relaxation)。电介质发生介质松弛伴随有能量损耗。

对于几何静电容量为 C_0 的真空平行板电容器,如在其上加角频率为 ω 的正弦波交流电压 V 时,流过电容器的电流 I 为:

$$I = j\omega C_0 V \tag{5-22}$$

其中 j 为虚数因子,表示 I 与 V 有 90°的相位差。若在此电容器的极板间无间隙地插入介电常数为 ε 的电介质,这时的电容量增大为 εC_0,则通过其中的电流为:

$$I = j\omega \varepsilon C_0 V \tag{5-23}$$

这时观察到电流 I 与电压 V 的相位差总是略小于 90°。实践表明,在交变电场作用下,电介质内部会产生热量,表明其内部有能量的损耗。因此对于插入某种电介质的实际电容器,可将其等效为一个理想电容器与一个电阻并联。此处,我们取电压 V 沿实轴方向,将实验观察到的电流 I 的实轴分量写为 I_R,称为有功电流;而把 I 的虚轴分量(与 V 相位差 90°)写为 I_C,称为无功电流。I_R 和 I_C 都为实数。这样,式(5-23)变为:

$$I = j\omega \varepsilon C_0 V = jI_C + I_R \tag{5-24}$$

要使上式成立,式中的 ε 就应该为复数,设

$$\varepsilon = \varepsilon' - j\varepsilon'' \tag{5-25}$$

就是说,只要将相对介电常数 ε 定义为复数,就可以用它来描述在实验中所观察到的现象,称 ε' 为复相对介电常数的实部,而 ε'' 为其虚部。式(5-25)中的虚部采用负号而不用正号,是为了与实际观察到的 ε'' 一般均为正值的情况相吻合。将式(5-25)代入式(5-24),可得:

$$I_C = \omega \varepsilon' C_0 V$$
$$I_R = \omega \varepsilon'' C_0 V \tag{5-26}$$

显然电流 I 与电压 V 的相位差比 90°小,δ 是由电介质中的有功电流分量引起的,也即由能量损耗引起的,因此称 δ 为损耗角。损耗角正切可定义为有功电流 I_R 与无功电流 I_C 之比,即:

$$\tan\delta = \frac{I_R}{I_C} \tag{5-27}$$

代入(5-26)式,得:

$$\tan\delta = \frac{\varepsilon''}{\varepsilon'} \tag{5-28}$$

即损耗角正切是复介电常数的虚部和实部之比。其中 ε'' 称损耗因子,是一个表示电介质损耗的特性参数。但在实际应用中,通常采用 $\tan\delta$ 来定量地描述电介质的损耗。其物理意义是电场每周期内介质损耗的能量与介质贮存的能量的比值。电介质产生损耗的原因综合而言有两个:① 实际电介质并不是理想的绝缘体,其内部或多或少地存在着少量自由电荷。自由电荷在电场作用下定向迁移,形成纯电导电流或称漏导电流,消耗掉一部分电能,称为电导损耗,这种损耗与电场频率无关。② 由电介质中束缚电荷形成的极化非即时响应,当束缚电荷移动时,可能发生摩擦或非弹性碰撞,从而损耗能量,形成等效的有功电流分量,显然它是频率的函数。

从上面的分析可以知道,在交变电场中的电介质不仅会极化,而且还要消耗电能,所以通常用复介电常数的实部 ε' 和虚部 ε'' 来同时描述电介质的极化与损耗特性。显然,ε' 和 ε'' 与电介质极化的微观机制有关,都是电场频率的函数。若撇开材料内部所发生的微观过程,来讨论电介质弛豫极化响应的变化规律,这种理论常被称为唯象理论。

研究表明,电介质的复介电常数 ε_r^* 与时间常数 τ 具有下列关系:

$$\varepsilon_r^*(\omega) = \varepsilon_\infty + \frac{\varepsilon_S - \varepsilon_\infty}{1 + j\omega\tau} \tag{5-29}$$

其中 ε_r^* 的实部 $\varepsilon_r'(\omega)$ 与虚部 $\varepsilon_r''(\omega)$ 以及 $\tan\delta(\omega)$ 分别为:

$$\varepsilon_r'(\omega) = \varepsilon_\infty + \frac{\varepsilon_S - \varepsilon_\infty}{1 + \omega^2\tau^2} \tag{5-30}$$

$$\varepsilon_r''(\omega) = \frac{(\varepsilon_S - \varepsilon_\infty)\omega\tau}{1 + \omega^2\tau^2} \tag{5-31}$$

$$\tan\delta(\omega) = \frac{\varepsilon_r''(\omega)}{\varepsilon_r'(\omega)} = \frac{(\varepsilon_S - \varepsilon_\infty)\omega\tau}{\varepsilon_S + \varepsilon_\infty\omega^2\tau^2} \tag{5-32}$$

上述三个公式或式(5-29)称为德拜(Debye)方程。

下面根据德拜方程分析 ε_r'、ε_r'' 和 $\tan\delta$ 与电场频率的关系。假定温度不变,并分不同频率段进行讨论。

当 $\omega = 0$ 时,即为恒定电场下的情况,此时有:$\varepsilon_r' = \varepsilon_S$;$\varepsilon_r'' = 0$;$\tan\delta = 0$。也就是说在恒定电场下,电介质中的所有极化形式都能发生,介电常数等于静态介电常数 ε_S;损耗因子和损耗角正切均为 0,即在恒定电场下理想电介质没有损耗。

当 $\omega \to \infty$ 时,即在光频下的情况。此时有:$\varepsilon_r' = \varepsilon_\infty$,$\varepsilon_r'' = 0$,$\tan\delta = 0$。即在光频电场下,电介质中只有瞬时极化能发生,介电常数等于光频介电常数 ε_∞;损耗因子和损耗角正切均为 0,即在光频电场下理想电介质没有损耗。事实上,光频电场使介质极化时也有损耗。表现为介质对光的吸收,只是光频损耗在德拜弛豫理论中被略去了。当 ω 在 $0 \sim \infty$ 之间,包括在电工和无线电频率范围内,介电常数 ε_r' 随频率增加而降低。从静态介电常数 ε_S 降至光频介电常数 ε_∞,如图 5-9 所示。损耗因子 ε_r'' 的频率关系则出现极大值,极值的条件是:

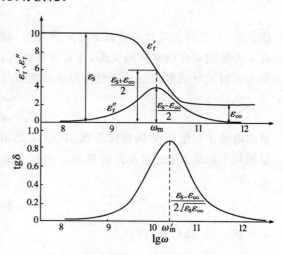

图 5-9 ε_r'、ε_r'' 和 $\tan\delta$ 的频率特性曲线

$$\frac{\partial \varepsilon_r''}{\partial \omega} = 0 \tag{5-33}$$

由此计算而得的极值频率为:

$$\omega_m = 1/\tau \tag{5-34}$$

当 $\omega = \omega_m$ 时,由式(5-30)~(5-32)可得:

$$\varepsilon_r' = \frac{1}{2}(\varepsilon_S + \varepsilon_\infty)$$

$$\varepsilon_{r\max}'' = \frac{1}{2}(\varepsilon_S - \varepsilon_\infty) \tag{5-35}$$

$$\tan\delta_m = \frac{(\varepsilon_S - \varepsilon_\infty)}{(\varepsilon_S + \varepsilon_\infty)}$$

在 $\omega = 1/\tau$ 附近的频率范围内,ε_r'、ε_r'' 急剧变化,ε_r' 由 ε_S 过渡 ε_∞。与此同时,ε_r'' 出现一极大值。在这一频率区域,介电常数发生剧烈变化,同时出现极化的能量耗散,这种现象被称为

弥散现象,这一频率区域被称为弥散区域。显然这是由极化的弛豫过程造成的。

综上所述,ε_r'、ε_r''的频率特性曲线可解释如下:在低频时,电场变化很慢,它的变化周期比弛豫时间要长得多,弛豫极化完全来得及随电场发生变化,这时电介质的行为与静电场时的情况相接近,因此ε_r'趋近于静态介电常数,相应的介质损耗ε_r''也很小,见图5-9。当频率逐渐升高,电场的变化周期逐渐变短,当周期缩短到可与极化的弛豫时间相比较时,极化逐渐跟不上电场的变化了,介质损耗也逐渐变得明显。这时随频率进一步升高,ε_r'从静态介电常数ε_s降至光频介电常数ε_∞,同时介质损耗出现极大值,并以热的形式发散出来。这就是极值频率$\omega_m\tau=1$附近的弥散区域。当频率很高时,电场变化很快,它的变化周期比弛豫时间短得多,弛豫极化完全跟不上电场的变化,这时只有瞬时极化发生,因此ε_r'接近于光频介电常数ε_∞,瞬时极化不发生损耗,这时介质损耗ε_r''也很小。$\tan\delta$与频率的关系与ε_r''的情况类似,这里就不赘述了。

以上讨论的是在一定温度下的频率特性。如果温度改变,则介质弥散的频率区域也要发生变化。当温度升高时,弥散区域向高频方向移动,与此同时ε_r''和$\tan\delta$的峰值也相应移向高频。反之,当温度降低时,弥散区域则向低频方向移动。

2. 聚合物的介电松弛特性[17-20]

与一般低分子化合物相比,由于聚合物结构的复杂性,其介电松弛具有以下特征:① 结构更不均匀,因此松弛峰较宽,即松弛时间 τ 分布较宽,不是单一松弛时间;② 当聚合物链节与低分子化合物在化学结构上相似时,则在相同温度下,聚合物的ε_r'较大,例如 100℃ 时 PVC 的$\varepsilon_r'=13$,而氯乙烷$\varepsilon_r'=5$,说明链节间的相互作用使极化加强;③ 从松弛峰形状看,低分子化合物的峰基本上是左右对称的,而聚合物的峰形状不对称,高频侧有变宽现象;④ 由于聚合物结构复杂,存在多重运动单元,因此其温度谱图或频率谱图上经常有多个峰,分别对应于不同尺寸运动单元在电场中的松弛损耗。习惯上按照这些损耗峰在图谱上出现的先后,在温度谱上从高温到低温,在频率谱上从低频到高频,依次用 α、β、γ、δ 命名,如图 5-10 所示。α 峰常出现在 T_g 以上温度,称为偶极链段松弛峰;β 峰常与极性基团有联系,可称为偶

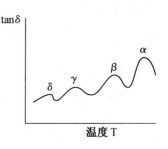

图 5-10　在一定温度下 $\tan\delta$ 与温度的关系示意图

极基团松弛峰,这是两个最重要的峰。对部分结晶的聚合物介电谱上损耗峰的命名,有时以下标 c 和 a 分别指示发生在晶区和非晶区的松弛过程。在一部分结晶聚合物的介电谱上,可能同时出现 α_c 和 α_a 两个 α 峰,分别对应于晶区和非晶区的 α 松弛过程。

① 非极性聚合物的复介电常数与频率、温度的关系

非极性聚合物的ε_r'很小,通常介于 1.9～2.5 之间,且与折射率平方相等($\varepsilon_r'=n^2$)或接近。对于理想的非极性聚合物,分子中没有固有偶极矩,主要极化机制为电子位移和原子位移极化。因此ε_r'与频率基本无关,ε_r''与频率关系也不大。在极低频率下ε_r''猛升的现象与非极性无关,是由杂质离子引起的。

实际非极性聚合物的ε_r''总不为 0,可能与分子结构中由于氧化所带来的极性基团(如羰基)、高分子材料中的低分子分解产物、杂质等有关。例如,聚乙烯受辐照作用后 $\tan\delta$ 增大,就是辐照使聚乙烯氧化并使分解产物的量增加所导致的。辊压加工时存在的氧化作用也能使 $\tan\delta$ 增大。一些非极性聚合物的 $\tan\delta\sim T$ 曲线,都会出现峰值,并显示出极性聚合物的

某些介电松弛特性。一般认为这种现象是由于轻微氧化而使聚合物具有极性的羰基、过氧基或羟基。例如聚四氟乙烯的松弛峰就与这些极性基团有关。因为过氧自由基和羰基等破坏了碳氟键分布的对称性从而产生偶极矩,其中可能的基团有:

② 极性聚合物的复介电常数与温度、频率的关系

对于极性聚合物,在低频或直流电压下,在较高温度下 ε_S 因为强烈的分子热扰动使其随温度升高而降低。对于结晶聚合物,温度降到结晶温度时 ε_S 的变化出现两种极端情况:① 结晶较完善的聚合物,经过结晶时的阶跃后继续随温度下降而逐渐下降,说明结晶完善的聚合物中的偶极子受到相当强烈的束缚作用;② 结晶很不完善的聚合物,其偶极子仍具有相当大的自由度,即热扰动仍有相当大的作用,因此 ε_S 继续随温度下降而上升。

在很高频率下,当结晶聚合物的温度低于 T_m 时,ε_∞ 变化不大,T_m 处有突变(熔化使热扰动作用突然增强),然后随温度升高而缓慢下降。非晶态聚合物的 ε_∞ 也随温度升高而缓慢下降,下降原因主要是密度降低。

对于极性聚合物,ε_r'' 与频率或温度的关系曲线应出现峰值。对于含有柔性侧链的聚合物或具有相当大转动自由度的结晶聚合物,当温度上升时,ε_S 下降;而对于偶极子受束缚的结晶聚合物或硬玻璃态聚合物则恰好相反,即温度上升时,ε_S 上升,因而峰高也增大。

由于电气设备或元、器件的温度是经常在变的,因此聚合物的 ε_r' 或 ε_r'' 与温度的关系在工程上是很重要的。例如,极性聚合物的 ε_r' 较非极性的大,能贮存更多的电能,因此常用作电容器介质材料。但是作为电容器介质还要求 ε_r'' 低,且在较宽温度范围内都较低,这时各种聚合物的 $\varepsilon_r'' \sim T$ 曲线就特别有用。例如聚碳酸酯 ε_r'' 峰出现在 150℃,在 $-60 \sim 120$℃ 范围内的 $\varepsilon_r'' < 0.005$,且随温度上升而下降;聚对氯苯乙烯更为理想,在同样温度范围中 ε_r'' 一直稳定在 0.000 5,这可能与碳氯键偶极刚性连接在主链上有关。

3. 介电松弛和聚合物结构[17-20]

(1) 侧基和主链化学结构的影响

纯聚合物大体上可以分为非极性聚合物、具有柔性极性侧基的聚合物、极性刚性侧基连接在非极性主链上的聚合物、具有极性主链的聚合物、含氢键的聚合物等。下面分别讨论它们的介电松弛情形。

① 非极性聚合物　对非极性聚合物,如聚乙烯、聚四氟乙烯等,似应没有极性基,但介电损耗谱测试表明,它们具有偶极松弛,这是由杂质(如催化剂、抗氧剂等)和氧化产物引起的。氧化后的聚乙烯的 $\tan\delta$ 随着羰基含量的增加而增加。这样微量的羰基,即使用光谱法也难测定,但可明显地反映在介电损耗值的变化上,由此可见介电损耗法能灵敏地反映高聚物的化学结构。

② 具有柔性极性侧基的聚合物　这类聚合物中有代表性的是聚丙烯酸烷基酯、聚有机酸乙烯酯及聚乙烯基烷基醚。其共同特点是主链为非极性,而侧基柔性连接在主链上。最强的介电松弛转变应当是极性侧基的 β 转变,α 介电转变则是侧基与主链一起运动产生的。

若减少链段运动阻力使链段易与侧基一同运动则 α 转变增强,但 α 转变移向低温并与 β 混合。

对于聚丙烯酸酯类,烷基对介电特性影响很大。当烷基为正烷基时,若烷基链延长则 α 峰移向低温,自由体积增大,表明链段活动能力得到加强。因此烷基起到"内增塑"作用,使 T_g 下降,导致 α 转变与 β 转变混合。烷基还使 α 峰增强而 β 峰减弱。但如果烷基是特丁基、环己基、异丙基等,则不能提高链段的活动性,即无内增塑作用。

聚有机酸乙烯酯类的 C—O 键直接与主链连接,使 α 峰有所加强,烷基的效应则与前述相同。聚乙烯基烷基醚类的烷基的效应,当碳原子数低于 8 时,也能起内增塑作用;若原子数再多,有可能出现结晶,起类似交联作用,使峰反而移向高温。

③ 极性刚性侧基连接在非极性主链上的聚合物　在这一类聚合物中,主链是非极性的,极性基直接和主链连接。属于该类的聚合物有聚乙烯醇缩醛、聚氯乙烯、聚氟乙烯等,极性的碳-卤键、缩醛环等直接与主链刚性连接,故其介电松弛特点是 α 峰强而 β 峰弱且宽。

④ 主链上含有极性基团的聚合物　主链含有极性碳氧键的聚合物如聚酯和聚醚类。聚酯所用的二醇随其碳原子数增加,则 α、β 峰均向低温移动,说明 β 峰与主链局部运动有关,而不是端基的松弛。主链中引入苯环,常使 T_g 向高温方向移动。主链含氮的聚合物情况与含氧聚合物类似。

⑤ 含氢键聚合物　聚酰胺、聚氨酯、蛋白质、氨基酸及其衍生物、聚乙烯醇和纤维素都含氢键,分子链间的羟基或酰胺基团间能生成氢键,由多个分子间氢键排列而形成的一条新链就称为氢键链。例如与聚酰胺分子链交叉的方向上容易出现氢键链。

该类聚合物的极化并非单一氨基(或羟基)的旋转,而是氢键链上一系列氨基(或羟基)的旋转。玻化转变时,由于链段运动都要把氢键破坏,故其介电转变都相当类似(如聚酰胺和聚氨酯)。氢键链在电场中往往形成某些缺陷,从而实现极化。水对这类聚合物的介电松弛有很大影响。

(2) 交联和增塑的影响

交联过程中主要有以下因素(反应和结构变化)影响介电松弛特性:分子量增加;极性基浓度变化(增加、减少或新产生);产生低分子物质(如水);结构重排;缺陷浓度提高。这些因素改变分子、链段、基团的活动能力或使界面极化增强。

天然橡胶硫化时受硫化方法影响很大。如以过氧化物硫化时对 ε_r' 影响不大,而用硫黄硫化时因引入极性基团而使 ε_r' 显著提高(图 5-11);辐照硫化时,ε_r' 也因辐照诱导氧化而较大(图 5-12),若在真空中或氮气中辐照,则对 ε_r' 影响大大降低。

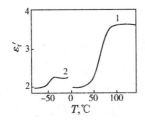

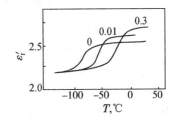

图 5-11　硫黄和过氧化物硫化聚异戊二烯的介电谱(1 kHz)　　**图 5-12　不同剂量(曲线上数字,MGy)**

1—硫黄;2—过氧化物　　　　　　　　　　　　**X 射线辐照天然橡胶介电谱(1 kHz)**

环氧树脂本身的介电谱与分子量有关。该松弛峰由环氧基运动引起,随着分子量增加,环氧基浓度降低使松弛时间延长,故 $\tan\delta$ 峰值减少,且向高温移动(图 5-13)。固化后,环氧树脂的 ε_r' 值降低,该值随分子量增大而减小,说明固化后环氧树脂的 $\tan\delta$ 仍由环氧基引起(即交联网状结构中的未反应环氧基响应电场运动)。完全固化的环氧树脂,不存在该峰。

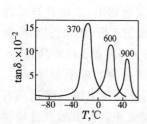

图 5-13 环氧树脂的分子量 (曲线上数字)与 $\tan\delta$ 峰的关系

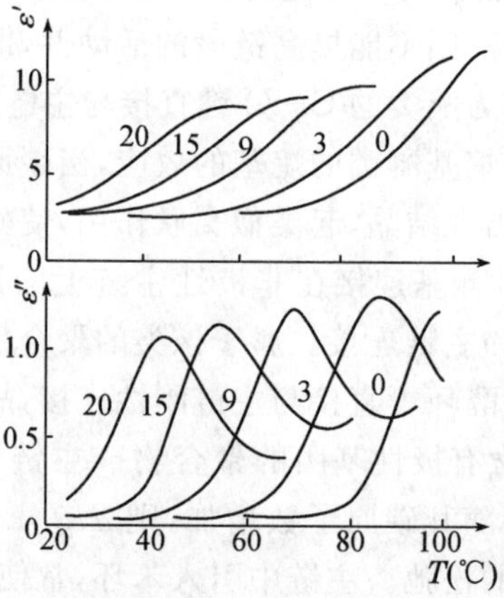

图 5-14 增塑剂含量不同的聚氯乙烯的介电常数和介电损耗与温度的关系(曲线上数字为增塑剂联苯的百分含量,测试频率 60 Hz)

加入增塑剂能降低聚合物的黏度,使取向极化容易进行,相当于温度升高的效果,在一定频率的电场下,加入非极性增塑剂可使介电损耗峰向低温方向移动(见图 5-14)。

极性增塑剂的加入,不但能增加高分子链的活动性,使原来的取向极化过程加快,同时引入了新的偶极损耗,使介电损耗增加,如在聚苯乙烯中加入极性增塑剂苯甲酸苯酯,使常温下的 $\tan\delta$ 值大约增加十倍。加入极性增塑剂,还使体系的介电损耗情况变得更加复杂。如聚氯乙烯-磷酸三甲苯酯(TCP)增塑体系,在增塑剂浓度较低时,只出现聚合物的损耗峰,随增塑剂浓度的增加,损耗峰移向低温;在增塑剂比例中等时,出现了双峰,在增塑剂浓度很高时,再次出现单峰,但这主要是极性增塑剂分子引起的。

一般来说,聚合物-增塑剂体系的极性情况,大致可以分成三类:① 聚合物和增塑剂都是极性的;② 只有聚合物是极性的;③ 只有增塑剂是极性的。在第一种情况下介电损耗峰的强度随组成变化将出现一个极小值,而后两种情况下,由于极性基团浓度随组成变化而减小,介电损耗峰的强度将单调地逐渐减小。

(3)相界面的影响

高分子材料一般而言是一个复杂的多相体系。例如,复合材料中有基体和填料两相;结晶聚合物中有结晶与非晶两相;嵌段和接枝共聚物、离子聚合物以及其他有相分离的聚合物中也往往存在两相。即使是原先均匀的聚合物,吸水后以水滴形式存在于聚合物中也会构成两相。若两相介电常数和绝缘电阻相差很大时,则可能出现界面极化。

最早研究的对象是填充炭黑的丁腈橡胶,其 ε_r'' 与频率关系包括电导损耗、偶极极化及界面极化等三种损耗。在橡胶中的炭黑通常被聚合物隔开,其 ε_r' 随炭黑含量增大而迅速上升,当达 30%~40%时,ε_r' 可达 100 以上。

5.2.3　聚合物的电导

1. 导电性的表征[13-16]

如前所述,材料的导电性高低可以用电导率来表征。一般情况下,材料的导电性符合欧姆定律,即当试样加上直流电压 U 时,则流过试样的电流 I 与其成正比,比例常数的倒数为试样的电阻 R:

$$I = \frac{U}{R} \qquad (5-36)$$

欧姆定律的微分形式为:

$$J = \sigma E \qquad (5-37)$$

式中:J 为电流密度;E 为电场强度;σ 为材料的电导率。由于电阻的大小与试样的几何尺寸有关,不能表征材料导电性的大小;而电导率不与试样的尺寸有关,只决定于材料的性质,可用其来表征材料的导电性。

电流是电荷的定向运动,因此有电流必须有电荷输运过程。电荷的载体称为载流子。载流子可以是电子、空穴,也可以是正离子、负离子。假定在一截面积为 S、长为 L 的长方体中,载流子浓度为 N,每个载流子的电荷量为 q。在外电场 E 作用下,沿电场方向运动速度为 v,则单位时间流过长方体某一截面的电流 I 为:

$$I = NqvS \qquad (5-38)$$

那么流过长方体某一截面的电流密度为:

$$J = Nqv \qquad (5-39)$$

而载流子迁移速度通常与 E 成正比:

$$v = \mu E \qquad (5-40)$$

其中,比例常数 μ 为载流子的迁移率,是单位场强下载流子的迁移速率。将上式代入式(5-39)并对照式(5-37),可得:

$$\sigma = Nq\mu \qquad (5-41)$$

当材料中存在 n 种载流子时,电导率可表示为:

$$\sigma = \sum_{i=1}^{n} N_i q_i \mu_i \qquad (5-42)$$

其中,N_i、q_i、μ_i 分别为第 i 种载流子的浓度、电荷量和迁移率。可见载流子浓度和迁移率是表征材料导电性的微观物理量。

大多数高聚物都是电绝缘体,习惯上电绝缘性常用电阻率 ρ 亦即电导率的倒数来表征。电阻率又分体积电阻率和表面电阻率,分别表征材料体内和表面的不同导电性。表面电阻率 ρ_s 规定为沿材料表面电流方向的直流电场强度与单位宽度通过的表面电流之比,也就是单位正方形表面上两刀形电极之间的电阻。如果刀形电极的长度 l 和两电极间的距离为 b,见图 5-15,则:

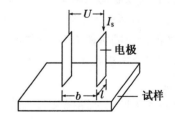

图 5-15　测试表面电阻的刀形电极示意图

$$\rho_s = \frac{U/b}{I_s/l} = R_s \frac{l}{b} \qquad (5-43)$$

式中:U 为刀形电极所加的电压;I_s 为刀形电极之间的表面电流;R_s 为试样的表面电阻。显然表面电阻率的实用单位为欧姆(Ω)。相应地,体积电阻率 ρ_v 就是沿着体积电流方向的直流电场强度与稳态电流密度之比,即:

$$\rho_v = \frac{U/d}{I_v/S} = R_v \frac{S}{d} \tag{5-44}$$

式中:d 是试样的厚度(即两电极之间的距离);S 是电极的面积;U 是外加电压;I_v 和 R_v 是测得的体积电流和体积电阻。ρ_v 的单位是 $\Omega \cdot m$。在提到电阻率而又没有特别指明的地方,通常就是指体积电阻率。

2. 聚合物电绝缘性的基本特点[17-20]

非极性聚合物电介质中不存在本征离子,导电载流子来源于杂质。通常纯净的非极性聚合物的电阻率极高,如聚苯乙烯在室温下的电阻率约在 $10^{15} \sim 10^{18}$ $\Omega \cdot m$ 之间。在工程上,为了改善这类介质的机械、物理和老化性能,往往要引入极性的增塑剂、填料、抗氧剂、抗电场老化稳定剂等添加物,这类添加物的引入将造成高分子材料电导率的增加。一般工程用塑料(包括极性有机介质虫胶、松香等)的体积电阻率约在 $10^8 \sim$

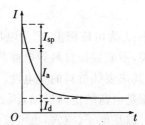

图 5-16　高分子电介质在加上直流电压时的电流-时间($I - t$)特性曲线

10^{18} $\Omega \cdot m$ 之间。在直流电场下流经聚合物电绝缘体的电流一般有三种(如图 5-16 所示)。一种是瞬时充电电流 I_{sp},它是在加上电场的瞬间,由几何电容充电电流和瞬时极化引起的快速充电电流。第二种称为吸收电流 I_a,它随电场作用时间的增加而减少,存在时间大约几秒到几十分钟,主要是由偶极取向极化、界面极化、空间电荷极化等引起的。第三种称为漏导电流 I_d,是通过聚合物的稳恒电流,其特点是不随时间而变化。由于电介质在加上直流电压时,其电流随加压时间而变化,因而给电介质电导的研究带来了一定的困难,特别是在低温和室温条件下,吸收电流很大,故无法准确测定电介质的电导。在工程实际应用中,通常采用电介质加上直流电压 1 min 时的电流作为电介质电导电流的测定值,并由此值来计算其电导率或电阻率。

需要说明的是,吸收电流是一种充电时随时间缓慢衰减,而在放电时并不可逆的电流。吸收电流不同于超慢极化电流,后者在放电时把充电过程中积累起来的全部电荷完全可逆地放出,而吸收电流则似乎把充电时流入的电荷吸收到介质内部去了。实际上,这些电荷是被介质中的深能级陷阱所俘获,因此便不再参与放电过程了。这些电荷只有在加热或光照时,才能摆脱陷阱的束缚,以热激电流(TSC)或光激电流(OSC)的形式重新放出。吸收电流与弛豫极化电流很不容易区分。工程上,常常把所有随时间缓慢变化的电流统称为吸收电流。

由于吸收电流随温度的上升一般变化不大,而离子电导电流随温度呈指数规律急剧地上升,因此,在低温下一般吸收电流较大,$I_a > I_d$;而在高温下相反,$I_a < I_d$,吸收电流可以忽略。因而高温下就能测出介质的真实电阻和电阻率。对于不同聚合物,在不同温度下的电流-时间特性有差异,它反映了温度对介质电导电流随时间变化规律。

完整结构的纯聚合物电绝缘体,在弱电场作用下理应没有电流通过。根据理论计算,聚合物电绝缘体的电阻率高达 10^{23} Ω·m，而实测数据往往要比它小几个数量级。因此有理由认为，聚合物中载流子主要来自材料的外部，即是由杂质引起的。实际上在聚合物合成和加工过程中不免残留或引进一些小分子杂质，从而产生穿过材料内部或表面的电导电流。正是这些杂质（少量没有反应的单体、残留的引发剂和其他各种助剂以及高聚物吸附的水汽）在电场作用下被电离，为聚合物提供了载流子。例如，吸附水的离解就为聚合物提供了离子型载流子。此外，多相聚合物体系界面往往是离子型载流子的集中处。所以，一般认为聚合物电绝缘体的电导是离子型的。在一些特殊情况下，某些外部因素也能引起聚合物非离子型的电导。例如，当测定电压较高时，从电极中发射出的电子注入聚合物中而成为载流子。

聚合物的电绝缘性与分子结构有关。一般极性聚合物的绝缘性比非极性差，这可能是因为前者的介电常数较高，使杂质离子间的库仑引力降低，从而促进了杂质的离解。

实验证明，电导活化能随聚合物的交联度的增加而增加，结晶也有同样的影响。因此，交联和结晶使电阻率升高。例如聚三氟氯乙烯的结晶度从 10% 增至 50% 时，电阻率增高 10～1 000 倍。聚合物主要是离子型电导，交联和结晶使高聚物的自由体积减小，从而使离子迁移率减小，电阻率升高。

5.2.4　聚合物的介电击穿[16-23]

前面讨论的都是聚合物在电场不太高的情况下的电导行为，一般电导率很低，表现出良好的电绝缘性。然而聚合物电介质的电绝缘性并不是无限的，在强电场（$10^7 \sim 10^8$ V/m）中，随着电压的升高，流经聚合物的电流-电压关系不再服从欧姆定律，电流比电压增大得更快。当电压升至某临界值 U_b 时，即使维持电压不变，电流仍然继续增大，也就是说材料突然从绝缘状态变成导电状态。这种使材料丧失绝缘性能的现象称为介质击穿。电压 U_b 称为击穿电压。一般采用击穿场强 E_b 来描述各种材料在电场中的击穿现象。

$$E_b = \frac{U_b}{d} \tag{5-45}$$

其中 d 为试样厚度。通常 E_b 被认为是电介质承受电场作用能力的一种量度，是材料介电特性之一。表 5-9 给出了一些聚合物的击穿场强工程数据。

表 5-9　一些聚合物的击穿场强

聚合物	E_b(MV/m)	聚合物	E_b(MV/m)	聚合物	E_b(MV/m)
聚乙烯	18～28	聚砜	17～22	聚苯乙烯薄膜	50～60
聚丙烯	20～26	酚醛树脂	12～16	聚酯薄膜	100～130
聚甲基丙烯酸甲酯	18～22	环氧树脂	16～20	聚酰亚胺薄膜	80～110
聚氯乙烯	14～20	聚乙烯薄膜	40～60	芳香聚酰胺薄膜	70～90
聚苯醚	16～20	聚丙烯薄膜	100～140		

实际上，像聚合物这样的固体电介质的击穿就是在电场作用下伴随着热、化学、力等的作用而丧失其绝缘性能的现象。固体介质材料的击穿是相当复杂的，除了表征材料本身的特性以外，还受到一系列外界因素的影响，诸如试样和电极的形状、外界媒质、电压类型、温度、介质散热条件等等。由于 E_b 是一个受到多种因素制约的物理量，在大多数实际情况

下，材料的击穿场强只是一个统计值。固体电介质的击穿理论还不够成熟，并且建立一个可以很好地解释所有现象的理论也是十分困难的。与气体和液体电介质相比，固体电介质击穿有以下几个特点：

① 固体介质的击穿强度比气体和液体介质高，约比气体高两个数量级，比液体高一个数量级左右。

② 固体通常总是处在气体或液体环境媒质中，因此对固体进行击穿试验时，击穿往往发生在击穿强度比较低的气体或液体环境媒质中，这种现象称为边缘效应，于是在进行固体击穿试验时，必须尽可能地排除边缘效应。

③ 固体介质的击穿一般是破坏性的，击穿后在试样中留下贯穿的孔道、裂纹等不可恢复的伤痕。

1. 聚合物击穿的主要机制

（1）**热击穿和电击穿**[16-23]

从实验经验来说，在低温下固体电介质的击穿场强 U_b 随温度升高而增加；但在较高的温度下，U_b 最终将随温度的继续升高而减小。在消除边界效应之后，实验测出的薄层介质的击穿场强总有随样品的厚度减小而提高的趋势。通常，无序固体比有序结构固体的 U_b 要高。例如晶态石英的 U_b 为 540 MV/m，而石英玻璃则为 670 MV/m。聚合物电介质的 U_b 可以超过 1 000 MV/m。绝缘固体的击穿一般分为热击穿和本征击穿两大类。下面先讨论热击穿。

热击穿是由于介质内热的不稳定过程造成的。通过介质的电流使介质加热，而介质的电导是随着温度升高而增大的，电导的增大又使介质中发热更加严重。如果散热条件良好，环境温度低，发热和散热可以在一定温度下平衡，介质仍处于稳定状态，不会导致热击穿。一旦散热条件不利或环境温度增高，介质中发热大于散热，介质中的电流就由于加热作用而不稳定地上升直至丧失绝缘性能，介质材料即遭到热破坏。对于介质损耗较高的固体介质材料，在高频下的主要击穿形式是热击穿。热击穿是电器设备中绝缘破坏最常见的一种击穿形式。

电介质的热击穿不仅与材料性能有关，还在很大程度上与绝缘结构（电极的配置与散热条件）及电压种类、环境温度有关，因此热击穿场强不被看作是电介质材料的本征性质。为简单清楚起见，我们只考虑稳态热击穿，即电压长期作用下，电介质内温度变化极慢的情况下发生的热击穿。设有厚度为 d，面积相对于厚度来说可以看作是无限大的平板电容器，其中充满导热系数为 κ 的电介质，外加直流电压时，一般在电场不太强的情况下，介质的电导率可表示为：

$$\sigma = \sigma_0 \exp\left(-\frac{u}{kT}\right) \tag{5-46}$$

式中：σ_0、u 为与电介质材料有关的常数；k 为波尔兹曼常数。在散热条件极好，电极温度始终等于周围环境温度 T_0 的情况下，由热平衡得到的直流击穿电压为：

$$U_b \cong \left(\frac{8\kappa k T_0^2}{\sigma_0 u}\right)^{1/2} \exp\left(\frac{u}{2kT_0}\right) \tag{5-47}$$

式中：U_b 随环境温度 T_0 变化主要来自指数因子；前面括号中因子的温度变化较慢，若视之为常数，则有：

$$U_b \cong A\exp\left(\frac{u}{2kT_0}\right) \tag{5-48}$$

其中，A 是与材料有关的常数。从式(6-48)可以得出以下两点结论：

① 热击穿电压随环境温度的升高而降低。对式(6-48)取对数，得：

$$\ln U_b \cong \ln A + \frac{u}{2kT_0} \tag{5-49}$$

而电介质的电导率与温度关系如式(5-46)，若将其也取对数，并取 $T=T_0$ 可得：

$$\ln \sigma = \ln \sigma_0 - \frac{u}{kT_0} \tag{5-50}$$

比较上面两式，$\ln U_b \sim \dfrac{1}{T_0}$ 和 $\ln \sigma \sim \dfrac{1}{T_0}$ 都是直线关系，仅是两条直线的斜率相差一倍。热击穿理论的这一结果与实验数据一致，故常用这一关系作为热击穿的实验判据。

② 热击穿电压与电介质厚度无关。由此推知：电介质厚度增大时，热击穿电场强度表现出降低的趋势。

当固体电介质承受的电压超过一定的数值 U_b 时，就使其中有相当大的电流通过，使电介质丧失绝缘性能，这个过程就是电击穿。在尽可能排除边缘效应的情况下，所测得固体电介质击穿场强约为 100 MV/m 数量级。从宏观尺度上来看，这种击穿场强是相当高的。但如从原子尺度上来看，这个电场却非常低。100 MV/m 可换算为 10^{-2} V/Å。除非在十分特殊的条件下，这种强度的电场要直接引起原子或分子结构上的破坏是完全不可能的。例如，这样的电场作用于氢原子时，能使质子偏离电子云负电荷中心的距离，不会超过原子半径的 0.1%。因此，电击穿只能是一种集体的现象，依靠电子或离子在电场作用下积累足够的能量，去碰撞原子或分子使之产生结构上的变化。在气态和液态介质的电击穿中，电子起着决定性的作用；在固态介质中，情况仍然如此。

通常，当电场强度升高至接近击穿强度时，材料中流过的大电流主要是电子型的。引起导电电子倍增的方式，即击穿的机制主要有：碰撞电离理论(或称本征击穿理论)和雪崩击穿理论。两类理论从不同角度来说明固体本征电击穿的物理过程。碰撞电离理论直接在量子力学基础上计算传导电子在两次碰撞的时间间隔中从外电场获得的能量，以及在每次碰撞中失去的能量。当获得的平均能量超过失去的平均能量时，传导电子便可以在经历每次碰撞后有剩余能量积累起来，最后导致电击穿。在处理传导电子的运动时，可以用单电子近似；也可以计入传导电子之间的相互作用而用集体传导电子近似。碰撞的机制一般考虑电子与声子的碰撞，也可以计入杂质和缺陷对传导电子的散射。这种理论能够近似地估计出一些结构简单的离子晶体的击穿场强，在数量级上和实验结果一致，但具体的数学计算十分复杂。

雪崩击穿理论是在电场足够高时，自由电子从电场中获得的能量在每次碰撞后都能产生一个自由电子。因此经 n 次碰撞后就有 2^n 个自由电子，形成雪崩式倍增效应。这些电子一方面向阳极迁移，一方面扩散，因而形成一个圆柱形空间，当雪崩式倍增效应贯穿两电极时，则出现电击穿。当电介质很薄时，传导电子来不及发展到雪崩就进入阳极复合了，这时，要使样品击穿就需加更强的电场。这可定性说明击穿场强与样品厚度的关系。

(2) 聚合物介电击穿的其他机制[16-23]

① 聚合物介质的电-机械击穿　考虑一个真空平板电容器，加上电压之后，两极板上将

带有异性电荷,而极间出现电场 E。两电极上异性电荷的相互作用,造成两电极间存在相互吸引力。这个引力就使极间的介质受到挤压而发生形变。若两极间充满相对介电常数为 ε_r 的介质,则可以证明单位面积电极间的引力,也就是对极间介质的挤压力 f 为:

$$f = \frac{1}{2}\varepsilon_r\varepsilon_0 E^2 \qquad (5-51)$$

对于一般固体电介质而言,弹性模量很大,挤压力的作用不会导致明显的变形,因而可以忽略不计。但聚合物介质的弹性模量要比一般无机电介质材料小两个数量级左右。在电场作用下,介质变薄的这种形变是相当可观的。以聚乙烯为例,来估算一下这种压缩形变的大小。假定施加电场为 $E=10^7$ V/m,聚乙烯的 ε_r 为 2.2,代入式(5-51),得:

$$f = \frac{1}{2} \times 2.2 \times 8.85 \times 10^{-12} \times 10^{14} \approx 9.7 \times 10^2 \ (\text{N/m}^2)$$

设聚乙烯受力变形符合虎克定律,聚乙烯的弹性模量 $Y=20 \times 10^4$ N/m^2,则相对变形约为 0.49%;若场强度再增大一个数量级,即 $E=10^8$ V/m,则变形可达 49%,就是说介质的厚度差不多压缩了一半,这样大的变形显然会对击穿有影响。

因此,对于弹性模量较小的聚合物而言,尤其是在玻璃化温度以上,极间引力产生的挤压作用使聚合物的厚度明显减小。如温度有所增加,使聚合物材料弹性模量下降,从而试样的厚度更显著地减小,这就使极间电场在电压不变情况下,进一步升高,最终导致击穿,常称为电-机械击穿。

② 局部放电击穿 局部放电就是在电场作用下,在电介质局部区域中所发生的放电现象,这种放电没有在电极之间形成贯穿的通道,整个试样并没有被击穿。对于固体电介质来说,电极与介质之间常常存在着一层环境媒质:气隙或油膜。就固体电介质本身来说,实际上也是不均匀的,往往存在着气泡、液珠或其他杂质和不均一的组分等。例如高分子材料就是如此。气体和液体介电常数较小,因此承受的电场强度较高。而气体和液体的击穿场强又比较低,于是当外施电压达到一定数值时,在这些薄弱的区域,就发生局部放电。

局部放电是脉冲性的,放电结果产生大量的正、负离子,形成空间电荷,建立反电场,使气隙中的总电场下降,放电熄灭。这样的放电持续时间很短,约为 $10^{-8} \sim 10^{-9}$ s。在直流电压作用时,放电熄灭后要到空间电荷通过表面泄漏,使反电场削弱到一定程度,才能开始第二次放电。因此在直流电压作用下,放电次数甚少。在交流电压作用时,情况就有所不同。由于电压的大小与方向是变动的,放电将反复出现。外施交变电压增大或频率提高,放电次数就增加。

工程介质,从材料本身来说,其本征击穿场强一般较高,但由于介质的不均匀性和各种因素的影响,实际击穿强度往往并不很高,有时甚至要降低一、二个数量级,重要原因之一就是局部放电。

局部放电将导致介质的击穿和老化,因为局部放电除电的过程以外,还伴随着热、辐射、化学和应力作用等过程。这些过程的综合作用,就使介质击穿或老化变质。

例如,聚乙烯、聚四氟乙烯、聚碳酸酯和聚酯等高分子薄膜介质,虽然有很高的击穿场强,但由于它们的负电性耐局部放电的性能就很差。例如聚乙烯和聚四氟乙烯等薄膜介质的短时击穿强度是很高的,但在较长时间的局部放电(电晕)作用下剧烈降低,而云母玻璃布复合介质的耐电晕性良好。

③ 树枝化击穿 树枝化是指在电场作用下,在固体电介质中形成的一种树枝状气化痕

迹。树枝是指介质中直径以数微米的充满气体的微细管子组成的通道,如图 5－17 所示。树枝化主要发生在高分子电介质中。

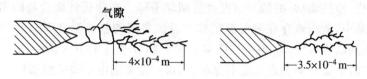

图 5－17　电极尖端有、无气隙时的电树枝

早在 20 世纪 20 年代就发现油纸电缆结构早期击穿中存在树枝化或内部漏电痕迹,它是从电线线芯向固体介质扩展或从固体介质中的气隙、杂质处发展起来的。但对于树枝化的深入研究始于 60 年代,由于工业上大量采用聚乙烯介质作为高压塑料电线的绝缘,聚合物介质的树枝化现象频繁发生,因而引起广泛地重视。

聚合物介质发生树枝化的现象是相当复杂的,因为不仅是组成树枝干和枝的形状和外观具有多样性,而且树枝引发与扩展环境又会极不相同。一般说来,可将聚合物中树枝分为三类:电树枝、水树枝和电化学树枝。而按其形状和外观来说,又有刷状树枝、丛林状树枝、晶体状树枝(树枝石)和带状树枝等不同名称。

树枝可以因介质中间歇性的局部放电而发生和缓慢地扩展,也可以在脉冲电压作用下迅速发展,也能在无任何局部放电的情况下,由于介质中局部电场集中而产生。属于这些原因引起的树枝称为电树枝(如图 5－17 所示有、无气隙的树枝)。树枝亦能在水分存在的条件下而缓慢发生,如在水下运行的 200～700 V 低压电缆中也发现有树枝,这就是水树枝。此外,还因环境污染或绝缘中存在杂质而引起的电化学树枝,如电缆中由于腐蚀性气体在线芯处扩散,与铜发生反应就形成电化学树枝化。

聚合物树枝化的位置是随机的,即树枝能引发于介质中各个高场强的点,例如粗糙或不规则的电极表面和介质的内部间隙、杂质等处。但是究竟产生出来的是电树枝、水树枝或电化学树枝,有赖于环境和电场强度。水树枝和电化学树枝会在远比电树枝所需电场低的水平下产生,至少在合理的时间内是如此,但除电场外一定还需要水或某种化学物质(例如硫化氢)同时存在。三种树枝的性能各不相同。

聚合物树枝化后,在其截面可以发生或不发生完全的击穿,但在固体聚合物介质中,树枝化击穿是一个很重要的因素。如美国西海岸敷设的 161 根聚乙烯电缆,运行了 1～11 年以后,检查已损坏和未损坏的电缆截面发现,树枝化现象相当普遍,运行 5 年以上者,几乎有一半产生了树枝化。虽然树枝化与寿命之间无明确的关系式,但树枝化无疑降低了电缆的使用寿命。必须指出,树枝化是聚合物介质击穿的先导,但击穿并不因树枝化而接踵而来。树枝化的最大特点是有一个感生期,往往要经过较为冗长的过程才能导致树枝的引发乃至最后击穿。

2. 击穿场强与聚合物结构[16-23]

对于聚合物的介质击穿过程仍然存在许多未知因素。聚合物大分子的复杂本质,再加上部分结晶性和极性基团等的复合干扰,使得对任何介电击穿的测量结果作解释都很困难。但是,至少在逻辑上聚合物的结构参数和介质击穿之间应该存在一定的关系。对于聚合物在许多实际绝缘应用中,了解这些关系是至关重要的。下面就介电击穿与聚合物结构之间的关系作一简要介绍。

低温下的聚合物具有较高的击穿场强 E_b 值。在高温区，E_b 随着温度上升而减小，且在聚合物开始软化（塑性流动）的较高温度处急剧地下降。在非极性聚合物的击穿场强 E_b 与温度的依赖关系中，清晰地存在着低温区和高温区之间的临界温度 T_c。但是，对于极性聚合物，这种变化的临界温度 T_c 则不很明显。聚合物分子链上引入极性基团往往使高温击穿场强明显下降，但是却能提高低温击穿场强，这可能是因电子波受到偶极子的散射作用而不易在电场中获得形成电子雪崩所需的能量。例如聚乙烯醇在 -200℃ 下的直流击穿场强 E_b 达 $1\,500$ MV/m，比聚乙烯高出一倍。聚乙烯氯化后，因引入极性的碳-氯键而使低温 E_b 提高。

聚合物分子量对聚合物薄膜的击穿场强影响很大，击穿场强（无论交流电压或脉冲电压试验）随分子量增大而显著提高。对于不同聚合物，特别是在不同的实验条件下，在击穿场强和分子量之间的绝对函数关系可以是不同的，然而总的变化趋势是大致相同的：击穿场强（无论交流电压或脉冲电压试验）随着分子量的增加，起初的增加速率是很缓慢的，然后增加速率变得非常迅速，最后再次变缓慢。

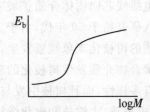

图 5-18　聚苯乙烯和聚醋酸乙烯酯薄膜的击穿场强随分子量的变化趋势示意图

图 5-18 给出了聚苯乙烯和聚醋酸乙烯酯薄膜的击穿场强随分子量变化趋势示意图。

一般分子量 M 与击穿场强 E_b 有如下的经验关系：

$$E_b = A + B\exp(-C/M) \tag{5-52}$$

其中 A、B、C 为常数，其值取决于聚合物本质、施加电压形式以及实验条件等，A 值约为 $30\sim300$，B 值为 $20\sim150$，C 值约 10^4。当相对分子量在 $10^4\sim10^5$ 范围内变化时，对 E_b 影响最大。当相对分子量从 10^4 提高到 10^5 时，高密度或低密度聚乙烯、聚苯乙烯的 E_b 约提高一倍。

许多研究人员通过对树枝化路径的观察研究了形态对击穿强度的影响。他们发现，击穿最容易发生的部位不在聚合物晶体内，也不在无定形区的内部，而是在球晶的界面上。按照他们的观点，无定形结构应有两种类型，即弱无定形和强无定形。球晶的界面就是这种弱无定形结构的例子，由于它的密度很低，晶体薄膜的无定形区则有很高的击穿强度。

交联对聚合物击穿场强有明显影响，由于交联能提高聚合物的弹性模量，避免前面所提到的电-机械击穿，从而提高击穿场强。总的来说，线型聚合物的击穿场强随着交联度增加而增加。热固性树脂固化程度的影响也是很大的。固化过程中不仅分子量增大，而且更重要的是随着固化反应的进行热固性树脂的活性基团浓度降低。这些活性基团往往是离子的来源，使电导过大导致发热而热击穿。因此对于热固性绝缘材料，应严格控制固化温度和固化时间，使热固性树脂完全固化，对于提高产品的绝缘性特别是高温下的击穿场强是十分重要的。

近年来的研究表明，纳米粒子添加剂对聚合物击穿性能有显著影响。例如，氧化物纳米添加剂/聚酰亚胺基耐电晕漆包线漆，浸渍漆明显地提高了原漆的电压耐受寿命；纳米添加剂也提高了电缆绝缘的工作场强或可靠性。纳米金属粒子也可能明显提高聚合物的电导和击穿性能。

5.2.5　聚合物的静电现象[17-20,24]

人类认识电是从摩擦起电开始的。大约在 1730 年,通过高绝缘电介质之间的摩擦人们发现不同材料得到的电荷性质不同,从而区分出正电和负电。因此可以说,人类对于电的研究是从电介质和静电现象开始的。然而,自从 1786 年伽伐尼发现电流,随之 1800 年伏打研制电池成功以后,关于电的研究转向了电流的运动规律以及电磁感应。静电的问题好像被人们忘记了,而电介质也似乎变成只作为绝缘材料来作技术应用方面的工艺研究。这种局面将近延续了 150 年,直到近几十年来,静电问题才重新闯进工业部门而引起人们注意。这是因为静电既可极大地造福于人类,例如:静电复印、静电喷涂和静电纺纱等,又会给人类带来严重的灾害,例如:万吨油轮突然起火沉没,炸药仓库自行爆炸,食品粉料工厂奇怪火灾,人手接触引起的复杂固体电子器件的损坏等等。近年来逐渐形成了一种怀疑,把原因不明的许多毁灭性事故损失归罪于静电,从而重新开始了这方面的研究。1953 年在伦敦召开了第一届国际静电会议,我国于 20 世纪 60 年代才开始进行有关静电方面的研究工作。由于绝大多数聚合物是优良的绝缘体,电导很小,一旦带静电就很难消除,因而高分子材料的静电现象在其加工和使用过程中是一种常见的现象。静电问题不仅给高分子材料的加工和使用带来了诸多不便,而且影响制品的性能,因此这个问题越来越引起人们的重视,人们对其展开了深入的研究。

1. 静电起电原理

静电起电可分为接触起电和摩擦起电两种情况。接触起电就是两种材料只是表面接触而不发生任何摩擦,就分开来所造成的静电现象。这是一种较简单的静电起电现象,可用凝聚态物质的功函数来解释。关于导体的功函数,人们已经比较熟知。而绝缘电介质的功函数迟至 1969 年才能通过静电起电方法作粗略地测量。从物体中发射一个电子所需的最小能量,称为相应物质的功函数。若物体置于真空中,则电子在物体体内就好像处于深为 φ 的势阱中。φ 就是物体的功函数,参见图 5-19。设有物体 A 和 B,其功函数 φ_A 和 φ_B 不相等,当两物体靠近表面距离不大于 2.5 nm 左右时,则有电子从一个物体转移至另一个的表面层。由于电子较易离开功函数较小的物体,若 $\varphi_A > \varphi_B$,则 A 的表面层将形成多余的负空间电荷;而与之靠近 B 的表面层将出现等量的正空间电荷。这样两物体的接触面之间产生一个双电层(electric double layer)。在接触面两侧电荷转移达到平衡时,双电层产生的电势差恰好抵消了两侧物质功函数之差。此时,若令两物体迅速分离,则双电层两边的电荷来不及完全消失,而使 A 荷多余的负电而 B 荷正电,这就是接触起电的原因。

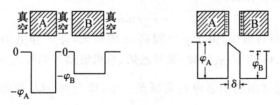

图 5-19　接触起电示意图

表 5-10 给出了一些聚合物相对于金测得的功函数,表中的数据是按功函数由大到小的顺序排列的。接触起电的结果应该是功函数高的带负电,而功函数低的带正电。也就是

说，当两种聚合物接触起电时，位于表中前面的聚合物带负电，后面的带正电。

表 5 - 10　一些聚合物的功函数（电子伏特 eV）

聚合物	功函数/eV	聚合物	功函数/eV	聚合物	功函数/eV
聚四氟乙烯	5.75	聚砜	4.95	聚乙酸乙烯酯	4.38
聚三氟氯乙烯	5.30	聚苯乙烯	4.90	聚异丁烯	4.30
氯化聚乙烯	5.14	聚乙烯	4.90	尼龙 66	4.30
聚氯乙烯	5.13	聚碳酸酯	4.80	聚氧化乙烯	3.95
氯化聚醚	5.11	聚甲基丙烯酸甲酯	4.68		

摩擦起电的情况则要复杂得多，其机理尚不十分清楚。轻微摩擦时的起电特征与接触起电比较接近，但剧烈摩擦时起电特征却有很大的不同。剧烈摩擦时包含发热（甚至改变聚集态结构）、电荷交换及质量迁移等物理过程，而且还包含氧化降解或交联等化学反应过程，因此摩擦带电序列与表 5 - 10 不完全相同。

2. 静电的危害与防止

我们知道物体带电量 Q 与电位 U 的关系为：$U = Q/C$，C 是物体电容量。对聚合物而言，一般其介电常数较小，电容量较小，因此即使所带的静电量不多，但电位却很高。例如，人体对地电容量约为 $100 \sim 200$ pF，人坐在人造皮革椅子上起立，或在塑料地板上步行数步所产生的接触静电电荷（约 $10^{-7} \sim 10^{-6}$ C）造成人体的静电电压可达到 10^4 V，而空气的击穿场强约为 30 kV/cm，因此由摩擦静电引起的火花放电是常见的事。绝缘液体的流动也能产生大量接触起电静电荷。这种高压静电有时会影响人身或设备的安全，1966～1970 的 5 年间，因静电失事的 20 万吨级油船就有 4 艘之多，其中两艘完全沉没。又如吸水量不超过 0.5％的干性纤维聚丙烯腈纺丝过程中，纤维与导辊摩擦所产生的静电荷，电压可达 15 kV 以上，不采取有效的措施，这些静电荷是不会很快自动消除的，从而使纤维的梳理、纺纱、牵伸、加捻、织布和打包等工序难以进行。在美国，塑料电子部件在贮运过程中废品率达 50％，损失高达 50 亿美元。所以静电的防治已经引起人们的广泛重视。

材料表面所带的静电电荷 Q 能够通过其体内和表面泄漏，这相当于电容通过电阻放电，因此 Q 随时间 t 之间的变化关系遵循以下规律：

$$Q = Q_0 \exp\left(-\frac{t}{\tau}\right) \tag{5-53}$$

式中：Q_0 为初始电量；τ 为放电时间常数，是衡量电荷泄漏速率快慢的物理量，与材料的介电常数 ε 和电阻率 ρ 有关：

$$\tau = \varepsilon_0 \varepsilon_r \rho \tag{5-54}$$

对大多数绝缘高分子材料来说，由于 ρ 值很高，τ 值很大，亦即静电消失的过程进行得是非常缓慢的。例如，聚乙烯、聚四氟乙烯、聚苯乙烯、有机玻璃等的静电可保持几个月。由于聚合物电荷衰减很慢，通常用初始静电量衰减至一半，即 $Q = \frac{1}{2}Q_0$ 所需的时间来表示聚合物泄漏电荷的能力，称为聚合物的静电半衰期。结合式（5-53）和式（5-54）可以看出，电阻率和静电倾向之间存在相关性，即：材料的电阻率越大，在接触、摩擦中所产生的静电效应越大。表 5 - 11 给出了塑料的表面电阻率与静电特性的关系。从中可以看出，防止静电产生的有效方法是提高聚合物的表面电导率或体积电导率。一般当聚合物电阻率小于

10^8 Ω·cm时，即可达到抗静电要求。

表 5 - 11　塑料的表面电阻率与静电特性的关系

lgρ	静电半衰期	静电效应
13	＞30 min	强
12～13	10 min～30 min	较强
11～12	10 s～30 s	一般
10～11	0.01 s～10 s	弱
8	＜0.01 s	可忽略不计

　　通过以上讨论可知，抗静电的主要思路是通过各种途径使静电荷很快漏泄。目前高分子材料抗静电方法主要有两类：一类是添加具有一定导电性能的填料，利用其在共混体系中形成的导电通道起到抗静电的效果，所得到的材料称为复合型导电高分子材料或导电高分子合金；另一类是添加具有表面活性的抗静电剂，使材料中的亲水基团增强表面吸湿性，形成一个单分子层的导电膜，从而加快静电荷的漏泄。现在国内外大力开发的是称为永久性抗静电剂的高分子抗静电剂。最为理想的永久性抗静电的方法是以某种方式向疏水性母体树脂中适当分散入亲水性树脂，以形成一种微相分离结构，亲水性聚合物组分在塑料表面聚集并在其表面形成连续的片层状分布以构成泄电通路，从而实现抗静电。

5.3　导电高分子材料

　　大多数聚合物是电绝缘体，主要用作绝缘材料。但近几十年来开发了多种特殊电功能的高分子材料，如导电高分子材料、压电高分子材料等。

　　按聚合物本身能否提供载流子以及制备方法的不同，导电高分子可以分成两大类：① 复合型，即以聚合物为基质，与粉状或纤维状金属、石墨等导电组分复合而成，可以配制成塑料、橡胶、涂料、胶黏剂等导电产品，这一类已在广泛应用；② 结构型，即高分子链本身结构特殊，经掺杂后具有导电性的一类高分子，这是目前的研究热点，部分正处在应用过程中。

　　从导电时载流子的种类来看，导电高分子材料又可分为：① 电子型导电高分子（Electronically Conductive Polymers），其导电的载流子是电子或空穴，包括以共轭高分子为主体的结构型导电高分子和加入电子型导电物质的复合型导电高分子；② 离子型导电高分子（Ionically Conductive Polymers），又叫固态聚合物电解质（Solid Polymer Electrolytes，简称SPE），导电时的载流子是离子。聚合物在合成、加工和使用过程中，加入各种助剂，也可能引入导电离子，但其离子电导率很低，一般不能称为离子型导电高分子。只有通过人为方法使离子电导率增大的高分子才称为离子型导电高分子。

　　导电高分子用途很广，从易加工的半导体芯片和集成电路到燃料电池和蓄电池的电极、传感器、电色显示，轻质导线，乃至抗静电包装材料，也是导电高分子研究活跃的原因。

结构型导电高
分子的发现

5.3.1　结构型导电高分子

　　结构型导电高分子的结构有一共同特征，即单键和双键沿分子链交替排列,形成线形或平面形大 π-共轭体系,随着 π-电子共轭体系的增大,电子离域性增加,可移动范围扩大,赋予跨键移动能力,从而增加了导电性。因此,多数结构型电子导电高分子一般满足三个要求:π-共轭结构、共轭体系足够大、掺杂。π-共轭体系为电子提供通道;掺杂则向通道注入更多电子或空穴。

1. 掺杂(doping)与导电[12,3,25-31]

真正无缺陷的共轭结构导电高分子,导电性很差,往往只表现绝缘体或半导体的行为。要使它们导电,必须使共轭结构产生某种缺陷。"掺杂"是最常用方法。通过掺杂,结构型导电高分子的电导率可以提高好几个数量级。如聚苯胺,掺杂后电导率由 10^{-10} S/cm 提高到 10^3 S/cm。迄今为止只有聚氮化硫未经掺杂电导率已处于金属区,其他导电聚合物几乎均需采用氧化还原等手段进行掺杂之后才能有较高的导电性。

掺杂的实质是使共轭结构发生电荷转移或氧化还原反应。共轭结构高分子中的 π 电子,有较高的离域程度、足够的电子亲和力和较低的电子离解能,可能被氧化(p 型掺杂)或者还原(n 型掺杂),由于每个重复单元就是一个氧化还原位置,所以导电聚合物可以被 n 型掺杂或 p 型掺杂得到较高密度的电荷载流子。另外,在一个重复单元中的电子被邻近单元中的原子核引导致载流子沿高分子链离域化及迁移,并通过分子链间的电子转移而使载流子扩展至三维空间,从而表现出导电性。

导电聚合物中的"掺杂"是借用半导体的术语,与无机半导体的"掺杂"含义相比,具有以下不同点:掺杂是氧化还原过程,不是原子替代;掺杂量大(30%~50%);掺杂-脱掺杂过程完全可逆。导电聚合物中常用的掺杂剂有 I_2、AsF_5、$AlCl_3$、Br_2 以及各种有机、无机质子酸(例如盐酸、硫酸)等。

掺杂过程包括氧化还原掺杂、光引发掺杂、电荷注入掺杂、非氧化还原掺杂。通过掺杂水平的控制,可以得到电导率处于非掺杂态(绝缘体或半导体)和完全掺杂态(导体)之间任意值的电子导电聚合物。

① 氧化还原掺杂　所有的导电聚合物及其衍生物,如聚乙炔、聚吡咯、聚苯胺、聚苯乙烯等都可以利用化学或电化学方法进行 p 型或 n 型氧化还原掺杂。这种掺杂涉及高分子主链的电子数改变。

p 型掺杂就是使电了导电聚合物的 π 主链部分氧化,如反式聚乙炔用碘掺杂时,反应式如下:

$$(CH)_n + 1.5nxI_2 \rightarrow [(CH)^{+x} \cdot (I_3)^-_x]_n \quad (x \leqslant 0.07)$$

其中,x 表示参与反应的掺杂剂碘的用量,也是高分子被氧化的程度。掺杂后聚乙炔的电导率从 10^{-5} S/cm 数量级上升到 10^3 S/cm 数量级。如果聚乙炔在掺杂前被拉伸 5~6 倍,则平行于拉伸方向的电导率可上升到 10^5 S/cm 数量级。

p 型掺杂也可以通过电化学阳极氧化完成。如将聚乙炔薄膜浸入 $LiClO_4$ 的碳酸亚丙酯溶液,以聚乙炔薄膜为阳极,进行阳极氧化则可进行电化学掺杂。随着正电荷从阳极注入,在阳极的聚乙炔被氧化,电解液中阴离子 ClO_4^- 向高分子移动,作为对离子进入高分子链。反应式如下:

$$(CH)_n + nx(ClO_4)^- \longrightarrow [(CH)^{+x} \cdot (ClO_4)^-_x]_n + nxe^- \quad (x \leqslant 0.1)$$

相反,n 型掺杂就是使电子导电聚合物的 π 主链部分还原,如反式聚乙炔用萘基金属钠处理,方程式如下:

$$(CH)_n + nxNa^+(Nphth)^- \longrightarrow [Na_x^+ \cdot (CH)^{-x}]_n + Nphth \quad (x \leqslant 0.1)$$

通过 n 型掺杂,聚乙炔的反键 π^* 被部分填充,电导率增大到 10^3 S/cm 数量级。同样 n 型掺杂也可以通过电化学阴极还原来实现。如将聚乙炔薄膜浸入 $LiBF_4$ 的四氢呋喃溶液,以聚乙炔薄膜为阴极进行电化学还原:

$$(CH)_n + nxLi^+ + nxe^- \longrightarrow [Li_x^+ \cdot (CH)^{-x}]_n \quad (x \leqslant 0.1)$$

在所有的化学和电化学 p 型或 n 型掺杂过程中,掺杂剂对离子都被引入高分子主链,起到平衡高分子主链电荷的作用。在这些掺杂聚合物中,能够得到孤子、极化子、双极化子等载流子的光谱特征信号。然而掺杂的概念其实不只限于这种化学和电化学掺杂过程,还包括那些不涉及掺杂剂对离子的掺杂过程,即在掺杂过程可以产生暂态掺杂高分子。这种高分子和含掺杂剂对离子的高分子具有类似的光谱信号。实际上这类掺杂能够提供化学和电化学掺杂所不能得到的信息,下面将介绍这类氧化还原掺杂的例子,可以称为光引发掺杂(photo-doping)和电荷注入掺杂(charge-injection doping)。

② 光引发掺杂 以反式聚乙炔为例,当采用能量大于反式聚乙炔禁带宽度的光辐照时,电子受到激发越过禁带,产生电子-空穴对,表现出某种半导体性质,这就是高分子的光引发掺杂。当辐照停止时,由于电子和空穴的重新复合,这些载流子也很快消失。如果在辐照时,给高分子外加电压,那么电子和空穴将在电场作用下分离,于是可以观察到光电流。

③ 电荷注入掺杂 在金属/半导体聚合物(M/S)界面发生电荷注入时,聚合物便被氧化或还原,也就是电子和空穴能从金属接触面处分别注入高分子的 π^*-能带和 π-能带上,即:空穴注入填满的 π-能带上或者电子注入空的 π^*-能带上。

化学和电化学掺杂情形下,所引起的电导率是永久性的,除非载流子被化学补偿,或通过去掺杂载流子被有意去除。在光激发情形下,光电流是暂态性的,一旦激发态受陷或衰减到基态,光电流将停止。而在电荷注入金属/半导体聚合物界面的情形下,只要外加偏置电压,则电子占据 π^*-能带而空穴占据 π-能带。

通过金属/半导体聚合物界面的电荷注入掺杂,电子导电聚合物可用于薄膜二极管和场效应管的制造。双载流子在金属/聚合物/金属结构中的注入,提供了聚合物发光二极管的基础。在聚合物发光二极管中,电子和空穴分别从阴极和阳极注入未掺杂的半导体聚合物中,当电子和空穴在高分子体内相遇并复合时就会发出光。

④ 非氧化还原掺杂 在掺杂过程中,和聚合物主链相关联的电子数不改变。如翠绿亚胺型聚苯胺的掺杂,通过水溶性质子酸处理翠绿亚胺碱得到质子化的翠绿亚胺盐,电导率可提高 9~10 个数量级,这种掺杂被称为质子酸掺杂。由于聚苯胺特殊的化学结构,在一定条件下,它的成盐反应就是掺杂反应。

2. 电子结构与导电机理[12,3,25-31]

导电高分子与无机半导体的导电机理不同。一般半导体中的载流子是电子和空穴,它们具有自旋和自旋磁矩。随着掺杂浓度的增加,载流子的磁化率将和电导率一起随着载流子浓度的增加而增大。而导电高分子则不同,以聚乙炔为例,聚乙炔掺杂后载流子数目和电导率急剧增加,但是载流子虽有电荷但无自旋,这是半导体理论不能解释的。目前较合理的解释是导电高分子的孤子模型(SSH 模型)。其主要观点和重要结论如下:

① 在反式聚乙炔分子链的大 π 共轭体系中,原来间距均一的一维晶格会发生"二聚化",即原子核之间不是等距离的,形成单双键交替的结构,有"长短键"之分。在碳链发生二

聚时可以存在两种方式：一种是奇数位置的碳原子向右移一点，偶数位置的碳原子向左移一点，称为 A 相；另一种是奇数位置原子向左移一点，偶数位置原子向右移一点，称为 B 相。如图 5 - 20 所示。A 相和 B 相具有相同的能量，即反式聚乙炔的基态是二重简并的。

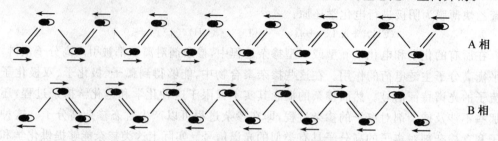

图 5 - 20　反式聚乙炔的两种简并基态

② 如果以上两个基态同时出现在一个分子链上，在它们的结合部称为畴壁的地方将产生一个原子距离的过渡；原子位置偏离等距离分布的程度，从 A 相一侧向 B 相一侧变化，服从双正切（tanh）函数。这个过渡区域的大小，大约是 15 个碳原子。这样的原子核位置的局部畸变，产生 π 电子的一个局域态，具有物理学中"孤子"（Soliton）的基本特征，因而叫作"孤子态"，简称"孤子"。

③ 孤子本质上是一种键的缺陷，中性孤子、正电孤子和负电孤子分别对应于化学上的自由基、正离子和负离子。键的缺陷造成的原子核位移的变化具有畴壁型结构。对于链上由 A 相到 B 相的变化，一般称为正畴壁或正孤子（S）；对于由 B 相到 A 相的变化，一般称为反畴壁或反孤子（$\bar{S}$）。因此，孤子也可视为两相之间的一种扭结。

④ 孤子和反孤子往往成对出现，因为对于共轭体系，每破坏一个双键，必然会形成两个键缺陷。在孤子中，存在自旋电荷反转现象，即中性孤子具有自旋而荷电孤子反而没有自旋（参见图 5 - 21）。

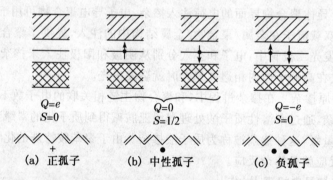

图 5 - 21　反式聚乙炔中孤子的能带结构示意图

⑤ 由于孤子与反孤子之间的相互作用，反式聚乙炔中总电荷为零的孤子与反孤子相互吸引而湮灭，不能稳定存在；总电荷为 ±2e 的孤子与反孤子对相互排斥而成为两个独立的孤子；总电荷为 ±e 的孤子与反孤子对，结合为另一种相对稳定的激发态——极化子（Polaron），极化子可视为孤子与反孤子"键合"的产物。由于反式聚乙炔中的极化子只能带一个电荷，故习惯上也称为单极化子，其中，带正电荷的称为空穴极化子，带负电荷的称为电子极化子。

SSH 模型使我们对导电高分子的激发态有一个直观的图像，可以成功地解释聚乙炔的光、电、磁特性,如它们吸收的光子的能量恰好是价带-导带能隙的一半;在 $0.01<x<0.06$ 的掺杂度范围内,聚乙炔电导率已达到 10 S/cm 数量级,却测不到磁化率,这种电荷和自旋的反对应关系用电子和空穴都不能解释;它有特定的热电动势和电导率的温度依赖性;实验证明在掺杂度 0.06 左右,聚乙炔发生从半导体到导体的相变,恰好与计算的孤子长度 15 个碳原子相当。

事实上,在导电高分子中,基态简并的体系并不多,绝大部分都是基态非简并的,即它们具有能量不同的 A 相和 B 相,例如聚对苯、聚吡咯、聚噻吩、聚并苯等。即使是聚乙炔,其顺式也是基态非简并的。还有一大类导电高分子;其基态只有一相,如聚苯撑硫、聚苯胺、聚对苯醚等,这类体系也属于基态非简并的。对于这些高分子,极化子(Polaron)和双极化子(bi-polaron)是两种可能的元激发。双极化子可理解为同符号的两种荷电孤子的集合体,因而表现出电荷与自旋的反对应关系。由于同种电荷的排斥作用,双极化子有较长的原子核位置畸变范围和较高的激发能。总之,孤子、极化子和双极化子被视为导电高分子的载流子。实验证明它们既不同于金属的自由电子也不同于无机半导体的电子和空穴。这一全新的导电机理不仅能解释所观察到的实验现象,而且为低维固体电子学奠定基础。

3. 典型导电高分子[12,3,25-35]

结构型导电高分子发展至今已有几十种之多,本节重点介绍具有代表性的几种。

electrical conductivity in doped polyacetylene

① 聚乙炔(PA)　1977 年,发现聚乙炔经掺杂后,具有导电性,成为导电高分子的重要代表。聚乙炔由乙炔聚合而成。在甲苯、四氢呋喃等溶剂中,低温下,采用钛系[如 $Ti(OC_4H_9)_4/AlEt_3=1:4$]或稀土系[如 $Ln(naph)_3/Al(i-Bu)_3$]等 Ziegler-Natta 引发剂,甚至 $MOCl_4$ 和 $WOCl_4$ 单组分引发剂,都可使乙炔聚合成聚乙炔。聚乙炔的结晶度可达 85%。

$$n\ CH\equiv CH \xrightarrow{\text{Ziegler-Natta 引发剂}} \text{—}[CH=CH]\text{—}_n$$

近年来的突出成果是以环辛四烯为单体,钨化合物为引发剂,经开环聚合,可制成可溶性预聚物,经加热,可进一步转变成聚乙炔导电膜。

纯聚乙炔原本是绝缘体,但实际上含有微量杂质,致使其薄膜呈金属色泽,具有半导体性质。如果经人为掺杂,电导率可增加很多,而成为半导体或导体。

聚乙炔可用少量电子受体(如氯、溴、碘、AsF_5)进行氧化掺杂(p 型),也可用电子给体(如萘钠)作还原掺杂(n 型)。

聚乙炔可以顺、反式存在,室温或低温聚合,以顺式为主;高温聚合,则以反式为主。反式在热力学上更稳定,顺式聚乙炔长期存放或加热至 150℃,就转变成反式。顺、反式纯聚乙炔的电导率差别很大,分别为 10^{-9} S·cm^{-1} 和 10^{-5} S·cm^{-1},处于绝缘体和半导体边缘区。经掺杂后,电导率可升至 10^2 S·cm^{-1},增加了 7~11 数量级。经过氯酸、硫酸、三氟甲烷磺酸等强质子酸掺杂,电导率可达 10^3 S·cm^{-1}。因此控制掺杂程度,可以稳定在半导体和导体之间。掺杂剂中 AsF_5 的效果最佳,碘次之,溴较差。

高结晶度和低交联聚乙炔经掺杂后,电导率可高达 1.5×10^5 S·cm^{-1},相当于铜的1/3。

如果聚乙炔分子链的平面结构受到破坏、聚合度降低或结晶度降低,都使电导率降低。例如聚苯乙炔的稳定性虽比聚乙炔好,但因苯基侧基的位阻效应,将使分子链呈非平面构象,电导率因而显著降低。

电导率随掺杂结合量而增加,结合量到达一定量(如聚合物结构单元的 2 mol%)后,电导率的变化趋平,不再增加。经掺杂后的聚乙炔暴露在空气中,电导率会逐渐下降,一个月后可能下降一个数量级,这给应用带来困难。

聚乙炔可用作电池或燃料电池的电极、电路中的轻质导线或 p-n 结器件。

虽然聚乙炔并非电子或光电领域中的最佳材料,但为后继导电聚合物的研究工作起到了跳板作用,因此,Heeger,MacDiarmd 和白川英树因在聚乙炔导电高分子研究工作的出色成就,获得了 2000 年的诺贝尔化学奖。

② 聚吡咯(PPy)　用电化学氧化聚合法,合成得聚吡咯。与聚乙炔不同的是,在电化学氧化聚合过程中,有支持电解质存在,聚吡咯直接形成掺杂形式,而且在空气、水中稳定,可以加热至200℃而电性能不变,是有发展前途的导电高分子。

Synthesis of Electrically Conducting Organic Polymers

以 $R_4N^{\oplus}ClO_4^{\ominus}$ 或 $R_4N^{\oplus}BF_4^{\ominus}$ 作支持电解质,在乙腈中,吡咯可经电化学氧化聚合,形成有光泽的蓝黑色聚吡咯薄膜,沉析在电极上,可以剥离下来。

$$\text{吡咯} \xrightarrow[R_4NClO_4]{\text{氧化}} \left[\text{聚吡咯}\right]_n^{\oplus} (ClO_4^{\ominus}) + 2H^{\oplus} + 2e^{\ominus}$$

这样合成的聚吡咯带正电,每 3～4 单元与一阴离子($ClO_4^{\ominus}$ 或 $BF_4^{\ominus}$)相平衡,呈电中性。电导率可达 10^2 S·cm^{-1},处于半导体范围。电导随温度而增加。

聚吡咯薄膜有良好的机械强度,在大气中稳定,经氧化和还原,可以变色,可用于显示装置中的电色开关,在蓄电池中已实际应用。

③ 聚噻吩(PTh)　经电化学氧化,聚合得聚噻吩。但其电导率低(10^{-3}～10^{-4} S·cm^{-1}),空气中不稳定。有取代的噻吩聚合物才有价值,如噻吩格氏试剂经催化偶联,可制得聚(3-烷基噻吩)。未取向的聚(3-十二烷基噻吩)经碘掺杂,平均电导率约 6×10^2 S·cm^{-1},最大可达 10^3 S·cm^{-1}。

$$\text{BrMg}-\text{S}-\text{Br} \xrightarrow{\text{Ni 催化剂}} \left[\text{聚噻吩}\right]_n$$

聚吡咯和聚噻吩都可用作电显示材料。中性聚吡咯呈黄色,氧化后呈深棕色。中性聚(3-甲基噻吩)在蓝区(480 nm)有较强吸收,而氧化后,最大吸收带转移到红区(560 nm)。

④ 聚苯胺(PAn)　聚苯胺呈黑色、暗绿色或蓝紫色,组成不确定,苯胺黑染料已知 100多年,但近期却进一步发展成导电高分子。聚苯胺有几种氧化态,电导和颜色均随氧化态而变,其中只有翠绿亚胺盐才能导电。这种材料很容易由苯胺在酸性水介质中经电化学氧化制成。

翠绿亚胺柔软薄膜可由 N-甲基吡咯烷酮溶液浇铸而成,再浸入酸液或在酸气氛中进行质子掺杂,并不需要氧化或还原,即成电导体。翠绿亚胺盐的电导率随掺杂用酸的 pH 降低而增加。亚胺氮原子的质子化过程如下:

$$+\!\!\left[\!\!\left\langle\text{—}\right\rangle\!\!-\!\text{NH}\!-\!\!\left\langle\text{—}\right\rangle\!\!-\!\text{NH}\!-\!\!\left\langle\text{—}\right\rangle\!\!-\!\text{NH}\!-\!\!\left\langle\text{—}\right\rangle\!\!-\!\text{NH}\!\!\right]_n$$　　　绝缘体,聚苯胺

$$+\!\!\left[\!\!\left\langle\text{—}\right\rangle\!\!=\!\text{N}\!-\!\!\left\langle\text{—}\right\rangle\!\!=\!\text{N}\!-\!\!\left\langle\text{—}\right\rangle\!\!-\!\text{NH}\!-\!\!\left\langle\text{—}\right\rangle\!\!-\!\text{NH}\!\!\right]_n$$　　　绝缘体,翠绿亚胺碱

$$\downarrow \text{H}^{\oplus}$$

$$+\!\!\left[\!\!\left\langle\text{—}\right\rangle\!\!-\!\overset{\oplus}{\text{NH}}\!-\!\!\left\langle\text{—}\right\rangle\!\!-\!\overset{\oplus}{\text{NH}}\!-\!\!\left\langle\text{—}\right\rangle\!\!-\!\text{NH}\!-\!\!\left\langle\text{—}\right\rangle\!\!-\!\text{NH}\!\!\right]_n$$　　　电导体,质子化翠绿亚胺

苯胺经电化学氧化和化学氧化,可制导电材料,但苯胺的电化学氧化比聚吡咯或聚噻吩的合成要复杂一些。苯胺在恒定电位下电化学氧化,只形成粉状产物,不能在电极上成膜。相反,如在 $-0.2\sim+0.8$ V(vs. SCE)电位下作周期性变化,则能在电极上成膜。

聚苯胺在空气、水中对热、氧、储存都很稳定,电导率较高,是导电高分子中较有应用前景的品种之一,已用于电池、传感器等领域。

4. 导电高分子应用[12,3,25-35]

自从 1977 年首次发现了掺杂的聚乙炔具有导电性后,导电高分子科学在基础研究和实际应用领域都取得了突飞猛进的发展。下面介绍几种典型应用。

① 二次电池　电子导电聚合物具有可逆的电化学氧化还原性能,因而适宜做二次电池电极材料。作为电极材料的导电高分子,应具有高的掺杂密度(从而有高的电池容量)和良好的化学稳定性(无论是中性还是掺杂状态下)。1996 年,美国 Johns Hopkins 大学的研究人员合成了一种聚噻吩的衍生物,具有稳定的 n 型掺杂性质。他们利用这种导电高分子为美国宇航局开发成功所谓的"全塑电池"。这种电池的正负极均采用含氟的聚噻吩衍生物。

电池的电解质采用高分子凝胶电解质,由于整个电池全部由聚合物构成,因此称为"全塑电池"。这种电池具有下列特点:有柔韧性、能量密度高(45 W·h/kg)、电压为 2.9 V、工作温度范围 $-20\sim45$ ℃、充放电 100 次而无性能下降、可制成任意形状、非常适合在空间狭小的航天器上使用。主要缺点是自放电速率大(每周 2%)。目前人们研究把电池中正负极活性物质和电解质都做成几十微米厚的薄膜压制在一起制成"薄膜电池"。

② 电化学电容器　电化学电容器是近年来随着材料科学的突破而出现的新型功率型电子元器件,也是一种介于普通电容器与二次电池之间的新型储能器件。由于它具有比功率高、比容量大、成本低、循环寿命长等优点,因此在移动通讯、信息技术、电动汽车、航空航天和国防科技等方面具有广阔的应用前景。

电化学电容器可分为两类:双电层电容器和氧化还原型电容器,后者又分金属氧化物和导电高分子电化学电容器。目前电化学电容器中贵金属氧化物电容器的性能最好,但由于成本高,限制了应用。导电高分子电化学电容器容量大(相同表面积下比双电层电容器要大 $10\sim100$ 倍)、能量密度接近贵金属氧化物,而且成本低、可设计性强,受到人们的广泛重视。

导电高分子电极电化学电容器是通过在电极上电子导电聚合物膜中发生快速可逆的 p 型或 n 型掺杂或去掺杂的氧化还原反应,使聚合物电极储存高密度的电荷,具有很高的法拉第准电容,从而实现高密度的电能储存。导电高分子的电化学掺杂机理如图 5-22 所示。导电高分子电极发生电化学 p 型掺杂时,电子从聚合物骨架中通过集流体流向外电路,电极呈现正电性。为保持电中性电解液中荷负电的阴离子向电极表面迁移进入聚合物膜。导电高分子电极 n 型掺杂与 p 型掺杂过程正好相反:电子从外电路流向聚合物电极,同时电解液中的荷正电的阳离子向电极迁移,并进入聚合物的网络结构以保持整体电中性。

导电高分子电化学电容器由于电极材料的差异可以分为Ⅰ型、Ⅱ型、Ⅲ型三类。Ⅰ型的

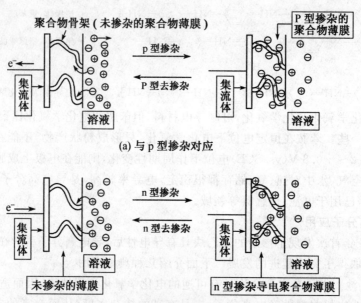

(a) 与 p 型掺杂对应

(b) 与 n 型掺杂对应

图 5 - 22　导电高分子电极的充、放电过程示意图

两个电极使用相同的 p 型掺杂导电高分子作为活性物质。Ⅱ型的两个电极使用两种不同的 p 型掺杂导电高分子作为活性物质。Ⅲ型电化学电容器上的电极分别选用 p 型掺杂的和 n 型掺杂的导电聚合物,两个电极选用的聚合物可以相同也可以不同。三类电容器中,Ⅲ型电容器具有明显的优点:电压窗口宽(≥3 V),比能量高,比功率大,库仑效率高。Ⅲ型电容器的难度在于只有少数导电高分子能可逆地进行 n 型掺杂和去掺杂,且还原电位较高,要求电解液在该电位下极为稳定不发生分解。

　　③ 低阻抗电解电容器　电解电容器是近二十年来发展速度最快和最重要的电子元件之一,应用十分广泛。电解电容器有阴、阳极之分,在阳极所谓的阀金属(如铝、钽)表面上由阳极氧化方法生成一层极薄且具有单向导电性的氧化膜(如氧化铝)作为电介质,阴极采用能修补氧化膜的电解液引出。由于氧化膜极薄,而且通过腐蚀工艺或金属粉末烧结可以使阳极的实际表面积远远大于其表观表面积,因此,同其他类别的电容器相比,电解电容器的最突出优越性表现在单位体积所具有的电容量特别大,是所有电容器中比容量最高的电容器。但由于采用电解液作为阴极引出,而电解液是离子型导体,故阴极上的等效串联电阻较大,导致这种电容器的损耗较大,阻抗较高。为了克服电解电容器的这种缺陷,适应目前电子产品高频化、小型化的趋势,人们想到了用高电导率的导电高分子来替代电解液作为阴极引出。因为导电高分子的电导率是一般电解液(约 10 mS·cm^{-1})的 1 000 倍以上,故可以明显降低电容器损耗和高频阻抗值。例如,NEC 公司开发出的 NEOCAPACITOR,就是以聚吡咯为阴极材料的钽电解电容器,其结构如图 5 - 23 所示。用聚吡咯作为钽电解电容

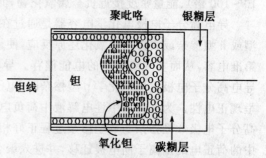

图 5 - 23　聚吡咯钽电解电容器的结构示意图

器的阴极材料,可以使电容器具有极低的等效串联电阻和阻抗,在 1 kHz 以上的频率范围内,其等效串联电阻低于传统 MnO_2 钽电解电容器的 1/5,这就大大减小了高频时的噪声,并可容许通过更大的纹波电流。另外,由于聚吡咯在局部温度升高到 300℃就开始绝缘,所以这种电容器也具有较小的漏电流。

在导电高分子电解电容器生产中,对于导电高分子阴极制备而言,一般采用原位现场聚合方法,利用化学氧化聚合或电化学法合成导电高分子。此外,也可以先制备导电高分子溶液,然后将电容器阳极芯子浸在该溶液中一定时间,取出干燥除去溶剂后,则得到聚合物阴极。另外,由于未掺杂的导电高分子易制备成溶液,所以也有将电容器阳极芯子先在本征态导电高分子溶液中含浸,取出干燥得到导电性差的本征态聚合物阴极,然后再进行掺杂,以得到导电聚合物。用此方法制备电容器时,掺杂剂的选择极为重要。已经用于商业化生产的导电高分子主要是聚吡咯和聚苯胺。

④ 金属防腐和防污　在酸性介质中用电化学法合成的聚苯胺膜能使不锈钢表面活性钝化而防腐,这一特点引起了人们的关注。因为导电高分子膜层不但结合了导电性、环境稳定性及可逆的氧化还原特性等性能,而且能使金属表面活性钝化而防腐,其不但对腐蚀介质物理隔离,而且能有效地把金属腐蚀限制在膜基界面上,并改变金属的腐蚀电位,所以人们对导电高分子膜层防腐产生了浓厚的兴趣。

目前,导电高分子防腐主要用于铸铁、碳钢、不锈钢、铝、铜、锌和钛等材料。导电高分子膜层可以用电化学法、化学法合成制备。由于电化学法把导电高分子的合成与成膜一次完成,所以电化学法制备导电高分子膜简单易行,而化学法合成过程比较复杂。不过,从实际应用来说,对大的结构件用电化学合成高分子膜是不现实的,比如船、桥梁、管道等。在这种情况下,化学合成是唯一可选择的方法。因此,人们把研究的目光转向了化学氧化聚合得到的聚合物,然后采用机械涂膜的方法在金属表面形成高分子防腐膜。例如:1991 年,美国 Los Alamos 国家实验室(NANL)和航空航天局(NASA)的联合研究小组首次宣布 PAn 可作为中碳钢的防腐涂料。以掺杂态 PAn 为底漆(膜厚约 0.05 mm)涂在碳钢上,其上涂复一层环氧树脂,发现复合涂层比单纯环氧涂层防腐效果好。即使在该复合膜上出现微小划痕使下层金属裸露,PAn 膜也同样能够使之免予腐蚀。而单纯环氧涂层则没有这种抗划痕能力。本征态 PAn 同掺杂态 PAn 均具有优良的防腐性能。

⑤ 传感器　传感器是能感受规定的被测量信号并按照一定规律将其转换成可测信号(主要是电信号)的器件或装置,通常由敏感元件(敏感结构材料和载体)、转换元件及检测器件所组成。其中敏感元件是传感器的核心,它决定传感器的选择性、灵敏度、线性度、稳定性等。导电高分子具有许多独特的物化性质如光电性、热电性等;可以方便地沉积在各种基片上;可与其他功能材料共聚或复合;可在常温或低温使用等优点,因而受到传感器研究者的青睐。用导电高分子作为传感器的基体材料或选择性包覆材料可制作生物传感器、离子传感器、气体传感器、湿敏传感器等。下面主要介绍导电高分子生物传感器和导电高分子气敏(湿敏)传感器。

导电高分子生物传感器主要是用导电高分子为载体,包覆材料固定生物活性成分(酶、抗原、抗体、微生物等),并以此作为敏感元件,再与适当的信号转换和检测装置结合而成的器件。其基本组成和工作原理如图 5-24 所示。

导电高分子通常以电解法聚合到惰性电极上(铂、金、玻碳、石墨、碳糊、碳纤维等电极)。

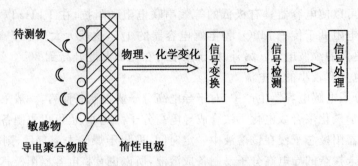

图 5-24　导电高分子生物传感器的工作原理示意图

酶的固定为传感器制作的关键步骤,一般有两种方法,即所谓"一步法"和"两步法"。一步法是指在聚合前将酶与单体、支持电解质混合,在电解聚合生成导电聚合物膜的同时,酶被包裹到聚合物中。例如可采用此法制备聚吡咯和聚苯胺葡萄糖传感器。两步法是先将导电高分子聚合在惰性电极上,再利用导电高分子可逆的掺杂-去掺杂特性以及强吸附性能将酶固定化,固定酶的量可通过酶溶液浓度和聚合物膜厚度来控制。采用此法以聚苯胺或聚吡咯为载体可以制成葡萄糖、脲酸、黄嘌呤、半乳糖、胆固醇、抗坏血酸、肌氨酸、过氧化氢等传感器。

导电高分子气体传感器是以导电高分子为载体或敏感材料,吸附的气体与导电高分子之间产生电子授受关系,通过检测相互作用导致的物性变化(如电导率变化)而得知检测气体分子存在的信息。典型的导电高分子气体传感器及其检测方式见表 5-12。

表 5-12　各种导电聚合物气敏(湿敏)传感器

类型	被测物	敏感材料	检测方法
气敏传感器	醇类	PAn/聚环氧乙烷/$CuCl_2$	阻抗法
	NH_3	PAn 或 PPY	阻抗法
	NO_x	PAn	电导法
	H_2S	PAn	电导法
	HCl	PPY 或 PAn	阻抗法
	CO_2	PAn/聚乙烯醇	电导法
	SO_2	PPY	电导法
湿敏传感器	H_2O	聚邻苯二胺/聚乙烯醇	电导法

⑥ 太阳能电池　太阳能被视为最有前途的、可再生的、最清洁的能源之一。目前无机半导体太阳能电池光电转化效率已达 37.9%,占有 70%左右的太阳能电池市场,在航空、航天等领域有广泛的应用。但其制作工艺复杂、成本高,大面积制造和使用受限。聚合物太阳能电池,由于聚合物的良好加工性能、可大面积制膜以及成本低等特点,受到了广泛关注。

太阳能电池的工作原理是基于 p-n 结的光生伏打效应。当 n 型半导体与 p 型半导体通过适当的方法组合到一起时,在两者的交界处就形成了 p-n 结。由于两种材料载流子(电子和空穴)浓度存在差异,导致电子从 n 型半导体扩散到 p 型半导体中,而空穴的扩散方向正好相反,当两者的费米能级平衡后,p-n 结达到平衡,在结区形成内建电场。当太阳能电池受到阳光照射时,光与半导体相互作用可以产生光生载流子,所产生的电子-空穴对被 p-n 结内建电场分开到两极,正负电荷分别被正负电极收集。由电荷聚集所形成的电流通过金属导线流向电负载。

到目前为止,制作最广泛、效率较高的聚合物太阳能电池都是基于本体异质节的 p-n 结。在聚合物太阳能电池中,通常将 p 型材料称为给体(D),而把 n 型材料称为受体(A)。器件一般由作为给体的 p 型材料(多为共轭聚合物)和作为受体的 n 型材料(多为 C_{60} 的衍生物)组成,而聚合物材料吸收强,容易对主链或者侧链进行改性,以改进材料的光、电性能等。

5.3.2　复合型导电高分子

复合型导电高分子材料是将导电填料加入聚合物中形成的,如将银粉掺入胶黏剂中得到导电胶、炭黑加入橡胶中得到导电橡胶等。早期的所谓导电高分子材料都是指这类材料,其导电特征、机理及制备方法均有别于结构型导电高分子。

复合型导电高分子

复合型导电高分子中,聚合物基体的作用是将导电颗粒牢固地黏结在一起,使导电高分子有稳定的电导率,同时还赋予材料加工性和其他性能,常用的树脂和橡胶均可用。常用的导电剂包括碳系和金属系导电填料。

复合型导电高分子材料通常具有 PTC 效应和 NTC 效应。

① PTC(Positive Temperature Coefficient)效应:当复合材料被加热到半结晶聚合物的熔点时,炭黑填充的半结晶聚合物复合材料的电阻率急剧提高,这种现象被称为 PTC 效应。此时,材料由良导体变为不良导体甚至绝缘体,从而具有开关特性。

高分子 PTC 器件具有成本低、可加工性能好、使用温度低的特点。可作为发热体的自控温加热带和加热电缆,与传统的金属导线或蒸汽加热相比,这种加热带和加热电缆除兼有电热、自调功率及自动限温三项功能外,还具有加热速度快、节省能源、使用方便(可根据现场使用条件任意截断)、控温保温效果好(不必担心过热、燃烧等危险)、性能稳定且使用寿命长等优点,可广泛用于气液输送管道、仪表管线、罐体等防冻保温以及各类融雪装置。在电子领域,高分子复合导电 PTC 材料主要用于温度补偿和测量、过热以及过电流保护元件等。在民用方面,可广泛用于婴儿食品保暖器、电热地毯、电热坐垫、电热护肩等保健产品以及各种日常生活用品、多种家电产品的发热材料等。

② NTC(Negative Temperature Coefficient)效应:在聚合物的熔化温度以上时,许多没有交联的复合导电材料的电阻率尖锐地下降,这种现象被称为 NTC 效应,NTC 现象对于许多工业应用领域是不利的。

1. 碳系复合型导电高分子材料[3,30-33]

碳系复合型导电高分子材料中的导电填料主要是炭黑、石墨及碳纤维。常用的导电炭黑如表 5-13 所示。

表 5-13　炭黑的种类及其性能

种类	粒径/μm	比表面积/($m^2 \cdot g^{-1}$)	吸油值/($mg \cdot g^{-1}$)	特性
导电槽黑	17～27	175～420	1.15～1.65	粒径细,分散困难
导电炉黑	21～29	125～200	1.3	粒径细,孔度高,结构性高
超导炉黑	16～25	175～225	1.3～1.6	防静电,导电效果好
特导炉黑	<16	225～285	2.6	孔度高,导电效果好
乙炔炭黑	35～45	55～70	2.5～3.5	粒径中等,结构性高,导电持久

　　炭黑的用量对材料导电性能的影响可用图 5 - 25 表示。图中分为三个区。其中,体积电阻率急剧下降的 B 区域称为渗滤(Percolation)区域。而引起体积电阻率 ρ 突变的填料百分含量临界值称为渗滤阈值。只有当材料的填料量大于渗滤阈值时,复合材料的导电能力才会大幅度地提高。如对于聚乙烯,用炭黑为导电填料时,其渗滤阈值约为 10wt%,即炭黑的质量分数大于 10% 时,导电能力(电导率)急剧增加。

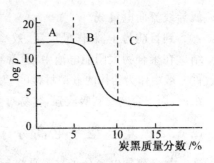

图 5 - 25　复合型导电高分子体积
电阻率与炭黑含量的关系

　　① A 区:炭黑含量极低,导电粒子间的距离较大($>$10 nm),不能构成导电通路。

　　② B 区:随着炭黑含量的增加,粒子间距离逐渐缩短,当相邻两个粒子的间距小到 1.5~10 nm 时,两粒子相互导通形成导电通路,导电性增加。

　　③ C 区:在炭黑填充量高的情况下,聚集体相互间的距离进一步缩小,当低于 1.5 nm 时,导电机理是电子波动功能叠加,此时复合材料的导电性基本与温度、频率和场强无关,呈现欧姆导电特征,再增加炭黑量,电阻率基本不变。

　　总体来说复合型导电高分子材料的导电能力主要由接触性导电(导电通道)和隧道导电两种方式实现,其中普遍认为前一种导电方式的贡献更大,特别是在高导电状态时。复合材料的导电机制实际上非常复杂,其中以炭黑填充型复合材料的导电机理最为复杂,现在还不能说已经完全弄清楚了,因为迄今还没有一种模型能够解释所有的实验事实。

　　天然石墨具有平面型稠芳环结构,电导率高达 $10^{2\sim3}$ S·cm^{-1},已进入导体行列,其天然储量丰富、密度低和电性质好,一直受到广泛关注。目前,石墨高分子复合材料已经被广泛应用于电极材料、热电导体、半导体封装等领域。

　　碳纤维也是一种有效的导电填料,有良好的导电性能,并且是一种新型高强度、高模量材料。目前在碳纤维表面电镀金属已获得成功。金属主要指纯钢和纯镍,其特点是镀层均匀而牢固,与树脂黏结好。镀金属的碳纤维比一般碳纤维导电性能可提高 50~100 倍,能大大减少碳纤维的添加量。虽然碳纤维价格昂贵,限制了其优异性能的推广,但仍有广泛用途。如日本生产的 CE220 是 20% 导电碳纤维填充的共聚甲醛,其导电性能良好,机械强度高,耐磨性能好,在抗静电、导电性及强度要求高的场合得到了应用。

　　碳纳米管是由碳原子形成的石墨片层卷成的无缝、中空的管体,依据石墨片层的多少可分为单壁碳纳米管和多壁碳纳米管,是最新型的碳系导电填料。碳纳米管复合材料可广泛应用于静电屏蔽材料和超微导线、超微开关及纳米级集成电子线路等。

2. 金属系复合型导电高分子材料[3,30-33]

　　金属系复合型导电高分子材料是以金属粉末和金属纤维为导电填料,这类材料主要是导电塑料和导电涂料。

　　金属粉末填料主要有金粉、银粉、铜粉、镍粉、钯粉、钼粉、钴粉等。银粉是较为理想和应用最为广泛的导电填料,其导电性和化学稳定性优良,但价格高、相对密度大、易沉淀、在潮湿环境中易发生迁移。金粉的化学性质稳定,导电性能好,但价格昂贵,不如银粉应用广泛。铜粉、铝粉和镍粉都具有良好的导电性,而且价格较低。但高温混合以及加工过程中易氧化,导电性能不稳定。作防氧化处理后,可提高导电的稳定性。还可以在铜、铝等粉末上镀上或涂覆一层银,从而降低价格,而电导率与纯金、银相当。

聚合物中掺入金属粉末,可得到比炭黑聚合物更好的导电性。选用适当品种的金属粉末和合适的用量,可以控制电导率在 $10^{-5} \sim 10^4 \, \text{S} \cdot \text{cm}^{-1}$ 之间。

金属纤维有较大的长径比和接触面积,易形成导电网络,电导率较高,发展迅速。目前有黄铜纤维、钢纤维、铝合金纤维和不锈钢纤维等多种金属纤维。如铝合金纤维填充 ABS 树脂,所得复合材料在 30 MHz~1 000 MHz 范围内的屏蔽效果为 30~60 dB,适合于注射和模压成型。不锈钢纤维填充 PC,填充量为 2%(体积)时,体积电阻率为 10 Ω·cm,电磁屏蔽效果达 40 dB。

金属的性质对电导率起决定性影响。此外金属颗粒的大小、形状、含量及分散状况都都有影响。

也可以在碳系填料上镀上一层金属,提高电导率。例如用化学气相沉积法在碳纤维上镀镍,与 PPO 树脂涂敷后,再与 PVC 共混,可制备出性能优良的屏蔽材料。镀镍云母(5% 体积 Ni)在 PP、ABS 和 PBI 等树脂中填充 15%(体积)时,电磁屏蔽效果高于 30 dB。掺混石墨夹层化合物和铜的复合材料,电导率高达 $10 \, \text{S} \cdot \text{cm}^{-1}$,与铜接近,而相对密度仅为铜的一半。

5.3.3　离子型导电聚合物

固态聚合物电解质(Solid Polymer Electrolytes,SPE)是一类处于固体状态也能像液体一样溶解支持电解质,并能发生离子迁移现象的高分子材料,是典型的离子导电高分子体系。

SPE 是一种新型功能材料,发展迅速,品种繁多。根据 SPE 材料构成的主要特点及离子传输机制,将其分为三类:聚合物掺盐型(Salt-in-Polymer)、凝胶型(Solution-in-Polymer)和盐掺聚合物型(Polymer-in-Salt)。

1. 聚合物掺盐型(Salt-in-Polymer)[28-30]

早期研究的 SPE 大多属于此类,它们是以 PEO、PPO 这样的具有络合能力的极性高分子为基体,以低解离能的盐为电解质构成的。这种 SPE 体系是传统意义上的固体聚合物电解质,不含任何小分子溶剂,无机盐在高分子的拟溶剂化环境中解离,从而具有离子导电性。其导电机制是:首先解离出的迁移离子与高分子链上的极性基团络合,在电场的作用下,随着高弹区中分子链段的热运动,迁移离子与极性基团之间不断发生络合-解络合过程,从而实现离子的长程迁移(参见图 5-26)。

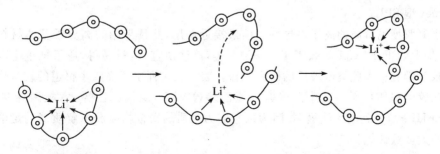

图 5-26　SPE 中的 Li⁺ 离子迁移模型(圆圈表示 PEO 中的醚氧)

聚合物应该具备如下要求：① 聚合物中的原子或基团有足够的给电子能力以便和阳离子形成配位键；② 低的键旋转势垒；③ 配位中心之间有合适的间距。

常常优选无定型聚合物作离子的宿主。

① 脂族聚醚类　包括聚环氧乙烷、环氧乙烷-环氧丙烷共聚物。

聚环氧乙烷（PEO）是最早研究（1970s）的离子导电聚合物的宿主。骨架上的氧原子是给体配位点，可与碱金属阳离子络合。有此配位点，才能提高盐的浓度。Li-triflate 是常用的盐。两者配位以后，就成为离子聚合物导体，25℃电导率达 10^{-6} S·cm^{-1}，100℃时升为 10^{-4} S·cm^{-1}，但这一数值只有同浓度盐水的 1%，因为聚合物网络内还残留有相互作用的阳离子-阴离子。

PEO 有结晶倾向，用作固体电解质宿主就有缺陷。70～100℃以上，PEO 熔融，晶格破坏，电导率才能大幅度提高。

② 聚磷氮烯和聚硅氧烷类梳型聚合物　利用聚磷氮烯和聚硅氧烷主链的柔性，接上电子给体配位点侧基，就可以成为电解质的聚合物宿主。这两种聚合物的结构单元如下式：

$$\begin{array}{cc} O(CH_2CH_2O)_2CH_3 & O(CH_2CH_2O)_xCH_3 \\ | & | \\ -N{=}P- & -O{=}Si- \\ | & | \\ O(CH_2CH_2O)_2CH_3 & CH_3 \end{array}$$

2. 凝胶型（Solution-in-Polymer）[28-30]

无溶剂的聚合物掺盐型 SPE 的电导率很低，即使通过各种方法对高分子基体进行改性，或添加无机填料，其室温下的离子电导率仍然难以达到大多数电化学器件实际应用要求的 10^{-3} S·cm^{-1} 的数量级。因此，为进一步提高电导率，将液体电解质电导率高的优点和固体电解质力学性能好的特点结合起来，考虑固态聚合物电解质的结构与构型，可在高分子主体物中引入液体溶剂，开发增塑型高分子离子导体。这种溶剂既是高分子基体的增塑剂，又是小分子电解质盐的溶剂，必须具备下列性质：① 具有高的介电常数，以促进电解质盐的解离；② 与高分子之间有较好的相容性；③ 在应用温度范围内蒸气压低，不易挥发；④ 对常用电极材料（如金属锂）稳定性高。较常用的溶剂有碳酸-1,2-亚丙酯（PC，$\varepsilon=64.4$），碳酸亚乙酯（EC，$\varepsilon=89.6$），γ-丁内酯（GBL，$\varepsilon=39.1$）和低分子量聚乙二醇等。这种由高分子化合物-金属盐-极性有机化合物三元组分组成的电解质也是固体，但在结构和某些性能上与无溶剂 SPE 有明显差别，常被称为高分子凝胶电解质。这种高分子凝胶电解质本质上就是用高分子作为固化剂，将液体电解质固化，使整个体系宏观上仍为固体，所以称为 Solution-in-Polymer 型 SPE。

由于凝胶型电解质的离子电导率目前最接近实用，并且采用的高分子基体材料为通用高分子，如 PVDF、PVC、PAN、PVP、PMMA 等，价格便宜、材料易得，适于批量生产，因此，现在有很多学者从事此类电解质的研究工作。表 5-14 列出了文献中报道的较有代表性的高分子凝胶电解质体系。其中，聚偏二氟乙烯（PVDF）及偏氟乙烯-六氟丙烯共聚物（P（VDF-co-HFP））受到的关注最多，因为以它们为基质的聚合物凝胶电解质能满足电池应用所要求的大多数性能。

表 5－14　高分子凝胶电解质的离子电导率

电解质组成	温度/℃	电导率/S·cm^{-1}
PVDF＋20wt％PC＋20wt％ LiClO$_4$	20	$3×10^{-5}$
21 PAN＋38 EC＋33 PC＋8 LiClO$_4$（wt％）	20	$1.7×10^{-3}$
PMMA＋80％ 1M LiClO$_4$/PC	25	$3.9×10^{-3}$
37 PVS＋60 PC＋3 LiTFSI(mol％)	30	$1.9×10^{-4}$
13.0 PAN＋77.5 EC＋9.5 LiPF$_6$（wt％）	30	$4.67×10^{-3}$
PVC/PMMA/EC/PC/LiCF$_3$SO$_3$（质量比）17.5/7.5/42/28/5	20	10^{-4}
[7.5 PVC＋17.5 PMMA＋5 LiBF$_4$＋70 DBP(mol％)]＋15wt％ ZrO$_2$	31	$2.391×10^{-3}$
10 PEO＋40 PAN＋12 LiClO$_4$＋38 EC/GBL（wt％）	RT	$1.2×10^{-3}$
P(VDF-co-HEP)＋1M LiBF$_4$	30	10^{-3}
30 BPAEDA（n＝15）＋ 70[1M LiPF$_6$＋（PC：EC）＝1:1](wt％)	30	$3.47×10^{-3}$
15.4 PAN＋41.0 EC＋41.0 PC＋2.6 LiTFSI（wt％）	23	$2.5×10^{-3}$
25(1 PMAML＋4 PVDF-HFP)＋70[1M LiBF$_4$＋(EC：DMC)＝1:1](wt％)	RT	$2.6×10^{-3}$

　　前述聚合物掺盐型 SPE 中，离子-离子以及离子-聚合物基体间的相互作用决定着离子迁移的机理和离子电导率。但对凝胶型电解质来说，聚合物/离子的配位作用不再是获得高离子电导率的必要因素。例如 PVDF 与锂离子不发生配位，PMMA 凝胶电解质中也没有可归属于聚合物/锂离子相互作用的谱带，但以 FVDF 和 PMMA 为基质的聚合物凝胶电解质依然具有较高的离子电导率。PAN 中的氰基对溶剂和锂离子都有作用。而 FTIR 和拉曼光谱都指出含乙氧基的聚合物凝胶电解质中，锂离子与聚合物和溶剂都有配位作用。

　　对这类 Solution-in-Polymer 型高分子凝胶电解质而言，普遍存在的缺点是：① 力学性能差，由于这些凝胶电解质中有机小分子溶剂含量高(≥50％)，使这些电解质至多可作成自支撑膜；大多呈浆糊状，很难算真正意义上的固体材料。② 性能稳定性差，高分子凝胶电解质放置一段时间后，会由于溶剂的挥发使电导率下降。围绕如何克服这些缺点，人们进行了大量的研究工作。比如，采用交联高分子作基体，提高力学性能；用不挥发增塑剂代替 PC或 EC 等；以及采用互穿网络高分子(IPN)作基体。

　　3. 盐掺聚合物型(Polymer-in-Salt)[28-30]

　　实验表明，对于聚合物掺盐型 SPE，体系的 T_g 会随盐浓度的增加急剧升高，从而使离子迁移困难，抵消了载流子浓度增加带来的电导率升高效应。因此，Angell 等首次把传统的"聚合物掺盐"的想法逆转过来，设计了一种从电解质盐出发，在其中添加有机聚合物来制备固态离子导体的新方法。该方法是在数种锂盐组成的低共熔混合物中加入少量 PEO 之类的高分子，制备出称为"Polymer-in-Salt"的高分子固体电解质，该电解质材料玻璃化转变温度很低，在室温下能保持橡胶状，同时又具有较高的锂离子导电性(室温电导率为 10^{-4} S·cm^{-1})和良好的电化学稳定性，是目前报道的综合性能最好的 SPE 材料。

　　在这类电解质中，盐的量可以高达 80％～90％，因此影响电导率的主要因素是电解质盐，而不是高分子，因此对新型电解质盐的开发显得尤为重要。Angell 等开发了新型锂盐 LiO$_3$S—R—SO$_3$Li、R—SO$_3$Li。R 为烷烯基或乙烯基氧的低聚物。其中，当 R 为聚乙二醇链段的 LiO$_3$S—PEG—SO$_3$Li 与 LiClO$_4$/LiNO$_3$ 共混物形成的熔盐，室温离子电导率为

10^{-4} S・cm^{-1}。这种新型锂盐实际上属于新近受到关注的离子液体。所谓离子液体(Ionic liquids 简称 ILs),又称室温离子液体(Room temperature ionic liquid)或室温熔融盐(Room temperature molten salt),即在室温或相近温度下(一般为水的沸点 100℃以下)呈液态完全由离子组成的物质。由于离子液体与众不同的结构特征,其表现出许多独特的物理化学性质,如较低的熔点、可调节的 Lewis 酸度、良好的离子导电性、比电解质水溶液高得多的电化学稳定窗口、高的热稳定性和化学稳定性、不挥发、不燃、几乎无蒸气压等。另外,作电池电解质不用像熔盐一样的高温,而且其物理化学性质可通过对阳离子的修饰或改变阴离子进行调节。这些优异性质使其在电化学领域得到广泛应用。同样,离子液体的独特性质也正好满足了 SPE 对电解质盐的要求,尤其是盐掺聚合物型 SPE。有研究者在单体或齐聚物中引入离子液体的结构(通常为阳离子),直接得到离子导电性高分子电解质,还可以在其中再掺一些无机盐以提高电导率。但这类 SPE 普遍存在的问题是:尽管合成的可聚合的离子液体单体的电导率较高,但聚合后电导率下降太多。若在可聚合的具有离子液体结构的单体中,引入氧化乙烯(EO)单元,当对应阴离子为 TFSI$^-$ 时,聚合后可得到橡胶状固体,这种聚合物在 30℃时的电导率可达到 10^{-4} S・cm^{-1}以上,而且与单体相比,电导率下降不多。

4. 质子传递膜[3,28-30]

质子传递聚合物是第二种固体离子导体,可用作燃料电池的质子传递膜。

质子传递膜材料多选用含有酸性侧基的聚合物,以便质子在膜内从一酸点迁移至另一酸点,水的存在可以帮助质子传递。经典的质子传递膜材料是 Nafion-117,是带有磺酸基团(—SO$_3$H)的含氟聚合物,类似电解食盐用的离子膜。80℃以上 Nafion 容易水解,只能在 80℃以下使用,因此希望另找替代材料,例如磺化聚酰亚胺和其他耐高温聚合物。含有磺酸、膦酸、磺亚酰胺基团的聚(苯基氧磷氮烯)也已取得良好的结果。

燃料电池可将氢、甲醇或甲烷等转变成电能。燃料电池中的质子传递膜将两电极隔离开来。阳极含有 Pt-Ru 粉末,而阴极则含 Pt 粉。氢用作燃料,从阳极室引入,转变成质子和电子。电子流经外电路,传至阴极,而质子则经膜迁移至阴极,质子在阴极被空气氧化成水。甲醇燃料电池的操作原理也相似,不同的只是甲醇被氧化成二氧化碳和水。氢燃料电池可望用于汽车和小型电站,但甲醇燃料电池用于汽车更有优势。

5.4　压电高分子材料

某些晶体在应力作用下会产生电极化现象,并且电极化与外加应力成正比。最早是在石英晶体中发现了这种现象,并将其称为压电效应(piezoelectric effect)。最重要的压电材料是一些无机晶体如石英、钛酸钡(BaTiO$_3$)、磷酸二氢铵(NH$_4$H$_2$PO$_4$)、闪锌矿(ZnS)等。从分子水平看,压电现象出现是因为晶体发生弹性形变时,正负电荷重心不重合导致材料产生净的偶极极化。在某些情况下,这种正负电荷重心不重合的情形也可以由于温度变化而发生,而这被称为热释电效应(pyroelectric effect)。钛酸钡、蔗糖和电气石等就是有名的热释电晶体。

虽然压电效应和热释电效应首先在无机晶体材料中得到研究,但实际上早在 1941 年,在羊毛和动物毛发这些有机物上也观察到了这些物理效应。后来,人们发现诸多生物大分子如多糖、蛋白质等具有压电特性。到 1970 年,人们在单轴拉伸和极化的聚偏二氟乙烯

(PVDF)中发现强压电效应和热释电效应。从此,聚合物薄膜尤其是 PVDF,作为一种新型功能转换材料,已经成功地应用于将电信号转换为机械信号或将机械信号转换为电信号的装置中,例如,麦克风、扩音器、超声波发生器、石英钟等。

5.4.1 压电聚合物的结构要求

压电效应是许多非中心对称的陶瓷、聚合物、生物体系的特性。压电聚合物可以分为非晶和半结晶聚合物两类。两者具有不同的产生机理。压电效应的产生对聚合物结构有五项基本的要求:① 存在永久分子偶极距;② 单位体积中偶极子的数量(偶极子浓度)必须达到一定数值;③ 分子偶极取向排列的能力;④ 取向形成后保持取向排列的能力;⑤ 材料在受到机械应力作用时承受较大应变的能力。

1. 半结晶聚合物压电效应的微观机理[3,36-38]

要使聚合物材料产生压电性,半结晶聚合物必须具有极性的结晶相。这种聚合物的结构是由微晶区分散于非晶区构成的,如图 5-27(a)。非晶区的玻璃化转变温度决定聚合物材料的机械性能,而微晶区的熔融温度决定了材料的使用上限温度。压电高聚物的结晶度由其制备方法和热历史决定。由机械激发的电响应的产生要求材料本身在结构上具有某种定向性。高分子薄膜如聚乙烯氟化物膜经延展拉伸和电场极化后就会具有这种特性。

聚合物压电材料为获得压电性进行的极化预处理称为单畴化,即在一定的温度 T 之下加电场 E,维持特定的时间 t。极化温度 T、极化场强 E、极化时间 t 这些参数应按照材料极化机制适当选择。假如 E 超过矫顽场,移去 E 之后剩余极化并不消失。大多数半结晶高聚物都有几个多态相,其中一些可能是极性的。

机械拉伸、退火处理、高压极化都可以有效诱导微晶区相转变。拉伸高聚物可以使非晶区定向排列,如图 5-27(b),电场可以辅助微晶区定向旋转。聚合物片层平面的机械性能和电性能为高度各向异性或各向同性,取决于单轴拉伸和双轴拉伸。电极化是通过在聚合物厚度方向上施加电场实现的,如图5-27(c)。50 MV/m 的电场即可有效影响聚合物微晶区取向。聚合物可以通过直接接触法或电晕放电进行极化。

压电聚合物的单畴化将诱导分子偶极子取向,感应场在取向上的变化为宏观极化提供主要贡献。假如偶极子是刚性的,在样品形变中维持固定的取向,则压电响应仅由样品厚度的变化产生,通常称为"尺寸效应"。当偶极子是通过强化学键形成时(大

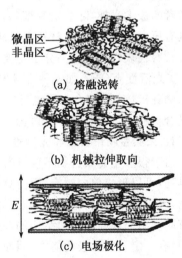

(a) 熔融浇铸

(b) 机械拉伸取向

E

(c) 电场极化

图 5-27 PVDF 晶区非晶区排布形态示意

多数极性聚合物如此),尺寸效应是很重要的。以压电常数最高的聚偏氟乙烯的预处理过程为例:这种碳原子为奇数的聚合物经过机械滚压和拉伸而成为薄膜之后,链轴上带负电的氟离子和带正电的氢离子分别被排列在薄膜表面的对应上下两边上,可以形成尺寸为 10～40 μm 的微晶偶极矩结构。再经一定时间的外电场和温度联合作用之后,晶体内部的偶极矩进一步旋转定向,形成了垂直于薄膜平面的碳-氟偶极矩固定结构。可以认定,正是这种

剩余极化导致材料的压电特性。压电常数都可以写作极化强度的函数。这表明聚合物的压电效应源于电致伸缩和剩余极化的耦合,而"尺寸效应"是压电性的最具优势的机制。

2. 非晶聚合物压电效应的微观机理[3,36-38]

非晶聚合物的压电性不同于半结晶高聚物、无机压电陶瓷和晶体之处,在于它的极化不是一种热平衡状态,而是一种分子偶极冻结的亚稳状态。偶极取向冻结的聚合物模型被成功用于描述非晶聚合物如聚氯乙烯(PVC)的压电和铁电特性。

非晶聚合物压电材料最重要的特性参数是它的玻璃化转变温度 T_g,因为它决定了材料的使用温度和极化加工条件。分子偶极的取向极化使非晶聚合物产生压电性能。通过在高温($T_p \sim T_g$ 之间,保证分子链能够自由运动,允许偶极在电场中作取向排布)下,对材料施加极化电场 E_p,可以诱导其极化。在保持极化电场 E_p 的条件下降温至 T_g 以下,即产生类压电效应。剩余极化强度 P_r 与极化场强 E_p 和压电响应成正比。介电弛豫强度决定材料剩余极化强度和压电响应,因此它被作为设计非晶压电聚合物的实践标准。

5.4.2 压电高分子材料的种类

前已提及压电高分子材料的研究始于生物体。1940 年苏联发现了木材的压电性。后来相继发现动物的毛发、骨、腱、皮等具有压电性。1950 年日本开始研究纤维素和高取向、高结晶度生物体中的压电性。1960 年发现了人工合成的聚合物具有压电性。后来确认,所有聚合物薄膜都具有一定压电性,但由于压电常数不高,均无实际意义,未能引起人们的重视。1969 年发现聚偏二氟乙烯(PVDF)在高温、高电压下极化后可产生具有工业应用价值的压电性,使压电高分子材料的研究发生了历史性的转折。此后,聚合物的压电性引起了各国学者的极大兴趣,陆续发现聚氟乙烯(PVF)、聚氯乙烯(PVC)、聚碳酸酯(PC)和尼龙 11 等具有压电性,这类压电材料无论从理论到实际应用开发都得到了迅速发展。

具有代表性的压电高分子主要有以下几类:① 生物聚合物,如蛋白质、核酸、各种多糖等;② 光活性高分子,如多种合成聚氨基酸、旋光性聚酯、旋光性聚酰胺及液晶聚合物等;③ 聚合物驻极体;④ 复合型压电材料,这是以聚合物作为基体,与无机压电材料进行复合组成的复合材料。下面分别予以讨论。

1. 天然生物聚合物和光活性高分子[3,36-38]

由于很多生物聚合物不仅具有构型上的不对称性,而且由于主链中的偶极肽键与轴同向排列,可以形成单向螺旋,因而具有较高的旋光性能。比如,由 α-氨基酸聚合得到的合成多肽,可以是结晶的,也可以是非晶态的无规线团。后者由于有对称中心,不具有压电性;而具有高度结晶和高度取向结构的多肽,则具有压电性。螺旋分子中存在着大量的可极化基团,具有一定的自发极化能力,因而从结构上讲,生物高分子具有一定的铁电性。生物高分子广泛存在于自然界中,因而对它们进行进一步研究是十分必要的。但此类高分子由于自发极化率较小,对它们铁电性应用研究不多,而其压电和热释电性能非常明显,因而得到了应用,如可用作生物传感器等。

木材的压电性是由于其基本组分纤维素单晶沿一定方向自然取向而引起的。骨、腱、羊毛等是骨胶原晶体,都具有某种程度的压电性。深入研究表明,动物本身就是由许多种压电材料构成的复合压电体。研究天然高分子压电体主要目的不仅是为了寻求压电材料,更重要的是为了探索生物生长的奥秘,促进生物医学的发展。如利用骨头的压电性治疗骨折已有临床应用。

2. 聚合物驻极体[3,36-38]

通过电场或电荷注入方式将绝缘体极化，其极化状态在极化条件消失后能半永久性保留的材料称为驻极体(electret)，具有这种性质的高分子材料称为高分子驻极体(polymeric electret)。实际上，驻极体是相对于永磁体而提出的、具有长期储存电荷能力的功能介电材料。对 PVDF、偏氟乙烯和三氟乙烯共聚物 P(VDF/TrFE)等铁电聚合物材料的压电性和热电性的研究，极大地推动了聚合物驻极体材料科学的发展。

对固态高分子材料施行注入或极化，使它带有相对恒定的电荷，长期储存而不消失，即可形成高分子驻极体。驻极体中的电荷，可以是单极性的实电荷，也可以是偶极极化的极化电荷。实电荷是通过注入载流子的方式获得的，如聚乙烯、聚丙烯等没有极性基团的聚合物，借助电子或离子注入技术而储存的电荷为实电荷。实电荷可以保留在高分子材料的表面，称为表面电荷，也可以穿过材料表层进入材料内部而称为空间电荷或体电荷。极化电荷是在电场作用下，材料本身发生极化，偶极子发生有序排列，在材料表面产生的剩余电荷。带有强极性键的高分子材料，如聚对苯二甲酸乙二醇酯(PET)、PVDF 等，通过极化则形成极化电荷。在一定条件下，在极化的同时也可因注入载流子而同时具有实电荷。

高分子驻极体材料主要有两类：一类是高绝缘性材料，如聚四氟乙烯和氟乙烯与丙烯的共聚物，它的高绝缘性保证了良好的电荷储存性能；另一类是强极性物质，如 PVDF 及其共聚物、奇碳尼龙、聚碳酸酯、聚丙烯腈等，这一类物质具有较大的偶极矩。驻极体的形成主要是在材料中产生极化电荷，或者在材料局部注入电荷，构成半永久性极化材料。高分子驻极体的制备多采用物理方法实现。最常见的高分子驻极体形成方法包括热极化法、电晕极化法、液体接触极化法、电子束注入法和光电极化法。

① 聚偏氟乙烯 PVDF　PVDF 及其共聚物具有介电常数大、压电性和热释电性较强、优良的机械性能，引起人们更多的关注。

PVDF 分子量为 10^5 数量级，约 10^3 个重复单元，伸展长度为 $10^2 \sim 10^3$ nm。通常是半结晶聚合物，其 T_g 约为 $-35℃$，非结晶相具有过冷液体的特性，结晶度约为 50%，有四种晶型，即 I 型(β 相)、II 型(α 相)、III 型(γ 相)、IV 型(δ 相)。

在晶型 I(β 相)中，晶体的每个晶胞中通过两个分子链，分子链取 TT 构象(平面锯齿形)，CF_2 偶极子朝同一方向，分子链在 b 轴方向相互平行排列，因而具有较大的自发极化，每个单体偶极矩为 7.0×10^{-30} C·m，自发极化强度 $\mathbf{P}_S$ 为 130 mC·m^{-2}。所以 I 型(β 相)是一种极性晶体，它受极化处理后，晶粒的 b 轴会更好地沿着极化方向取向，这一点是 PVDF 具有大的压电效应的基本原因。

PVDF 的压电性可归因于以下两个机理：一个是前面提及的尺寸效应；另一个是结晶相的本征压电性。结晶相的压电性由电致伸缩效应及剩余极化所决定。晶相和非晶相的介电常数具有不同的应变依赖性，材料处于极化状态时，由电致伸缩效应产生压电性。晶区的极化强度对应变具有依赖性，使晶区内部产生压电性。

为了对 PVDF 的压电性能有较直观的认识，表 5-15 比较了 PVDF 压电膜与其他压电材料的压电性能。从表中可以看出，与普通 PZT 压电陶瓷相比，PVDF 的压电应变常数 d 较低，机电耦合系数也较小。但其压电电压输出常数 g 却是所有压电体中最高的，压电"gd"积(压电电压常数×压电应变常数)是 PZT 陶瓷的 3 倍，作为接收传感器时灵敏度高。

另外,为了进一步提高 PVDF 的压电性能,可将偏氟乙烯和三氟乙烯组成共聚物,共聚物 P(VDF/TrFE) 比 PVDF 的机电耦合系数大,力学损耗和介电损耗小,且耐热性好。

表 5-15　PVDF 压电膜与其他压电材料的性能比较

材料	密度 $\rho/(g \cdot cm^{-3})$	相对介电常数	压电应变常数 $d_{31}/(pC \cdot N^{-1})$	压电电压常数 $g_{33}/(10^{-3} \, Vm \cdot N^{-1})$	机电耦合系数/(%)
石英	2.65	4.5	20	50	10
罗息盐	1.77	350	275	90	73
BaTiO$_3$	5.7	1 700	78	5.2	21
PZT	7.5	1 200	110	10	30
PVDF	1.76	12	20	190	10
尼龙-11	1.03~1.05	3.3	4	14	10

PVDF 以熔融状态结晶可得到 α 相的晶体,但是 α 相的晶体压电性小,需要将其转变为 β 相才能使用。所以通常说 PVDF 薄膜的制作方法是指 β 相膜的制作。其制备工艺包括以下几个步骤:制膜→拉伸→上电极→极化。具体做法为:将纯 PVDF 粉料用热压法制成厚度为 40~130 μm 的初始膜,在 65~120℃温度下进行单轴拉伸,拉伸比为 3~5,使材料晶区由 α 晶型转变成 β 晶型。再在 130~150℃下退火半小时,使拉伸时所受到的损伤得到恢复,并消除内应力,防止薄膜收缩。将薄膜两面真空蒸镀一层铝电极,置于 80~110℃ 恒温场中,以 500~800 kV/cm 的极化电压极化 0.5~1 h,缓冷至室温后撤去电场,即得到压电薄膜。

极化是制备 PVDF 压电薄膜的关键工序之一,未经极化的 PVDF 膜几乎没有压电性。PVDF 的压电性随极化场强和极化温度的增加而增强,随极化时间的延长开始增强很快,但一定时间后达到饱和。极化过程中,膜结构主要发生三个方面的变化,即:偶极取向、晶型转变和电荷注入。对含有 β 晶型的 PVDF 膜施加电场时,膜中的偶极子将沿电场方向取向。研究表明,偶极取向是以 60° 转向来实现的。极化电场去除后,一部分偶极取向瞬时消失,另一部分作为永久取向剩余下来,它们对 PVDF 膜的压电性有着直接而非常重要的贡献。

② 空间电荷型非极性多孔聚合物驻极体　在具有闭合型孔洞结构的聚合物材料内部存在着大量的孔隙。这些孔隙不仅降低了聚合物的质量和硬度,而且在外电场的作用下,在孔隙两端可积聚不同极性的电荷,形成类似偶极分子那样的电荷泡。这些电荷泡在外电场的作用下就会在材料的内表面形成有序的排列。当材料压缩或膨胀时,电荷泡将发生非均匀形变,类似于空间电荷电场相对于薄膜的位移。这时,如薄膜的上下面镀有金属电极,则在外电路上就可以检测出相对于上述应变的开路电压或短路电流信号。聚丙烯(PP)蜂窝膜是一类典型的具有闭合型空洞结构的空间电荷型聚合物驻极体材料,其结构和压电效应产生机制示于图 5-28。由图可见,当电荷泡发生非均匀形变时,相当于固有偶极子在外力作用下的形变,而且由于电荷泡比偶极子具有更大的形变,会产生更大的偶极运动,因而具有更大的压电效应。

20 世纪 80 年代,芬兰首先开发成功了多孔结构的 PP 膜。PP 蜂窝膜是通过改进的吹塑挤压工艺加工成型的。在薄膜吹气前,通过对 PP 聚合物熔体注入气体以产生约 10 μm 直径的孔洞,将熔体挤压成管状并冷却,在吹塑成膜前再度加热,并在薄膜成型时伴随双向拉伸,以形成盘状或透镜状直径约 $10\ \mu m$ 的孔洞,孔洞厚约 $1\ \mu m$。在薄膜形成过程中,如果通过控制拉伸比,即可形成高结晶度(约 50%)的孔洞膜,并呈现表面具有较高光洁度的非多孔外层,从而形成具有封闭型孔洞结构薄膜。

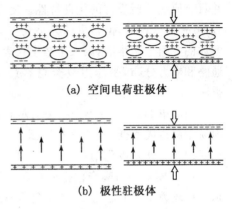

(a) 空间电荷驻极体

(b) 极性驻极体

图 5-28 蜂窝结构的压电效应示意图

对 PP 蜂窝膜驻极体等温表面电位衰减和热刺激放电(TSD)电流谱分析指出,材料的驻极体热稳定性太差,温度高于 50℃ 就不能使用。1999 年以来,多孔微纤维聚四氟乙烯(PTFE)驻极体优异的热稳定性(高达 200℃)的发现,为空间电荷聚合物驻极体材料的压电效应研究提供了新的增长点。

多孔 PTFE 材料的微观结构如图 5-29 所示。它是由 PTFE 树脂在一定高温下经具有不同速率的滚轮挤压和多次单向拉伸而成,膜厚在 $10\sim200\ \mu m$ 之间。由图 5-29 可见其微孔为狭缝状开放式结构,狭缝长 $5\sim10\ \mu m$。当采用电晕放电或电子束对材料驻极时,电荷可在 PTFE 孔隙中与材料分子发生碰撞,并把电荷转移给材料分子,在孔隙中形成均匀分布的电荷层。

图 5-29 多孔 PTFE 材料的微观结构

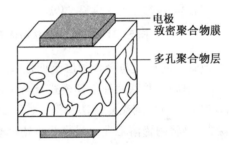

电极
致密聚合物膜
多孔聚合物层

图 5-30 典型的三明治结构压电器件模型

然而,由于 PTFE 多孔膜的开放型孔结构,在镀金属电极时将导致薄膜表面沉积电荷的损失,从而引起功能膜压电活性的下降。为解决此问题,提出了在多孔 PTFE 表面用熔融或胶黏剂涂布一层致密的聚合物层,将开放的表面孔洞封闭,形成三明治式结构的多层膜,其性质类似于聚丙烯蜂窝膜结构的驻极体。典型的压电器件模型如图 5-30 所示。上下两外夹层为致密绝缘聚合物膜,用于保护电荷和贴合电极;中间是多孔聚合物驻极体;外夹层的外表面还贴有两块电极。

3. 复合型压电材料[3,36-38]

常用压电陶瓷如锆钛酸铅(PZT)等其压电性优良,但硬而脆的特性使其难于加工。有机聚合物兼具柔性和低密度的优点,但压电性甚微。某些聚合物如前面所述的 PVDF 等虽压电性较好,但难以极化和机电耦合系数低的缺点又制约了其应用。将两者结合以相互弥补的构想便导致了压电复合材料的产生。其中陶瓷相具有将电能和机械能相互转换的作用,而聚合物基体则可使应力在陶瓷与周围介质之间进行传递。

压电陶瓷/聚合物复合材料是将压电陶瓷和聚合物按一定的连通方式、一定的体积或质量比例和一定的空间几何分布复合而成,其结果能够成倍地提高复合材料的某些压电性能,并具有原成分所没有的优良特性。复合材料各组分可以 0、1、2、3 维相连,理论上两相材料有 16 种复合模式,但常见的只是 0－3,1－3,2－2 等少数几种。通常以第一个数字代表压电体的空间分布维数,第二个数字代表聚合物的空间分布维数。因其决定了材料中的电场通路和应力分布,是压电复合材料最重要的参数之一,也是国际公认的压电复合材料分类法。

最简单的是 0－3 型压电复合材料,指在三维连续的聚合物基体中填充压电陶瓷微粉。因易于制造成本低廉,0－3 模式最为常见。压电材料使用前必须加电场极化,0－3 模式常见问题之一就是极化困难。

1－3 模式是由陶瓷柱排列在聚合物中得到的,其成本较高但性能良好。割模-浇铸法是一种较为简单的制备 1－3 型复合材料方法。在极化后的陶瓷体内垂直切割两排沟槽并灌入聚合物,待其固化后按所需厚度切下,可得一系列间距和长径比不等的复合材料,其制备过程如图 5－31 所示。

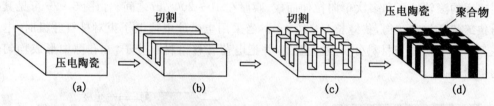

图 5－31　割模-浇铸法制备 1－3 型复合材料的基本步骤

2－2 模式由陶瓷片与聚合物层叠而成,较早也采用排列填充法,目前常用流延和层压法制造,也有串联和并联两种工作模式及与 1－3 模式类似的等和非等应变模型。

3－3 型复合可由珊瑚复合法获得。选一具有三维空隙的物质作母模,灌入融蜡后用酸将母体除去,再将陶瓷溶液灌入蜡模并将蜡模烧去再灌入聚合物即得。由于陶瓷贯穿复合物整体,在较低的陶瓷体积分数下也可有效极化,因此可得到低密度和低介电常数的复合材料。有机物烧去法较为简单,将陶瓷与有机黏结剂混合,烧去有机物再填入所需聚合物即可。

影响压电性能的因素很多,主要有连接类型、压电陶瓷含量、陶瓷空间尺寸、聚合物基体、成型工艺和极化工艺等几方面。

原材料的选择是以具体应用对材料性能的要求为根据的。从已有的文献可以看出:制备压电复合材料,可选择的聚合物有:PMMA、环氧树脂、硅橡胶、PE、PP、PVDF、P(VDF/TrFE)以及尼龙等;可供选择的压电陶瓷有:$BaTiO_3$、$PbTiO_3$、PZT 及各种 PZT 掺杂改性陶瓷和 PZT-PMN 等一些三元陶瓷。使用率最高的聚合物为 PVDF、环氧以及硅橡胶;而经常选用的压电陶瓷则为 PZT 及各种掺杂改性的 PZT 陶瓷。对于医疗超声换能器,一般选用有较高纵向机电耦合系数 k_{33} 和较高夹持介电常数的"软性"PZT 系列作为压电相,比如 PZT5、PZT5H 等;聚合物相应选择比较软并且易于成型加工的高分子材料,比如硅橡胶、环氧等。

复合材料界面的结构与性能对复合材料整体的性能影响很大,所以对复合材料界面的优化设计显得十分重要。界面相的模量应当介于功能体与基体之间,最好是梯度过渡。成型工艺是由复合材料的连接类型和原料性质决定的。

5.4.3　压电高分子材料的应用

综上所述,压电高分子材料由于具有许多无机压电陶瓷材料所不具备的优点,其应用前景非常广阔。到目前为止,压电聚合物已经在传感器和驱动装置领域得到了广泛的应用。典型的应用包括电声换能器、超声发生器、水听器、医疗器械、光计算机等。表 5-16 给出了压电高分子材料的主要用途[3,36-38]。

表 5-16　压电高分子材料的主要用途

类　别	应　用
音频换能器	麦克风、电话送话器、耳机、扬声器、加速度计、医用传感器
超声及水声换能器	超声发送和接收器、无损检测换能器、水听器、延迟线、超声诊断仪
机电换能器	电唱机拾音器、非接触式开关、键盘、血压计、光学快门、光纤开关、位移传感器、触觉传感器
红外及光学器件	红外探测器、热成像仪、红外-可见光转换器、影印机、激光功率计、火灾探测器、防盗报警器

1. 音频换能器[3,36-38]

麦克风是最常见的能够将声音引起的声波振动转换成电信号的换能元件之一。使用压电陶瓷材料制作麦克风始于 1928 年,但那时生产的麦克风机械稳定性不好,没有得到广泛应用。直到 20 世纪 70 年代高分子薄膜驻极体出现以后,驻极体型麦克风才被广泛应用。这种麦克风多使用金属化的丙烯腈-丁二烯-二乙烯苯共聚物作为后极板,极化的聚四氟乙烯驻极体覆在后极板上作为换能膜。声波引起的膜振动,在后极板和膜之间产生交流信号。这种麦克风已经用于电话等装置。高分子驻极体麦克风的特点是对机械振动、冲击和电磁场的干扰不敏感,具有电容式麦克风的全部优点,但是结构却简单得多,因此造价较低。

由于 PVDF 压电聚合物制作的器件对温度、湿度和化学物质高度稳定,机械强度又高,用其制作的电声转换器件结构简单、形状细致、质量轻、失真小、音质好、稳定性高,能广泛应用于声学设备,特别适宜于高质量的立体声耳机、扬声器和话筒等。PVDF 等压电聚合物能够克服以往压电传声器中一些固有的缺点,如振动系统质量大、劲度大、材料质地硬等,所以压电聚合物制作的传声器的频率响应宽而平坦,成了一种优质的传声器。最近几年,美国研制的 ITE 助听器,就是用 PVDF 薄膜作振膜的,灵敏度达 250 μV/Pa,±1 dB 的频率响应达到了 15 kHz。

2. 水声换能器[3,36-38]

由于 PVDF 压电薄膜与水的声阻抗相近,柔韧性好,能制成大面积的薄膜和为数众多的阵列传感点,且成本低,所以是制造水声器的理想材料,可用于监测潜艇、鱼群或水下地球物理探测,也可用于液体或固体中超声波的接收和发射。

超声和水下换能器的应用是基于压电复合材料的纵向压电性。PVDF 系列的复合材料的研制已十分成功,其方向性好,灵敏度高,给水声接收技术带来突破性进展。例如,一种 360°水下扫描声呐系统由 100 个 PVDF 基片水听器组成,用于水下安全/救援装置。该系统使用被动模式,操作频率为 1～1 000 Hz,也能以主动模式在三个不同的频率下工作。用这种系统可以检测 3 km 以外的小型潜水艇,也可以检测 600 m 以外的发动机,角度偏差小于

$5'$。最近的水听器计算模型表明,如对 PVDF 元件进行合理地设计,在系统演示中,水听器可以检测超过 10 dB 的信号。

美国已经研制成功标准尺寸为 250 mm×250 mm 的 1-3 型复合材料水听器模块,还研制出注模型 1-3 压电复合材料换能器阵,应用在新型轻型电动鱼雷收、发声基阵上。我国也已研制成 1-3 型陶瓷柱和环氧体复合材料面元水听器模块,尺寸是 100 mm×180 mm,并组成 18 基元宽面线阵,阵长 1.9 m,宽 200 mm,在 60 kHz 以下的频带内灵敏度高于−190 dB,起伏小于 2 dB。

用陶瓷粉材料和橡胶混炼而成的 0-3 型复合材料,被称为压电橡胶。它具有橡胶的柔软性和可弯曲性,其 g_h 是一般压电陶瓷的 20 倍,与 PVDF 相当,这些优点使它适合做面元水听器。压电橡胶容易做成几毫米厚,这是它相对于 PVDF 的优势。

3. 交通信息传感器[3]

这种传感器采用 PVDF 压电材料,外形为一条扁而窄的带状物,长为 35～100 m,使用时埋设路面下(长期使用)或放置于路面上(短期使用),安装时仅需在路面切割一条很窄的切口,可用来获取公路上车辆动态称重、分类识别、计数等数据,在高速公路收费站、路口、停车场等处得到较多的应用。

4. 医疗仪器[3]

由于 PVDF 压电材料对生物组织的适应性和相容性很好,用其制成的电子型人工脏器及其组件将有可能移植到动物体内。用它们制成的医疗仪器也已广泛使用,如测量人体心率的 PVDF 传感器、测心音的 PVDF 加速型心音传感器、监视血管移植修复术中血流扰动和脉动的 PVDF 压力传感器等等。

5.5　电致变色材料

电致变色(electrochromism)是指在电场作用下,材料发生可逆的变色现象。电致变色实质是一种电化学氧化还原反应,反应后材料在外观上表现出颜色的可逆变化。在前面已经了解了导电聚合物的结构和性质。特别是其中的聚吡咯、聚噻吩、聚苯胺等及其衍生物,在可见光区都有较强的吸收带。同时,在掺杂和非掺杂状态下颜色要发生较大变化,其中中性态是稳定态。导电聚合物既可以氧化(p 型)掺杂,也可以还原(n 型)掺杂。在作为电致变色材料使用时,两种掺杂方法都可以使用,但以氧化掺杂比较常见。掺杂过程可以由施加电极电势来完成。其中材料的颜色取决于导电聚合物中价带和导带之间的能量差,以及在掺杂前后能量差的变化。

导电聚合物可以用电化学聚合的方法直接在电极表面成膜,制备工艺简单、可靠。常见的导电聚合物都具有电致变色性。例如,聚吡咯在还原态(非掺杂态)呈现黄绿色,最大吸收波长 λ_{max} 在 420 nm 左右,当进行电化学氧化掺杂后其吸收光谱显示 λ_{max} 在 670 nm 处,呈现蓝紫色。电致变色材料呈现的颜色是吸收波长的补色。由于聚吡咯膜的吸收系数大,底色比较强,因此,其电致变色现象与膜厚度有关。膜厚度较小时,电致变色现象非常明显;随着厚度增大,由于底色增加,电致变色性减弱,以至到一定厚度时,氧化、还原态都只显黑色一种颜色。聚吡咯化学稳定性差和有限的颜色变化限制了其在实际中的应用。

与聚吡咯一样,聚噻吩薄膜也可以通过电化学聚合的方法得到。聚噻吩在还原态的

λ_{max} 在 470 nm 左右，呈红色；被电极氧化后，λ_{max} 为 730 nm 左右，变成蓝色。电致变色性能比较显著，响应速度较快。另外，很多聚噻吩的衍生物有着非常好的电致变色性。比如，聚对三甲基胺苯基联噻吩、聚烷撑二氧噻吩等都有着很好的电致变色性。取代基对聚噻吩的颜色影响较大，如聚 3 -甲基噻吩在还原态显红色（$\lambda_{max}=480$ nm）、在氧化态呈深蓝色（$\lambda_{max}=750$ nm），而聚 3,4 -二甲基噻吩在还原态时显淡褐色（$\lambda_{max}=620$ nm）、在氧化态呈蓝黑色（$\lambda_{max}=750$ nm）。通过选择合适的噻吩单体，可以进行颜色的调节。例如，用 3 -甲基噻吩低聚体制备得到的薄膜，其电致变色性取决于甲基基团在聚合物主链上的相对位置[39,40]。

聚苯胺的电致变色性不仅依赖于其氧化状态，还依赖于其质子化状态和所用电解液的 pH。与上述两种导电聚合物相比，聚苯胺最大优势在于它的多电致变色性，也就是说在改变电极电位过程中，聚苯胺可以呈现多种颜色变化。在 0.2～1.0 V（vs. SCE）电位范围内，颜色变化依次为淡黄—绿—蓝—深紫（黑）；但是，常用的稳定变色是在蓝—绿之间。樟脑磺酸掺杂比用一般无机酸掺杂可大大提高电致变色循环中的稳定性。在苯环上，或胺基氮原子上面引入取代基是调节聚苯胺性能的主要方法。视取代基的不同，可以分别起到提高材料的溶解性能、调整吸收波长、增强化学稳定性等作用。如聚邻苯二胺（淡黄—蓝）、聚苯胺（淡黄—绿）、聚间胺基苯磺酸（淡黄—红），其变色态分别构成全彩色显示的三原色（RGB）。此外，利用聚苯胺膜和其他电致变色膜得到的复合膜也表现了很好的电致变色性[39,40]。

总之，导电高分子是一种很好的电致变色材料，与无机电致变色材料相比，具有光学质量好、颜色转换快、循环可逆性好、可通过改变结构来优化性能等优势。它们的性能比较见表 5 - 17。

聚苯胺的电致变色性

表 5 - 17　无机电致变色材料与导电高分子电致变色材料的比较[39]

特　　性	无机材料	导电高分子
制备方法	工艺复杂，如真空蒸发、高温喷涂、溅射工艺	材料可用简单的化学，电化学聚合法合成；薄膜可用方便的浸涂，旋涂法制备
加工性能	较差	较好
制造成本	较高	较低
颜色变化的种类	种类有限	种类较多
颜色对比度	一般	极高
响应时间/ms	10～750	10～120
循环次数/次	$10^3 \sim 10^5$	$10^4 \sim 10^6$

近年来，电致变色材料作为目前最有应用前景的智能材料之一而被广泛研究。其中，无机金属氧化物研究得最为充分，有些在商业应用方面已取得成功。例如，采用电致变色材料可以制作主动型智能窗。通过控制窗体颜色，达到对热辐射（特别是阳光辐射）光谱的某段光谱区产生反射或吸收，有效控制通过窗户的光线频谱和能量流，实现对室内光线和温度的调节。用于建筑物及交通工具，不但能节省能源，而且可使窗内光线柔和，环境舒适，具有经济价值与生态意义。已经成功应用在建筑上的智能窗有 Ucolite 电致变色天窗和欧洲第一面电致变色玻璃外墙。在汽车上主要用作汽车反光镜和汽车顶棚，日本尼桑公司曾在第 26 届东京国际汽车展览会上展出的尼桑 Cue-X 汽车就用了电致变色阳光顶，尺寸有 400 mm×

400 mm 和 450 mm×600 mm 两种。但从商业角度看,导电聚合物电致变色材料应该最有发展前途,基于导电聚合物的变色器件也正在研制。目前,已经有部分产品上市,如汽车无眩观后镜等。为了减少视盲角、提高着色对比度、克服现有的显示器的缺点,导电聚合物电致变色显示器也正在研制中。当然,目前高分子电致变色材料还有许多问题需要解决,如化学稳定性问题、颜色变化响应速度问题、使用寿命问题等。无论如何,随着研究的深入,可以预期,导电高分子电致变色材料的应用前景是非常广阔的。

5.6　磁性高分子材料[12,25-27]

材料所表现的磁性,一般来源于电子自旋磁矩、原子轨道磁矩、原子核自旋磁矩和分子转动磁矩。其中原子核自旋磁矩只有电子自旋磁矩的几千分之一,而固体分子的转动磁矩也非常小,所以起主要作用的是电子自旋磁矩和原子轨道磁矩。根据磁化率的大小,可以分为抗磁性(磁化率 $\chi = -10^{-5} \sim -10^{-8}$)、顺磁性($\chi = 10^{-6} \sim 10^{-3}$)、反铁磁性($\chi = 10^{-5} \sim 10^{-3}$)、亚铁磁性($\chi = 1 \sim 10^4$)、铁磁性($\chi = 1 \sim 10^5$)等不同类型,抗磁性物质表现为抗磁,顺磁性和反磁性物质表现为弱磁,亚铁磁性和铁磁性物质表现为强磁。

居里温度是表征材料铁磁性的一个临界温度,高于此温度材料的铁磁性消失变成抗磁性。一般所说的磁性材料是指常温下表现为强磁性的亚铁磁性和铁磁性。一般认为顺磁性和铁磁性材料的磁性,主要来源于电子自旋磁矩。凡是过渡金属元素、自由基和三线态中的未成对电子均具有顺磁性。未成对电子的交换作用可产生强磁性,若未成对电子自旋同向排列,可形成磁畴,从而产生铁磁性。

表征磁性材料性质的基本参量有起始磁导率 μ_i、最大磁导率 μ_m、矫顽力 H_c、剩余磁感应强度 B_r、最大磁能积(BH)$_{max}$ 等等。不同的应用对材料的磁性有不同的要求。

人类最早使用的磁性材料是由天然磁石制成的,其主要成分为四氧化三铁,磁带用磁记录材料是 γ-三氧化二铁,无机磁性材料的缺点是相对密度大、性硬脆、不易加工、难以制成形状复杂或尺寸精度高的制品。有机小分子磁体是含有自由基的分子晶体,如硝基氧化物或电荷转移盐如四氰基乙烯(TCNE)和四氰基二亚基苯醌(TCNQ)盐。磁性高分子材料可分为复合型和结构型两种。复合型是指高分子材料与无机磁性物质通过混合黏结、填充复合、表面复合、层积复合等方法制备的磁性体。例如磁性橡胶、磁性树脂、磁性薄膜、磁性高分子微球等。结构型是指不加入无机磁性材料,高分子结构自身具有强磁性的材料。结构型磁性高分子按其基本组成又可分为:① 纯有机磁性高分子,如聚丁二炔和聚卡宾;② 金属有机磁性高分子,如桥联型、Schiff 碱型、二茂铁型、电荷转移型高分子。

磁性高分子材料可以作为高信息储存密度的新一代记忆材料;轻质、宽带微波吸收剂;磁控传感器、低磁损高频、微波通讯器件及药物定向输送。

5.6.1　结构型磁性高分子材料

1. 纯有机磁性高分子

纯有机磁性高分子中不含任何金属,仅由 C、H、N、O 等组成的磁性高分子。纯有机磁性高分子是指磁性主要来源于自由基未成对电子的铁磁自旋耦合,由于组成有机高分子的C、H、N、O 等原子和共价键为满层结构,电子成对出现且自旋反平行出现,无净自旋,表现为抗磁性。要使这类材料具有铁磁性必须使材料获得高自旋,且高自旋分子间产生铁磁自旋偶合排列。典型的纯有机磁性高分子是将含有自由基的单体聚合,使自由基稳定通过主链的传递耦合作用,让自由基未配对电子间产生铁磁自旋耦合而获得宏观铁磁性。如将两个稳定的 4-氧-2,2,6,4-四甲基哌啶-1-氧自由基接到丁二炔上,得到含有自由基的单体 1,4-双(2,2,6,6-四甲基-4-羟基-1-氧自由基吡啶)丁二炔(BIPO,结构式如图 5-32(a) 所示,分子结构中具有两个可进行聚合反应的三键、两个带有哌啶环的亚硝酰稳定自由基。

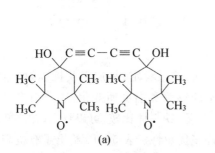

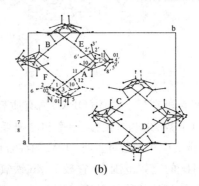

图 5-32　BIPO 的分子式及聚 BIPO 晶体结构

通过爆炸聚合或热聚合(温度约为 100℃)就可制成聚 BIPO,聚合物为黑色粉末,晶体结构如图 5-32(b)所示。单体中的一个三键打开进行聚合,变为双键,构成聚乙炔主链,而另一个三键则处于侧链,在聚合物中双键和三键上具有多余电子,这些电子布满整个碳链,产生延伸的 π 键系统。聚合物中两个亚硝酰自由基带有奇数个电子,自旋连成一片,形成强磁性。

2. 金属有机磁性高分子

金属有机高分子磁体是含有多种顺磁性过渡金属离子的金属有机高分子络合物,磁性来源于金属离子与有机基团中的未成对电子间的长程有序自旋作用。由于金属有机络合物中过渡金属离子被体积较大的配体所包围,金属离子间的相互作用减小,故仅能得到顺磁性。

① 桥联型　用有机配体桥联过渡金属及稀土金属,顺磁性金属离子通过"桥"产生磁相互作用,获得宏观磁性。顺磁性金属离子间的磁相互作用对高分子的磁性起十分关键的作用。如含 Mn 和 Cu 的金属有机高分子配合物、二硫化草酸桥联配体的双金属有机配合物、咪唑基桥联过渡金属或稀土金属有机络合物。

② Schiff 碱型　较早引起人们关注的 Schiff 碱金属有机高分子络合物是 PPH—$FeSO_4$ 型高分子铁磁体,具体制法如下:将 2,6-吡啶二甲酸与二胺的反应物用硫酸亚铁络合得到聚双-2,6-(吡啶辛二胺)硫酸亚铁(PPH—$FeSO_4$),其分子式为 $\{Fe(C_{13}H_{17}N_3)_2\}SO_4 \cdot 6H_2O]_n$,其结构式如下:

(n=4,6,8)

PPH—FeSO$_4$ 型高分子铁磁体性能优良,铁磁性很强,相对密度为 1.2～1.3,耐热性好,在空气中 300℃不分解,不溶于有机溶剂,剩磁仅为普通铁磁的 1/500,矫顽力为 795.77 A/m(27.3～37℃),401.19 A/m(266.4℃)

③ 茂金属化合物　将金属茂(C_5H_5)$_n$M 的有机金属单体在有机溶剂中通过反应可制出多种常温稳定的二茂金属磁性高分子,分子结构式如下:

M=Fe,Co,Ni
R$_2$=OH,NH$_2$,CN
R$_3$=—NH—CH$_2$—,—C—CN$_2$—

这些有机高分子磁体(OPM)具有质轻、磁损低、常温稳定、易加工及抗辐射等特点,而且其介电常数、介电损耗、磁导率和磁损耗基本不随频率和温度而变化,适合制作轻、小、薄的高频、微波电子元器件。将 OPM 的综合性能与 NiZn 铁氧体比较,可以看出,在 100 MHz～3 500 MHz 的宽频范围内,它较 NiZn 铁氧体有许多优越性。表 5－18 给出了有机高分子磁性材料与铁氧体的特性对比。

表 5－18　金属有机高分子磁性材料与 NiZn 铁氧体的特性比较

特性	有机高分子磁性材料 (OPM)	NiZn－5	NiZn－10	NiZn－20
初始磁导体(μ_i)	3～6 3～6 (1 000 MHz)	4～6 1.5～2.0 (1 000 MHz)	8～12 2.5～3.0 (1 000 MHz)	18～28 3.0～4.0 (1 000 MHz)
比损耗因子($tg\delta/\mu_i$)	96×10^{-5} (200 MHz) 92×10^{-5} (1 000 MHz)	200×10^{-6} (200 MHz) 300×10^{-2} (1 000 MHz)	650×10^{-6} (50 MHz) 860×10^{-2} (1 000 MHz)[①]	800×10^{-6} (80 MHz) 500×10^{-2} (1 000 MHz)[①]
适用温度范围/℃	−272～150	20～80	−55～125	−55～85
温度变化率 (−55～＋55℃)/%	≤0.01	≤2.0	≤2.5	≤2.5
居里温度 T_c/℃	≥220	≥500	≥500	≥500
剩磁 B_r/T	3.5×10^{-4}	$1\,200\times10^{-4}$	950×10^{-4}	800×10^{-4}
矫顽力 H_c/A·m^{-1}	278.5	1 989.4	2 387.3	1 193.7
饱和磁感应强度 B_s/T	$1\,160\times10^{-4}$	$1\,200\times10^{-4}$	$1\,000\times10^{-4}$	800×10^{-4}
电阻率/Ω·cm	≥10^{10}	≥10^6	≥10^6	≥10^6
密度/g·cm^{-3}	1.05～1.20	3.8	4.0	4.2
适用频率 f/MHz	200～3 500	<300	<300	<50

5.6.2　复合型磁性高分子材料

复合型磁性高分子材料是指由高分子与磁性材料按不同方法复合而成的一类复合材料,可分为黏结磁铁、磁性高分子微球和磁性离子交换树脂等不同类别,从复合材料概念出发,可通称为磁性树脂基复合材料。

1. 黏结磁铁

指以塑料或橡胶为黏结剂与磁粉按所需形状结合而成的磁铁。磁铁材料粉末分为铝镍铁永磁合金系、铁素体系、钐-钴系、钕-铁-硼系、钐-铁-氮系等许多种类。黏结剂分为橡胶型和合成树脂型。黏结磁体的特性主要取决于磁粉材料,并与所用的黏结剂、磁粉的填充量及成型方法有密切的关系。常见的有以下几种:

① 铁氧体类　采用铁氧体为填充材料。橡胶为黏结剂时可制得磁性橡胶,磁性橡胶用的黏合剂包括天然橡胶、丁基橡胶、氯丁橡胶等。磁性塑料是采用磁粉与塑料混合成型制得的,主要是由树脂、磁粉及助剂组成。磁性塑料铁氧体与热塑性树脂的复合一般采用加热熔融磁场成型法,如将尼龙和锶铁氧体混炼获得黏结磁铁。一般使用的树脂有 PA6、PA12、PP、PE、PS、PPS、PVC、环氧树脂和酚醛树脂等。此类磁性塑料可以作为磁性元件用于电机、电子仪器仪表、音响机械以及磁疗设备等领域。

② 稀土类　分为稀土钴系和 Nd-Fe-B 系两类。目前 NdFeB 磁粉的制备方法主要有以下两种:(a) MS 法,由美国 GM 公司研制开发,工艺流程为:Nd、Fe、B 及其他原材料→真空熔炼→NdFeB 母合金锭→熔体旋淬→破碎处理→晶化处理→磁选分级→各向同性磁粉。目前这种磁粉在全球占统治地位。(b) HDDR 法,是生产高 H_c 的 NdFeB 磁粉的重要方法。其工艺流程包括:由主相、富 Nd 相及富 B 相组成的 NdFeB 合金铸锭块暴露在氢气中,一个大气压(氢化)→在氢气中加热到 750～850℃→在 750～850℃温度下,真空保温→冷却到室温→形成由主相、富 Nd 相及富 B 相组成的细晶粒微晶结构的 NdFeB 磁粉。HDDR 法主要用于制备各向异性 NdFeB 磁粉。由 HDDR 过程制得的粉体制备的压塑型树脂黏结磁体的磁性能可获得剩磁 $B_r = 1\,105$,$(BH)_{max} = 197\ kJ/m^3$。如改进颗粒大小的分布可把 NdFeB 永磁体的最大磁能积 $(BH)_{max}$ 提高到 $444\ kJ/m^3$,而一般的 NdFeB 永磁材料的最大磁能积 $(BH)_{max}$ 理论值为 $512\ kJ/m^3$。

目前在 NdFeB 黏结磁体的黏结剂中,二茂金属高分子铁磁粉是一种新型的黏结剂,与环氧树脂黏结 NdFeB 永磁的磁性能相比,具有磁粉用量低,最大磁能积 $(BH)_{max}$、剩磁 B_r、矫顽力 H_c 高,磁性能高的优点。

利用 $Sm_2Fe_{17}N_x$ 化合物,可制成取向的高性能各向异性磁性塑料。

③ 纳米晶复合交换耦合永磁材料　也称交换弹簧磁体,是近几年发展起来的一类新型永磁材料,具有优异的综合永磁性能。添加 Co、Nb、V、Zr 等元素可以细化晶粒、提高矫顽力和增强交换耦合作用,同时磁体具有较高的抗氧化性能。NdFeB 纳米晶双相复合永磁材料的研究是当代材料研究的一个热点。

2. 磁性高分子微球

磁性高分子微球是指通过适当的方法,使有机高分子与无机磁性物质结合起来形成的具有一定磁性及特殊结构的微球。磁性高分子微球可分为 A、B、C 三类。

① A 类　A 类微球是以高分子材料为核、磁性材料为壳层的核-壳式结构,其制备方法主要有化学还原法和种子非均相聚合法。种子非均相聚合法常用于制备核为复合聚合物的磁性高分子微球,比如以单分散的 PS 为种子,St 为单体,在 Fe_3O_4 磁流体存在的条件下制备出核为核桃壳形的 PS,壳为 Fe_3O_4 的磁性高分子微球。用这种方法制备的磁性高分子微球不但具有一定的单分散性,而且稳定性很好。

② B类　B类微球是内层、外层皆为高分子材料,中间层为磁性材料的夹心式结构。制备多采用两步聚合法。如用 PS 和 NiO·ZnO·Fe₂O₃ 杂聚制得了以乳胶为壳的杂聚体,然后在油酸钠-水分散体系中,以这些杂聚体为种子,与 St 单体聚合,合成出了复合多层磁性高分子微球。两步聚合法制备的磁性高分子微球形状规则、大小均匀且具有较窄的尺寸分布。

③ C类　C类微球是以磁性材料为核,高分子材料为壳的核-壳式结构。主要制备方法有原位法、包埋法和单体聚合法。用原位法可以制备出磁性高分子微球,系列商品化的产品如 Dynabeads。包埋法是运用机械搅拌、超声分散等方法使磁性粒子均匀分散于高分子溶液中,通过雾化、絮凝、沉积、蒸发等方法使高分子包裹在磁性粒子表面而得到磁性高分子微球。单体聚合法是指在磁性粒子和有机单体存在的条件下聚合制备磁性高分子微球。实施方法包括悬浮聚合、分散聚合、乳液聚合(包括无皂乳液聚合、种子聚合)和辐射聚合等。

磁性高分子微球因具有磁性,在磁场作用下可定向运动到特定部位,或迅速从周围介质中分离出来,这些性能使其具有极广阔的应用前景,因而在磁性塑料、固定化酶、靶向药物、细胞分离、蛋白质提纯、化工分离等方面都得到了广泛的应用。如在固定化酶体系中,磁性高分子微球可用作结合酶的载体。其优点在于固定化酶从反应体系中分离和回收,操作简单、易行;对于双酶反应体系,当一种酶的失活较快时,就可以用磁性材料来固载另一种酶,回收后可反复使用,降低成本;利用外部磁场可以控制磁性材料固定化酶的运动方式和方向,替代传统的机械搅拌方式,提高固定化酶的催化效率;可改善酶的生物相容性、免疫活性、亲疏水性,提高酶的稳定性。

磁性微球作为不溶性载体,在其表面接上具有生物活性的吸附剂或其他配体(如抗体、荧光物质、外原凝结素)活性物质,利用它们与指定细胞的特异性结合,在外加磁场的作用下将细胞分离、分类以及对其种类、数量分布进行研究。目前,已有磁性微球用于动物细胞分离和人体细胞分离的报道,有人用含有抗生素蛋白、植物凝结素等配体结合的磁性微球,进行骨髓中 T 细胞的分离,应用于白血病的治疗。比起常用的细胞分离方法,磁性微球分离法简便、快速、高效,在这一领域显示出了引人注目的应用前景。

利用药物载体的 pH 敏、热敏、磁性等特点,在外部环境的作用下对病变组织实行定向给药,实现靶向药物。其过程首先是对磁性微球表面功能化,再以此微球作为药物载体,在外加磁场作用下,将药物载至预定区域,即可实现靶向给药的目的。

3. 磁性离子交换树脂

磁性离子交换树脂是一种新型的离子交换树脂,也是一种新型的树脂基复合材料,它是用聚合物黏稠溶液与极细的磁性材料混合,在选定的介质中经过机械分散,悬浮交联形成的微小的球状磁体。其优点是便于大面积动态交换与吸附、处理含有固态物质的液体,富集废水中微量贵金属,分离净化生活和工业污水。

参考文献

[1] 李善君,纪才圭,李橦,程极济.高分子光化学原理及应用.上海:复旦大学出版社,1993.

[2] 王国建,刘琳.特种与功能高分子材料.北京:中国石化出版社,2004.

[3] 何天白,胡汉杰.功能高分子与新技术.北京:化学工业出版社,2001.

[4] 蓝立文.功能高分子材料.西安:西北工业大学出版社,1995.

[5] 万梅香. 导电高聚物的三阶非线性光学效应. 物理, 1992, 21(5): 267~270.

[6] D. M. Burland, R. D. Miller, C. A. Walsch. Second-order nonlinearity in poled polymer systems. Chem. Rev. 1994, 94: 3.

[7] 刘志红, 谢洪泉, 何平, 等. 含偶氮苯并噻唑发色团的二阶非线性光学互穿网络聚合物. 高分子学报, 1999(1): 6.

[8] W. Barford. Electronic and optical properties of conjugated polymers. Oxford University Press, 2005.

[9] 金绪刚, 黄承亚, 龚克成. 聚苯胺光学吸收及应用. 半导体光学, 1997, 18(3): 203.

[10] M. R. Majidi, L. A. P. Kane-Maguire, G. G. Wallace. Chemical generation of optically active polyaniline via the doping of emeraldine base with (＋)-or (－)-camphorsulfonic acid. Polymer, 1995, 36 (18): 3597.

[11] 黄丽主编. 高分子材料. 北京: 化学工业出版社, 2005.

[12] E. Riande, R. Diaz-Calleja. Electrical Properties of Polymers. Marcel Dekker Inc., 2004.

[13] 孙目珍. 电介质物理基础. 广州: 华南理工大学出版社, 2005.

[14] 殷之文. 电介质物理学. 北京: 科学出版社, 2003.

[15] 张良莹, 姚熹. 电介质物理. 西安交通大学出版社, 1991.

[16] 陈季丹, 刘子玉. 电介质物理学. 北京: 机械工业出版社, 1982.

[17] 谢大荣, 巫松帧. 电工高分子物理. 西安交通大学出版社, 1990.

[18] 金日光, 华幼卿. 高分子物理. 北京: 化学工业出版社, 2000.

[19] 何曼君, 陈维孝, 董西侠. 高分子物理. 上海: 复旦大学出版社, 2000.

[20] 顾振军, 王寿泰. 聚合物的电性和磁性. 上海: 上海交通大学出版社, 1990.

[21] K. C. Kao. Dielectric phenomena in solids. Elsevier Academic Press, 2004.

[22] J. J. O'Dwyer, The Theory of Electrical Conduction and Breakdown in Solid Dielectrics, Clarendon, Oxford, 1973.

[23] C. J. F. Böttcher, Theory of Electric Polarization, Elsevier, Amsterdam, 1978.

[24] 熊兆贤. 材料物理导论(第二版). 北京: 科学出版社, 2007.

[25] V. G. Bruce, C. A. Vincent. Polymer electrolytes. J. Chem. Soc. Faraday Trans. 1993, 89 (17): 3187~3203.

[26] A. Rudge, J. Davey, I. Raistrick, S. Gottesfeld. Conducting polymers as active materials in electrochemical capacitors. J. power sources. 1994, 47: 89~107.

[27] B. E. Conway. Electrochemical Supercapacitors. 1st Ed. New York: Kluwer Academic Publishing/Plenum Publisher, 1999.

[28] A. J. Heeger, S. Kivelson, J. R. Schrieffer, W. -P. Su. Solitons in conducting polymers. Reviews of modern physics. 1988, 60(3): 781~851.

[29] W. -P. Su, J. R. Schrieffer, A. J. Heeger. Solitons in polyacetylene. Physical review letters. 1979, 42(25): 1698~1701.

[30] A. J. Heeger. Semiconducting and Metallic Polymers: The Fourth Generation of Polymeric Materials. J. Phys. Chem. B. 2001, 105(36): 8475~8491.

[31] A. G. MacDiarmid. "Synthetic metals": a novel role for organic polymers. Current applied physics. 2001, 1: 269~279.

[32] C. A. Angell, C. Liu, E. Sanchez. Rubbery Solid Electrolytes with Dominant Cationic Transport and High Ambient Conductivity. Nature. 1993, 263 (6413): 137~139.

[33] B. Wessling. Electrical conductivity in heterogenous Polymer Systems. Polym. Eng. Sci., 1991, 31(16): 1200~1206.

[34] 宋月贤,王红理,徐传镶,等. 聚苯胺导电聚合物的介电性能研究. 绝缘材料,2001(2):36~39.

[35] 刘霖,宋晔,朱绪飞. 导电聚苯胺在铝电解电容器中的应用. 电子元件与材料,2003,22(10):1~3.

[36] R. Hayakawa, Y. Wada. Piezoelectricity and pyroelectricity of polymers. Jpn. J. Appl. Phys, 1976, 15: 2041.

[37] 周洋,万建国. PVDF 压电薄膜的结构、机理与应用. 材料导报,1996(5):43~47.

[38] 夏钟福. 驻极体. 北京:科学出版社,2001.

[39] 殷顺湖,徐键,洪樟连,等. 灵巧窗电致变色复合薄膜材料、器件及应用. 材料导报,1995(6):70~75.

[40] P. Somani, S. Radhakrishnan. Electrochromic response in polypyrrole sensitized by Prussian blue. Chemical Physics Letters, 1998, 292:218~222.

思考题

1. 感光性高分子应具备哪些性能? 简单说明感光性高分子材料的应用领域。如何理解没有感光性高分子材料就没有现代信息技术产业?

2. 何谓光致抗蚀剂? 说明光致抗蚀剂的类型。如何提高光致抗蚀剂的感光度和分辨力?

3. 什么是增感剂? 作为增感剂必须具备哪些基本条件?

4. 画出光刻胶光刻原理示意图。举例说明正性和负性光刻胶的光化学反应。

5. 光纤传光的机理是什么? 塑料光纤与石英光纤各有什么特点? 应用前景如何? 如何降低塑料光纤的传输损耗?

6. 什么是光致变色材料? 光致变色有哪些类型? 有何应用?

7. 聚合物介电损耗产生的原因是什么? 研究介电损耗有何意义?

8. 高聚物在电场中为什么会击穿? 何谓击穿场强?

9. 可以采用那些方法消除高聚物产生的静电? 当你设计一种能防静电的高分子材料作为电器外壳时,你准备如何着手?

10. 导电高分子材料有哪些种类? 其导电载流子是什么? 如何增加其电导率? 哪些类型的聚合物具有本征导电性? 共轭导电高分子的导电机理是什么? 掺杂的作用是什么?

11. 简述压电高分子的结构要求。什么是压电导电型减振材料,具有哪些优点?

12. 什么是光电导高分子材料? 光电导的基本过程是什么? 有哪些重要的光电导高分子材料? 如何提高 PVK 的光电导性?

13. 什么是电致变色高分子? 共轭导电高分子电致变色性如何?

14. 高分子磁性材料有哪些种类?

第6章　生物医用高分子材料

生物医用高
分子应用

人的器官组织多由高分子组成,这就很容易联想到高分子是首选的生物医用材料。

早在公元前3500年,埃及人就用棉花纤维、马鬃缝合伤口。墨西哥印第安人用木片修补受伤的颅骨。公元前500年的中国和埃及墓葬中,发现有假牙、假鼻、假耳。进入20世纪,高分子科学开始发展,合成高分子材料不断出现,为医学领域提供了更多的选择余地。1936年发明了有机玻璃后,很快就用于假牙和补牙,沿用至今。1943年,赛璐璐薄膜开始用于血液透析。1949年,美国首先发表了医用高分子的展望性论文,介绍了利用聚甲基丙烯酸甲酯作为人的头盖骨、关节和股骨,利用聚酰胺纤维作为手术缝合线的临床应用情况。50年代有机硅聚合物被用于器官替代和整容方面,开拓了人工器官的临床试用,陆续出现的有人工尿道(1950年)、人工血管(1951年)、人工食道(1951年)、人工心脏瓣膜(1952年)、人工心肺(1953年)、人工关节(1954年)和人工肝(1958年)等。60年代,医用高分子材料开始进入崭新的发展时期[1-3]。

20世纪60年代以前,医用材料多根据某种特定需求,从已有材料中选用,结果出现了凝血、炎症、组织病变、补体激活、免疫反应等未曾预见到的问题。由此人们意识到,必须针对生物医学的全面需要,来专门设计和合成专用的医用高分子材料。

美国国立心肺研究所在这方面做了开创性的工作,他们发展了血液相容性高分子材料,用来制造与血液接触的人工器官,如人工心脏。从20世纪70年代始,高分子科学家和医学家积极开展合作研究,促使医用高分子材料快速发展。80年代以来,发达国家加快了医用高分子材料产业化速度,开始形成生物材料产业。

医用高分子可以看作一门边缘交叉学科,融合了高分子科学、生物化学、材料学、病理学、药理学、解剖学和临床医学等多方面的知识,还涉及工程学中许多问题,如各种医疗器械的设计和制造等。上述学科的相互交融和渗透,促使医用高分子材料的品种越来越丰富,性能越来越完善,功能越来越齐全。

目前应用得比较成功的高分子人工器官有血管、食道、尿道、心脏瓣膜、关节、骨和整形材料等,均已取得重大成果。尚需不断完善的有肾、心脏、肺、胰脏、眼球等人工脏器和人造血液。其他如肝脏、胃、子宫等功能复杂的人工脏器,则正处于大力研究开发之中。

表6-1列出了人工脏器用的高分子材料。人工脏器正从大型向小型化发展,从体外使用向内植型发展,从单一功能向综合功能型发展。

表 6-1　用于人工脏器的高分子材料[2]

人工脏器	高分子材料
心　脏	嵌段聚醚氨酯弹性体、硅橡胶
肾　脏	铜氨法再生纤维素、醋酸纤维素、聚甲基丙烯酸甲酯、聚丙烯腈、聚砜、乙烯-乙烯醇共聚物（EVA）、聚氨酯、聚丙烯、聚碳酸酯、聚甲基丙烯酸-β-羟乙酯
肝　脏	赛璐玢（cellophane）、聚甲基丙烯酸-β-羟乙酯
胰　脏	共聚丙烯酸酯中空纤维
肺	硅橡胶、聚丙烯中空纤维、聚烷砜
关节、骨	超高分子量聚乙烯、高密度聚乙烯、聚甲基丙烯酸甲酯、尼龙、聚酯
皮　肤	硝基纤维素、聚硅酮-尼龙复合物、聚酯、甲壳素
角　膜	聚甲基丙烯酸甲酯、聚甲基丙烯酸-β-羟乙酯、硅橡胶
玻璃体	硅油、聚甲基丙烯酸-β-羟乙酯
鼻、耳	硅橡胶、聚乙烯
乳　房	聚硅酮
血　管	聚酯纤维、聚四氟乙烯、嵌段聚醚氨酯
人工红血球	全氟烃
人工血浆	羟乙基淀粉、聚乙烯基吡咯烷酮
胆　管	硅橡胶
鼓　膜	硅橡胶
食　道	聚硅酮
气　管	聚乙烯、聚四氟乙烯、聚硅酮、聚酯纤维
腹　膜	聚硅酮、聚乙烯、聚酯纤维
尿　道	硅橡胶、聚酯纤维

　　虽然医用高分子的发展仅有 50 多年的历史，其应用已渗透整个医学领域，并且取得了丰硕的成果，但离随心所欲地使用高分子人工脏器来替换人体的病变脏器为时尚早，有待进一步深入研究和探索。

6.1　生物医用高分了材料的分类及特点

　　生物医用材料，简称生物材料（Biomaterias），是具有特殊性能或功能，可用于动物器官和组织的修复与替换、疾病诊断与治疗并与动物体相容的材料。

6.1.1　生物医用高分子材料的分类[1-4]

　　可以从来源、用途、功能等不同角度，对生物医用高分子材料进行分类。

1. 按材料来源分类

　　① 天然医用高分子材料，如胶原、明胶、丝蛋白、角质蛋白、纤维素、多糖、甲壳素及其衍生物等。

　　② 人工合成医用高分子材料，如聚氨酯、硅橡胶和聚酯等。

③ 天然生物组织与器官,包括:(a) 取自患者自体的组织,如用自身隐静脉作为冠状动脉搭桥术的血管替代物;(b) 取自他人的同种异体组织,如利用他人角膜治疗患者的角膜疾病;(c) 来自其他动物的异种同类组织,如采用猪的心脏瓣膜代替人的心脏瓣膜,治疗心脏病等。

2. 按材料与活体组织的相互作用关系分类

① 生物惰性高分子材料。在体内不降解、不变性、不引起组织反应,适合长期植入体内。

② 生物活性高分子材料。植入生物体内,能与周围组织作用,促进肌体组织、细胞生长。

③ 生物吸收高分子材料。又称生物降解高分子材料,在体内逐渐降解,降解产物能被肌体吸收,或排泄出体外,不影响人体健康。如聚乳酸手术缝合线、体内黏合剂等。此类材料在医学领域具有广泛的用途。

3. 按生物医学用途分类

① 硬组织相容性高分子材料。主要用于骨科、齿科,要求具有与替代组织类似的力学性能,同时能够与周围组织结合在一起。

② 软组织相容性高分子材料。主要用来替代软组织,要求材料具有适当的强度和弹性,不引起严重的组织病变。

③ 血液相容性高分子材料。用于制作与血液接触的人工器官或器械,不引起凝血、溶血等生理反应,与活性组织有良好的互相适应性。

④ 高分子药物和药物控制释放高分子材料。指本身具有药理活性或辅助其他药物发挥药效的高分子材料,要求无毒副作用、无热源、不引起免疫反应。

4. 与生物体组织接触的关系分类

① 长期植入材料。用这类材料制造的人工脏器或医疗器具,一经植入人体内,将伴随终生,不再取出。因此要求具有优异的生物体适应性和抗血栓性,并有较高的机械强度和化学稳定性。用这类材料制备的人工脏器包括脑积水症髓液引流管、人造血管、瓣膜、气管、尿道、骨骼和关节等,以及手术缝合线、组织黏合剂等。

② 短期植入(接触)材料。这类材料大多用来制造在手术中暂时使用或暂时替代病变器官的人工脏器,如人造血管、心脏、肺、肾脏渗析膜、皮肤等。这类材料在使用中需与肌体组织或血液接触,故一般要求有较好的生物体适应性和抗血栓性。

③ 体内体外连通使用的材料。用这类材料制造的医疗器械和用品,需与人体肌肤和黏膜接触,但不与人体内部组织、血液、体液接触,因此要求无毒、无刺激,有一定的机械强度。用这类材料制造的物品有手术用手套、麻醉用品、诊疗用品、心脏起搏器的导线等。

④ 与体表接触材料及一次性医疗用品材料。

6.1.2　对生物医用高分子材料的特殊要求[1-4]

医用高分子材料在使用过程中,常与生物肌体、血液、体液等接触,有些还须长期植入体内,必须满足体内复杂而又严格的要求,诸如下列几方面:

1. 无毒性、不致畸

高分子材料在合成、加工过程中往往残留有少量单体或助剂。当材料植入人体后,这些单体或助剂将从内部迁移出来,对周围组织发生作用,引起炎症或组织畸变,严重的可引起全身性反应。

2. 化学稳定性

人体组织结构复杂,各部位的性质差别很大。人体环境(体液)可能引起高分子材料发生下列反应:① 聚合物的降解、交联和相变化;② 体内的自由基引起高分子材料的氧化降解;③ 生物酶引起的聚合物分解;④ 高分子材料中添加剂的溶出。上述反应引起高分子材料性质的变化。此外血液、体液中的类脂质、类固醇及脂肪等物质渗入高分子材料,使材料增塑,强度下降。上述材料性能的变化会影响材料的使用寿命,而且对人体有不良影响,在选择材料时,必须考虑上述因素。

3. 优良的生物相容性

高分子学科中所提到的相容性,多用来表述多相聚合物之间相溶情况。而生物相容性另有含义,包括材料与物体接触后所出现的各种不良反应和适应性。当高分子材料用于人工脏器(如人造血管、心脏瓣膜、人工肺、血液渗析膜和血管内导管等)植入人体后,必然要长时间与体内的血液接触。人体的血液在表皮受到损伤时会自动凝固,这种血液凝固的现象称为血栓,这是一种生物体的自然保护性反应。高分子材料与血液接触时,血液流动状态发生变化,也会产生血栓。优良的生物相容性要求材料留在体内必须具备下述特点:① 不导致血液凝固;② 没有溶血作用;③ 不产生不良的免疫反应;④ 不引起过敏反应;⑤ 不致癌;⑥ 不损伤组织。如果生物相容性不好,会导致血栓、炎症、毒性、变态和致癌等不良后果。因此,生物材料最重要的性能是生物相容性,这是生物高分子材料有别于其他材料的重要特征。

4. 合适的物理机械性能

许多人工脏器一旦植入体内,将长期存留,有些甚至伴随一生。因此,要求植入材料必须要保持合适的机械强度。

5. 易加工成型

人工脏器形状复杂,选用的高分子材料应具有优良的成型性能。

6. 能经受清洁消毒措施

高分子材料在植入体内之前,都要经过严格的灭菌消毒,如蒸汽、化学药剂和 γ 射线灭菌处理。植入材料必须能耐受清洁消毒措施而不改变性能。

6.2 医用高分子材料的生物相容性

优良的生物相容性,包括组织相容性和血液相容性,是生物高分子材料在人体中应用成功的关键。组织相容性是指材料与组织,如骨骼、牙齿、内部器官、肌肉、肌腱和皮肤等的相互适应性,而血液相容性则是指材料与血液接触不会引起凝血、溶血等不良反应。

6.2.1 组织相容性

组织相容性是指材料在与肌体组织接触过程中不发生不利的刺激性、炎症、排斥反应和钙沉淀等,并不致癌。产生组织相容性问题的关键在于肌体的排斥反应和材料的化学稳定性。

高分子材料植入人体后,材料本身的结构和性质、材料中掺入的化学成分、降解或代谢产物、材料的几何形状都可能引起组织反应[1-4]:

① 材料中掺入的化学成分的影响 高分子材料中的添加剂、杂质、单体、低聚物、降解

产物等会导致不同类型的组织反应,例如,聚氨酯和聚氯乙烯中的残余单体有较强的毒性,渗出后会引起人体严重炎症。而硅橡胶、聚乙烯、聚四氟乙烯等较少有毒性渗出物。

　　② 高分子材料生物降解的影响　降解速度慢而降解产物毒性小的高分子材料植入体内后,一般不会引起明显的组织反应。相反,降解速度快而降解产物毒性大的材料,则可能引起严重的急、慢性炎症。如聚酯用作人工喉管修补材料,常常出现慢性炎症的情况。

　　③ 材料物理形状等因素的影响　材料的物理形态,如大小、形状、孔度和表面平滑度等因素,会引起组织反应。一般来说,植入材料的体积越大,表面越光滑,造成的组织反应越严重。

　　④ 高分子材料在体内的表面钙化　高分子材料植入人体后,材料表面常常会出现钙化合物沉积的现象,即钙化现象。钙化结果往往导致高分子材料在人体内应用的失效。钙化现象不仅是胶原生物材料的特征,一些高分子水溶胶,如聚甲基丙烯酸羟乙酯,在大鼠、仓鼠和荷兰猪的皮下也发现有钙化现象。影响高分子材料表面钙化的因素很多,包括生物因素(如物种、年龄、激素水平、血清磷酸盐水平、脂质、蛋白质吸附、局部血流动力学和凝血等)和材料因素(亲水性、疏水性和表面缺陷等)。一般而言,材料植入时,被植个体越年轻,材料表面越可能钙化。多孔材料的钙化情况比无孔材料要严重。

6.2.2　血液相容性

　　在医用高分子材料的应用中,有相当多的器件必须与血液接触,例如各种体外循环系统、介入治疗系统、人造血管、心脏瓣膜、人工肺、血液渗析膜和血管内导管等。

　　当异体材料与血液接触时,血浆蛋白就会吸附到材料表面,随后凝血因子的活化和血小板的黏附、激活,最终导致凝血。高分子生物材料的抗凝血性是由其表面与血液接触后所生成的蛋白质吸附层的组成和结构所决定的,其方式如图 6-1 所示。

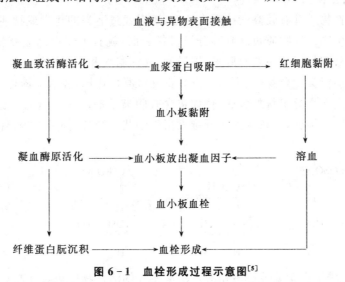

图 6-1　血栓形成过程示意图[5]

6.3　血液相容高分子材料

　　对于直接接触血液的高分子材料,不但要求有好的组织相容性,更要求对血液的相容性。研究结果表明，界面自由能较低的材料吸附蛋白质的能力较低，具有抗血凝作用。具有亲水和强亲脂性界面的材料都具有较高的血液相容性，具有负电荷界面的材料也具有血液相容性。

一般高分子材料抗凝血性较差，但可以通过以下多种途径来改善。

1. 改善材料表面的亲水性[6-12]

研究表明，具有强亲水性和强疏水性表面的材料一般都具有较好的血液相容性。极端亲水性和极端疏水性表面的材料，界面自由能都很低，减少了材料表面对血液中各组分的作用，因而呈现出优良的抗凝血性。接枝是改变材料表面亲水性、提高抗凝血性的重要途径，例如使材料表面接上聚氧乙烯（PEO）或聚乙二醇（PEG）一类亲水性高分子，就可以有效地防止蛋白质吸附和血小板黏附，提高抗凝血性。又如将丙烯酰胺、甲基丙烯酰胺等一些亲水性单体接枝到聚氨酯、聚四氟乙烯、硅橡胶等材料表面，也可改善材料的抗凝血性。

2. 在材料表面引入负电荷基团

血液中多种组分呈负电性，导致血管内壁也呈负电性。根据同性相斥的原理，可以预计带负电荷的材料表面将不吸附呈负电性的蛋白质，对抗血栓有利。例如将芝加哥酸（1-氨基-8-萘酚-2,4-二磺酸萘，如下式）一类的阴离子基团引入材料表面，就可减少血小板的黏附，提高抗凝血性。事实上，由于材料表面吸附蛋白质层及血液中存在阳离子，以材料-血液的静电作用理论来设计抗凝血材料表面，存在很大缺陷。

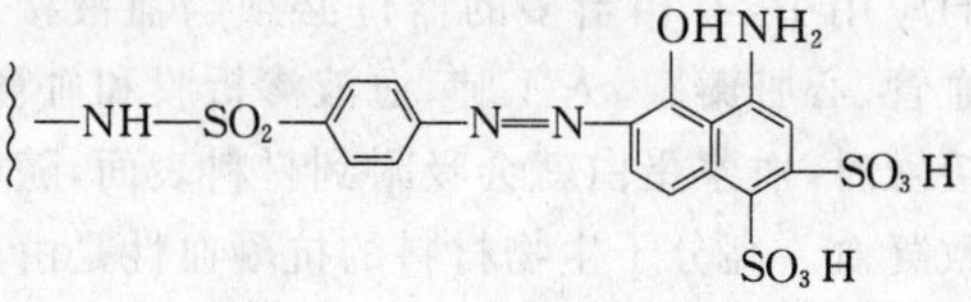

$$\{-NH-SO_2-\text{〇}-N=N-\text{〇〇}(OH)(NH_2)(SO_3H)(SO_3H)\}$$

3. 材料表面生物化[13-20]

许多生物活性物质都有较高的抗凝血活性，可以通过适当的化学或物理方法，将这些具有抗凝血功能的生物活性物质负载到高分子材料表面，就有可能提高血液相容性。目前可用作抗凝血表面修饰材料的主要有肝素、尿激酶、前列腺素和白蛋白等。

肝素是硫酸多糖类化合物（如下式），具有良好抗凝血作用，注入血液可以在短期内防止凝血。将肝素固定在高分子材料表面，例如将含有阴离子的肝素与含有季胺阳离子的聚氨酯表面通过静电吸引结合，或将肝素与纤维素衍生物共价结合，都可以得到抗凝血的高分子材料。

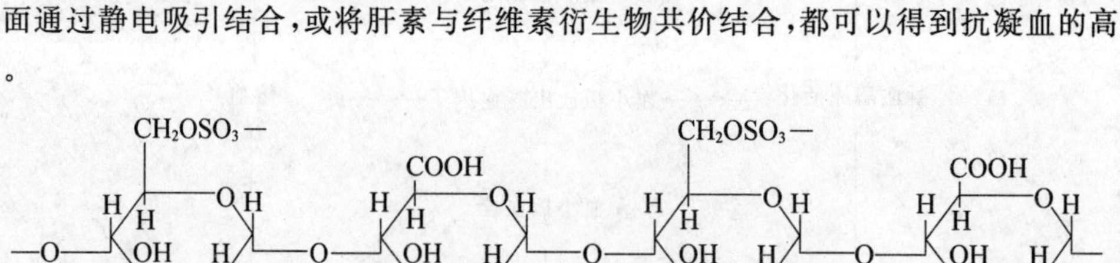

$$\{-O-[CH_2OSO_3-,OH,OH,NHSO_3-]-O-[COOH,OH,OH,OH]-O-[CH_2OSO_3-,OH,OH,NHSO_3-]-O-[COOH,OH,OH,OH]\}$$

将尿激酶、纤维蛋白溶酶或链激酶等可溶解血栓的活性物质负载在高分子材料的表面，也可形成血液相容性材料。

4. 材料表面微相分离

研究发现，具有微相分离结构的嵌段或接枝共聚物对血液相容性有重要作用。其中研究较多的是聚氨酯嵌段共聚物，该共聚物由软段和硬段交替而成，其中软段一般为聚醚、聚丁二烯或聚二甲基硅氧烷等,形成连续相;硬段为氨基甲酸酯基和脲基,形成分散相。这类嵌段共聚物与血液接触时,亲水性和疏水性蛋白将被吸附在不同的相区,这种特定的蛋白质吸附层结构不会激活血小板表面的糖蛋白,血小板的异体识别能力就表现不出来,从而阻碍凝血的发生。软段对抗凝血性的贡献较大,其分子量对血液相容性和血浆蛋白质的吸附均有显著影响[2,21]。

5. 材料表面生成伪内膜

采用仿生学原理,设法在材料表面生成一层与血管内壁相似的修饰层。通常使内皮细胞和高分子材料杂化,即在材料表面培养内皮细胞,使其生长出一层内皮。这样就相当于在材料表面上覆盖了一层光滑的生物层(通常称伪内膜)。这种伪内膜与人体心脏和血管一样,具有光滑的表面,从而达到永久性地抗血栓。如小口径人工血管的制备[22]。

6. 高分子材料与抗凝血剂的共混[23-32]

将高分子基材与少量抗凝血剂共混,可以得到性能较好的抗凝血材料。抗凝血剂多为两亲共聚物,如 MPC(如下式)-甲基丙烯酸正丁酯和 MPC-甲基丙烯酸正十二烷基酯的共聚物。

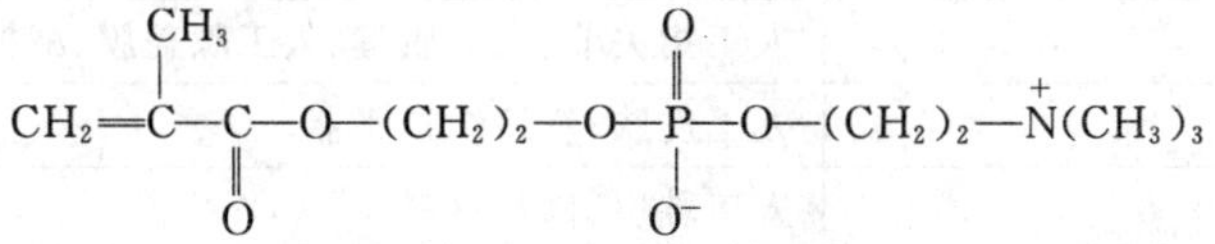

$$CH_2=C-C-O-(CH_2)_2-O-P-O-(CH_2)_2-N^+(CH_3)_3$$

7. 表面涂层[33-34]

生物材料表面涂覆抗凝血涂层,使生物材料表面钝化,即不让血液与材料表面直接接触,就可以有效提高材料的抗凝血性能。例如 MPC、甲基丙烯酸月桂醇酯、甲基丙烯酸羟丙酯和甲基丙烯酸三甲氧基硅丙酯的共聚物可用作抗凝血涂层。

6.4　生物惰性高分子材料

生物惰性高分子材料是指在生物环境下呈现化学和物理惰性的材料。材料的生物惰性包含两方面的意义[4]:① 材料对生物基体呈现惰性,即不产生不良刺激和反应,保证肌体的安全;② 材料自身在生物环境下表现出惰性,即具有足够的稳定性,不发生化学和物理变化,不老化、不降解、不干裂、不溶解,材料能够长期保持使用功能,至少要有预期的使用寿命。显然,生物相容性和非生物降解性是生物惰性材料的两个基本点。

无机材料、金属材料、高分子材料三类中都会有生物惰性材料。生物惰性高分子材料主要有有机硅、聚氨酯、聚烯烃、聚氟烯烃、聚砜、聚乙烯醇、聚环氧乙烷等。

生物惰性高分子材料在医学领域主要作为体内植入材料,如人工骨和骨关节材料,器官修复材料、人造组织、人造器官及外用医疗器械等。

6.4.1　有机硅材料[3-4,35-36]

有机硅类的生物惰性材料主要是有机硅橡胶。有机硅橡胶无毒、无污染、不引起凝血、不致癌、不致敏、不致畸,具有良好的生物相容性。化学稳定性好,可以耐受苛刻的消毒条件。有机硅橡胶制品长期植入人体内不会丧失弹性和拉伸强度。有机硅橡胶可以根据需要加工成管道、片材、薄膜,以及其他形状复杂的构件,广泛用来制作人造瓣膜、人造心脏、人造血管、人工喉、人造肾脏等场合。医用硅橡胶的应用如表6-2所示。

表6-2　医用硅橡胶的应用[35]

使用范围	用途
脑外科	人工颅骨、脑积水引流管、人工脑膜
耳鼻喉科	人工鼻梁、鼻孔支架、鼻腔止血带气囊分道导管、人工耳廓、人工下颌、"T"型中耳炎通气管、人工鼓膜、人工喉、喉罩、"T"型气管插管、泪道栓、吸氧机波纹管
胸外科	体外循环机泵管、胸腔引流管、人工肺薄膜、胸腔隔离膜、人工心瓣
内科	胃管、十二指肠管
腹外科	腹膜透析管、腹膜引流管、"T"型或"Y"型管毛细引流管、人工腹膜
泌尿科和生殖系统用	单腔导尿管、梅花型导尿管、双腔或三腔带气囊分道导管、膀胱造瘘管、肾盂造瘘管、阴茎假体、子宫造影导管、人工节育器、皮下植入型避孕药物缓释胶棒、胎儿吸引器
骨科	人工指关节、人工肌腱、人工膝盖膜、减振足垫
皮肤科	人工皮肤、软组织扩张器;
整形	人工乳房、修补材料

　　硅橡胶的主链只含有硅和氧原子,是长链硅氧烷结构,侧链可以接入各种不同的有机取代基,根据取代基不同,构成性能各异的不同品种。常见的取代基有甲基、乙烯基、苯基和氰基等,或者引入其他元素,如氟等,构成具有不同性质的甲基硅橡胶、甲基乙烯基硅橡胶(结构式如下)、甲基苯基硅橡胶、氟硅橡胶等。不同侧基的引入可以改善硅橡胶的硫化、耐高温或低温性能。在硅橡胶结构中引入季胺结构,可赋予抗菌防腐性能。

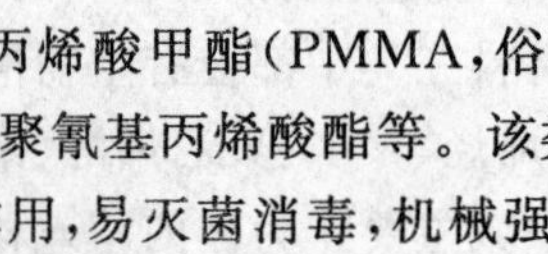

$$\underset{\underset{CH_3}{|}}{\overset{\overset{CH_3}{|}}{-}}\!\!\!\left(\!\!Si\!-\!O\!\right)_{\!n}\!\!\!\underset{\underset{CH_3}{|}}{\overset{\overset{CH=CH_2}{|}}{-}}\!\!\!\left(\!\!Si\!-\!O\!\right)_{\!m}$$

6.4.2　聚丙烯酸树脂类材料

　　丙烯酸树脂包括各种丙烯酸酯、甲基丙烯酸酯或取代丙烯酸酯经均聚或共聚而成的高分子。在医疗上常见的有聚甲基丙烯酸甲酯(PMMA,俗称有机玻璃)、聚甲基丙烯酸羟乙酯(PHEMA,亲水性有机玻璃)和聚氰基丙烯酸酯等。该类树脂具有生物惰性,生物相容性好,无毒、无致癌、致畸和致突变作用,易灭菌消毒,机械强度好,黏接力强、可室温固化等特性,广泛用于生物医学和医疗领域[3-4]。

　　聚甲基丙烯酸树脂可以用作骨固化剂、牙科修复材料、眼科角膜接触镜片(隐形眼镜)材料、人体组织黏合剂和烧伤敷料及介入疗法栓塞剂材料等。

6.4.3　聚氨酯

　　聚氨酯,也称为聚氨基甲酸酯,是指在分子主链上含有氨基甲酸酯基团的一类聚合物。聚氨酯树脂品种多样,性能各异,既有疏水型树脂,也有水溶性聚合物;可以制成包括软、硬泡沫、弹性体、塑性体、黏合剂和涂料等多种形式。聚氨酯的力学性能优异,这是获得广泛应用的根本原因。

聚氨酯一般由二异氰酸酯和多元醇进行聚加成反应制备,根据多元醇含羟基数目不同,可以得到线形热塑性聚合物或交联热固性聚合物。根据所用羟基化合物不同,有聚酯型和聚醚型两种,作为医用生物惰性材料主要是指聚醚型弹性体。医用聚氨酯大多是嵌段聚醚型聚氨酯,由分子两端带有羟基的聚醚与二异氰酸酯聚合,制备成低分子量的带有异氰酸酯端基的预聚体,再与低分子量的二元醇或者二元胺通过扩链反应得到嵌段聚合物。这种嵌段聚合物的主链由硬段和软段交替组成,软段一般由聚醚、聚硅氧烷或者聚二烯烃等构成;硬段由聚氨基甲酸酯(与二元醇反应)或聚脲(与二元胺反应)构成。嵌段共聚的聚氨酯具有良好的抗凝血性质,同时具有耐磨、高弹、耐曲挠、耐水解和耐磨损等优良性能[4]。

嵌段共聚的聚氨酯具有良好的生物惰性和生物相容性,特别是血液相容性良好,长期植入体内,性能不易发生变化,适合制造心血管系统的修复材料,用于制造人造心脏血泵、人造血管、血液净化器的密封体和体外循环装置的导管等。还可用于制造人造皮肤、人造软骨、手术缝合线和组织黏合剂等。医用聚氨酯材料的用途如表 6 - 3 所示。

表 6 - 3　医用聚氨酯材料的用途[36]

应用领域	具体用途	特　点
人工心脏辅助装置	浇注型聚氨酯心室、聚醚型聚氨酯弹性体——反搏、助搏气囊、血管、血泵	血液相容性、生物相容性、耐久性好
医用导管	胃镜软管,"T"形、"Y"形或直形医用输液管的连接管	优异的机械强度、柔韧性、耐磨性以及生物相容性
薄膜制品	灼伤覆盖层、伤口包扎材料、取代缝线的外科手术用拉伸薄膜、用于病人退烧的冷敷冰袋、一次性给药软袋、填充液体的义乳、避孕套、医院床垫及床套等。	高的强度和弹性、良好的透气性、耐药品性、耐微生物、耐辐射性能
其他	假肢、弹性绷带、医用人造皮、手套、计划生育用品	

6.4.4　聚四氟乙烯

聚四氟乙烯是无臭、无味、无毒的白色结晶线形聚合物,平均分子量在 100 万以上,化学稳定,俗称塑料王。在结构上,聚四氟乙烯中的碳-氟键在空间上呈螺旋形排列,解离能高,耐强酸、强碱和强氧化剂,不溶于烷烃、油脂、酮、醚和醇等大多数有机溶剂和水等无机溶剂,不吸水、不黏、不燃,耐老化性能极佳,自润滑性好,耐磨耗,静摩擦系数是塑料中最低的,电绝缘性能优异,体积电阻率大于 10^{18} $\Omega \cdot cm$,热稳定性好,在 $-250 \sim 260$℃之间可以长期使用。由于其性能优良,聚四氟乙烯树脂已经在众多领域获得了广泛应用。

作为医用高分子材料,聚四氟乙烯最重要的性质是它的化学和生物惰性,可以耐受各种严酷的消毒条件,使用寿命长。由于表面能低,生物相容性好,不刺激机体组织,不易发生凝血现象。因此被广泛用作血管的修复材料,以及人工心脏瓣膜的底环、阻塞球、缝合环包布、人造肺气体交换膜、人造肾脏、人造肝脏的解毒罐、心血管导管导引钢丝外涂层、体外血液循环导管和静脉接头等部件的制作。此外,作为组织修复材料,聚四氟乙烯还可以用于疝修复、食道、器官重建、牙槽脊增高、下颌骨重建、人工骨制造和耳内鼓室成型等方面[3]。

6.4.5　水溶胶

水溶胶是一类不溶性含水高分子材料,通过水溶性高分子的交联,引入疏水基团或结晶区进行合成得到。水溶胶从特性上与含水量较大的生物组织非常相似。水溶胶比较柔软,且有良好的物质通透性,因而具有较好的软组织相容性。

代表性的水溶胶有聚甲基丙烯酸羟乙酯、聚丙烯酰胺和聚乙烯吡咯烷酮等。其含水量随交联度和疏水-亲水平衡而变化。用于制造软接触镜和人工晶体的聚甲基丙烯酸羟乙酯的最大含水量为 40% [4]。

6.5　可降解吸收生物材料

许多高分子材料进入人体后,只是起到暂时替代作用,如高分子手术缝合线,当机体组织愈全后,缝合线的作用结束,就希望其尽快降解,并被吸收或被排出体外,以减少高分子材料对机体的长期影响。因此可降解吸收生物高分子材料可以广泛应用于手术缝合线、外科手术隔离材料、人造皮肤、人造血管、骨固定和修复、组织工程载体、药物控制释放等领域。

6.5.1　高分子材料的生物降解

高分子材料在体内最常见的降解反应为水解,包括酶催化水解和非酶催化水解。从严格意义上讲,只有酶催化降解才称得上生物降解,但实际上这两种降解统称为生物降解。

影响高分子材料降解的因素有主、侧链的化学结构、分子量、凝聚态结构、疏水/亲水性、结晶度、表面积和物理形状等,其中主链结构和聚集态结构对降解速度的影响最大。

1. 化学结构的影响

酶催化降解和非酶催化降解的结构-降解速度关系不同。对非酶催化降解高分子而言,降解速度主要取决于主链结构。主链上含有酐、酯基、碳酸酯或糖苷等易水解基团的高分子,通常有较快的降解速度。对于酶催化降解高分子,如聚酰胺,降解速度主要与酶和待裂解键的亲和性有关。两者亲和性越好,则越容易降解,而与化学键类型关系不大。含有羟基、羧基的生物吸收性高分子,因自催化作用而容易降解。相反,在主链或侧链含有疏水长链烷基或芳基的高分子,则降解性能较差。

2. 分子量

分子量对同种高分子的降解速度有较大影响,分子量越大,降解速度越慢。

3. 疏水/亲水性

亲水性强的高分子能够吸收水、催化剂或酶,一般有较快的降解速度。含有羟基、羧基的生物吸收性高分子,因有较强亲水性和自催化的双重作用而容易降解。相反,在主链或侧链含有疏水长链烷基或芳基的高分子,则降解性能较差。

4. 聚集态

对于相同化学结构的高分子材料,有利于链段运动和低分子扩散的聚集态,将促进降解,有如下顺序:橡胶态>玻璃态>结晶态。分子链之间排列越紧密有序,则降解速度越低。

用作体内可降解吸收生物高分子材料还必须具备以下条件:① 材料及其降解产物无毒;② 材料的降解和吸收速率应与生物功能,如载药释放速率或生物组织、器官的恢复速率相匹配,人体中不同组织不同器官的愈合速度并不相同,例如表皮愈合一般需要 3～10 天,膜组织的痊愈需要 15～30 天,内脏器官的恢复需要 1～2 个月,而骨骼等硬组织的痊愈则需要 2～3 个月等;③ 材料应有良好的加工性能和与机体组织相配的机械性能。

按来源,可降解吸收生物高分子材料可以分为天然和人工合成两大类。

6.5.2　生物吸收天然高分子材料[1-4]

这类材料源于天然,多数可以被不同类型的酶所催化降解,并具有好的生物相容性。按结构,可以分成多肽(胶原、明胶)和多糖(甲壳素、壳聚糖、透明质酸、植物纤维素、淀粉、海藻酸)两大类,其酶解产物主要是氨基酸和糖类,可参与体内代谢,并作为营养物质被肌体吸收。因此这类材料应当是最理想的生物吸收性高分子材料。白蛋白、葡聚糖和羟乙基淀粉可溶于水,临床用作血容量扩充剂或人工血浆的增稠剂;而胶原、壳聚糖等在生理条件下则不溶,只能用作植入材料。下面简介一些重要的生物吸收性天然高分子材料。

1. 胶原

胶原是生物体内一种纤维蛋白,是多肽型结构高分子,广泛存在于生物体,如牛、猪的肌腱、生皮和骨骼等处。迄今已鉴别出 13 种胶原,其中 I～III、V 和 XI 型为成纤胶原。I 型胶原在动物体内含量最多,已广用作生物医用材料和生化试剂,是生产胶原的主要原料。

由各物种和肌体组织制备的胶原差异很小。最基本的胶原结构为由分子量约 1×10^5 的 3 条肽链组成的三股螺旋绳状结构,直径为 1～1.5 nm,长约 300 nm,每条肽链都呈左手螺旋二级结构。胶原分子两端为短链肽,称为端肽,不参与三股螺旋绳状结构。端肽是免疫原性识别点,可由酶解除去。脱除端肽后的胶原称为不全胶原,可用作生物医学材料。

胶原可以用来制造止血海绵、创伤辅料、人工皮肤、手术缝合线和组织工程基质等。胶原应用时必须交联,以控制其物理性质和生物可吸收性。戊二醛和环氧化合物是常用的交联剂,残留的戊二醛会引起生理毒性反应,因此须使其交联完全。胶原交联后,酶降解速度显著下降。

2. 明胶

明胶是经高温加热变性的胶原,通常由动物的骨骼或皮肤经过蒸煮、过滤、蒸发干燥后获得。明胶在冷水中溶胀而不溶解,但可溶于热水中形成黏稠溶液,冷却后冻成凝胶状态。纯化的医用级明胶比胶原成本低,在机械强度要求较低时可以替代胶原用于生物医学领域。

明胶可以制成多种医用制品,如膜、管等。由于明胶溶于热水,在 60～80℃ 水浴中可以制备浓度为 5%～20% 的溶液,如果要得到 25%～35% 的浓溶液,则需要加热至 90～100℃。为了使制品具有适当的机械性能,可加入甘油或山梨糖醇作为增塑剂。用戊二醛和环氧化合物作交联剂,可以延长降解吸收时间。

3. 纤维蛋白

纤维蛋白是纤维蛋白原的聚合产物。纤维蛋白原是一种血浆蛋白质,存在于动物血液中。人和牛的纤维蛋白原分子量在 33 万～34 万之间,两者的氨基酸组成差别很小。纤维蛋白原由三对肽链构成,每条肽链的分子量在 47 000～63 500 之间。除了氨基酸之外,纤维蛋白原还含有糖基,在人体内的主要功能是参与凝血过程。

纤维蛋白的生物相容性好,具有止血、促进组织愈合等功能,在医学领域有着重要用途。

纤维蛋白的降解包括酶降解和细胞吞噬两过程,降解产物可被肌体完全吸收。降解速度随产品不同从几天到几个月不等。交联和改变其聚集状态是控制其降解速度的重要手段。

目前,人的纤维蛋白或经热处理后的牛纤维蛋白已用于临床。纤维蛋白粉可用作止血粉、创伤辅料、骨填充剂(修补因疾病或手术造成的骨缺损)等。纤维蛋白海绵由于比表面大,适于用作止血材料和手术填充材料。纤维蛋白膜在外科手术中用作硬脑膜置换、神经套管等。

4. 甲壳素与壳聚糖

甲壳素是由 β-(1,4)-2-乙酰氨基-2-脱氧-D-葡萄糖(N-乙酰-D-葡萄糖胺)组成的线形多糖。昆虫壳皮、虾蟹壳中均含有丰富的甲壳素。壳聚糖为甲壳素的脱乙酰衍生物,由甲壳素在 40%～50%浓度的氢氧化钠水溶液中 110～120℃下水解 2～4 h 得到。

甲壳素可溶于甲磺酸、甲酸、六氟丙醇、六氟丙酮以及含 5%氯化锂的二甲基乙酰胺中,壳聚糖则可溶于甲酸、乙酸等有机酸的稀溶液中。甲壳素或壳聚糖溶液可用来制备膜、纤维、凝胶等各种生物制品。

甲壳素能为肌体组织中的溶菌酶所分解,已用于制造吸收型手术缝合线。其抗拉强度优于其他类型的手术缝合线。甲壳素还具有促进伤口愈合的功能,可用作伤口包扎材料。当甲壳素膜用于覆盖外伤或新鲜烧伤的皮肤创伤面时,具有减轻疼痛和促进表皮形成的作用,因此是一种良好的人造皮肤材料。

5. 透明质酸与硫酸软骨素

黏多糖是指一系列含氮的多糖,主要存在于软骨、腱等结缔组织中,构成组织间质。各种腺体分泌出来起润滑作用的黏液也多含黏多糖,其代表性物质有透明质酸、硫酸软骨素等。透明质酸类多糖在滑膜液、眼的玻璃体和脐带胶样组织中相对较多,为 N-乙酰葡萄糖胺与葡萄糖醛酸的共聚物,相对分子量为 $10^6 \sim 10^7$,呈双螺旋高级结构。6-硫酸软骨素主要存在于软骨等组织中,同属透明质酸系列的多糖。这些多糖分子能够形成含水量很高的固溶胶,1 g 透明质酸可得到 5 L 的溶胶。透明质酸是一种剪切稀化材料,随剪切速率的上升,黏性下降。在高剪切速率下黏性下降能使表面移动加快,连接处能耗减小。关节液最重要的作用就是对连接面的黏着力提供边界润滑,由此控制连结的表面性能。透明质酸对此就起了一定作用。透明质酸系列的多糖在生物医用领域,可以用作防黏连材料、药物控制释放载体等。

6.5.3　生物吸收合成高分子材料

人工合成的可降解吸收生物高分子材料可大量重复生产,改变工艺条件和/或经物理、化学改性,还可使性能多样,满足不同需要,因此其应用更加广泛。

人工合成可生物降解材料主链中多含有易水解的特征结构,主要是缩聚类杂链高分子,目前使用最多的是聚酯类、聚酸酐类、聚磷嗪类。这些高分子能够在生物体内体温条件下顺利降解,降解产物水溶性,并对人体无害。降解后的小分子能够通过肾脏经球体细膜代谢,或者作为生物体内的营养物质,如水或葡萄糖等参与代谢。

1. 聚乳酸类[37-41]

聚乳酸属于聚酯类。在酸性或碱性条件下,聚酯主链上的酯键容易水解,产物为乳酸单体或低聚物,可参与生物组织的代谢。聚酯的降解速度与单体的种类有关,例如单体中碳/氧比增加,则聚酯的疏水性增大,酯键的水解性降低。

脂肪族聚酯主要由内酯(含交酯)开环聚合而成,目前,研究较为活跃、应用价值较高的

主要有聚 ε-己内酯、聚乳酸、聚 2-羟乙酸、聚乙丙交酯。

① 聚 ε-己内酯　由 ε-己内酯开环聚合而成,是生物相容性优良的可降解材料,玻璃化温度(−62℃)和熔点(57℃)均低,药物通透性好,可以用作体内植入材料和药物的缓释胶囊。此外,它易结晶(结晶度约为 45％),疏水,在体内降解较慢,降解时间约 120～240 天,是理想的植入材料之一。生物降解速率慢的缺点可以通过共混、共聚等手段改性。

② 聚乳酸(PLA)　由乳酸直接缩聚制得的聚乳酸(PLA),分子量较低,强度不符合要求。通常先将乳酸(羟基丙酸)二聚成六元环的丙交酯,采用 PbO、ZnO 或 $ZnEt_2$ 等阴离子引发剂,使丙交酯开环聚合成结晶性立构规整聚合物,如下式[46]:

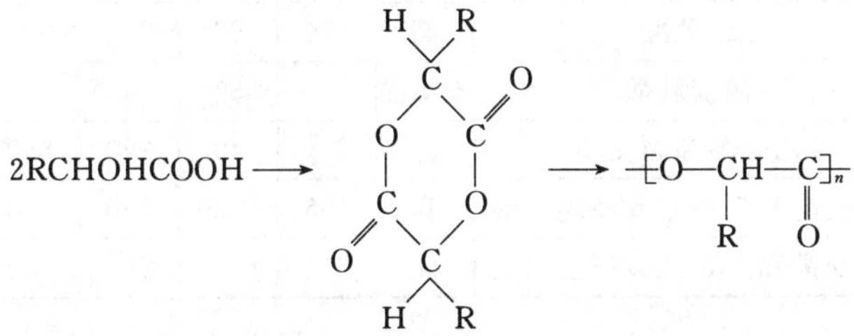

$$2RCHOHCOOH \longrightarrow \longrightarrow \quad -[O-CH-C]_n$$

乙交酯(R＝H)或丙交酯(R＝CH₃)

乳酸分子中的 α-碳不对称,具光学活性,因而有 D-乳酸和 L-乳酸两种光学异构体,由 D-乳酸和 L-乳酸制备的聚乳酸也具有光学活性,分别称为 PDLA 和 PLLA。由两种异构体等量的混合物-消旋乳酸制备的聚乳酸称为 PLA,无光学活性。PDLA 和 PLLA 的物理化学性质相似,如玻璃化温度均为 57℃,结晶度 37％左右,熔点 170℃,但 PLA 与 PDLA、PLLA 的性质差别很大。PLA 基本上不结晶,低聚合度时在室温下是黏稠液体,无应用价值。

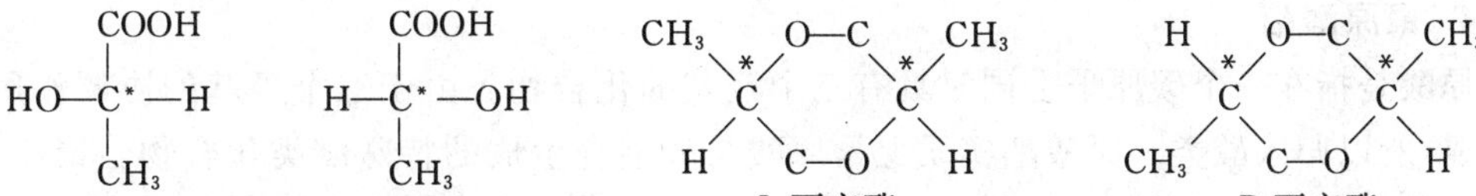

L-乳酸　　D-乳酸　　L-丙交酯　　D-丙交酯

自然界中存在的乳酸都是 L-乳酸,故用其制备的 PLLA 生物相容性最好。

聚乳酸具有优良的生物相容性和生物降解性。聚合物在体内逐渐分解成乳酸,最终代谢产物为水和二氧化碳,中间产物乳酸也是体内正常代谢的产物,不会在重要器官累积。聚乳酸可用作医用手术缝合线、注射用微胶囊和微球等制剂的材料。也可以作为植入材料或可控制释放药物的载体使用,是一种可降解吸收生物材料。

③ 聚 2-羟基乙酸　与聚乳酸相似,2-羟基乙酸先二聚成六元环的乙交酯,再进一步开环聚合成相应的高分子量线形聚酯,通常采用氯化亚锡、辛酸亚锡或三氟化锑为阳离子引发剂,在 190℃下,聚合成聚氧乙酰(PGA),结晶性好,体内降解速度快。

④ 聚乙丙交酯　乙交酯和丙交酯可以共聚成聚乙丙交酯,其柔性优于 PLLA,改变两单体比,可调节共聚物的性质,如水解速度等。将乙交酯和 1,4-二氧环庚酮-2 共聚,得到的共聚物的抗辐射能力强,容易进行辐射消毒。乙交酯和 1,3 环己酮-2 的共聚物柔顺性好,可用来制造纤维手术缝合线。

2. 聚醚酯

PGA 和 PLLA 为高结晶性高分子,质地脆,柔顺性不够。可以采用柔顺性和生物吸收性好的聚醚酯,来弥补 PGA 和 PLLA 的不足。

以含醚键的内酯为单体通过开环聚合可得到聚醚酯。如由二氧六环开环聚合制备的聚二氧六环可以做单纤维手术缝合线。

表 6-4　一些可吸收性高分子材料(纤维)的性质[3]

高分子名称	单体	结晶度	T_m/℃	T_g/℃	T_{dec}/℃	强度/MPa	模量/GPa	伸长率/%	缝线制造
PGA	乙交酯	高	230	36	260	890	8.4	30	多股
	乙交酯								纤维
PLLA	L-乳酸	高	170	56	240	900	8.5	25	
PLA	消旋乳酸	不结晶	—	57					
polyglactin910	乙交酯和丙交酯	高	200	40	250	850	8.6	24	多股
polydioxanone	乙交酯和1,4-二氧环庚二酮	高	106	<20	190	490	2.1	35	单丝
polyglyconate	乙交酯和1,3-二氧环己二酮	高	213	<20	260	550	2.4	45	单丝

将乙交酯或丙交酯与聚醚二醇共聚,可得到聚醚聚酯嵌段共聚物。例如由乙交酯或丙交酯与聚乙二醇或聚丙二醇共聚,可得到聚乙醇酸-聚醚嵌段共聚物和聚乳酸-聚醚嵌段共聚物。在这些共聚物中,硬段和软段是相分离的,结果其机械性能和亲水性均得以改善。据报道,有 PGA 和聚乙二醇组成的低聚物可用作骨形成基体。

3. 聚酰胺酯

将吗啉-2,5-二酮衍生物进行开环聚合,可得到聚酰胺酯,其中酰胺键可赋予一定的免疫原性,而且通过酶和非酶催化降解,有可能使其在医学领域得到应用。

4. 聚原酸酯

原酸是指在一个碳原子上同时具有三个羟基的化合物。由于三个羟基的协调作用,酸性明显,所以归入酸类。原酸酯实质上是原酸与醇缩合生成的特殊醚类化合物。聚原酸酯是具有非均相降解机制的合成高分子材料,特别适用于药物缓释制剂材料。主链上具有酸敏感的原酯键,加入酸性或碱性赋形剂,就使药物具有控制释放行为。

目前应用于医学领域的聚原酯酸主要有三类[42-43]:① 二元醇与原酸酯或原碳酸酯经酯交换反应制备,如1,4-环己二甲醇与2,2-二乙氧基四氢呋喃(或2,2-二乙氧基-5-甲基-1,3-二氧戊烷)的聚合产物等。在体内降解后释放出有机酸。这类聚原酯酸主要作为药物控制释放载体,也可以作为烧伤部位的处理材料。② 双烯酮与二元醇反应形成的缩醛型聚合物,如3,9-双(2-叉-2,4,8,10-四恶螺(5,5))十一烷(DETOSU)与1,6-己二醇的缩聚物。反应在酸性条件下进行。③ 由烷基原酸酯与三元醇聚合制备。如1,2,6-己三醇与三甲基原乙酯酸进行酯交换反应制备,反应需要在无水条件下进行。产物呈疏水性,半固态,主要作为缓释药物的制剂材料。当加入三元醇时可以得到交联型聚合物。聚原酯酸在体内的降解过程中都有酸形成,因此具有自催化性质,降解速度会自动加快。

5. 聚碳酸酯

碳酸酯是羰基两边都含有氧原子的化合物,与通常的羧酸酯比较,水解能力更强,近年来作为生物可降解材料引起人们的广泛关注。聚碳酸酯可以分为脂肪族和含芳香主链的聚碳酸酯两类[44]:① 脂肪族聚碳酸酯,包括线性脂肪族聚碳酸酯、网状结构的脂肪族聚碳酸酯以及树型脂肪族聚碳酸酯,如聚三亚甲基碳酸酯(PTMC),由环状三亚甲基碳酸酯开环聚合得到,具有良好的生物相容性和生物可降解性,如可以在酶作用下降解,用于药物控制释放载体、手术缝合线、体内植入材料和体内支持材料;② 含芳香主链的聚碳酸酯,在聚碳酸酯的主链上引入含芳香基,可提高生物可降解聚碳酸酯的力学性能,在骨组织修复和固定材料领域中有着更为广泛的应用,如聚(酪氨酸酯对苯二甲酰胺)碳酸酯。

对聚碳酸酯进行功能化,如引入氨基、羟基和羧基等功能性的基团,可以方便将抗体、多肽类药物等生物活性物质接到高分子链上,扩大其医用范围。

6. 聚酸酐类[4,45]

聚酸酐中酸酐键不稳定,能水解成羧酸,降解过程发生在材料表面,属于非均相降解材料,降解机制为酸酐基团的随机、非酶性水解,降解速度快于其他类型的可生物降解高分子,特别适用于药物均衡释放控制材料。聚酸酐的结构通式如下:

$$\left[\text{C}-\text{R}_1-\text{C}-\text{O}\right]_x\left[\text{C}-\text{R}_2-\text{C}-\text{O}\right]_y$$

目前聚酸酐的合成要采用高真空熔融缩聚法才能得到分子量比较高的聚合物。原料多采用二元羧酸与乙酸酐,先生成混合酸酐预聚物,该预聚物在高真空熔融条件下发生缩聚反应,脱去乙酸酐得到产物。

根据原料的结构不同,常见的有脂肪族聚酸酐、芳香族聚酸酐、杂环族聚酸酐、聚酰酸酐、聚酰胺酸酐、聚氨酯酸酐及可交联聚酸酐等。虽然种类繁多,但是在药物缓释方面应用的主要是聚 1,3-双(对羧基苯氧基)丙烷-癸二酸、聚芥酸二聚体-癸二酸、聚富马酸-癸二酸等,这些聚酸酐在氯仿、二氯甲烷等溶剂中溶解度较好,熔点也比较低,易于加工成型,并且具有良好的机械强度和韧性。其结构如下:

$$\left[\text{O}-\text{C}-(\text{CH}_2)_8-\text{C}\right]_m\left[\text{O}-\text{C}-\bigcirc-\text{OCH}_2\text{CH}_2\text{CH}_2\text{O}-\bigcirc-\text{C}\right]_n$$

聚1,3-双(对羧基苯氧基)丙烷-癸二酸

$$\left[\text{O}-\text{C}-(\text{CH}_2)_8-\text{C}\right]_m\left[\text{O}-\text{C}-(\text{CH}_2)_{12}-\text{CH}-(\text{CH}_2)_{12}-\text{C}\right]_n$$

聚芥酸二聚体-癸二酸

$$\left[\text{O}-\text{C}-(\text{CH}_2)_8-\text{C}\right]_m\left[\text{O}-\text{C}-\text{CH}=\text{CH}-\text{C}\right]_n$$

聚富马酸-癸二酸

1987 年美国已经批准了聚酸酐的临床使用。当与抗肿瘤药物亚硝基脲混合制片,植入体内用于治疗脑瘤时,与静脉给药相比,药物半衰期从几十分钟延长到 4 个星期,大大提高了疗效。临床实践也证明聚酸酐以及体内代谢产物是安全的。

7. 聚磷嗪(聚磷氮烯)类

聚磷嗪是一类主链有氮磷原子交替连接的、具有线形共轭结构的聚合物,结构式如下:

$$\left[\text{N}=\text{P}\right]_n$$

保持磷氮主链不变，改变侧基，可以合成多种聚磷氮烯，现已制得 700 多种。引入不同侧基，聚磷氮烯性能的变化范围甚广，为其他聚合物所不及：可从低温弹性体、生物材料、聚合物药物、水凝胶、液晶材料、阻燃纤维，一直到半导体材料等。在磷原子上很容易引入其他官能团或者取代基，来改变其物理化学性质，得到不同性能的高分子材料，以适应于制备多种药物控制释放体系。侧基对聚磷嗪性能的影响见表 6-5。

表 6-5　侧基对聚磷嗪性能的影响[46]

基团	性能	基团	性能
OC_2H_5	弹性体	$OCH_2CH_2OCH_2CH_2OCH_3$	水溶性
OCH_2CF_3	疏水微结晶热塑性	$OCH_2CH(OH)CH_2OH$	水溶性，可生物降解
$OCH_2CF_3+OCH_2(CF_2)_xCF_2H$	弹性体（低 T_g）	Glycosyl	水溶性
OC_6H_5	疏水微结晶热塑性	$NHCH_2COOC_2H_5$	可生物降解
$OC_6H_5+OC_6H_4R$	弹性体	$OC_6H_5P(C_6H_5)_2$	过渡金属的络合配体
$NHCH_3$	水溶性	茂铁基	电极介体聚合物

聚磷嗪的合成，以五氯化磷和氯化铵为原料，先生成环状三聚体，再加热进行开环聚合，获得大分子聚磷嗪。

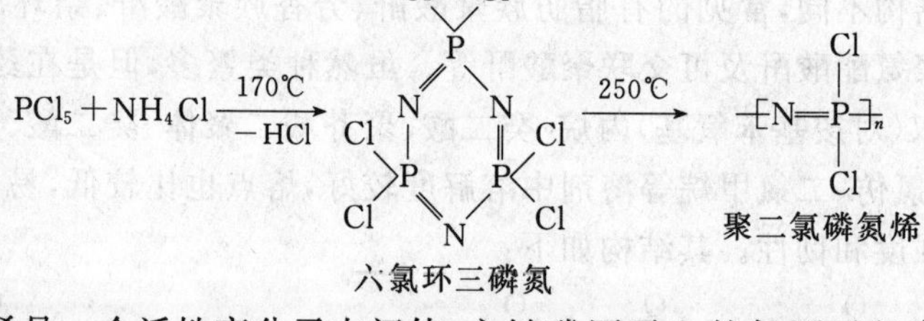

六氯环三磷氮　　　　　聚二氯磷氮烯

聚二氯磷氮烯是一个活性高分子中间体，主链磷原子上的氯原子很容易通过亲核取代反应引入烷氧基、伯氨基或仲氨基，形成侧链含有不同取代基的聚磷嗪衍生物。其性质从非晶态的弹性体到玻璃体，从脂溶性到水溶性，可以获得物理化学性质完全不同的聚合物。通过结构改造得到的疏水性聚磷嗪可以制备聚磷嗪膜包埋缓释药物，或者与药物混合打片制备植入型或微球静脉型缓释剂。亲水型聚磷嗪主要作为水凝胶型释药基质。聚磷嗪类生物可降解高分子是非常有发展前途的药用高分子材料。

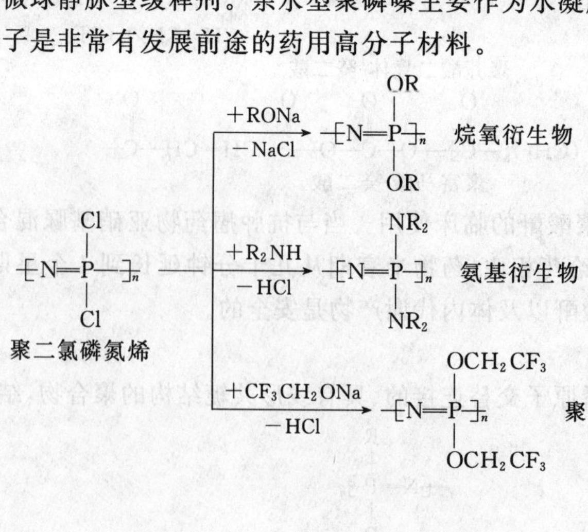

聚二氯磷氮烯

6.6　药用高分子材料

按应用目的,可将药用高分子材料分为药用辅助材料、高分子药物和高分子药物缓释材料等。

6.6.1　药用辅助材料[1-4,47]

药用辅助高分子材料本身不具备药理和生理活性,仅在药品制剂加工中添加,以改善药物使用性能。例如填料、稀释剂、润滑剂、黏合剂、崩解剂、糖包衣和胶囊壳等,如表 6-6。

表 6-6　药用辅助高分子材料[47]

填充材料	润湿剂	聚乙二醇、聚山梨醇酯、环氧乙烷和环氧丙烷共聚物、聚乙二醇油酸酯等
	稀释吸收剂	微晶纤维素、粉状纤维素、糊精、淀粉、预胶化淀粉、乳糖等
黏合剂和黏附材料	黏合剂	淀粉、预胶化淀粉、羧甲基纤维素钠、微晶纤维素、乙基纤维素、甲基纤维素、羟丙基纤维素、西黄蓍胶、琼脂、葡聚糖、聚乙烯吡咯烷酮、海藻酸、聚丙烯酸、糊精、瓜尔胶等
	黏附材料	纤维素醚类、海藻酸钠、聚丙烯酸、透明质酸、聚天冬氨酸、聚谷氨酸、聚乙烯醇及其共聚物、聚乙烯吡咯烷酮及其共聚物、瓜尔胶、羧甲基纤维素钠等
崩解性材料		交联羧甲基纤维素钠、微晶纤维素、海藻酸、明胶、交联聚乙烯吡咯烷酮、羧甲基淀粉钠、淀粉、预胶化淀粉等
包衣膜材料	成膜材料	明胶、阿拉伯胶、虫胶、琼脂、海藻酸及其盐、淀粉、糊精、玉米朊、纤维素衍生物、聚丙烯酸、乙烯-醋酸乙烯酯共聚物、聚乙烯胺、聚乙烯吡咯烷酮、聚乙烯氨基缩醛衍生物、聚乙烯醇等
	包衣材料	羟丙基甲基纤维素、羟丙基纤维素、乙基纤维素、醋酸纤维素钛酸酯、羟乙基纤维素、羧甲基纤维素钠、甲基纤维素、羟丙基甲基纤维素钛酸酯、玉米朊、聚乙二醇、聚乙烯吡咯烷酮、聚丙烯酸酯树脂类(甲基丙烯酸酯、丙烯酸酯和甲基丙烯酸等的共聚物)、聚乙烯缩乙醛二乙胺醋酸酯等
保湿材料	凝胶剂	天然高分子(琼脂、黄原胶、海藻酸、果胶等),纤维素类衍生物(甲基纤维素、羧甲基纤维素、羧乙基纤维素等),合成高分子(聚丙烯酸水凝胶、聚氧乙烯/聚氧丙烯嵌段共聚物等)
	疏水油类	羊毛脂、胆固醇、低相对分子质量聚乙二醇(平均相对分子质量在 200~700 之间)、聚氧乙烯山梨醇等

按来源,可将药用高分子材料分为天然、改性和人工合成的三类。

1. 天然高分子材料

动物类有甲壳素、壳聚糖、明胶、虫胶、白蛋白、血红蛋白和酪蛋白等;植物类有淀粉、预胶化淀粉、微晶纤维素、粉状纤维素、西黄蓍胶、阿拉伯胶、果胶、黄原胶、瓜耳胶、海藻酸钠、琼脂、玉米朊等。

2. 改性天然高分子材料

淀粉衍生物,包括羧甲基淀粉钠、蔗糖糊精共聚物、麦芽糖糊精和接枝淀粉等,纤维素衍生物包括甲基纤维素、乙基纤维素、羟乙基纤维素、羟丙基纤维素、羟丙甲纤维素、羧甲基纤维素钠、交联羧甲基纤维素钠、羟丙甲纤维素酞酸醋、羟丙甲纤维素酸醋、醋酸纤维素、醋酸纤维素和醋酸纤维素苯三酸酯等。

3. 人工合成高分子

聚烯烃类包括聚乙烯醇、聚维酮、乙烯-醋酸乙烯酯共聚物和聚异丁烯压敏胶等。聚丙烯酸类包括丙烯酸树脂、硝基乙烯-蔗糖或季戊四醇共聚物和聚丙烯酸酯压敏胶。聚氧乙烯类包括聚乙二醇、聚氧化乙烯、聚氧乙烯-聚氧丙烯共聚物和聚氧乙烯脂肪酸等。有机硅类包括二甲基硅氧烷、硅橡胶和硅橡胶压敏胶等。聚酯类包括聚乳酸、聚乙交酯-丙交酯、聚氰基烷基氨基酯、聚癸二酸二壬酯、聚醚聚氨酯和聚磷腈等。

6.6.2　高分子药物

与药用辅助高分子材料不同,高分子药物依靠连接在大分子链上的药理活性基团或高分子本身的药理作用,进入人体后,能与机体组织发生生理反应,从而产生医疗或预防效果。高分子药物可分为高分子载体药物、微胶囊化药物和药理活性高分子药物。

1. 高分子载体药物

低分子药物分子中常含有氨基、羧基、羟基和酯基等活性基团,这些基团可以与高分子反应,结合在一起,形成高分子载体药物。高分子载体药物中产生药效的仅仅是低分子药物部分,高分子部分只减慢药剂在体内的溶解和酶解速度,达到缓/控释放、长效和产生定点药效等目的。例如将普通青霉素与乙烯醇-乙烯胺(2%)共聚物以酰胺键结合,得到水溶性的青霉素,其药效可延长 30～40

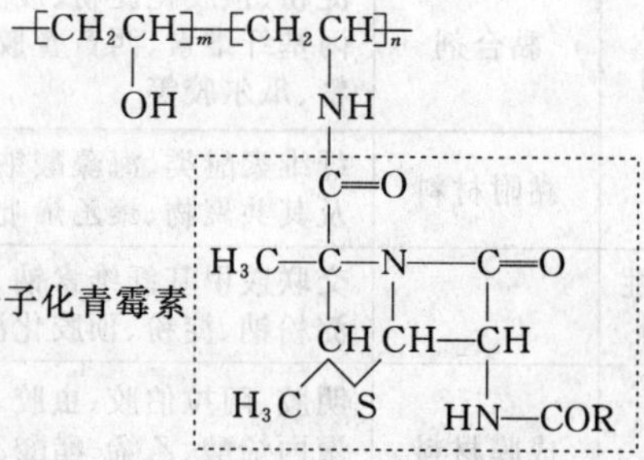

图 6 - 2　乙烯醇-乙烯胺共聚物载体青霉素

倍,而成为长效青霉素(图 6 - 2)。四环素与聚丙烯酸络合、阿司匹林中的羧基与聚乙烯醇或醋酸纤维素中的羟基进行熔融酯化,均可成为长效制剂[46]。

低分子药物与高分子的结合可设计成下式,分子链中包括药物(D)、连接基(S)、输送基(T)和增溶基(E)四类基团。

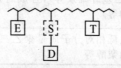

药物通过连接基与高分子相连,暂时结合,经体液水解或酶解,再断裂释放,输送基的作用是将药物输送到特定的组织细胞,增溶基的作用(如羧酸盐、磺酸盐和季胺)则是使药物整体溶于水。上述四种基团可以通过共聚、嵌段或接枝等方法结合在一起。

高分子载体药物除了上述模型外,四类基团还可以其他方式组合成多种模型,如药理活性基团位于主链中或两端的主链型或端基型。

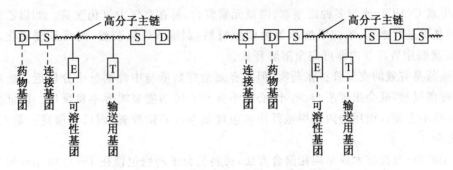

图6-3　端基型和主链型高分子载体药物模

常用的合成方法是缩聚和活性基团反应。可供利用的高分子骨架主要有聚(甲基)丙烯酸、聚乙烯醇、聚丙烯酰胺和纤维素衍生物等含有活性基团的聚合物。

2. 微胶囊化药物

微胶囊是指以高分子膜为外壳来密封保护药物的微小包囊物。以鱼肝油丸为例,外面是明胶胶囊,里面是液态鱼肝油。经过这样处理,液体鱼肝油就转变成了固体粒子,便于服用。微胶囊药物的粒径要比传统鱼肝油丸小得多,一般为 $5\sim200~\mu m$。

微胶囊内容物称为芯(core)、核(nucleus)或填充物(fill);外壁称为皮(skin)、壳(shell)或保护膜。囊中物可以是液体、固体粉末,也可以是气体。

按应用目的和制造工艺不同,微胶囊的大小和形状变化很大,包裹形式多样,如图6-4。

图6-4　微胶囊的类型

药物微胶囊化后,有不少优点:药物经囊壁渗透或药膜被浸蚀溶解后才逐渐释放出来,延缓、控制药物释放速度,提高药物的疗效;避免药物与人体的直接接触,并掩蔽或减弱了药物的毒性、刺激性和苦味等;微胶囊化的药物与空气隔绝,可以防止储存药物的氧化、吸潮和变色等,增加贮存稳定性。

在常用的微胶囊材料中,除了天然的骨胶、明胶、阿拉伯胶、琼脂等和半合成的乙基纤维素、羧甲基纤维素、醋酸纤维素等聚合物外,还有聚葡萄糖酸、聚乳酸、乳酸与氨基酸的共聚物、甲基丙烯酸甲酯与甲基丙烯酸-β-乙酯的共聚物等合成聚合物。

药物微胶囊化的实施方法很多,可以归纳成以下几类:① 化学方法,包括界面聚合法、原位聚合法、聚合物快速不溶解法等;② 物理化学方法,包括水溶液中相分离法、有机溶剂中相分离法、溶液中干燥法、溶液蒸发法、粉末床法等;③ 物理方法,包括空气悬浮涂层法、喷雾干燥法、真空喷涂法、静电气溶胶法、多孔离心法等[2]。

在上述三大类制备微胶囊的方法中,物理方法需要较复杂的设备,投资较大,而化学方法和物理化学方法一般通过反应釜即可进行,因此应用较多。

微胶囊药物应用颇广,例子很多:如用聚乳酸包埋抗癌药物丝裂霉素 C,以患肉瘤和乳腺癌的老鼠为试验对象,一次投药量 20 mg/(kg 体重),十天投药一次,结果癌细胞抑制率达85%;而服用未微胶囊化药物的老鼠,则 75%死亡,可见微胶囊药物改进了疗效。

维生素 C(VC),或与多种维生素、微量元素复合,易在空气中氧化变黄。如以乙基纤维素、羟丙基甲基纤维素、苯二甲酸酯等为壁膜材料,制成 VC 微胶囊,则可延缓氧化。此种 VC 微胶囊服用后,2 h 内即可完全溶解释放。

氨茶碱是有效的支气管扩张药物,但其有效治疗剂量与中毒剂量十分接近。血液中氨茶碱浓度稍过量,就会出现恶心、呕吐、心律不齐和心肺功能衰竭等不良反应。降低药量频繁进药,颇不方便。而用羟丙基甲基纤维素包埋氨茶碱的微胶囊,则可克服这一缺点,既缓释,又安全。

利用溶胶-凝胶技术或非均相聚合方法,可将低分子药物包埋在 1~1 000 μm 聚合物微胶囊内。以肠溶片为例,选用天然虫胶作包衣,在胃酸环境中 6.5 h 不溶解,进入十二指肠微碱性环境,12 min 即可溶解,达到肠溶定位给药的目的。又如用阳离子丙烯酸酯树脂为衣,制备免疫兴奋剂(Glycoprotein B)的微胶囊,可提高药物的储存稳定性,这种微胶囊在 37℃,pH=1~3 介质中 30 min 可充分溶解,在人体胃液中能溶解并吸收,适合儿童口服。

3. 药理活性高分子药物

药理活性高分子药物是真正意义上的高分子药物。它们本身具有与人体生理组织作用的物理、化学性质,从而能克服肌体的功能障碍,治愈人体组织的病变,促进人体的康复。药理活性高分子药物可分为天然和人工合成两类。

天然高分子药物包括激素、肝素、葡萄糖和酶制剂等。人工合成高分子包括聚阳离子季铵盐、聚丙烯酰胺、聚乙烯磺酸钠等,如表 6-7 所示。

表 6-7 为具有药理活性的高分子材料

聚合物	主链结构	作用
聚阳离子季铵盐	$BrCH_2$-⟨⟩-CH_2-$\overset{R}{\underset{R}{N^+}}$-$CH_2$-x-$CH_2$-$\overset{R}{\underset{R}{N^+}}$-$CH_2CH_2$-$\overset{CH_3}{\underset{CH_3}{N}}$ · $2nBr^-$	治疗痉挛性疾病
	-$\overset{R}{\underset{R}{N^+}}$-$X^-$-$(CH_2)_n$-$\overset{R}{\underset{R}{N^+}}$-$X^-$-$(CH_2)_n$-　　　　⟨⟩ R:—CH_3、—$(CH_2)_nCH_3$、—CH_2Ph 等,X 为 Cl、Br 等离子	杀菌剂
	$\overset{}{[CH_2-CH]_n}$ $\underset{R_1　R_2　R_3}{N^+ X^-}$　　R_1,R_2,R_3 为—CH_3、—$(CH_2)_nCH_3$、—CH_2Ph 等 　　　　　　　X:Cl、Br 等离子,Ph 为 ⟨⟩	杀菌剂
二乙烯基醚与顺丁酸二酸酐共聚物	(结构式)　$[\cdots O \cdots COO^-Na \cdots COO^-Na]_x$ $[\cdots O \cdots COO^-Na]_y$　Na^+OOC　COO^-Na	干扰素引发剂

续　表

聚合物	主链结构	作用
聚丙烯酰胺	$-[CH_2-CH-]_n$ 　　　CONH$_2$	减缓动脉硬化
聚乙烯磺酸钠	$-[CH_2-CH-]_n$ 　　　SO$_3$Na	血栓性静脉盐
葡萄糖磺酸钠	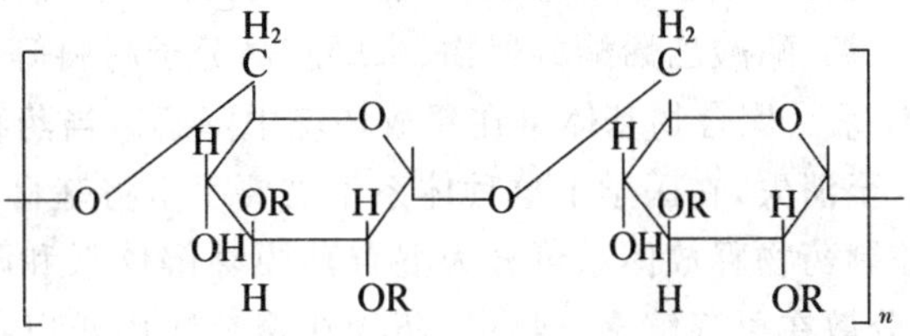	抗凝血药物

通常情况下,人工合成药理活性高分子必须达到一定的分子量才能显示药理活性,如很多聚氨基酸具有良好的抗菌活性,但其相应的低分子氨基酸却无药理活性。如表 6-8 所示,2.5 μg/mL 的聚 L-赖氨酸可以抑制 E. Coli 菌(大肠杆菌),但 L-赖氨酸却无此药理活性,赖氨酸二聚体的浓度要高至聚 L-赖氨酸的 180 倍才显示出相同的效果。对 S. Aureus 菌(金黄色葡萄球菌)的抑制能力基本上也遵循此规律。

表 6-8　分子结构对药物活性的影响[2]

名称	有效投药量/(μg/mL)		名称	有效投药量/(μg/mL)	
	E. *coli* 菌	S. *aureus* 菌		E. *coli* 菌	S. *aureus* 菌
L-赖氨酸	—	—	DL-鸟氨酸	—	—
二聚 L-赖氨酸	450	—	聚 DL-鸟氨酸	10	5
聚 L-赖氨酸	2.5	1	DL-精氨酸	—	—
聚 DL-赖氨酸	5	3	聚 DL-精氨酸	10	5

6.6.3　高分子药物缓释材料

高分子药物控制释放体系,就是利用天然或合成的高分子作为药物载体或介质,制成一定的剂型,服用后,在人体内控制或减缓药物的释放速度,使药物按设计量,在要求的时间内,通过扩散或其他途径,以一定的速度缓慢释放到特定部位,以期更好地治疗疾病。

高分子药物控制释放与常规释放相比有下列优点:① 药物释放到环境中的浓度比较稳定。服用常规药物后,药物浓度迅速上升至最大值,经代谢、排泄,又迅速降低,很难长期将药物控制在最小有效浓度和最大安全浓度之间;② 控制释放药剂能将药物较长时间地控制在有效浓度范围内,药物利用率高,可达 80%～90%;③ 能够让药物的释放部位尽可能接近病源,提高药效,避免全身性的副作用;④ 可以减少用药次数。避免多次服药而产生的药物浓度高峰,使用更安全[48]。

高分子材料作为药物控制释放载体已成为最热门的研究方向之一。

1. 药物控制释放机理

高分子药物控制机理可分为以下四种[48-49]：

① 扩散控制药物释放体系　该种体系分为储藏型和基质型两种。在储藏型中，药物被聚合物包埋，通过扩散，透过聚合物，才释放到环境中。在基质型中，药物是以溶解或分散的形式和聚合物结合在一起的。对于非生物降解型高分子材料，药物在聚合物中的溶解性是其释放状态的控制因子。对于生物降解型高分子材料，药物释放的状态既可受其在聚合物中溶解性的控制，也可受到降解速度控制。如果降解速度大大低于扩散速度，扩散成为释放的控制因素；反之，如果药物在聚合物中难以移动，则降解成为释放的控制因素。常用的高分子包括有机硅橡胶、乙烯-醋酸乙烯酯共聚物、水凝胶高分子材料等。

② 化学控制释放体系　聚合物基体可在释放环境中降解。当药物释放完毕后，聚合物基材也可以完全降解以至消失，在医学上这种体系不需要手术将基材从体内取出，给病人带来很大的方便。化学控制药物释放体系可分为混合药膜降解体系和降解大分子药物体系。混合药膜体系中，药物分散在可降解聚合物中，药物在聚合物中难以扩散，其释放只有在外层聚合物降解后才能实现。在降解大分子药物体系中，药物通过化学键与聚合物相连，或药物分子之间以化学键相连，药物的释放必须通过水解或酶解来进行。用于该体系的聚合物可以是能降解的，也可以是不能降解的。前者多用于靶向体系，而后者多用于需要长时间控制释放的植入材料，要求这两种聚合物都不与生物体产生不良反应。

③ 溶剂活化控制药物释放体系　聚合物作为药物载体，药物通过渗透和溶胀机理控制药物释放。前者运用半透膜的渗透原理工作，药物释放受到药物溶解度的影响，而与药物的其他性质无关；后者是运用溶胀现象来释放药物，药物通常被溶解或分散在聚合物中，开始时并无药物扩散，当溶剂扩散到聚合物中，聚合物开始溶胀，高分子链松弛，药物才被扩散出去。因此，在这种控制中，需要可以溶胀高分子材料为药物载体。如 EVA、PVA、甲基丙烯酸-2-羟基己酯（HAMA）等。

④ 磁性药物控制释放系统　由分散于高分子载体骨架中的药物和磁粒组成，药物释放速率由外界振动磁场控制。在外磁场的作用下，磁粒在高分子载体骨架内移动，同时带动磁粒附近的药物一起移动，从而使药物释放，其中高分子载体骨架和外磁场是影响药物释放的主导因素，如果将大分子药物和磁微粒分散于 EVA 中，可利用外部磁场来大大提高药物的释放速率。

2. 高分子药物缓释载体材料

① 天然高分子载体　天然高分子一般具有较好的生物相容性和细胞亲和性，因此可选作高分子药物载体材料，目前应用的主要有壳聚糖、海藻酸、琼脂、纤维蛋白和胶原蛋白等。

② 合成高分子载体　聚磷酸酯、聚氨酯和聚酸酐类不仅具有良好的生物相容性和生理性能，而且可以生物降解。例如聚天冬氨酸衍生物可以选作顺铂的高分子载体。

水凝胶是当前药物释放体系研究的热点材料之一。亲水凝胶为电中性或离子性高分子材料，其中含有亲水基—OH、—COOH、—CONH$_2$、—SO$_3$H，在生理条件下凝胶可吸水膨胀 10％～98％，并在骨架中保留相当一部分水分，因此具有优良的理化性质和生物学性质。可以用于：① 大分子药物（如胰岛素、酶）；② 不溶于水的药物（如类固醇）；③ 疫苗抗原的控制释放。如将抗肿瘤药物博莱霉素混入用羟丙基纤维素（HPC）交联聚丙烯酸和粉状聚乙醚（PEO）制成的片剂，在人体内持续释放时间可达 23 h 以上。

经过半个多世纪的发展,生物医用高分子材料已经广泛应用在整个医学领域,取得了显著的成绩。但是,随心所欲地使用高分子材料来置换人体病变脏器,依然尚远,需要更为深入地研究。目前来说,生物医用高分子材料的研究主要集中在以下几个方面:(1) 人工脏器的生物功能化、小型化和体植化,即使得人工脏器能够具有生物功能性,复制人体组织的物理化学性质,永久性地植入体内;(2) 高抗血栓高分子材料的研制,解决因凝血问题而导致许多人工脏器换植手术的失败;(3) 新型医用高分子材料的研制,进一步开发功能化更丰富的医用高分子材料,为各种各样的人体器官的制造提供原材料;(4) 加强医用高分子材料的临床应用推广,加快从实验室到临床的推广应用,实现医用高分子材料的进一步完善。总之,医用高分子材料的研究对人类文明的发展具有重要的现实意义,有着广阔的应用前景。

参考文献

[1] 马建标,李晨曦. 功能高分子材料[M]. 北京:化工出版社,2000.

[2] 王国建,王德海,邱军,等. 功能高分子材料[M]. 上海:华东理工大学出版社,2006.

[3] 张宝华,张剑秋. 精细高分子合成与性能[M]. 北京:化学工业出版社,2005.

[4] 赵文元,王亦军. 功能高分子材料[M]. 北京:化学工业出版社,2007.

[5] Davie E. W., Fujikawa K. Basic mechanisms in blood coagulation *Ann. Rew. Biochem.* 1975, 44:799.

[6] Kjellander R., Florin E. Water structure and changes in thermal stability of the system poly (ethylene oxide)—water *J. Chem. Soc. Faraday Trans. I* 1981, 77:2053.

[7] Merrill E. W., Salzman E. W. Platelet aggregation by fibrinogen polymers crosslinked across the E domain *Am. Soc. Artif. Intern. Org.* J. 1983, 6:60.

[8] Nagaoka S., Mori Y., Takiuchi H., Yokota K., Tanzawa H., Nishumi S. In: Shalaby S. W., Hoffman A. S., Ratner B. D., Horbett T. A., editors. Platelet adhesion onto segmented polyurethane film surfaces modified by addition and crosslinking of PEO-containing block copolymers *Polymers as biomaterials*. New York: Plenum Press, 1984.

[9] Lee J. H., Lee H. B., Andrade J. D., Blood compatibility of polyethylene oxide surfaces. *Prog. Polym. Sci.* 1995, 20:1043.

[10] Lin S. C. Beahan P., Hull D. A NEW WAY FOR ATTACHING HYDROGELS ON TO THE SURFACE OF SILICONE RUBBER Trans. Soc. Biomater. 1982, 5:86.

[11] Andrade J. D. Interfacial phenomena and biomaterials. *Med. Instrum.* 1973, 7:110.

[12] Coleman D. I., Gregonis D. E., Andrade J. D. Preparation of poly(ethylene glycol)—polystyrene block copolymers using photochemistry of dithiocarbamate as a reduced cell-adhesive coating material *J. Biomed. Mater. Res.* 1982, 16:381.

[13] Gott V. L., Whiffen J. D., Dutton R. C.. Heparin bonding on colloidal graphite surfaces *Science* 1963, 142:1297.

[14] Park K. D., Okano T., Nojiri C., Kim S. W., In vitro blood compatibility of functional group-grafted and heparin-immobilized polyurethanes prepared by plasma glow discharge. *J. Biomed. Mater. Res.* 1998, 22:977.

[15] Park K. D., Kim Y. S., Han D. K., Kim Y. H., Lee E. H. B., Suh H., Choi K. S. Bacterial adhesion on PEG modified polyurethane surfaces *Biomaterials* 1998, 19:951.

[16] Wang A. F. Che B., Li Y. Y., Lin S. C. 纤维素/甲壳素共混膜的结构表征与抗凝血性能. *Acta Polymerica Sinica* 1998, 4:465.

[17] Bernacca G. M., Gulbransen M. J., Wilkinson R., Wheatley D. J. In vitro blood compatibility of surface-modified polyurethanes *Biomaterials* 1998, 19: 1151.

[18] Bae J. S., Seo E. J., Kang I. K., Synthesis and characterization of heparinized polyurethanes using plasma glow discharge. *Biomaterials* 1999, 20: 529.

[19] Kang I. K., Seo E. J., Huh M. W., Kim K. H. Surface characterization and antibacterial activity of chitosan-grafted poly (ethylene terephthalate) prepared by plasma glow discharge *J. Biomater. Sci. Polym. Edn* 2001, 12: 1091.

[20] 文志红,邬素华,陈维涛. 医用肝素化抗凝血高分子材料的研究进展[J]. 塑料,2005,34(2):26～32.

[21] 王洪祚,杨延武. 抗凝血高分子[J]. 功能高分子学报,1989(6):81～86.

[22] 林思聪. 高分子生物材料分子工程研究进展[J]. 高分子通报,1997(1):1～7.

[23] Ishihara K., Fukumoto K., Iwasaki Y., Nakabayashi N. Modification of polysulfone with phospholipid polymer for improvement of the blood compatibility. Part 2. Protein adsorption and platelet adhesion *Biomaterials*, 1999, 20: 1545.

[24] Ishihara K., Fukumoto K., Iwasaki Y., Nakabayashi N. Modification of polysulfone with phospholipid polymer for improvement of the blood compatibility. Part 2. Protein adsorption and platelet adhesion *Biomaterials*, 1999, 20: 1553.

[25] Ishihara K., Tanaka S., Fukukawa N., Kurita K., Nakabayashi N. Evaluation of 2-methacryloyloxyethyl phosphorylcholine (MPC) polymer-coated dressing on surgical operation *J. Biomed. Mater. Res*, 1996, 32: 391.

[26] Ishihara K., Shibata N., Tanaka S., Iwasaki Y., Kurosaki T., Nakabayashi N. Novel Elastomers for Biomedical Applications *J. Biomed. Mater. Res.* 1996, 32: 401.

[27] Ishihara K., Yoneyama T., Ito M., Mishima Y., Nakabayashi N. Opportunities for Axon Repair in the CNS: Use of Microglia and Biopolymer Compositions *J. Biomed. Mater. Res. Appl. Biomater*, 1998, 41: 15.

[28] Yoneyama T., Sugihara K., Ishihara K., Iwasaki Y. The vascular prosthesis without pseudointima prepared by antithrombogenic phospholipid polymer *Biomaterials*, 2002, 23: 1455.

[29] Kober M., Wesslen B. Platelet adhesion onto segmented polyurethane film surfaces modified by addition and crosslinking of PEO-containing block copolymers *J., Polym. Sci. Polym. Chem*, 1992, 30: 1061.

[30] Kober M., Wesslen B. Surface properties of a segmented polyurethane containing amphiphilic polymers as additives *J., Appl. Polym. Sci*, 1994, 54: 793.

[31] Frei-Larsson C., Nylander T., Jannasch P., Wesslen B. *Biomaterials*, 1996, 17: 2199.

[32] Wang D. A., Ji J., Feng L. X. Blends of stearyl poly(ethylene oxide) coupling-polymer in chitosan as coating materials for polyurethane intravascular catheters *Macromolecules*, 2000, 33: 8472.

[33] Lewis A. L., Hughes P. D., Kirkwood L. C., Leppard S. W., Redman R. P., Tolhurst L., Stratford P. W. Synthesis and characterisation of phosphorylcholine-based polymers useful for coating blood filtration devices *Biomaterials*, 2000, 21: 1847.

[34] Brynda E., Houska M. Adsorption of polyelectrolyte multilayers on polymer surfaces *J. Colliod Interface Sci*, 1996, 183: 18.

[35] 武卫莉,张琦,徐国志. 硅橡胶、聚氨酯医用材料[J]. 高分子通报,2005(3):96～99.

[36] 张承焱. 漫谈医用聚氨酯[J]. 世界橡胶工业,2003,30(5):45～48.

[37] 张国栋,冯新德,顾忠伟. 端基含葡氨糖衍生物的聚乳酸的合成与表征[J]. 高分子学报,1998(4):509～512.

[38] 宋谋道,朱吉亮,张邦华等.聚乙二醇改性聚乳酸的研究[J].高分子学报,1998(4):454～458.

[39] Decort S. , et al. , Specific Types of Neurotoxins J. *Appplied Polym. Sci.* , 1997, 63 (16)：1865～1872.

[40] Macirj B. , et al. , *Makromol. Chem.* , 1993, 194：907～912.

[41] Stevels,. Block copolymers of poly(L-lactide) and poly(ε-caprolactone) or poly(ethylene glycol) prepared by reactive extrusion *J. Appplied Polym. Sci.* , 1996, 62：1295～1301.

[42] 魏民,常津,姚康德.生物可降解高分子材料——聚原酸酯[J].北京生物医学工程,1999,18(1)：60～64.

[43] Heller J. , Separer R. V. , Zentenner G. M.. Polylotherester, in biodegradable polymers as drug Delivery Systems New York. Marcal Sekker, 1990.

[44] 李峰,冯俊,卓仁禧.生物可降解聚碳酸酯研究进展[J].高分子材料工程,2005,21(1):57～61.

[45] 陈先红,郑建华.生物降解高分子材料——聚酸酐的研究进展[J].高分子材料科学与工程,2003,19(5):31～35

[46] 潘祖仁主编.高分子化学(增强版)[M].北京:化学工业出版社,2007.

[47] 王国建,刘琳.特种与功能高分子[M].北京:中国石化出版社,2004.

[48] 郑巧东,高春燕,陈双林.药物控制释放研究及应用[J].浙江化工,2003,34(5):26～29.

[49] 田威,范晓东,陈卫星,刘郁扬.药物控制释放高分子载体的研究进展[J].高分子材料,2006,22(4):19～24.

思考题

1. 医用高分子材料有哪些分类方法? 与常规高分子材料相比,对医用高分子材料的要求有何不同?

2. 什么是凝血? 如何减少生物医用高分子材料的凝血现象?

3. 什么是高分子材料的生物相容性? 与传统高分子材料的相容性有何不同?

4. 什么是材料的生物惰性? 为什么聚四氟乙烯能作为人造肾脏的材料?

5. 什么是生物吸收高分子材料? 该材料一般具有哪些结构特征?

6. 化学合成的生物吸收高分子材料主要有哪些?

7. 高分子药物控制机理有哪些? 与常规释放药物相比,高分子药物控制释放具有哪些优点?

8. 哪些是影响高分子材料降解的主要因素?

第7章 高性能高分子材料

高性能高分子
材料应用

高性能高分子材料是指具有高比刚度(模量)、高比强度、高耐热、高温抗氧、高抗疲劳、高抗蠕变、高耐磨损及高尺寸稳定性等一系列优异性能的高分子材料。一般而言,高性能高分子材料包括纯的聚合物、聚合物共混物和聚合物基复合材料,但最主要的还是聚合物基复合材料。聚合物基复合材料中的聚合物基体的性能是制备聚合物复合材料的关键。本章重点介绍几种典型的高性能高分子材料。

7.1 耐高温高分子材料

航天、军事等特殊场合需要耐高温材料,耐高温材料的主要特点是具有高的热稳定性,一般要求能在 300℃ 以上长期使用而基本性能无变化,这就要求树脂能够在高温下热稳定不分解和不熔不软化。典型的耐高温高分子材料有聚酰亚胺、聚醚醚酮树脂和聚苯硫醚树脂等。

7.1.1 聚酰亚胺

聚酰亚胺一般由二元酐和二元胺缩聚而得。根据结构,聚酰亚胺可分为脂肪链聚酰亚胺和芳香链聚酰亚胺。脂肪链聚酰亚胺不耐高温,实用性差。芳香族聚酰亚胺耐高温性能好。按扩链和交联反应的类型,聚酰亚胺也可分为缩聚型和加聚型两类。

1. 缩聚型聚酰亚胺[1-2]

由芳香族二元胺和芳香族二酐(或芳香族四羧酸或芳香族四羧酸的二烷酯)为原料制备。制备过程由缩聚和酰亚胺化两步组成。第一步是在极性溶剂(DMF、DMAc、NMP、DMSO)中生成高分子量的线形聚酰胺酸预聚体,该过程可在室温下瞬时完成。第二步在加热和加压条件下,从聚酰胺酸溶液脱除水或烷基醇,通过酰亚胺化(环化)或固化生成聚酰亚胺。例如由均苯四酸二酐和 4,4′-二氨基二苯醚制备的聚酰亚胺,反应过程如下:

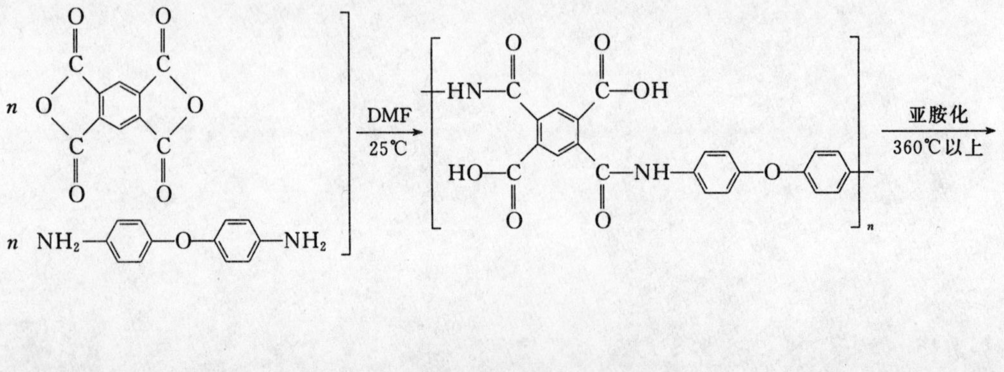

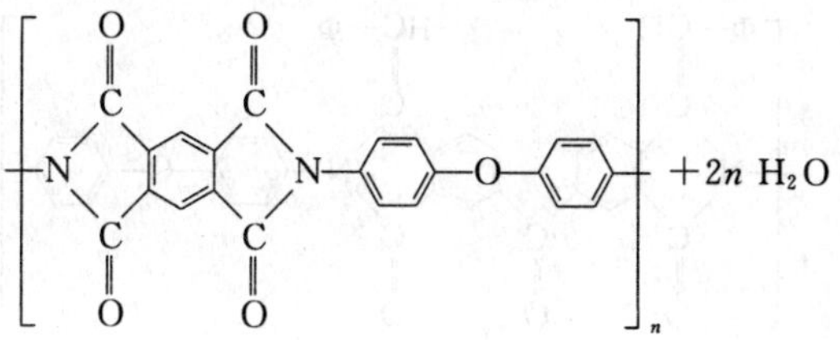

$$+2n\ H_2O$$

由于第二步反应温度高,有小分子放出,易产生气孔,导致产品质量下降。改进的合成路线有两个:① 先合成聚酰亚胺的前驱物——聚异酰亚胺,再异构化成聚酰亚胺,异构化反应过程中无小分子放出[3];② 四酸和二胺先形成尼龙盐,而后加热脱水生成聚酰亚胺,在反应中避免使用高沸点的极性溶剂,某些品种还可在抽气挤出机挤出造粒[4]。

均苯四酐二苯酰亚胺是最早商品化的聚酰亚胺,但其不溶于有机溶剂,加工性能差,因而在使用上受到限制。因此可溶可熔性聚酰亚胺的发展就受到越来越多的重视。目前改进聚酰亚胺的主要途径有以下四个:① 在高分子主链中引入柔性大、热稳定性高的化学键,如醚键、C=O、—C(CF₃)₂ 等[2,5];② 在高分子主链中引入结构不对称和热稳定性高的取代基团,如间亚苯基或邻位亚苯基,或者采用具有非平面扭曲结构的聚酰亚胺单体;③ 引入大的侧基,例如苯基或芴基等;④ 使高分子链具有很大的不对称性,例如采用两种不同的二元酐或两种不同的二元胺进行共缩聚。目前已合成出的可溶可熔性聚酰亚胺如下[2]:

① 醚酐型聚酰亚胺

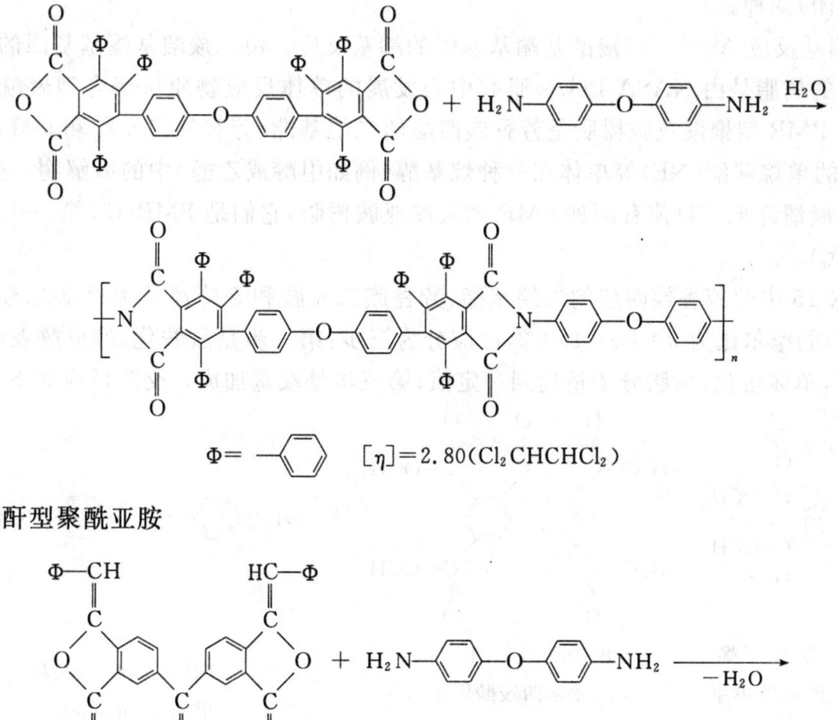

$$\Phi = \text{—}\bigcirc \qquad [\eta] = 2.80(Cl_2CHCHCl_2)$$

② 酮酐型聚酰亚胺

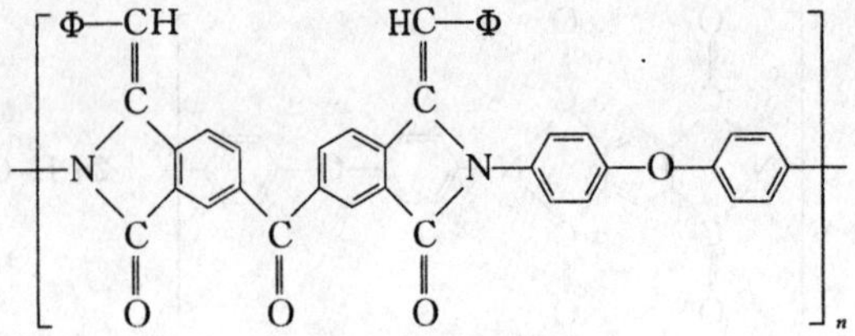

$$\eta_{inh}=0.79(间甲酚)$$

③ 含氟聚酰亚胺

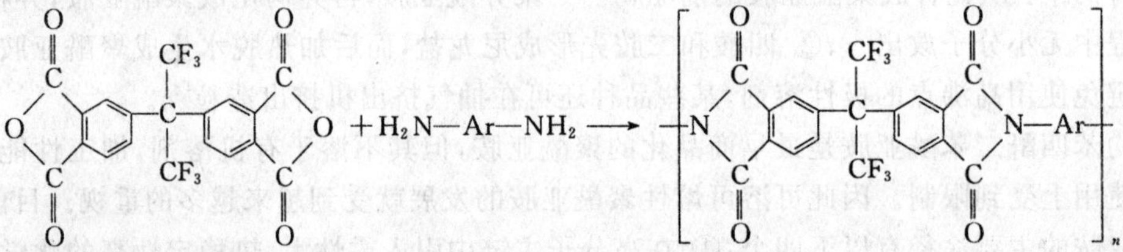

2. 加聚型聚酰亚胺

聚马来酰亚胺、降冰片烯基封端等聚酰亚胺树脂须通过加聚反应来固化,这类树脂称为加聚型聚酰亚胺。加聚型聚酰亚胺通常是由端部带有不饱和基团的环状结构的低分子量聚合物通过不饱和端基进行均聚或共聚制备。加聚型聚酰亚胺的交联反应有两种:端基反应和双马来酰亚胺反应。端基反应又分为端基反应 A(二羧酸基端基基团)和端基反应 B(乙炔端基基团)两种。

① 端基反应 A[2,6] 二羧酸基端基基团的端基反应。由二羧酸基端基基团的交联得到的最重要的树脂是由 NASA Lewis 研究中心发展的单体反应物原位聚合型聚酰亚胺树脂(PMR)。PMR 型聚酰亚胺树脂是芳香族四酸的二烷基酯、芳香族二元胺和 5-降冰片烯-2,3-二羧酸的单烷基酯(NE)等单体在一种烷基醇(例如甲醇或乙醇)中的溶解物,这种树脂可直接用来浸渍纤维。目前有两种 PMR 型聚酰亚胺树脂,它们是 PMR-15(第一代)和 PMR-11(第二代)。

PMR-15 中的芳香族四酸的二烷基酯、芳香族二元胺和 5-降冰片烯-2,3-二羧基酯(NE)的摩尔比为 $n:(n+1):2$,反应分为三步:第一步是酰胺化,形成酰亚胺单体;第二步凝固,单体熔化,树脂分子量达到一定值;第三步是端基加成。交联反应如下:

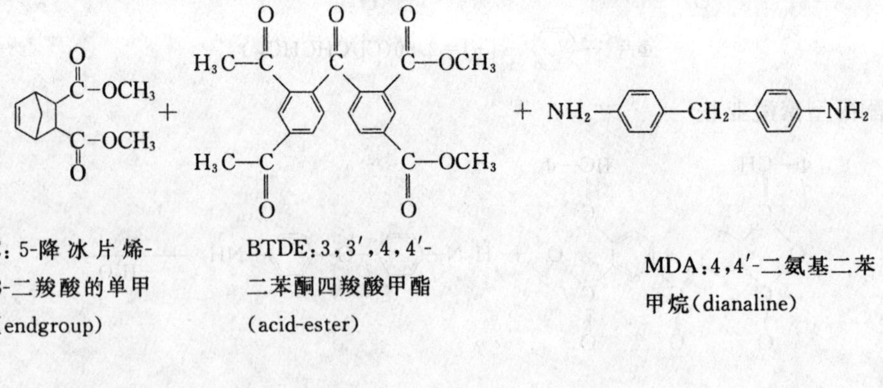

NE:5-降冰片烯-
2,3-二羧酸的单甲
酯(endgroup)

BTDE:3,3′,4,4′-
二苯酮四羧酸甲酯
(acid-ester)

MDA:4,4′-二氨基二苯
甲烷(dianaline)

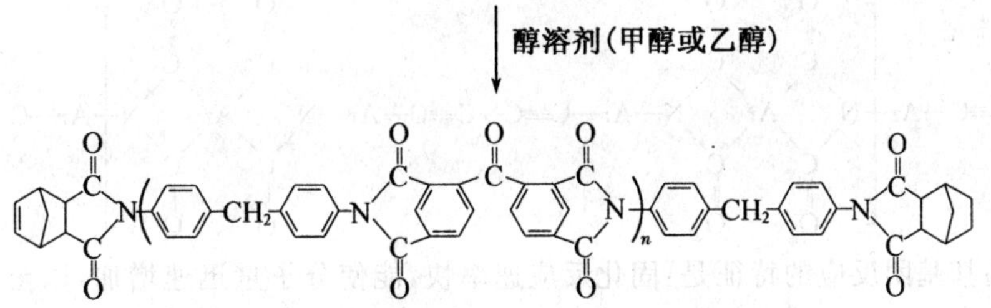

醇溶剂(甲醇或乙醇)

聚酰亚胺重复单元和端基

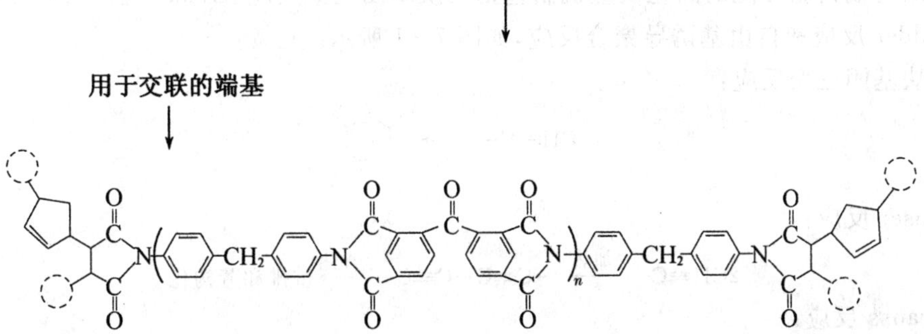

用于交联的端基

PRM-15的端基交联反应

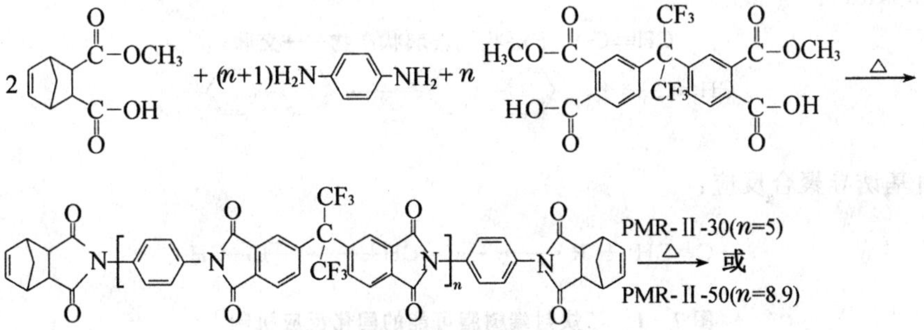

PRM-11的生成反应

② 端基反应 B　端基反应 B 是指由两个带乙炔端基的聚酰亚胺单体连在一起,再与其他聚酰亚胺单体连接,生成乙炔端基聚酰亚胺。带乙炔端基的聚酰亚胺单体可表示为:

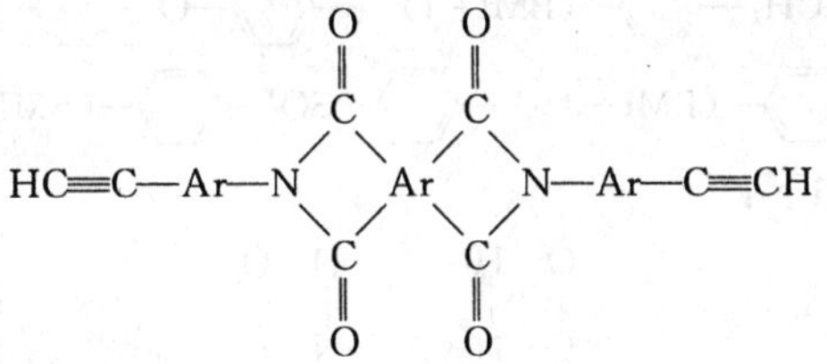

$$HC{\equiv}C{-}Ar{-}N \cdots Ar \cdots N{-}Ar{-}C{\equiv}CH$$

两个单体连在一起的反应为:

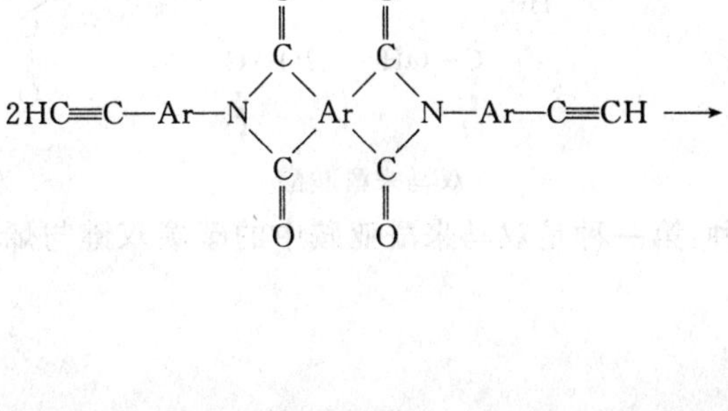

$$2HC{\equiv}C{-}Ar{-}N \cdots Ar \cdots N{-}Ar{-}C{\equiv}CH \longrightarrow$$

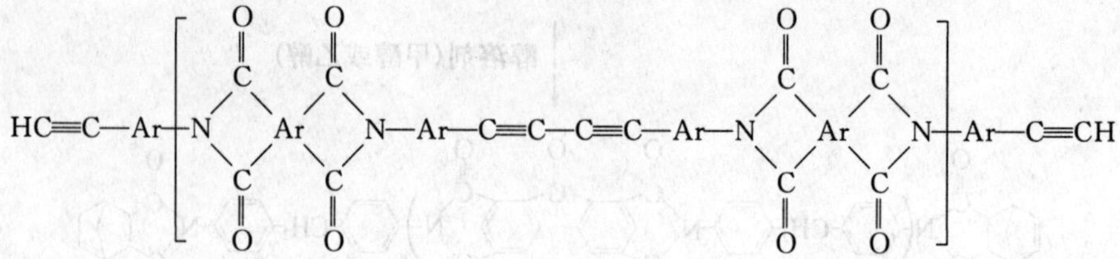

乙炔端基基团反应的特征是：固化反应速率快，能使分子量迅速增加，以至材料致密化困难。

乙炔封端树脂可能的固化反应机制包括乙炔基团三聚反应、Glaser 反应、Strauss 反应、Dials-Alder 反应和自由基诱导聚合反应，如图 7－1 所示。

乙炔基团三聚反应：

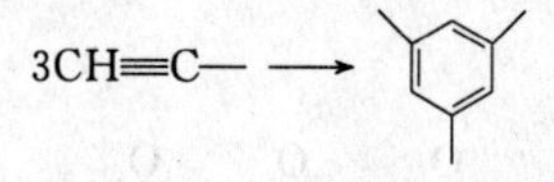

Glaser 反应：

$$2CH\equiv C- \xrightarrow{\text{加热}} -C\equiv C-C\equiv C- \xrightarrow{\text{加热}} \text{重排和芳构化}$$

Strauss 反应：

$$2CH\equiv C- \xrightarrow{\text{加热}} -C\equiv C-CH=CH- \xrightarrow{\text{加热}} \text{重排和芳构化}$$

Diels-Alder：

$$CH\equiv C- \ +\text{层状或玻璃状产物} \longrightarrow \text{交联}$$

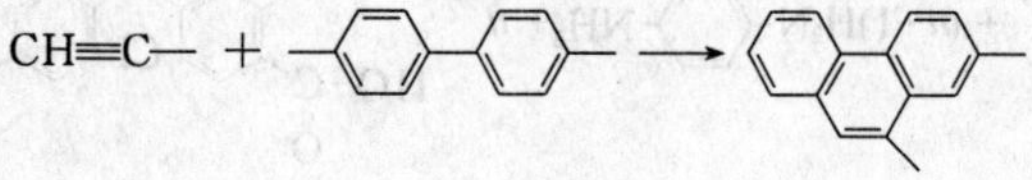

自由基诱导聚合反应：

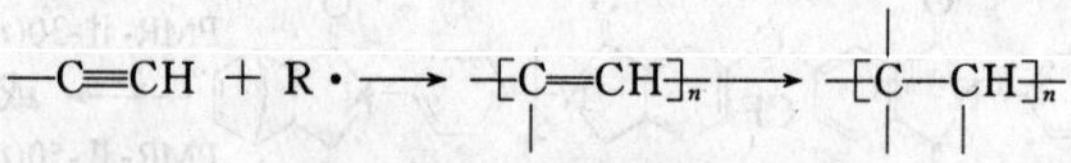

图 7－1　乙炔封端树脂可能的固化反应机制[2]

③ 聚双马来酰亚胺(BMI)　BMI 是加聚型聚酰亚胺的一个分支，由马来酸酐和芳二胺缩聚而得。使用温度为 150～250℃。芳二胺通式为 $H_2N\text{-}Ar\text{-}NH_2$，Ar 为：

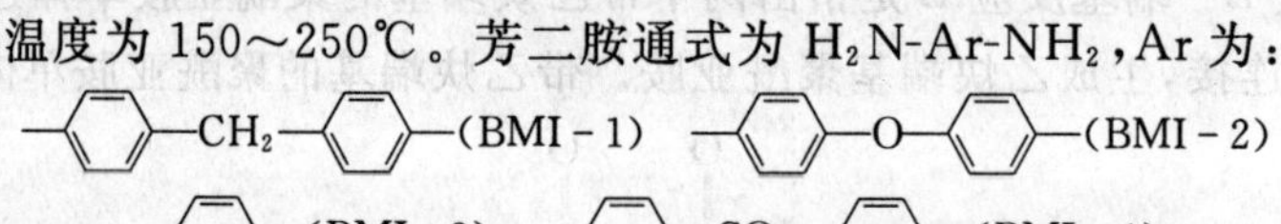

BMI 单体合成过程如下：

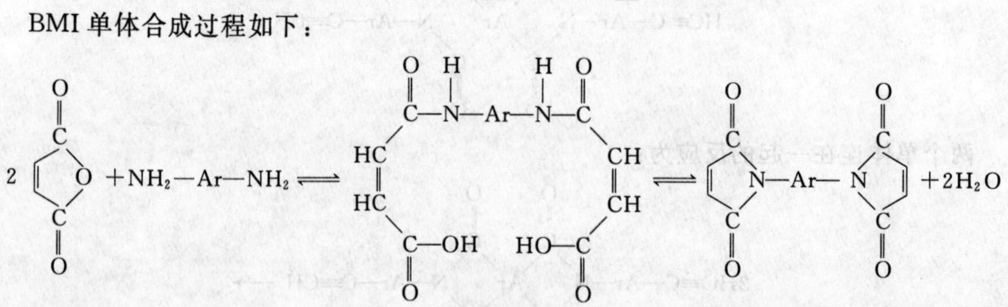

双马来酰胺酸　　　　　　　　双马来酰亚胺单体

BMI 的固化分两种：第一种是双马来酰亚胺中的碳碳双键与烯烃类反应物的碳碳双键

反应,在酰胺基分子之间形成桥联,反应式如下:

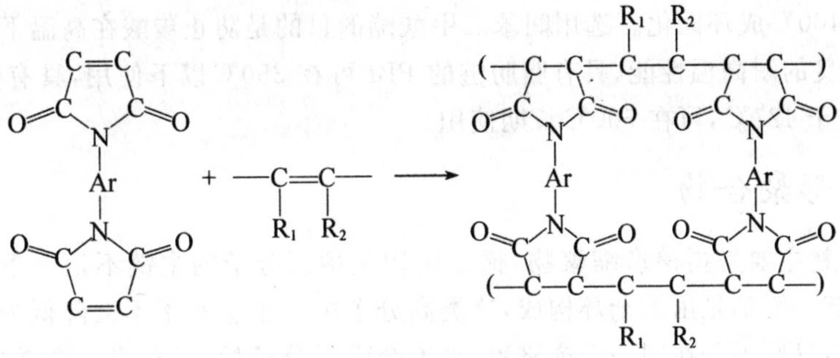

第二种是双马来酰亚胺中的碳-碳双键与芳二胺加成,反应式如下:

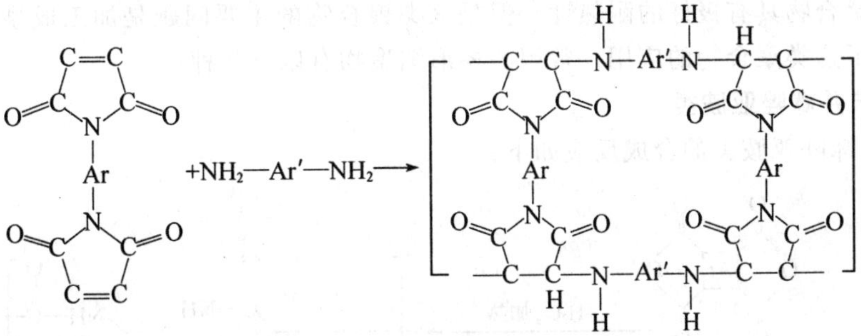

纯 BMI 固化时交联密度过大,需通过改性改善 BMI 的脆性,通常有聚氨基改性的双马来酰亚胺、环氧树脂改性的双马来酰亚胺和其他改性体系。

聚氨基改性的双马来酰亚胺(PABMI)具有与热固性树脂相同的黏弹性,可用一般方法加工;固化时无小分子挥发,所制造的复合材料无气孔,易与各种填料混匀;价格较便宜;性能稳定。用环氧树脂改性双马来酰亚胺,固化后树脂的内聚力高。

其他改性体系包括:与酮类反应,生成酮-双马来酰亚胺共聚物;与酸反应,制成的树脂固化物力学性能好;与酚类反应,制得的树脂黏度低,贮存期长而稳定;采用多组分,如采用芳族二胺(DA)、环氧类与 BMI 组成三元共聚体系,所得固化制品具有黏接力强、耐热性好、柔韧性好等优点。

聚酰亚胺是目前产量最大、耐热性最高的一类高分子材料,分解温度在 $450\sim600{}^{\circ}\!C$,T_g在 $215{}^{\circ}\!C$ 以上,长期使用的温度可达 $150\sim380{}^{\circ}\!C$,具有优异的综合性能,包括耐极低温、耐辐射、热膨胀系数低、很好的力学性能、介电性能、自熄性、低发烟率,有广泛的应用范围。

聚酰亚胺的加工方法有注塑、挤出、流延和模压,可制成薄膜、涂料、纤维、工程塑料,可与各种高性能纤维复合制备高性能复合材料。

7.1.2　聚苯并咪唑类[5]

聚苯并咪唑 PBI(polybenimidazoles)也是较早研究成功的耐高温高分子,单体是芳香族四元胺和芳香族二元酸或酯,如 3,3′-二氨基联苯胺和间苯二甲酸二苯酯,分两步缩聚而成。

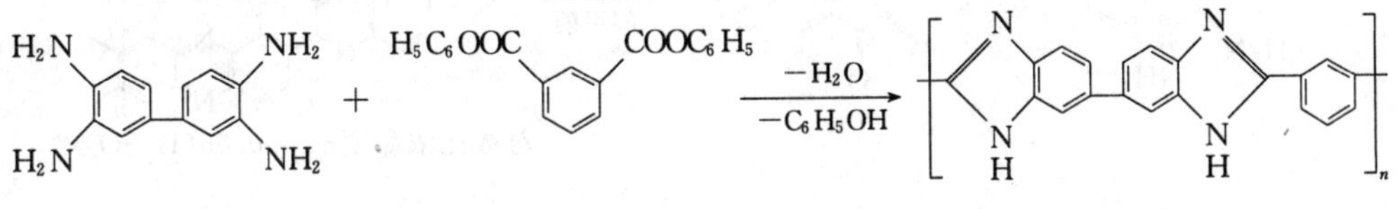

　　上述缩聚可能是亲核取代反应,第一步先在250℃形成可溶性氨基-酰胺预聚物,第二步再在350～400℃成环固化。选用间苯二甲酸酯的目的是防止羧酸在高温下脱羧。

　　PBI具优良的耐高温性能,具有脂肪链的PBI可在350℃以下使用,具有芳香链的PBI玻璃化温度大于427℃,可在500℃长期使用。

7.1.3　梯形聚合物[2,5]

　　梯形聚合物主要是指梯形缩聚物,梯形结构是指高分子的主链不是一条单链,而是像"梯子",分子链一般都是由芳杂环构成,这类高分子中一个链断了不会降低分子量,即使几个链同时断裂,只要不是在同一个梯格里,也不会降低分子量,只有当一个梯格里的两个键同时断开时,分子量才会降低,这样的概率很小,此外已经断裂开的化学键还可以自己愈合。因此,梯形聚合物具有极好的耐热性。但是该类聚合物的主要问题是加工成型方面尚存在困难,限制了这类聚合物的应用。常用的梯形缩聚物有以下几种:

1. 聚苯并咪唑亚胺类

聚苯并咪唑亚胺类的合成反应如下:

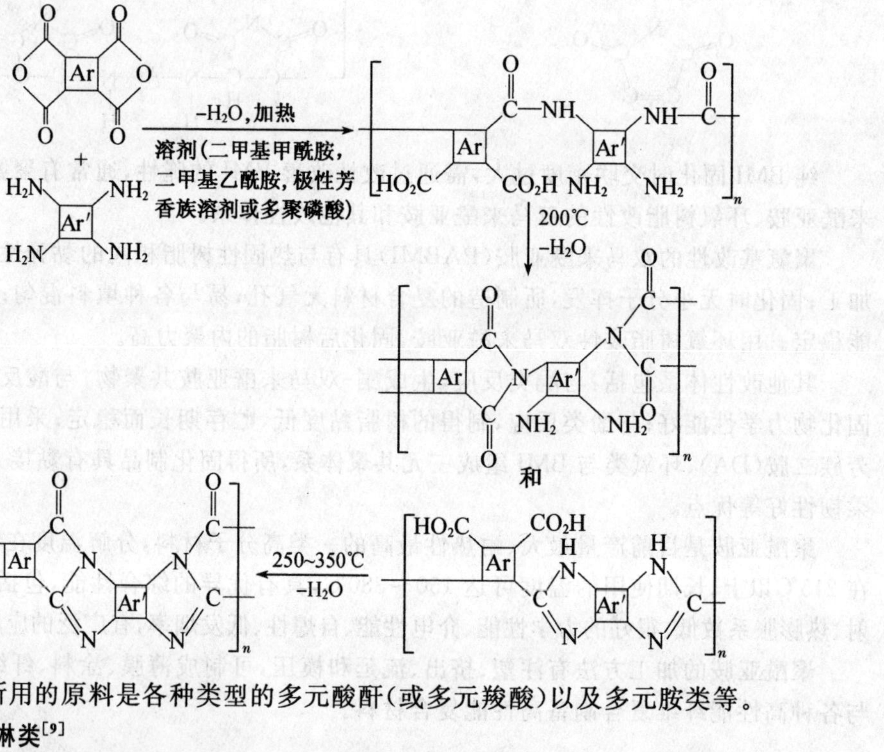

合成反应所用的原料是各种类型的多元酸酐(或多元羧酸)以及多元胺类等。

2. 聚喹噁啉类[9]

一种典型的喹噁啉梯形缩聚物的合成反应如下:

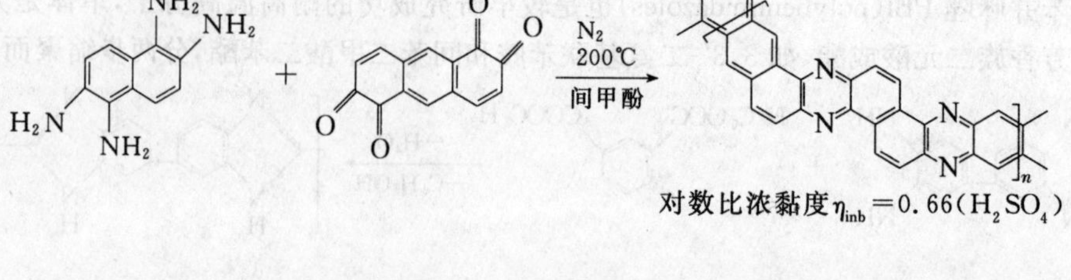

对数比浓黏度 $\eta_{\mathrm{inb}} = 0.66(\mathrm{H_2SO_4})$

所得产品在成型加工后，在 $300\sim455℃$ 高温下进行热处理，可使其耐热温度提高到 $700℃$ 左右。

聚喹噁啉（PQ）中引入苯侧基可制得聚苯基喹噁啉（PPQ）。与 PQ 相比，PPQ 较易合成，热稳定性高，溶解性好，操作较易。因此，目前 PPQ 已用于加工成膜、纤维、胶黏剂以及用于制成高性能复合材料[10]。

3. 二氮杂菲梯形缩聚物

二氮杂菲梯形缩聚物可由四元羧酸或它的二元酐与四元胺在 $150℃$ 左右于多聚磷酸介质中进行溶液缩聚而得，也可在 $380℃$ 的条件下经由熔触缩聚而得，典型的二氮杂菲梯形缩聚物的结构如下：

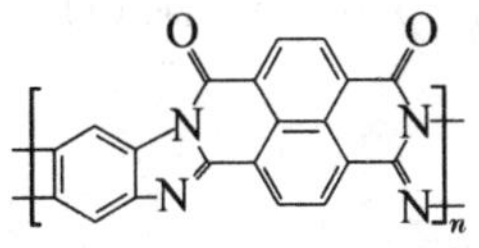

这种产品的玻璃化温度在 $500℃$ 以上，在空气中的耐热温度达 $450\sim550℃$，在氮气中为 $650\sim775℃$。在空气中于 $370℃$ 下恒温 200 h，几乎不失重。

具有梯形或阶梯形的缩聚物还有聚吡咙，它是耐热聚合物中最耐辐射的品种，是由芳香族四胺和芳香族四酸二酐在极性溶剂中缩聚而得[10]。

4. 梯形聚硅氧烷[11]

梯形聚硅氧烷液晶具有优异的耐高温、耐辐射，化学稳定性好、良好的透明性和成膜性等优点。因此，梯形聚硅氧烷液晶在作为聚合物网络液晶的骨架材料、光记录材料的液晶指令膜、可在较低温度固化的高预倾角和预倾角可调的液晶取向层、偏振紫外光定向的液晶取向层等许多方面均具有诱人的应用前景。以对苯二胺为偶联剂合成的梯形聚倍半硅氧烷（LPQS）如下：

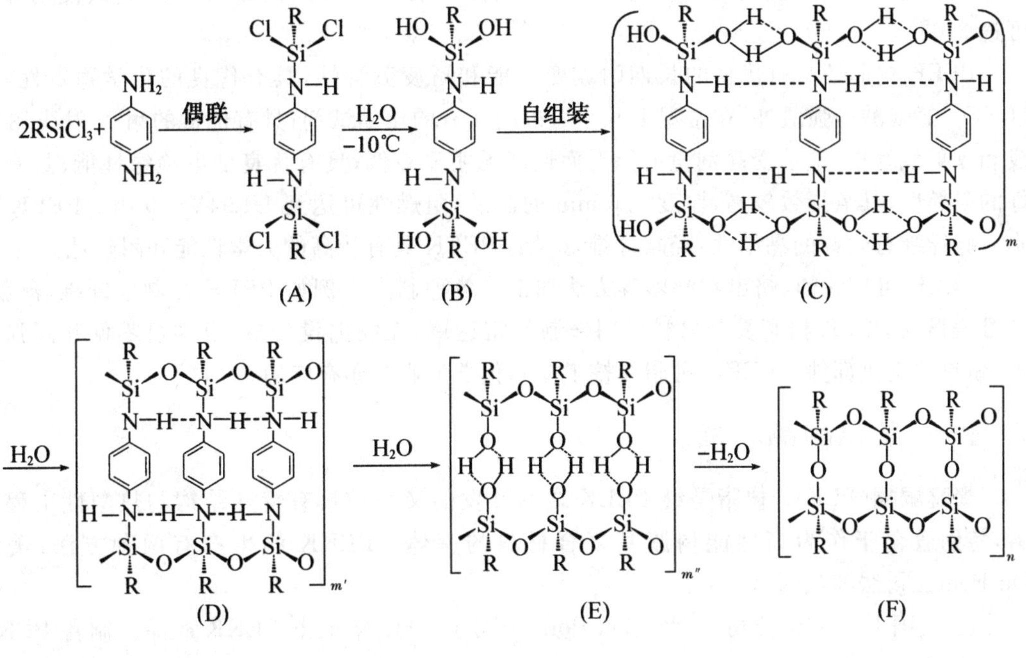

梯形聚倍半硅氧烷(LPSQ)在液晶光致取向膜、微电子包封材料和二阶非线性光学膜等领域具有广泛的用途。

7.1.4　聚醚醚酮树脂

聚醚醚酮在航空
航天领域的应用

聚醚醚酮(PEEK)是高性能热塑性树脂。它是聚芳酮类中的一种,又称聚芳醚酮。PEEK 的制备有三种方法[2]。

① 以 4,4′-二氟二苯甲酮、对苯二酚、碳酸钠(或碳酸钾)为原料,二苯砜为溶剂,反应式为:

$$n \, F—\bigcirc—\overset{\overset{O}{\|}}{C}—\bigcirc—F + n \, HO—\bigcirc—OH + n \, Na_2CO_3 \longrightarrow \left[\bigcirc—O—\bigcirc—O—\bigcirc—\overset{\overset{O}{\|}}{C} \right]_n +$$

$2n \, NaF + 2n \, CO_2 + 2n \, H_2O$

② 以 4,4′-二氯苯酮和对苯二酚钠为原料,反应式为:

$$n \, Cl—\bigcirc—\overset{\overset{O}{\|}}{C}—\bigcirc—Cl + n \, NaO—\bigcirc—ONa \longrightarrow \left[\bigcirc—O—\bigcirc—\overset{\overset{O}{\|}}{C}—\bigcirc—O \right]_n + 2n \, NaCl$$

③ 以二苯醚、光气为原料,在混有 $AlCl_3$ 的溶剂中反应。其反应式为:

$$n \, \bigcirc—O—\bigcirc + n \, COCl_2 \longrightarrow \left[\bigcirc—O—\bigcirc—\overset{\overset{O}{\|}}{C} \right]_n + 2n \, HCl$$

PEEK 树脂具有相当好的热稳定性,热变形温度为 160℃左右,熔点为 334℃。在空气中 420℃经 2 h 失重仅为 2%左右,超过 500℃才发生显著的热失重,最高长期使用温度可达到 200℃,在 200℃下使用寿命可达 $5×10^4$ h 左右。若加入 30%的玻璃纤维,连续使用温度可达 310℃。

PEEK 树脂还具有优良的长期耐蠕变性能和耐疲劳特性,具有优良的化学稳定性,除 H_2SO_4、氯磺酸等强酸外,在常温下几乎可以耐所有的化学试剂;具有优良的耐 X 射线、β 射线和 γ 射线性能,能承受高剂量的辐射而性能无明显降低;具有优良的电绝缘性能;具有良好的阻燃性,其氧指数较高,厚度 1.6 mm 的制品,阻燃性可达到 UL94V-0 级。PEEK 树脂对碳纤维有较好的黏结性,经碳纤维增强的 PEEK 具有较高的力学性能和耐热性。

PEEK 可用注塑、挤出和吹塑等方法加工成各种制品。例如 PEEK 可制成纤维、薄膜;纤维增强的 PEEK 树脂复合材料可用来制作雷达罩、无线电设备罩、电动机零件和高强高模、耐热的飞机部件。PEEK 树脂在核工业和化学工业中亦有应用。

7.1.5　聚醚酮酮树脂

聚醚酮酮(PEKK)树脂是继 PEEK 之后开发的又一种具有特殊结构的热塑性工程塑料,特别适合于作为高性能树脂基复合材料的基体。PEKK 的生产有两种方法:美国 Du Pont公司法和英国 ICI 法。

① 美国 Du Pont 公司法[12]　　Du Pont 公司于 1988 年推出 PEKK 产品。制备 PEKK

树脂的原料有二苯醚、对苯二甲酰氯,用 $AlCl_3$ 作催化剂。在硝基苯溶液中于 $60\sim80℃$ 下进行缩合反应,得到的 PEKK 分子量低,特性黏度小。制备 PEKK 树脂的反应式为:

$$n\ Cl-\overset{O}{\underset{\parallel}{C}}-\overset{O}{\underset{\parallel}{C}}-Cl\ +n\ \phi-O-\phi\ \xrightarrow{AlCl_3}\ \left[-\phi-O-\phi-\overset{O}{\underset{\parallel}{C}}-\phi-\overset{O}{\underset{\parallel}{C}}-\right]_n +2n\ HCl$$

② 英国 ICI 法　英国 ICI 公司制备 PEKK 树脂的原料有:二苯醚、间苯二甲酰氯,以二氯甲烷为溶剂,这种树脂具有很高的热稳定性、优良的电性能和力学强度。

PEKK 树脂的 T_g 比 PEEK 高 $10\sim12℃$;拉伸模量比 PEEK 高 $0.7\ GPa$;断裂功不如 PEEK,具有优良的耐燃性,氧指数高,并具有较低的 NBS 烟密度;加工性能好,其熔体黏度低于 PEEK,无论熔融浸渍,还是用于碳纤维/PEKK 模压($360\sim380℃$),均有良好的流动性。以 PEKK 为基体的复合材料具有极好的综合性能:弯曲强度、压缩强度、热湿压缩强度、短梁剪切强度和层间破坏韧性都等同于或超过 PEEK 和 EP 基复合材料。PEKK 树脂的性能如表 7-1 所示[13]。

表 7-1　PEKK 和 PEEK 的性能[13]

性能	PEKK	PEEK	性能	PEKK	PEEK
密度/$g\cdot cm^{-3}$	1.3	1.3	拉伸模量/GPa	4.5	3.8
熔点/℃	338	340	断裂伸长率/%	4	11
T_g(DSC)/℃	156	144	断裂功/$kJ\cdot m^{-2}$	1	2
T_g(DMA)/℃	180	170	耐燃等级(UL94)	V-0	V-0
加工温度/℃	$360\sim380$	$370\sim380$	极限氧指数/%	40	35
拉伸强度/MPa	102	103	热释放速度(OSU)	<65/65	>65/65

PEKK 的熔点高、黏度低、成型工艺好,具有广泛的应用,可用作特殊电线、电缆的绝缘包覆材料,如耐辐射的原子能控制电缆、耐 H_2S 和耐热的油井电缆、飞机、船舶、X 光装置等特殊电缆的包覆材料,也可以用作长期使用的机械零部件如活塞环、O 形圈、滚珠轴承、飞机零部件和抗蠕变的天线罩等。

7.1.6　聚苯硫醚树脂

聚苯硫醚(PPS)又名聚亚苯基硫醚,是以亚苯基硫醚为主链的半晶态聚合物。线型聚苯硫醚是白色粉末,有极优良的热稳定性,能在 400℃空气或氮气中保持稳定。熔融聚合物于空气中加热时变黑,然后凝胶和交联固化,交联后为热固性固体。PPS 是一种具有优良性能的新兴工程塑料,目前它的消费量正以 20%年增长率迅速增长,已成为世界第六大工程塑料。

工业上生产聚苯硫醚树脂的主要技术路线有两种:溶液聚合法和自缩聚法。

① 溶液聚合法中以对二氯苯和硫化钠金属盐为原料,在极性溶剂中缩聚制得聚苯硫醚。反应式如下:[14]

$$n\ Cl-\phi-Cl+n\ Na_2S\longrightarrow \left[-\phi-S-\right]_n +2n\ NaCl$$

② 自缩聚法中以卤代苯硫醚金属盐为原料,熔融自缩聚制得聚苯硫醚。反应式如下:[15]

$$n\,X-\!\!\!\!\boxed{}\!\!\!\!-SM \longrightarrow +\!\!\boxed{}\!\!-S\!\!+_n + n\,MX$$

式中:X 为卤素;M 为金属元素。

PPS 的密度为 $1.36\ g/cm^{-3}$,白色粉末,硬而脆,是一种结晶型高级工程塑料;具有高的热稳定性,良好的耐化学药品性,优良的电绝缘性、耐老化性、耐疲劳和阻燃性;线型 PPS 在 400℃的空气和氮气中保持稳定,长期使用温度可达 250℃,经加热(约 600℃)或化学交联后可在 290℃使用。PPS 为不燃性树脂,其耐燃性能优于一般工程塑料,PPS 的氧指数约为 44,接近或超过耐燃性极优的聚氯乙烯;PPS 有良好的耐无机酸、碱、芳香及脂肪烃、酮、醇及氯化烃等性能;PPS 的刚性好,但韧性差,冲击强度低。通过玻璃纤维或其他增强材料增强后,可使冲击强度大为提高,耐热性和其他性能也能得到全面改进。聚苯硫醚的性能如下表 7-2 所示。

表 7-2 聚苯硫醚的性能[13]

项 目	纯树脂	压制试样		注射试样
		C_f/PPS	G_f/PPS	G_f/PPS
密度/$g\cdot cm^{-3}$	1.34		1.65	
拉伸强度/MPa	56	40	190	182
弯曲强度/MPa	82	62	312	290
压缩强度/MPa	183	127	187	
冲击强度/$kJ\cdot m^{-2}$				
缺口	4.70	5.15	81.80	8.40
无缺口	7.30	6.00	98.50	25.4
吸水性/%	0.05		0.02	
马丁耐热/℃	102	122	250	
体积电阻率/$\Omega\cdot cm$	2.8×10^{16}		3.8×10^{16}	
介电强度/$kV\cdot mm^{-1}$	26.6		16.8	
摩擦系数(AMS/E 机)	0.34	0.26	0.26	

聚苯硫醚可制成各种耐高温、耐腐蚀制品,如高温高压下使用的稀硫酸水解罐及其排气阀和出料阀(使用 80 h 无腐蚀现象)、汽车耐 200℃的灯座材料、客机阻燃零部件等。纤维增强 PPS 制品可用于电器工业零部件,如变压器骨架、线圈骨架和在受热条件下工作的管座和带有金属嵌件的薄壁零件等;石墨改性聚苯硫醚可制作耐高温、耐腐蚀、抗变形、密封性好的密封环、密封垫等产品。

7.1.7 聚芳醚砜

聚砜是工业上比较重要的一类含硫杂链聚合物,其分子主链上含有砜基团($-SO_2-$),可以分为脂肪族和芳香族两类。

脂肪族聚砜可由烯烃和二氧化硫共聚而成,其 T_g 低,热稳定性差,模塑困难,应用受限。

$$n\,CH_2=CHR + n\,SO_2 \longrightarrow +\!\!\begin{array}{c} O \\ \| \\ CH_2CH-S \\ | \quad \| \\ R \quad O \end{array}\!\!+_n$$

比较重要的聚砜是芳香族聚砜，多称作聚芳醚砜，或简称聚芳砜。商业上最常用的聚砜由双酚 A 钠盐和 4,4′-二氯二苯砜经亲核取代反应而成。

$$n\, NaO-\!\!\bigcirc\!\!-\overset{\underset{CH_3}{|}}{\underset{CH_3}{\overset{|}{C}}}-\!\!\bigcirc\!\!-ONa + n\, Cl-\!\!\bigcirc\!\!-\overset{\overset{O}{\|}}{\underset{\underset{O}{\|}}{S}}-\!\!\bigcirc\!\!-Cl \xrightarrow{-NaCl}$$

$$\begin{array}{c}\left[\!\!\!-O-\!\!\bigcirc\!\!-\overset{\underset{CH_3}{|}}{\underset{CH_3}{\overset{|}{C}}}-\!\!\bigcirc\!\!-O-\!\!\bigcirc\!\!-\overset{\overset{O}{\|}}{\underset{\underset{O}{\|}}{S}}-\!\!\bigcirc\!\!-\!\!\!\right]_n\end{array}$$

$(n=50\sim80)$

聚砜的制备过程大致如下：将双酚 A 和氢氧化钠浓溶液就地配制双酚 A 钠盐，所产生的水分经二甲苯蒸馏带走，温度约 160℃，除尽水分，防止水解，这是获得高分子量聚砜的关键。以二甲基亚砜为溶剂，用惰性气体保护，使双酚钠与二氯二苯砜进行亲核取代反应，即成聚砜。商品聚砜分子量约 2 万～4 万。

双酚 A 聚芳砜为无定型线形聚合物，玻璃化温度 195℃，热变形温度为 174℃ (1.86 MPa)，能在 -180～150℃ 以下长期使用。耐热和机械性能都比聚碳酸酯和聚甲醛好，并有良好的耐氧化性能。

无异丙基的聚苯醚砜耐氧化性能和耐热性更好，T_g 达 180～220℃，在空气中 500℃ 下稳定，可模塑。在 150～200℃ 下，能保持良好的机械性能，在水中有很好的抗碱和抗氧化性。这类聚苯醚砜可以用 $FeCl_3$、$SbCl_5$、ICl_3 作催化剂，通过 Friedel-Crafts 反应制得，例如：

$$n\,\bigcirc\!\!-O-\!\!\bigcirc\!\!-SO_2Cl \longrightarrow \left[\!\!-\bigcirc\!\!-O-\!\!\bigcirc\!\!-SO_2-\!\!\right]_n$$

$$n\,\bigcirc\!\!-\!\!\bigcirc + n\, ClSO_2-\!\!\bigcirc\!\!-O-\!\!\bigcirc\!\!-SO_2Cl \longrightarrow \left[\!\!-\bigcirc\!\!-\bigcirc\!\!-SO_2-\!\!\bigcirc\!\!-O-\!\!\bigcirc\!\!-SO_2-\!\!\right]_n$$

7.2　耐腐蚀高分子材料

7.2.1　聚四氟乙烯[5,7,16]

聚四氟乙烯（Polytetrafluoroethyene，PTFE），简称 F4，是最主要的氟塑料品种，在氟塑料中产量最大（约占氟塑料总产量的 60%～80%），应用最广。

聚四氟乙烯为线性碳链高聚物，侧基全部为氟原子，分子结构式为：$\left[\!\!-CF_2CF_2-\!\!\right]_n$，是较柔软的白色结晶型聚合物，玻璃化温度约 115℃，结晶熔点为 327℃，分解温度为 390℃。加热到熔点以上仍无黏流态转变。长期使用温度范围很宽（-195～250℃），导热系数（0.20～0.25 W/m·K）和线膨胀系数（$(10\sim15)\times10^{-5}\ m\cdot m^{-1}\cdot K^{-1}$）大，密度大（2.14～2.30 g·$cm^{-3}$）。工业上通常采用悬浮聚合和分散聚合制备聚四氟乙烯。

聚四氟乙烯的化学稳定性是塑料中最好的，被称为"塑料王"。在高温下不与浓酸、浓碱、强氧化剂甚至"王水"发生作用，不与大多数有机溶剂作用。聚四氟乙烯只有在高温下与熔融碱金属、三氟化氯等才有明显作用。在氧或紫外线下稳定，但不耐辐射，具有优良的耐热性和耐寒性，优异的介电性和绝缘性，摩擦系数低，是一种良好的减磨、自润滑材料。

聚四氟乙烯的力学强度、刚度和硬度等较其他工程塑料差，抗蠕变性差，具有"冷流动性"，是良好的密封材料，不作为结构件使用；不能燃烧，有限氧指数高达 795，这是由于分子组成中有大量氟原子存在。聚四氟乙烯被用于防腐、电线电缆包覆外层、耐热装置密封件、摩擦磨损、塑料加工及食品工业、家用炊具的防黏层、医疗用高温消毒用品、外科手术的代用血管、消毒保护用品、贵重药品包装、耐高温蒸汽软管等。

　　模塑制品常用模压烧结、液压烧结等方法加工成型，少量或单个零件可用板、棒、锭等已烧结成型的型材机加工制造；管、棒等连续型材可采用挤压烧结、推压烧结等方法加工成型；PTFE薄膜通常以烧结成型的型材为原料经切削、压延制成。

7.2.2　氯化聚醚[7]

　　氯化聚醚（Chlorinated polyester），又称聚氯醚，化学名称为聚3,3'-双（氯甲基）氧杂环丁烷，是一种由3,3'-双（氯甲基）氧杂环丁烷单体开环聚合制得的线型高聚物，其分子结构式为：

$$\left[O-CH_2-\underset{\underset{CH_2Cl}{|}}{\overset{\overset{CH_2Cl}{|}}{C}}-CH_2 \right]_n$$

　　可以采用本体聚合和溶液聚合制备氯化聚醚。氯化聚醚为不透明或半透明结晶高聚物，玻璃化转变温度为10℃，熔点为180℃，负荷变形温度为140℃，分解温度在300℃以上，脆化温度为−40℃以下，长期使用温度为−40～120℃，短期使用可达130～140℃。相对密度为1.4，吸水率为0.01%，属难燃、自熄性材料，导热系数低，具有极好的耐化学腐蚀性，是一种优良的耐腐蚀绝热塑料和电绝缘塑料，广泛应用于化工、石油、矿山、冶金和电镀等领域的防腐材料、湿态、盐雾环境中的电器绝缘材料和精密机械零件等。

　　氯化聚醚为线型热塑性塑料，熔体流动性好，可用注塑、挤出和中空吹塑成型。

7.3　高强高模高分子材料

　　高强高模高分子材料主要指各种高性能纤维材料，一般认为，高强高模纤维是指抗张强度大于20cN/dtex，模量大于400cN/dtex，在日本又称为超纤维（super fibers）。高强高模高分子材料可以作为特种材料或复合材料的增强材料。

　　根据分子链组成的不同，高强高模高分子材料可以分为芳香族高强高模纤维和柔性链高强高模纤维，如表7-3所示。

表7-3　主要超级有机高分子纤维的性能[17]

类型	聚合物纤维	商品名	公司	纺丝方法	强度 cN/dtex	模量 cN/dtex	T_m 或 T_d ℃
芳香族高强高模纤维	对位芳酰胺纤维	Kevlar	杜邦	液晶	9～23.5	400～830	570
		Twaron	帝人	液晶	19～23.5	400～830	570
		Technora	帝人	液晶	24.5	520	500
	共聚酯纤维	Vectran HT	可乐丽	液晶	23.8	529	300
	聚二噁唑纤维	ZylonAS Zylon-HM	东洋纺	液晶	37 37	1 150 1 720	670
		M5	Magellan	液晶	23	1 941	530

续 表

类型	聚合物纤维	商品名	公司	纺丝方法	强度 cN/dtex	模量 cN/dtex	T_m 或 T_d ℃
柔性链高强高模纤维	聚乙烯纤维	DyneemaSK 60 DyneemaSK 71	东洋纺/DSM	冻胶纺丝超拉伸	26～35 35～40	883～123 610 60～1 413	145 155
		Spectra900 Spectra1000 Spectra2000	霍利韦尔		23～27 30～33.5 33～36	633～812 515～1 289 1 165～1 280	145 155

7.3.1 芳香族聚酰胺纤维

新一代 Kevlar
芳纶纤维

芳香族聚酰胺树脂大分子的主链由芳香环和酰胺键构成,且其中至少有 85%的酰胺基直接键合在芳香环上,每个重复单元的酰胺基中的氮原子和羰基直接与芳香环中的碳原子相连并置换其中一个氢原子的聚合物。

美国杜邦公司于 20 世纪 70 年代生产了芳香族聚酰胺纤维。当时商品注册名为 Aramid,以区别脂肪族聚酰胺 Nylon,1973 年正式定名为 Kevlar 纤维,1982 年以来的生产量达到了 2 万吨/年。Monsanto 和 Du Pont 公司均能独立生产高弹性模量的芳香族聚酰胺纤维。但是,只有 Du Pont 公司的产品注册为 Kevlar。目前,美国、日本、俄罗斯和荷兰等都能生产芳香族聚酰胺纤维。

我国通常将芳香族聚酰胺树脂纺成的纤维叫芳纶[18,19],20 世纪 80 年代初期试生产出聚对苯甲酰胺(PBA)纤维,定名为芳纶 Ⅰ(芳纶 14);又于 80 年代中期试生产出聚对苯二甲酰对苯二胺(PPTA)纤维,定名为芳纶 Ⅱ(芳纶 1414),可批量生产。

PPTA 和 PBA 纤维是芳香族聚酰胺纤维中最具有代表性的高强度、高模量和耐高温纤维。

1. 聚对苯二甲酰对苯二胺(PPTA)及其改性纤维

美国杜邦公司的 Kevlar 系列纤维品种、荷兰 AKZO 公司的 Twaron 纤维系列、俄罗斯的 Terlon 纤维系列和中国的芳纶 1414(芳纶 Ⅱ)均属于 PPTA 纤维。

PPTA 纤维的制备包括 PPTA 聚合体的制备和 PPTA 纤维的制备两部分。聚对苯二甲酰对苯二胺树脂可以通过界面聚合、固相聚合和低温溶液聚合等不同的方法制备,但是简单适用的方法是低温溶液缩聚法。通常采用对苯二甲酰氯和对苯二胺为单体,以六甲基磷酰胺(HMPA),二甲基乙酰胺(DMAC),N-甲基吡咯烷酮(NMP)或 HMPA/NMP 混合溶剂为溶剂,在低温(—20℃)进行聚合,方程式如下:

$$n \ H_2N-\!\!\!\bigcirc\!\!\!-NH_2 + n \ ClOC-\!\!\!\bigcirc\!\!\!-COCl \longrightarrow [HN-\!\!\!\bigcirc\!\!\!-NH-OC-\!\!\!\bigcirc\!\!\!-CO]_n + 2n \ HCl$$

要得到高强度的 PPTA,必须制备分子量高、分子量分布窄的聚对苯二甲酰对苯二胺的聚合物。聚对苯二甲酰对苯二胺不溶于有机溶剂,但可以溶于硫酸,PPTA 的纺丝液由 100%的浓硫酸和 PPTA 组成,PPTA 在浓硫酸中形成向列型液晶态,聚合物呈一维取向有序排列。采用干喷-湿纺工艺进行纺丝,在 100℃下,纺丝液通过纺丝孔挤出,通过 1 cm 的空气间隙,使丝在一定范围内旋转和排列,进入冷水中,得到高结晶度和定向的初生纤维,在水中漂洗后干燥,在凝胶浴中去酸,形成 PPTA 纤维。

对位芳酰胺共聚物是由对苯二甲酰氯与对苯二胺及第三单体 3,4′-二氨基二苯醚在 N，N′-二甲基乙酰胺等溶剂中低温缩聚而成。对位芳酰胺的共聚物分子结构式为：

$$\begin{array}{c}+NH-\text{⬡}-NH-CO-\text{⬡}-CO\underset{m}{\text{⟧}}NH-\text{⬡}-O-\text{⬡}-NHOC-\text{⬡}-CO\underset{n}{\text{⟧}}\end{array}$$

共聚物溶液中和后直接进行湿法纺丝和后处理，得到各种 Technora 产品。

各种 PPTA 纤维的主要性能如表 7-4 所示。

表 7-4　工业化生产的高强高模聚芳香族酰胺纤维的主要品种及性能[17]

种类	密度	拉伸强度	拉伸模量	伸长	LOI
	/g·cm⁻³	/GPa	/GPa	/%	
Kevlar 29	1.44	2.9	71.8	3.6	29
Kevlar 49	1.45	2.8	199	2.4	29
Kevlar 119	1.44	3.1	54.7	4.4	29
Kevlar 129	1.44	3.4	96.6	3.3	29
Kevlar 149	1.47	2.3	144	1.5	29
Twaron 标准型	1.44	2.8	80	3.3	29
Twaron 高模量型	1.45	2.8	125	2.0	29
Technora	1.39	3.4	72	4.6	25

聚对芳酰胺苯并咪唑(CBM)属芳杂环共聚物，一般认为 CBM 是在原 PPTA 的基础上引入对亚苯基苯并咪唑杂环二胺，经低温缩聚而成的三元共聚芳酰胺体系，纺丝后再经高温热拉伸；APMOC 是 PPTA 溶液和 CBM 溶液以一定比例混合抽丝而得到的一种"过渡结构"，这种"过渡结构"兼有结晶型刚性分子和非晶型分子的某些特征。通过纤维结构的改变和后处理工艺的调整，可得到一系列性能不同的 APMOC 纤维。

APMOC 纤维的性能明显高于以 Kevlar49 为代表的 PPTA 纤维，APMOC 纤维是目前世界上性能最高的芳酰胺纤维[2]。并且由于其分子链的叔胺和亚胺易于与环氧树脂基体中的环氧官能团作用，故所制成的环氧复合材料中纤维与基体界面可形成结合较牢固的网状结构。APMOC 复合材料的层间剪切强度比 Kevlar49 复合材料高 25% 以上。表 7-5 列出俄罗斯三种芳酰胺纤维的性能。

表 7-5　俄罗斯三种芳酰胺纤维的性能[6]

性能	Terlon	CBM	APMOC
每束丝数/10³	40	70	50
杨氏模量/GPa	98~147	122~132	142~147
拉伸强度/GPa	2.94~3.53	3.72~4.12	4.4~4.9
	3.2~3.5	3.08~4.02	4.5~5.2
断裂应变/%	2~4	3.5~4.5	3.0~3.5
密度/kg·m⁻³	1 450	1 420~1 430	1 450
纤维直径/μm	10~12(11)	12~15(13.5)	14~17(15.5)
单位长质量/g·km⁻¹	6	14.3	14.3

续　表

性能	Terlon	CBM	APMOC
热导率/W·(m·K)$^{-1}$	0.040	0.045	
热膨胀系数/10^{-6}K^{-1}	$-1\sim-2$	±1	—
比模量/10^6m	74～111	86～93	98～101
比强度/10^6m	2.2～2.7	2.6～2.9	3.0～3.4
玻璃化温度/℃	345～400	230～250	160～520
分解稳定/℃	500	450～520	500～520
点燃温度/℃	445	580～605	495
灰化温度/℃	404	380～400	400
吸湿率(RH=65%)/%	2.0～3.5	4～7	3.5～5.0

2. 聚对苯甲酰胺(PBA)纤维

以对氨基甲苯甲酰氯盐酸盐或硫酸胺苯甲酰氯在有机极性溶剂中经低温缩聚可以得到 PBA 树脂;或者以对氨基苯甲酸为原料,以吡啶的 N-磷酸盐为溶剂,在极性有机溶剂中直接缩聚而成。PBA 分子的化学结构式为:

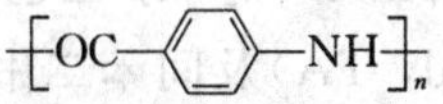

$$\left[OC-\!\!\bigcirc\!\!-NH\right]_n$$

PBA 溶液可以直接纺丝,也可制成粉末;将粉末溶于溶剂配成向列型液晶再纺丝。为了得到高强度、高模量纤维,纺丝最好采用干喷-湿纺法。

聚对苯甲酰胺纤维具有规整的超分子结构,结晶度高,晶体点阵属于单斜晶系,单胞中有两个结构单体,取向度高达97%。

表7-6为我国芳纶Ⅰ、芳纶Ⅱ及 Kevlar 纤维的力学性能。

表7-6　PBA 与 PTTA 及 Kevlar 纤维力学性能[2]

纤维名称及状态	密度/g·cm^{-3}	拉伸强度/MPa	初始模量/GPa	延伸率/%
芳纶Ⅰ原丝	1.42	1 232～1 414	47.6～56.0	5.5～6.5
热丝处理	1.46	2 240～2 478	126.4～148.7	1.5～2.0
芳纶Ⅱ原丝	1.44	2 730～2 968	49.6～56.0	3.5～5.5
热丝处理	1.45	2 730～2 968	87.4～98.4	2.5～3.5
Kevlar29	1.44	2 900	60	4.0
Kevlar49	1.45	2 900	120	2.5
Kevlar149	1.48	2 400	160	1.3

3. 芳纶的应用

芳纶可应用于防弹制品、缆绳、建材、传送带、特种防护服装、体育运动器材和电子设备等。如表7-7所示。

表 7-7　芳纶的应用[18]

应用领域	具体用途
先进复合材料	固体火箭发动机壳体、发动机的内绝热层、飞机部件（芳纶/环氧复合）、飞机蒙皮
造船工业	游艇、赛艇等巡逻艇的船壳材料、战舰及航空母舰的防护装甲等
防弹制品	防弹装甲车、防弹运钞车、直升机防弹板、战舰装甲防护板和防弹头盔
基础设施和建材	混凝土的增强材料
橡胶工业	帘子线
体育运动器材	弓箭、弓弦、羽毛球拍、高尔夫球棍、滑雪板和雪橇等

7.3.2　芳香族聚酯纤维

典型的芳香族聚酯纤维包括美国 Carborundum（金刚砂）公司的 Ekonol，美国 Eastman（伊斯特曼）公司的 X-TG，Celanese（塞拉尼斯）公司的 Vectran 及 DOW 公司的 PHQT[20]。

① Ekonol　美国金刚砂公司于 1970 年研究成功的一种共聚型芳香族聚酯。由对乙酰氧基苯甲酸（p-acetoxybenzoic aicd，ABA）、对，对-二乙酰氧基联苯（p, p-diacetoxybiphenyl，ABP）、对苯二甲酸（terephthalic acid，TA）及间苯二甲酸（isophthalic acid，IA）缩聚而成，其组成比为 ABA：ABP：TA：IA=10：5：4：1，少量的间苯二甲酸能改进共聚酯的加工性能，其反应式如下所示：

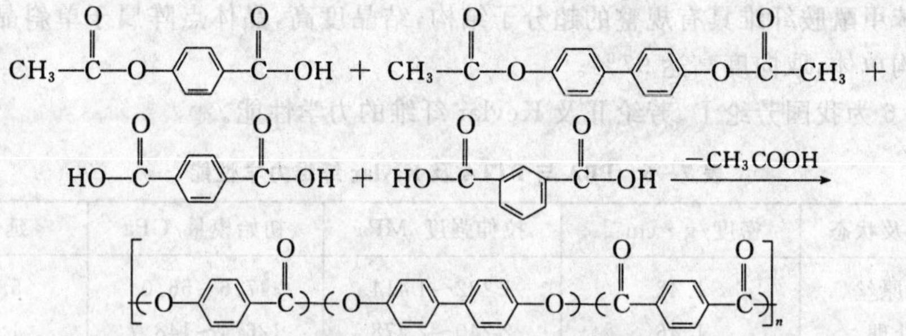

② X-TG　由美国伊斯特曼公司用对乙酰氧基苯甲酸（ABA）与聚对苯二甲酸乙二酯（polyethylene terephthalate，PET）反应得到的共聚芳香族聚酯，其组成有两种，分别为 PET：ABA=40：60 和 PET：ABA=20：80，反应式如下：

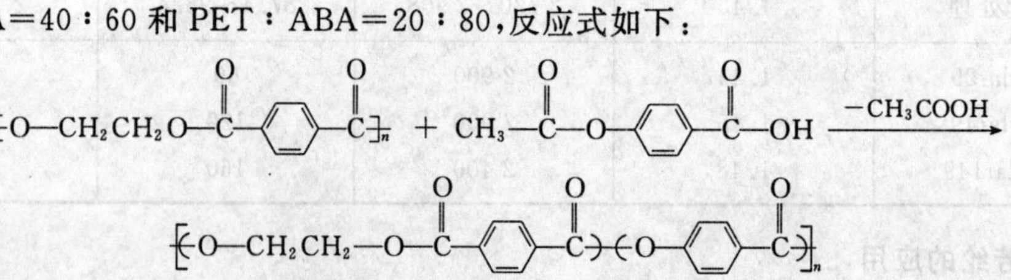

③ Vectran　由美国塞拉尼斯公司研制成功的一种共聚芳香族聚酯。它是由对乙酰氧基苯甲酸（ABA）和 6-乙酰氧基-2-萘甲酸（6-acetoxy-2-naphthoic acid，ANA）反应而成：

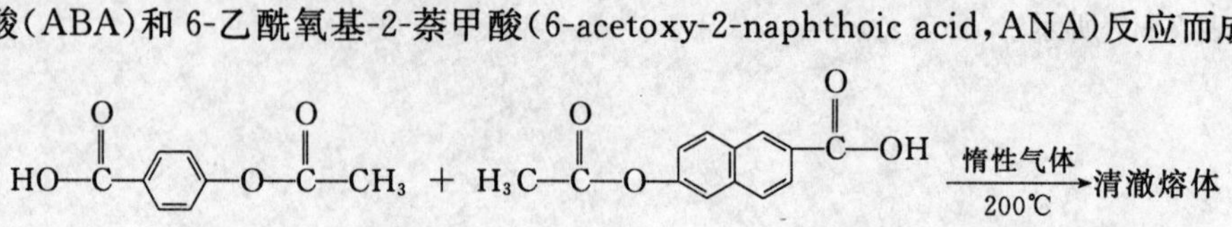

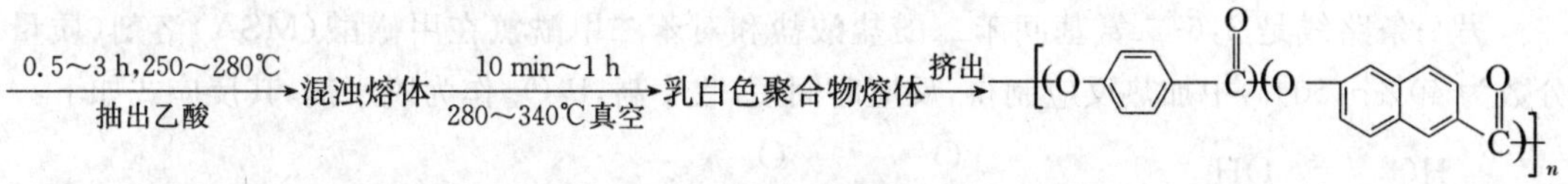

④ PHQT 美国陶氏公司采用苯基对二乙酰氧基苯(PHQD)与对苯二甲酸(TA)共聚反应,生成带有侧基的共聚酯(PHQT),其结构如下式表示:

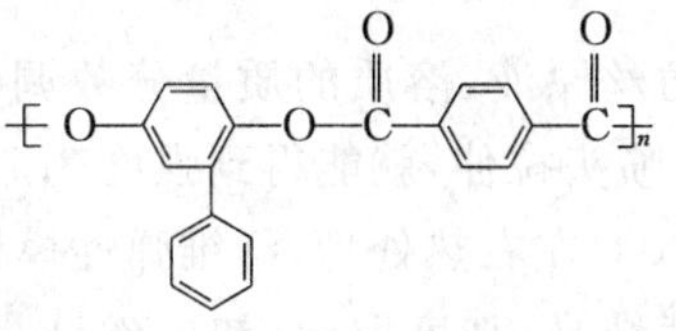

由于 PHQT 的主链上有苯基,熔点低,纺丝后能得到性能很好的纤维。

通常情况下采用聚合度不太高的成纤芳香族聚酯聚合物,对纤维在接近其流动温度进行热处理来提高其分子量,如果聚酯的分子量太高,熔体黏度太高,熔融纺丝成型比较困难。三种芳香族聚酯纤维的性能如表 7-8 所示。

表 7-8 芳香族聚酯纤维的性能比较[20]

性能	Ekonol	Vectran	PHQT
强度/GPa	4.1	2.9	2.9
模量/GPa	134	69	82
伸长率/%	3.1	3.7	4.3
密度/g·cm^{-3}	1.40	1.41	1.23
熔点/℃	380	270	342
吸水率/%	0	0.05	0

芳香族聚酯纤维有长丝、短纤维等形式,在高性能船用缆绳、远洋捕鱼网、传送带及电缆增强纤维、新一代体育器材、防护用品以及高级电子仪器结构件等方面得到了应用。

7.3.3 芳香族杂环类纤维

芳纶(PPTA 纤维)作为高强度高模量纤维首先开发成功,在产业用纺织品上开发了多种用途,但是其单位面积的力学性能比钢丝差,耐热性还不够高,所以发展了芳香族杂环类纤维。芳香族杂环类纤维在分子结构中引入杂环基团,限制分子构象的伸张自由度,增加主链上的共价键结合能,从而大幅度提高纤维的模量、强度和耐热性。已开发成功的芳香族杂环类纤维主要有高强高模纤维聚苯并噻唑(polybenzothiazole,PBZT 或 PBT)、聚苯并双噁唑(benzoxadiazole,PBO)和耐高温纤维聚苯并咪唑(polybenzimidazole,PBI),其中 PBO 纤维同时具备高强高模和耐高温性能,已进入工业化阶段,具有很大的发展潜力[11]。本节主要介绍聚苯并双噁唑纤维(PBO)。

聚对亚苯基苯并双噁唑(PBO)的合成[21-23]采用溶液缩聚,主要有两条合成路线。一条合成路线是 2,6-二氨基间苯二酚盐酸盐和对苯二甲酸在多聚磷酸(PPA)溶剂中进行溶液缩聚反应,P_2O_5 作为脱水剂,其反应式如下:

　　另一条路线是 2,6-二氨基间苯二酚盐酸盐和对苯二甲酰氯在甲磺酸(MSA)溶剂(质量分数为 40%～50%)中加热反应制得,反应时间短,收率高,P_2O_5 作为脱水剂,其反应式如下:

$$\underset{\substack{HO\quad OH\\ H_2N\quad NH_2}}{} \cdot HCl + ClC\!-\!\!\!\!-\!\!\!\!-CCl \xrightarrow{MSA/P_2O_5} \cdots$$

　　上述缩聚溶液可直接作为纺丝原液,溶质的质量分数调整到 15% 以上,用干湿法液晶纺丝设置,空气层为 20 cm,稍用喷头拉伸,就能得到强度 3.7 N/tex,模量 114.4N/tex 的初生纤维,再把初生丝在张力下 600℃ 左右热处理,纤维弹性模量上升为 176 N/tex,而强度不下降,这是因为 PBO 分子链高度结晶,高度取向,初生丝结晶大小约 10 nm,纤维经过热处理后,晶粒尺寸增长到 20 nm,其结晶结构呈相互重叠的扁平板状.经过热处理的 PBO 纤维表面呈金黄色的金属光泽。PBO 纤维的强度、模量、耐热性和耐燃性都比有机高性能纤维好很多,强度和模量超过了碳纤维及钢纤维。日本东洋纺公司中试生产的 PBO 纤维性能见表 7-9 所示。

表 7-9　PBO 纤维的性能(日本东洋纺公司)[20]

性能	PBO-AS	PBO-HM	性能	PBO-AS	PBO-HM
单丝线密度/tex	0.17	0.17	吸湿/%	2.0	0.6
密度/(g·cm⁻³)	1.54	1.56	热分解温度/℃	650	650
强度/(N·tex⁻¹)(GPa)	3.7(5.8)	3.7(5.8)	LOI/%	68	68
模量/(N·tex⁻¹)(GPa)	114.4(180)	176.0(280)	介电常数(100 kHz)	—	3
伸长/%	3.5	2.5	介电损耗	—	0.001

注:强度和模量栏中,括号内数据为热处理后的数据。

　　PBO 纤维主要在耐热产业用纺织品和纤维增强材料两个领域使用。具体用途如表 7-10。

表 7-10　PBO 纤维的用途[20]

PBO 材料分类	用途
长纤维	橡胶制品补强纤维、纤维增强复合材料、光缆补强纤维、绳索补强、高温耐热过滤织物、防弹材料
短纤维	消防服、耐热劳动服、耐切割安全服、手套、运动服、铝材及玻璃业的耐热毡垫、高温耐热过滤毡
超短纤维,浆粕	摩擦材料、工程塑料增强材料

7.3.4　超高分子量聚乙烯纤维[2,7,20]

　　超高分子量聚乙烯纤维(ultra-high molecular weight polyethylene fiber,简记为 UH-MW-PE 纤维)是指平均分子量在 10^6 以上的聚乙烯所纺出的纤维。工业上多采用 3×10^6 左右分子量。最早制造超高分子量聚乙烯纤维的方法是冻胶纺丝-超倍热拉伸法。这种技术首先由荷兰国家矿业(DSM)公司 Penningst Smith 等开发,1979 年获得专利。目前主要的牌号有美国 Allied 公司的 Spectra 900 和 Spectra 1000,荷兰 DSM 公司与日本东洋纺织

（株）滋贺工厂组成联合公司的 Dyneema SK-60，DSM 的"Dyneema UD-66"和"Dyneema SK-77"。日本石化公司与纺织聚合物研究协会的"Tekumiron"。

目前用于制造高强聚乙烯纤维较为成熟的方法有：纤维状结晶生长法、单晶片-超拉伸法、冻胶挤压-超拉伸法和冻胶纺丝-超拉伸法。其中冻胶纺丝-超拉伸法具有工业应用价值，采用冻胶纺丝的目的在于使大分子处于低缠结状态，纺丝后超拉伸可使折叠状的柔性大分子伸直，沿分子链高度取向和结晶。该法以十氢萘、石蜡油或煤油等碳氢化合物为溶剂，将 UHMW-PE 调制成半稀溶液，经计量由喷丝孔挤出后骤冷成为冻胶原丝，再经萃取、干燥后进行约 30 倍（常规纤维的拉伸倍数一般为 3～4 倍）以上的热拉伸（或者不经萃取而直接进行超拉伸，然后再进行萃取），制成高强度聚乙烯纤维。

超高分子量聚乙烯的密度为 0.97 g/cm³，熔点为 144℃，纤维的拉伸强度为 3.5 GPa，弹性模量 116 GPa，其比强度、比模量是有机纤维中最高的，伸长率为 3.4%。超高分子量聚乙烯性能特点如表 7-11 所示。在低温和常温的领域内有着极其广阔的应用前景，如海洋航行用绳索、军用及民用头盔、比赛用帆船和赛艇等。

表 7-11　高强聚乙烯纤维性能[20]

性　能	范　围
优越的性能	低密度、高强度、耐冲击性（高速时）、耐光性、耐磨耗性、耐疲劳特性、耐腐蚀性、结节强度、耐水/耐湿性、电器绝缘性
良好的性能	弹性率、后加工通过性、耐冲击性（低速时）、低温特性
存在的缺陷	蠕变性、高温特性、压缩性差

7.4　高防热高分子材料

随着航空航天领域的发展，耐烧蚀材料的应用日益广泛。耐烧蚀材料在高温和高速气流的冲刷下，利用材料在烧蚀过程中的热解吸热、热解气体的质量引射效应以及表面炭层的再辐射等一系列物理化学反应带走大量的热，来保护构件的正常工作。

烧蚀防热材料按其基体的不同，可分为：树脂基、碳基和陶瓷基三种类型。树脂基复合材料防热烧蚀性能优良，耐热冲击性能好，力学强度高，相对密度低，隔热性好，而且能控制树脂分解产生的气体产物，被广泛应用于一次性使用的部件，如弹头大面积防热层材料上。

优秀的耐烧蚀树脂基体应具备以下特点：（1）聚合物中含有较多的碳碳双键、三键或芳环，含碳量高，其他元素含量低，提高残炭率；（2）侧链少，特别是高温易裂解成小分子的侧链基团，如含氧基团，提高碳化层的致密性；（3）交联密度高，能形成比较完整的体形结构。

酚醛树脂的成本低，而且具有良好的耐热性能和力学性能，国外 20 世纪 60 年代就已将其用作高速飞行器的瞬时耐高温和耐烧蚀材料，是耐烧蚀领域中使用最早、最广的高分子材料。

7.4.1　酚醛及改性酚醛

1. 酚醛树脂

酚类与醛类的缩聚产物通称为酚醛树脂，一般常指由苯酚和甲醛经缩聚反应而得的合成树脂，是最早发明的一类热固性树脂。酚醛树脂的耐高温性能、不溶性、阻燃性、突出的瞬时高温耐烧蚀性能和广泛的改性余地,是其获得广泛应用的主要原因。

　　合成酚醛树脂的原料包括酚类(苯酚、间苯酚、3,5-二甲酚、双酚 A、间苯二酚)和醛类(甲醛、多聚甲醛、糠醛等)。

　　酚类与醛类原料在酸类或碱类催化剂下合成,原料单体的官能团数目、两种单体的摩尔比、催化剂的类型等,都对生成的树脂性能有很大影响。控制不同的合成条件(如酚/醛比例,催化剂的 pH 等),可以获得两类不同的酚醛树脂,即热固性酚醛树脂和热塑性酚醛树脂[6]。

　　酚醛树脂由于分子结构中有较多的醚键(—O—)和亚甲基键(—CH_2—),在高温条件下其醚键和亚甲基键均易受热断裂而使酚醛树脂固化物裂解成小分子化合物逸出,从而导致固化物失重,因此酚醛树脂残炭率较低,在高温烧蚀过程中降解严重,易在材料中产生较多的孔洞和开裂,使材料极快损耗。因此要提高树脂的耐热性和成炭率,通常对酚醛树脂进行改性,常见的有硼改性酚醛树脂、钼改性酚醛树脂、芳基酚改性酚醛树脂、硅氧烷改性酚醛树脂和酚三嗪树脂[24-31]。

2. 硼改性酚醛树脂

　　用硼酸与苯酚的反应来合成硼酸酚酯,再与多聚甲醛反应,生成含硼的酚醛树脂,其反应式为[26]:

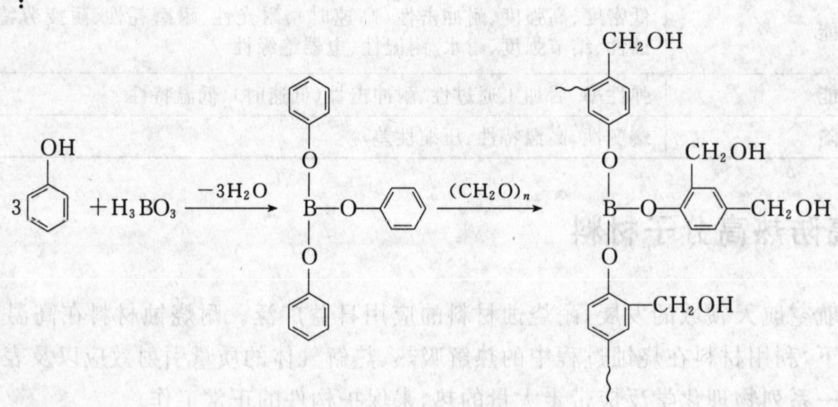

或者是使酚类与甲醛水溶液反应生成水杨醇,然后再与硼酸反应,其反应式为:

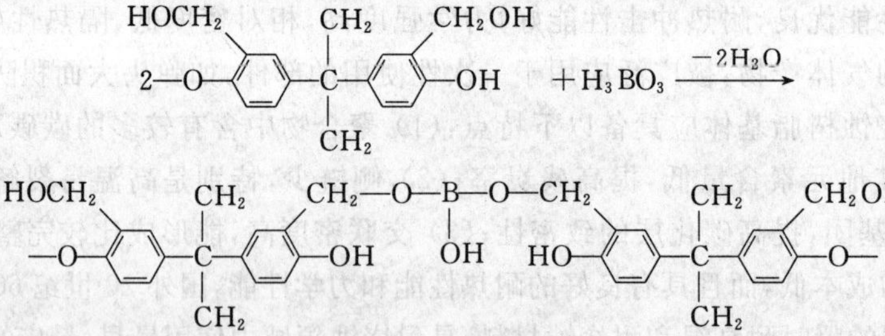

　　由于硼酚醛树脂分子结构中引进了 B—O 键(键能 774.04 kJ/mol)远大于 C—C 键(键能 34.72 kJ/mol),使硼酚醛树脂的热分解温度提高 100～140℃。此外 B—O 键的柔性较大,有助于提高树脂的韧性和力学性能,固化物中含有硼的三向交联结构,使其耐烧蚀性能和耐中子辐射性能都得到了提高,在 900℃的 N_2 中成炭率可达 60％以上,在空气中的成炭率可达 58.5％以上[27],可用于火箭、导弹和空间飞行器等空间领域的耐烧蚀材料。

3. 钼酚醛树脂

将过渡性金属元素钼以化学键的形式键合于酚醛树脂分子主链中可得到钼酚醛树脂。反应分两步进行,首先是苯酚和甲醛水溶液在催化剂作用下进行反应生成羟甲基苯酚,然后再与钼改性剂进行反应生成钼酚醛树脂[24],其反应过程为:

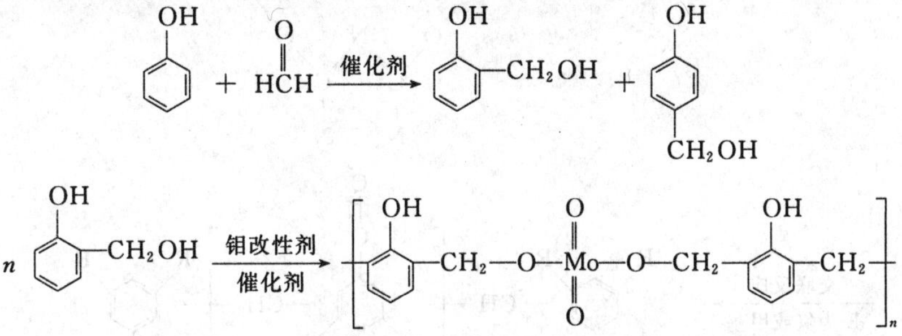

由于 O—Mo—O 键连接苯环,其键能大,所以钼酚醛树脂的热分解温度和耐热性比普通酚醛树脂好。

4. 芳基酚改性酚醛树脂

在传统的热固性酚醛树脂结构中引入热稳定性较高的芳基酚,在结构上对酚醛树脂进行改性,提高酚醛树脂的含碳量,有利于提高其烧蚀后的成炭率,化学反应式如下[29]:

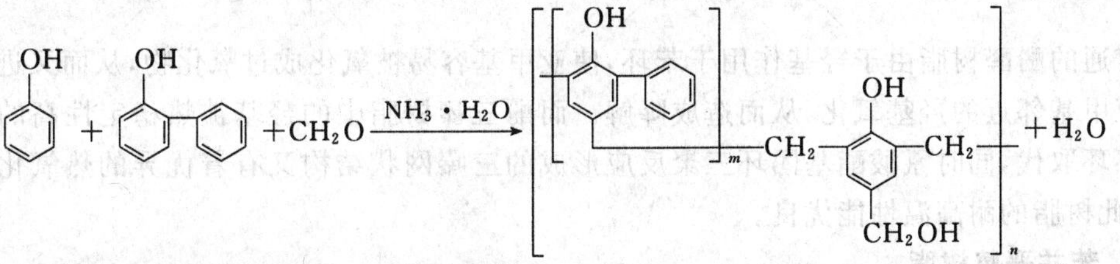

5. 硅氧烷改性酚醛树脂

硅氧烷改性酚醛树脂中含有硅氧键(键能为 372 kJ/mol),不仅可以大大提高酚醛树脂的耐热性能和残炭率,而且还能保持酚醛树脂自身的加工性能,硅氧烷改性酚醛树脂的反应式如下[26]:

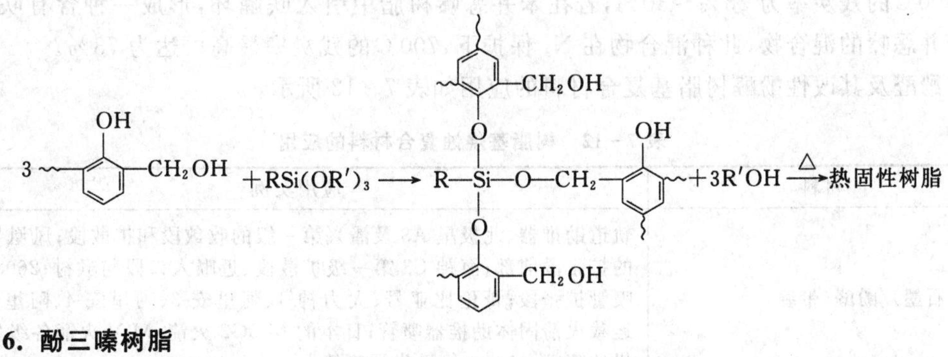

6. 酚三嗪树脂

酚三嗪树脂是酚醛树脂的氰酸酯,固化后成为具有三维网络结构的改性酚醛树脂。它是热塑性酚醛树脂在适当的溶剂中与三烷基胺反应,形成酚醛树脂的季胺盐,再与卤代氰(ClCN 或 BrCN)反应,并进一步交联成酚醛树脂。酚三嗪树脂制备的反应式如下[26]:

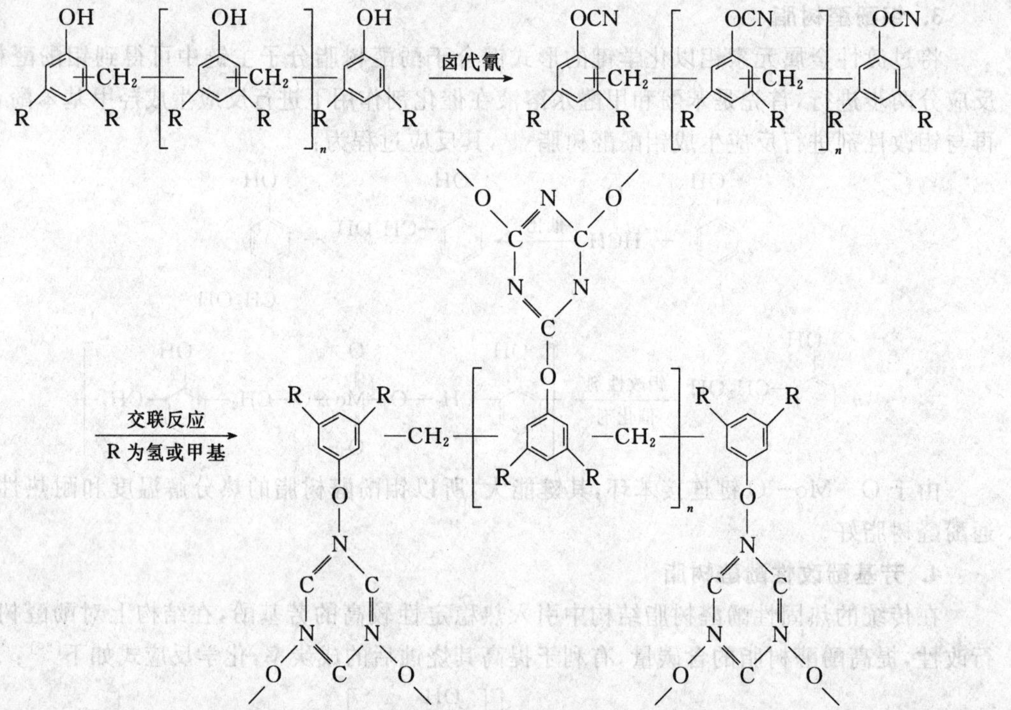

普通的酚醛树脂由于羟基作用于苯环,使亚甲基容易被氧化成过氧化物,从而又进一步加速亚甲基邻近的羟基氧化,从而造成降解。而酚三嗪树脂中的羟基被热稳定性高的氰基或三嗪环取代,同时氰酸酯基团环三聚反应形成的三嗪网状结构又有着优异的热氧化稳定性,因此树脂的耐高温性能优良。

7. 苯并恶嗪树脂

苯并恶嗪树脂是由酚类、伯胺类化合物和甲醛缩合而成的一种含有 N、O 的六元杂环结构的中间体,通过开环聚合反应固化,形成类似酚醛树脂的交联网状结构,所以又称为开环聚合酚醛树脂。普通的苯并恶嗪树脂不含其他附加的官能团,残炭率较低,一般在 N_2 保护下,800℃的残炭率为 28%～30%,若在苯并恶嗪树脂中引入呋喃环,形成一种含有呋喃环和苯并恶嗪的混合物,此种混合物在 N_2 保护下,700℃的残炭率最高可达为 73%。

酚醛及其改性酚醛树脂基复合材料的应用如表 7-12 所示。

表 7-12　树脂基烧蚀复合材料的应用

材料	应用实例
碳(石墨)/酚醛(带缠)	轨道助推器、北极星 A3 及潘兴第一级的收敛段和扩散段;凤凰导弹的扩张段前部;海神 C3 第一级扩散段、近喉入口段与喉衬;260SL-3 喷管扩张段;哥伦比亚号、大力神-4、阿里安-3、阿里安-4、阿里安-5 运载火箭固体助推器喷管;日本的 M-3G2 火箭;M-V 火箭各级发动机的喷管;H-2 火箭助推器喷管
碳(石墨)/酚醛(模压)	凤凰导弹收敛段及长尾管、民兵第一级扩张段后部;民兵第一级收敛段与嵌入段前部
碳(石墨)/酚醛(花瓣轴层)	海神 C3 第一级近喉部入口段、收敛段头帽

续　表

材料	应用实例
高硅氧/酚醛(带缠)	凤凰导弹收敛段、长尾管、扩张段前部、后部；潘兴第一级的喉衬背壁；民兵第二级扩散段前部、后部；海神 C3 第一级收敛潜入段；260SL-3 发动机潜入段中与扩张后部，潜入段后部，扩张段中部、前部、喉衬背壁
高硅氧/酚醛(模压)	秃鹰的扩张段；民兵第二级的喉衬延伸段背壁；海神 C3 第一级喉衬背壁
石棉/酚醛(模压)	秃鹰长尾管、收敛段与喉衬背壁；响尾蛇 1C 喉衬背壁、扩张段；北极星 A3 收敛段与喉衬背壁
石棉/酚醛(模压)	北极星 A3 扩散段；潘兴第一级收敛段、扩张段；民兵第二潜入段前部
玻璃/酚醛	260SL-3 发动机喷管潜入段前部及收敛段

7.4.2　聚芳基乙炔

聚芳基乙炔 PAA(Polyarylacetylene,缩写 PAA)树脂是一种新型的热防护材料,由于其分子结构中仅含碳元素和氢元素,所以其主要优点是在惰性环境中加热到高温时仅有10％的挥发物(主要是氢)释出,成炭率可高达 90％,是火箭发动机最理想的烧蚀隔热材料,其潜在应用部位是固体火箭发动机的喷管和扩散段。

PAA 是由美国航空航天局(NASA)最早开发成功的。20 世纪 50 年代末期,美国通用电气公司研究中心首次合成了 PAA,但由于固化收缩严重并释放出大量的热,致使加工困难。在 80 年代成立的 NASA 材料科学实验室重新开发的易于加工的可溶性预聚物及其低温预聚技术解决了很多技术问题,且在预聚物合成期间可对聚合物链进行改性以改进延展性和韧性,这样制得的 PAA 复合材料具有高的成炭率和好的力学性能,更加适合用做耐烧蚀材料。

聚芳基乙炔是由乙炔基(通常是端乙炔基)芳烃为单体聚合而成的高性能聚合物,单体包括单炔基芳烃、二炔基芳烃、多炔基芳烃和内乙炔基芳烃。几种典型的乙炔基芳烃单体结构式[32] 如下：

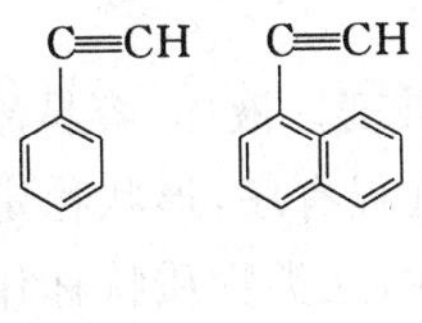

（a）单炔基芳烃 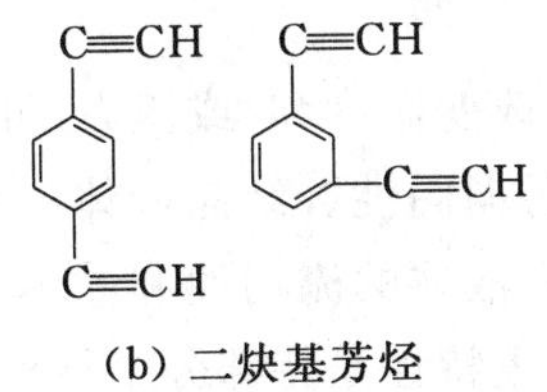　　　　　（b）二炔基芳烃 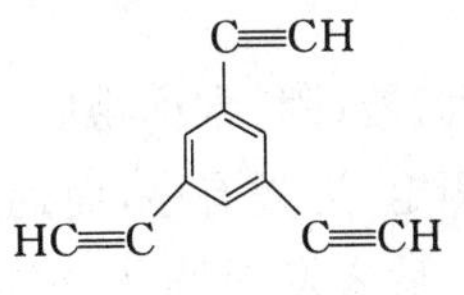　　　　　（c）多炔基芳烃

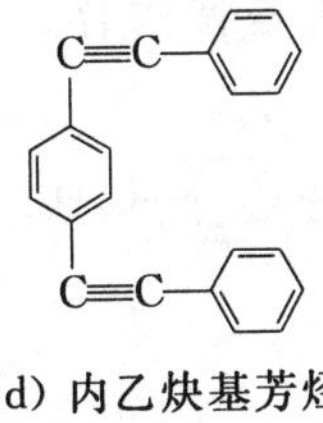

（d）内乙炔基芳烃 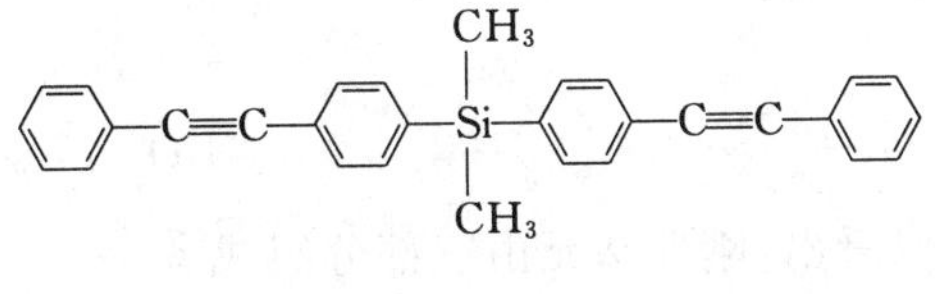　　　　　（e）含杂原子的乙炔基芳烃

几种当前公认的聚芳基乙烯聚合机理[33]：

① 环三聚型　PAA 的聚合过程是分别将来自三个单体分子的乙炔基团结合成为一个芳核苯环,固化后形成一种聚亚苯基结构,亚苯基之间通过单键连接,这种全芳环结构使其在惰性气氛下热解时要吸收大量的热,而且热解后的残炭率很高,一般认为它的耐烧蚀能力优于同类线形聚合物。反应式如下：

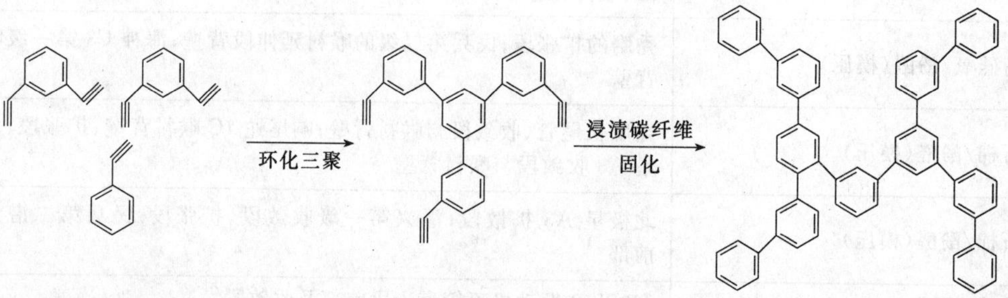

② 共轭双烯型

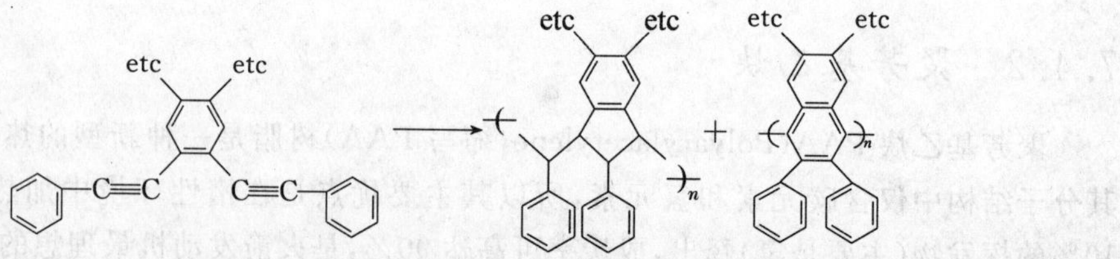

③ 聚烯网络型　这是内乙炔基芳烃的聚合反应,聚合过程可以是分子内反应,也可以是两个内乙炔基打开后交联,均形成一种聚烯网络结构,这种树脂同样有很高的热解成炭率。

④ 氧化偶合型　聚合过程将脱去一分子氢,其含碳量是所有 PAA 中最高的,分子链中的仲乙炔基可以进一步交联成网络结构。

PAA 树脂也存在很多不足,导致纯的 PAA 树脂很难满足复合材料对成型工艺的要求。因此近年来有许多关于 PAA 树脂改性的研究,如引入其他树脂、杂原子进行改性,改善PAA 的性能,扩展其应用领域。

7.5　液晶高分子

气、液、固,常称物质三(相)态,改变温度和/或压力,可使相态转变。液体,容易流动,形状不固定,近程有序,而远程无序,各向同性。结晶固体的特征是近程有序,形状稳定,各向异性。后来发现另有一类物质,兼有液体的流动性和晶体的有序性,这类物质特称作液晶,可以算作物质第四态。液晶这种双重特性是特殊分子结构的宏观反映。

多数液晶分子含有长棒状刚性基元,如下左式;如下右式是首例合成的小分子室温液晶。

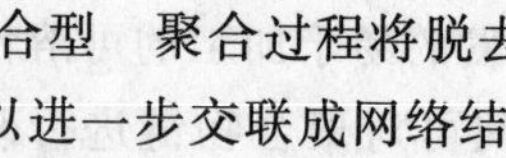

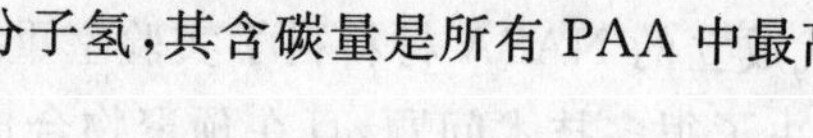

从上式可以看出,刚性基元由三部分组成[5]：

① 两个或多个苯环或芳杂环,保证足够的刚性。

② 桥键 X，如—CH=N—、—N=N—、—N=N(O)—、—C(O)O—、—CH=CH—等，提供极化基团，保持线形，与苯环形成大共轭体系，调节刚性。—O—、—S—柔性过大，将破坏刚性，无法形成液晶；有时可兼用少量—CH₂CH₂—、—CH₂CH₂O—柔性键。

③ 极性或可极化的端基 R、R′，如烷基、烷氧基、酯基、硝基、氨基、卤素、氰基等，提高液晶相的稳定性和拓宽液晶相的温度范围。

改变上述三方面的结构，就可以衍生出多种液晶。但是，刚性基元必须达到足够的长度，才能形成液晶。例如小分子液晶分子的长度约 20~40 Å，宽度约 4~5 Å，要求长宽比＞4。

将长棒状低分子刚性基元进行高分子化，即引入高分子主链或侧链，就成为液晶高分子。

7.5.1　液晶高分子的分类

液晶高分子数品种繁多。可以从分子结构、液晶相结构和形成液晶的条件等多方面对液晶高分子进行分类[5]。

1. 按分子结构分类

根据刚性基元在大分子中所处的位置，可将液晶高分子分成主链型和侧链型（梳型）两大类。大多数液晶基元呈长棒状，少数呈盘状。现以长棒状为例，主链型和侧链型的液晶高分子的结构简示如图 7-2。

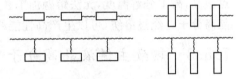

图 7-2　液晶高分子结构示例

2. 按液晶相结构分类

液晶的有序性一般包括分子取向有序和位置有序。根据这两种有序性的不同，可将液晶分为向列型（nematic）、近晶型（smectic）和胆甾型（cholesteric）三大类，如图 7-3 所示。

图 7-3(a)代表向列型液晶分子，沿长轴平行排列，分子取向有序，但其重心上下无规，位置无序，总体上仅保持一维有序。

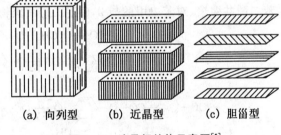

(a) 向列型　　(b) 近晶型　　(c) 胆甾型

图 7-3　液晶相结构示意图[5]

在外力作用下，液晶分子可沿长轴一维方向流动，而不影响液晶结构。这是三种液晶中流动性最好的一种，也是最重要的一种。

图 7-3(b)所示的近晶型液晶与一般晶体结构最接近，故名。这类液晶分子相互平行排列，同时形成层状，兼有分子取向有序和位置有序。在层内，分子可以沿层面相对运动，随机分布，保持流动性；层与层之间关联较小，可以相互滑动，黏度各向异性。总体上呈二维有序。

图 7-3(c)所示的胆甾型液晶也兼有分子取向有序和位置有序。分子平行排列成层状，但层内分子长轴与层面平行，不相垂直。而且长轴取向有规则地旋转一定的角度，层层旋转，经 360°构成一周期，而后复原，总体上呈螺旋状。

3. 按形成液晶的条件

按液晶形成的条件，可以分成溶致性（lyotropic）和热致性（thermotropic）两类。溶致液晶是液晶分子在溶液中经溶剂化，并达到一定浓度后有序排列成液晶相（浓度较低时呈均相溶液）。而热致液晶则在加热熔融过程中某一温度段就能够形成液晶相。除了玻璃化温度外，热致液晶通常还有熔点和清亮点两个相转变温度。固态液晶加热至熔点，先转变成能流动的浑浊液晶相，继续升高至另一临界温度，液晶相消失，转变成透明的液体，这一转变温度就定义为清亮点 T_i。清亮点的高低可用来评价液晶的稳定性。

主链型和侧链型液晶高分子都有溶致性和热致性品种。溶致侧链型液晶高分子较少，在药物胶囊中有所应用，而许多热致侧链型液晶高分子具有特殊的光学性能，可用作光电材料。下面依次示例介绍溶致主链、热致主链、溶致侧链和热致侧链四类液晶高分子。

7.5.2 溶致主链液晶高分子[2,5,20]

溶致主链型液晶高分子主要用作高性能纤维，如聚 p-氨基苯甲酸（PBA）、聚对苯二甲酰对苯二胺（Kevlar）、芳杂环聚合物、聚苯并噁唑（PBO）、聚苯并噻唑（PBZT）等，它们是高强、耐热的芳杂环高分子，也是重要的溶致性成纤液晶高分子。

芳香族聚酰胺和芳杂环聚合物兼有刚性的芳杂环和强氢键的酰胺键，分子间力很大，熔点很高，高于分解温度，无法熔融加工。但都可以溶于强酸或强极性溶剂中，成为溶致性液晶高分子。经过溶纺，可以生产高性能纤维，尚难用作工程塑料。

7.5.3 热致主链液晶高分子[2,5,20]

热致主链液晶高分子主要用作高性能工程塑料，其黏度低，流动性好，还可以与其他热塑性聚合物（如聚酰胺66）共混，改善其加工性能，降低成本。芳香族聚酯是热致主链液晶高分子的代表。如将 p-乙酰氧基苯甲酸与 PET 进行熔融酯交换反应得到的 HBA/PET 共缩聚物、对苯二甲酸与 2-苯基对苯二酚共缩聚物、对苯二甲酸、10％间苯二甲酸和 2-甲基对苯二酚共缩聚、对苯二甲酸与 2,6-萘二酚缩聚物，相应的分子式依次如下：

$$\left[O-\bigcirc-CO\right]_n\left[O(CH_2)_2O-OC-\bigcirc-CO\right]_m \quad T_m=230℃$$

$$\left[OC-\bigcirc-CO\right]_n\left[O-\underset{C_6H_5}{\bigcirc}-O\right]_m \quad T_m<340℃$$

$$\left[OC-\bigcirc-CO-O-\underset{CH_3}{\bigcirc}-O\right]\left[OC-\bigcirc-CO-O-\underset{CH_3}{\bigcirc}-O\right]_m \quad T_m<350℃$$

$$\left[O-\bigcirc-CO\right]\left[O-\bigcirc\bigcirc-O\right]_m$$

7.5.4 溶致侧链液晶高分子[2,5,20]

溶致侧链液晶高分子的侧链多呈双亲结构，即一端亲水，一端亲油，类似表面活性剂。一般以水作溶剂，溶液到达一定临界浓度，将形成胶束；继续增加浓度，则形成液晶相。双亲结构的侧链有利于溶液中液晶的形成，如聚十一碳烯酸、聚甲基硅氧烷接枝共聚物，分子式如下：

$$\sim\sim CH_2-\underset{\underset{CH_2(CH_2)_7COOH}{|}}{CH}\sim\sim \qquad \left[\underset{\underset{CH_2(CH_2)_9COO(CH_2CH_2O)_mCH_3}{|}}{\overset{\overset{CH_3}{|}}{Si}}-O\right]_n$$

这类溶致侧基液晶高分子可用来制作模拟特殊生物细胞膜和胶囊,便于药物定点缓释。

7.5.5　热致侧链液晶高分子[2,5,20]

这类液晶高分子通常由柔性主链、柔性间隔基和刚性侧链三部分组成。刚性侧链对液晶相的形成起着主导作用,主链则将刚性侧链串在一起,承担辅助作用。间隔基则将主链和刚性侧链连接在一起,有利于刚性基元的有序排列和液晶化。

1. 柔性主链

最常用的主链是丙烯酸类、甲基丙烯酸类和硅氧烷类等,前后两种都是柔性链,甲基丙烯酸类有一定的刚性。

$$
\sim\sim CH_2CH\sim\sim \qquad\qquad \sim\sim CH_2\!-\!\underset{\underset{CO\!-\!O\!-\!}{|}}{\overset{\overset{CH_3}{|}}{C}}\!\sim\sim \qquad\qquad \sim\sim Si\!-\!O\!\sim\sim
$$

聚合物的 T_g 愈低,柔性愈好,受热时液晶熔体转变成各向同性的清亮点温度(T_i)与 T_g 之差 $\Delta T(=T_i-T_g)$ 愈大,表明形成液晶的温度范围愈宽,使用范围愈广。此外,聚合度和分布也有影响:聚合度小于某一数值,难形成近晶相;窄分布更有利于某些液晶相的形成。

2. 间隔基

虽然有些侧链液晶高分子的刚性单元直接与主链相连,但多数却通过柔性间隔基来间接连接,这更有利于液晶相的形成。常用的间隔基有酯键、C—C 键、醚键、酰胺键等。过短的间隔基对主链与刚性单元的连接束缚性较大,不利于刚性单元的排布,形成向列相液晶的倾向大;相反,过长的间隔基有利于近晶相液晶的形成,清亮点随间隔基的变化有先降后升的趋势。

3. 刚性基元

前面已经提到刚性基元的基本结构,现连同间隔基举例如下:

$$
-(CH_2)_nO\!-\!\!\bigcirc\!\!-COO\!-\!\!\bigcirc\!\!-X \qquad\qquad -(CH_2)_nO\!-\!\!\bigcirc\!\!-\!\!\bigcirc\!\!-X
$$

$n=2\sim10 \quad X=CH_3,OCH_3,OC_4H_9,CN,NO_2,$

多种主链、间隔基、刚性基元的不同组合,就可以形成多种多样的侧链液晶高分子。主链可以是少数几种聚合物,但侧链刚性基元的结构却可以有较大的变化。

热致侧链液晶高分子可以由加聚、开环聚合、缩聚等聚合方法来合成,也可以由高分子化学反应通过接枝共聚来制备。

7.6　高阻尼高分子材料[34-41]

随着现代工业的发展,振动工具和产生强烈振动的大功率机械不断增多,各种机械设备在运转及工作过程中带来的振动危害也日益严重,在日常生活中,这类振动和噪声会给人们的生活和工作甚至身体健康带来不良的影响,比如损伤听力、影响睡眠、诱发疾病等;在工程领域,振动和噪声带来的宽频带随机激振会引起结构的多共振峰响应,直接影响电子器件、仪器和仪表的正常工作,严重时造成灾难性后果;在军事领域,由于武器装备和飞行器的发展日趋高速化和大功率化,各种飞行器在飞行过程中受到发动机和高速气流的影响,因产生的振动和谐动响应而产生的结构疲劳是十分严重的。潜艇和气垫船受到发动机的激励,产生的高分贝噪声将严重影响战斗力。为此人们研究并开发出了多种减小振动和降低噪声的有效方法,其中阻尼技术是控制结构共振和噪声的最有效方法,是解决减振、降噪问题的最重要手段。目前,功能性阻尼材料已经在尖端武器装备、航天飞行器、航海、民用建筑和环境保护等方面得到了广泛应用。

　　阻尼的基本原理是损耗能量,材料在经受振动变形时把机械振动能量转变为热能耗散掉的能力称为阻尼。阻尼越大,输入系统的能量便能在越短时间内损耗完毕,因而系统从受激振动到重新静止所经历的时间就越短,所以阻尼也可理解为系统受激后迅速恢复受激前状态的一种能力。

　　阻尼材料的种类很多,概括起来可以分为以下几种:黏弹性阻尼材料(即高聚物阻尼材料)、复合阻尼材料、陶瓷类耐高温阻尼材料、智能型阻尼材料(压电阻尼和电流变流体)等。不同阻尼材料的阻尼性能不同(一般用损耗因子来表示,损耗因子越大,阻尼性能越好)。大多数结构材料如金属材料的损耗因子较小,而高聚物黏弹材料的损耗因子较大。高聚物阻尼材料作为一类新的功能材料,将会向着高性能、智能化和精细化的方向发展。本节在此着重介绍高聚物阻尼材料。

7.6.1　高分子材料的阻尼机理及特点

　　高聚物的阻尼性能来源于高聚物的黏弹性。当受到外界动态应力的作用,高分子阻尼材料将产生形变。当应变落后于应力变化时,它们将会产生如下图 7-4 所示的相位差[35]。

　　相位差越大,应变滞后于应力变化的现象越严重。应变落后于应力的现象,可用数学公式表示:

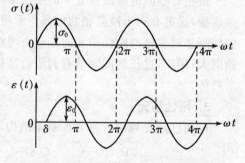

$$\sigma(t) = \sigma_0 \sin\omega t \qquad (9-1)$$

$$\varepsilon(t) = \varepsilon_0 \sin(\omega t - \delta) \qquad (9-2)$$

图 7-4　高分子材料的应力-应变曲线[35]

　　式中:$\sigma(t)$ 和 $\varepsilon(t)$ 分别为应力和应变随时间变化的函数;σ_0 和 ε_0 是最大应力和最大形变;ω 是外力变化的角频率,$\omega = 2\pi\nu$,ν 是频率;t 是时间;δ 是形变落后于应力的相位差。

　　在应力变化的每一个循环过程中,与滞后现象伴生的功的损耗,称为内耗。图 7-5 所示为黏弹性橡胶材料在一个拉伸-回缩和拉伸-压缩过程中的应力应变曲线。如果应变完全

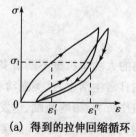

(a) 得到的拉伸回缩循环　　　　　　　(b) 得到的拉伸压缩循环

图 7-5　应力-应变迟滞回路曲线[35]

跟得上应力的变化,高分子材料在受到应力后的拉伸与回缩曲线会重合在一起没有能耗产生,而当应变滞后应力的变化时,回缩曲线上的应变大于与其应力相对应的平衡应变值。拉伸时外力对高聚物体系所做的功,一部分用来改变分子链段的构象,另一部分用来提供克服链段运动所产生的摩擦阻力,进而转变成热能损耗掉。显然,内摩擦阻力越大,应变滞后现象越严重,消耗的功越大。

通常将上述应力应变曲线的闭合曲线称为"滞后圈",滞后圈的大小恰好为单位体积的黏弹性材料在每一个拉伸-压缩循环过程中所做的功,用数学式表达为:

$$\Delta W = \oint \sigma(t) \mathrm{d}\varepsilon(t) = \oint \sigma(t) \frac{\mathrm{d}\varepsilon(t)}{\mathrm{d}t} \mathrm{d}t \qquad (9-3)$$

将(9-1)式、(9-2)式带入(9-3)式得:

$$\Delta W = \sigma_0 \varepsilon_0 \omega \int_0^{2\pi/\omega} \sin(\omega t)\cos(\omega t - \delta) \mathrm{d}t$$

对上式展开,积分得:

$$\Delta W = \pi \sigma_0 \varepsilon_0 \sin\delta$$

表明在每一循环过程中,单位体积试样损耗的能量正比于最大应力、最大应变以及应力和应变之间的相角差的正弦。δ 又称为力学损耗角,它的正切 $\tan\delta$(损耗因子)常用来表示阻尼内耗的大小。由于高分子阻尼材料的阻尼功能是在特殊力场(或声场)作用下显现出来的,因此,其内耗大小与外应力作用频率有关。当温度一定,若外力作用频率太快,链段运动完全跟不上外力的作用,内耗很小。只有当链段运动和外力的作用处于既跟得上,又落后的半滞后状态时,高分子阻尼材料的内耗达到最大,此时,高分子阻尼材料吸收和耗散能量的能力最强。根据时温等效原理,温度与频率的变化对高分子阻尼材料的阻尼性能有同等影响。在 T_g 以下,高聚物受外力作用的形变很小,这种形变主要由键长和键角的改变所引起,速度很快,几乎完全跟得上应力的变化,所以内耗很小。当温度升高,高聚物的聚集态由玻璃态向高弹态转变时,由于链段开始运动,而体系的黏度还很大,链段松弛受到的摩擦阻力较大,因此弹性形变落后于应力变化,内耗较大。当温度进一步升高,向黏弹态过渡时,链段运动的自由度加大,摩擦阻力减小,内耗也变小。因而在玻璃化转变区会出现一个内耗的极大值。

由此可见,高分子阻尼材料是其功能区与其玻璃化转变区相重合的一种材料,在该温域范围,高分子阻尼材料对能量具有最有效的吸收和耗散能力。因此高聚物的玻璃化转变区内的损耗因子 $\tan\delta$ 的高低和玻璃化转变区温度范围的大小直接影响高聚物的阻尼性能,$\tan\delta$ 值在玻璃化转变温度(T_g)附近会达到最大值,玻璃化转变的温域决定了高聚物的有效阻尼温域[38]。对高性能阻尼材料而言,通常要求其损耗因子大于 0.3,转变区温度范围宽度为 60～80℃。

高分子阻尼材料在实际应用过程中可分为两类,如图 7-6 所示,一类为自由阻尼(又称为扩展阻尼);另一类为约束阻尼。由于两者结构上的差异,后者的阻尼效果远远优于前者。

常用的阻尼高分子材料有弹性体类,如丙烯酸酯橡胶阻尼材料,其在室温附近的阻尼性能优越,同时具有良好的黏接性能、力学性能以及耐热和耐老化等优点,在减震和吸声等领域逐渐受到关注。此外,还有聚氨酯材料、丁基橡胶、丁腈橡胶以及聚乙酸乙烯酯等阻尼材料。

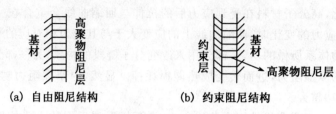

图 7-6 自由阻尼和约束阻尼的结构示意图[36]

高性能高分子阻尼材料可分为宽温域高性能阻尼材料、智能型复合阻尼材料和聚合物基阻尼复合材料。

7.6.2 宽温域高性能阻尼材料

均聚物的玻璃化转变区一般都较窄,有效的阻尼温域只有 20～30℃(玻璃化转变区)。均聚物不适合直接用于宽温宽频阻尼减振材料。可以通过对聚合物进行改性提高聚合物的阻尼性能。常采用的改性方法包括加入增塑剂、填料或纤维、通过共混、共聚、采用互穿聚合物网络(IPN)等。

1. 共混

将两种聚合物进行共混是制备高聚物阻尼材料最常用的方法。共混组分必须是部分互溶的,两组分的 T_g 相差大一些,一般在 50℃范围内。相差 50℃的范围,可基本保证阻尼温度区域约为 100℃左右。如将聚丙烯酸酯和硅橡胶进行共混,制备使用温度和频率范围均较宽的复合橡胶阻尼材料,阻尼温域可扩大到 140～150℃,在 1 Hz 频率下,tanδ 可达 0.7～1.1。

2. 共聚

通过接枝和嵌段共聚制备的共聚物可以在宽广的范围内呈现良好的阻尼性能。增加侧链的数目和增大侧链的极性,均可提高接枝共聚物的阻尼性能。例如,将长链的甲基丙烯酸酯接枝到聚硅氧烷上,可获得性能优良的阻尼材料。丁苯橡胶有庞大的侧苯基,丁腈橡胶有极性强的侧氰基,丁基橡胶有大量的侧甲基,它们的链段运动时摩擦阻力较大,内耗也较大,因而都具有优良的阻尼性能。如丁基橡胶的损耗峰可以从 -70℃一直持续到 20℃,是一个有效功能区相当宽的阻尼材料。

通常嵌段共聚物中一种分子链段柔顺,玻璃化温度较低,另一种链段较硬,玻璃化温度较高,有时还要加入带有特定官能团的单体,以加强各组分分子之间的交联。典型的嵌段共聚物阻尼材料有聚醋酸乙烯酯/丙烯酸酯类橡胶系阻尼材料;丙烯酸酯甲基丙烯酸酯共聚物,在 25～50℃的温域内,tanδ=0.4～0.8;乙烯醇缩醛/丁基丙烯酸酯共聚物,最大 tanδ 可达到 1.76～1.8。

3. 互穿聚合物网络

互穿网络聚合物(IPN)是两种或两种以上的聚合物网络相互穿透或缠结所构成的化学网络共混体系,其中一种网络是在另一网络的直接存在下聚合或交联而形成的,聚合物中各网络之间只存在物理贯穿而无化学结合。互穿聚合物网络中各聚合物网络之间的相互贯穿,形成微相分离结构,使互穿聚合物网络(IPN)具有较宽的内耗峰。

IPN 技术与其他拓宽玻璃化转变的技术相比,优越性在于其可控的形态结构和由于交联而产生稳定的相结构及更宽的玻璃化转变温域。合理调节 IPN 各组分的化学结构、组分的相对含量、组分间的相容性及其合成工艺,可以制备不同形态的、阻尼性能不同的 IPN。

7.6.3　智能型阻尼材料[35]

在实际工程应用中,智能型阻尼材料能够感知、处理和响应环境刺激信号。目前国际上研究最多的智能阻尼材料是压电阻尼材料。

导电压电型阻尼材料诞生于 20 世纪 90 年代,由日本东京工业大学的住田雅夫教授首先提出。他将导电炭黑和压电陶瓷加入聚合物中,形成导电压电阻尼材料。该材料受到振动力作用时,以三种方式减振:① 通过复合材料中的聚合物因黏弹性产生力学损耗作用,将振动能量转化为热能,以散热方式释放;② 通过复合材料中各组分之间的相互摩擦(包括聚合物/压电陶瓷之间、压电陶瓷/压电陶瓷之间、聚合物/聚合物之间),消耗掉一部分振动能量;③ 通过复合材料中的压电陶瓷组分将振动机械能转变为电能,导入导电炭黑中,导电炭黑将此电能转变为热能而散发,其能量转变过程为:振动机械能—电能—热能—散发。

聚合物导电压电型阻尼材料的阻尼原理不是传统聚合物的黏弹性阻尼原理,因此不依赖聚合物的玻璃化转变,不受温度的限制,扩大了应用范围。

导电压电型阻尼材料一般选用高介质损耗因数的聚合物,如 PVDF、EP、PU、聚丙烯酸酯、PU/EP 及 EP/聚丙烯酸酯等;选用导电填料为炭黑、金属粉末等;选用压电陶瓷为 PZT(锆钛酸铅)、PLZT(掺镧锆钛酸铅)等,其中 PLZT 要好于 PZT。

7.6.4　聚合物基阻尼复合材料[37]

聚合物基阻尼复合材料由聚合物和增强材料组成。其阻尼性能主要是由聚合物基体的黏弹性、增强材料与基体的相互作用贡献的。

填料对阻尼的影响可分为两个方面:一方面填料粒子填充了聚合物分子链之间的间隙,使其自由体积减小,限制了分子链段的运动,降低了阻尼性能;另一方面,在玻璃化转变区域内,填料/聚合物、填料/填料相互之间产生分子内摩擦,并随分子运动的加速而增大,从而提高其阻尼性能。两种作用孰弱孰强,主要取决于填料的结构,不同形状填料对阻尼性能的影响不同。

常见可提高阻尼性能的填料有:① 纤维状填料,如玻璃纤维(GF)、玻璃棉和碳纤维(CF)等。如在 PU/PMMA 组成的 IPN 共混物中,加入 10% 的玻璃棉,可使其损耗因子大于 0.5,阻尼温域达到 110℃;② 片状纤维,如云母、石墨和蒙脱土等,云母还可使复合材料的模量增加;③ 空芯填料,主要为空芯玻璃微珠,其与白炭黑有协调作用,能提高聚合物的阻尼性能。

7.6.5　高分子-小分子复合阻尼体系[40-41]

这是一种新型阻尼高聚物体系,把具有一定体积和极性的小分子添加到具有极性侧基的高聚物内,在混合成型过程中,形成高分子/小分子的分子复合体。这种复合体由于所添加的小分子的体积排除效应使得高分子间的相互作用大为减弱,取而代之的是较均匀的高分子/小分子的相互作用,从而呈现出高阻尼的特性。这种材料具有价格低、加工容易等特点,是一种很有发展前途的新型阻尼材料。

该类型阻尼材料选用的聚合物要求具有一定的极性,如氯化聚乙烯(CPE)、氯化聚丙烯(CPP)、聚丙烯酸酯(ACM)及氯化丁基橡胶(CIIR)等。

选用的有机小分子为含有双官能团的有机小分子材料,如 N,N-二环己基-2-苯并噻唑基亚磺酸胺;3,9-双{1,1-二甲基-2[p-(3-叔丁基-4-羟基-5-甲基苯基)丙酸基-1-乙基-2,4,6,8-四氧杂螺环(5,5)]}十一烷;四重[亚甲基-3-(3,5-二叔丁基-4-羟基苯基)丙酸基]甲烷等。

7.7 隐身高分子材料[42-49]

隐形技术是指采取各种手段和措施来降低或消除武器装备的雷达、红外、光学、声学等特征信号,使对方难以或无法发现的技术,在隐形技术中所用的材料称为隐身材料。

隐身材料包括微波隐身材料(雷达隐身材料)、可见光隐身材料、红外隐身材料、激光隐身材料、声隐身材料和多功能隐身材料。本节重点介绍以下几种:

7.7.1 雷达隐身材料

雷达是利用电磁波发现目标并测定其位置的设备。电磁波在传播过程中遇到障碍物将产生反射和绕射(光学上叫衍射),统称散射。雷达的工作波段大多数在微波波段,波长在 1 m～1 mm,频率为 0.3 GHz～300 GHz。微波波段还可细分为分米波(波长 1 dm～1 m)、厘米波(1 cm～1 dm)、毫米波(1 mm～1 cm)和亚毫米波(0.1 mm～1 mm)。

武器的雷达散射信号的大小可用雷达散射截面积(Radar Cross Section,简称 RCS)来表示。RCS 是指目标受到雷达电磁波的照射后,向雷达接收方向散射电磁波能力的量度,其值越小,雷达探测到的可能性越小。雷达隐身技术的目的是要使武器的 RSC 减到最小。几种典型的空中目标的 RCS 如表 7－13 所示。

表 7－13　几种典型的空中目标的 RCS 比较[44]

空中目标	RCS/m^2	空中目标	RCS/m^2
民用大型喷气飞机	100	B-17 轰炸机	24
B-52 战略轰炸机	100	F-117A 隐身战斗机	0.1
小型战斗机	2～3	B-2 隐身轰炸机	0.01

可以通过对目标的外形设计、加载阻抗的散射场和目标的总散射场互相干涉、材料吸收或透过雷达波来减少 RCS,这里主要讨论通过材料技术来实现减少 RCS。

材料的吸波原理在于:① 入射波能最大限度地进入材料内部而不被界面反射,即阻抗匹配条件。要求材料的相对磁导率 μ_r 等于相对介电常数 ε_r。完全匹配很难,但要求在尽可能宽的频率范围内 $\mu_r \approx \varepsilon_r$。② 进入材料内部的电磁波能迅速地被材料衰减掉或损耗掉。损耗途径包括与材料电导率有关的电阻型损耗、与电极化有关的介电损耗和与动态磁化过程有关的磁损耗。

导电高分子用作吸波材料,机理主要是电阻型损耗和介电损耗。在雷达波的作用下,材料被反复极化,分子偶极子力图跟上电磁场的振荡而产生分子摩擦,形成介电损耗。此外材料电导率不为零,电磁波在材料中形成感应电流而产生热量,从而使得电磁波能量被耗散,产生电阻型损耗。

　　材料的电导率对吸波性能影响较大。导电高分子的电导率小于 10^{-4} S/cm 时,无明显的吸波性能。电导率在 $10^{-3}\sim1$ S/cm,即呈半导体性质时,有较好的吸波性能,其吸波性随电导率的增加而增加。电导率大于 1 S/cm,呈金属特性时,对微波几近全反射。

　　聚吡咯、聚苯胺、聚-3-辛基噻吩、聚乙炔等导电高分子具有吸波性能,但其加工性能较差,通常作为吸波剂与普通聚合物复合,提高其加工和使用性能。如将十二烷基苯磺酸(DBSA)掺杂的聚苯胺与乙丙橡胶共混制成 3 mm 厚复合材料,其在 8 GHz~12 GHz 频段的反射率低于 -6 dB,峰值达到 -15 dB,其吸波性能还与材料结构、形状、厚度、共混工艺及复合材料的电磁参数等有关。

　　导电高分子吸波剂常常与其他吸波剂或纳米磁性材料复合使用以增加吸波效果。如聚苯胺包覆 Mn-Zn 铁氧体、聚苯胺包覆碳纳米管、导电聚苯胺和 $BaTiO_3$ 复合等。

　　有机金属络合物是具有顺磁性的聚合物半导体,具有好的吸波性能。如聚 4-乙烯基吡啶(电导率 $10^{-5}\sim10^{-8}$ S/cm)。酞菁铁和聚苯乙烯与聚 4-乙烯基吡啶的接枝共聚物,它的电导率为 6.94×10^{-6} S/cm,用盐酸掺杂后,电导率可达 6.05×10^{-2} S/cm。

　　另外,视黄基席夫碱盐(分子式如下)是一种新型雷达吸波剂,R、R′是不同的烷基或芳基,某种特定类型的盐可吸收特定的雷达波,通过对这些盐进行改进和组合,能吸收全频段的雷达波,可制成视黄基席夫碱盐型涂料用于吸波,具有较好的应用前景。

$$R-\underset{|}{\overset{\overset{\displaystyle H}{|}}{C}}-C=N-R'-N=C-\underset{|}{\overset{\overset{\displaystyle H}{|}}{C}}-R$$

7.7.2　红外隐身高分子材料

　　红外线的波长范围为 $0.78\sim1\,000\,\mu m$。通常又划分为近红外($0.78\sim3.00\,\mu m$)、中红外($3\sim6\,\mu m$)、远红外($6\sim15\,\mu m$)和极远红外($15\sim1\,000\,\mu m$)四个波段。在前三个波段内,大气对某些波长范围是相对透明的,对其余的波长是不透明的。这些相对透明的波长范围称为大气窗口,一共有三个大气窗口,它们是窗口 Ⅰ($1\sim2.7\,\mu m$)、窗口 Ⅱ($3\sim5\,\mu m$)、窗口 Ⅲ($8\sim14\,\mu m$)。极远红外波段内,大气基本上是不透明。因此,红外探测器的工作波段必须在上述窗口的波长范围内。其中,红外制导用的探测器工作波段在 $3\sim5\,\mu m$,热成像系统的工作波段则扩展到 $8\sim14\,\mu m$。近红外波段的红外辐射主要来自太阳辐射,而中、远红外波段的红外辐射则来自地表或目标的自身热辐射。

　　红外隐身就是对目标进行处理,设法减少或消除目标与背景之间的亮度差别或温度差别,使隐身目标与背景的红外线特征相适应。目标的状态不同,隐身的波段也不同。当在工作状态时,目标红外隐身包括近红外波段、中红外波段和远红外波段隐身,而非工作状态时的常温目标主要是近红外线隐身。

1. 近红外线隐身

　　近红外线隐身主要任务是设法减少或消除目标与背景间的亮度差别,做到在可见光到近红外线波长范围内,使目标与背景具有近似相同的光谱曲线,即同谱同色性。近红外线隐身通常采用在目标上形成涂层,它的工作原理可分为单色迷彩、变形迷彩和变色迷彩三类,要求涂层应具有以下性能:① 和背景的反射率差小;② 响应频带宽;③ 与可见光隐身兼容;④ 基本无镜面反射;⑤ 与中红外、远红外线能尽量兼容。

　　目前常用近红外隐身涂料进行近红外隐身。近红外隐身涂料是一种功能复合涂料,它由颜料、高分子基料和其他附加成分复合而成。其中高分子基料是决定近红外隐身涂料的机械性能、施工性能和隐身性能,要求其对太阳能的吸收系数和近红外波段的比辐射率低。目前主要有醇酸树脂、环氧树脂、聚丙烯酸树脂和聚氨酯树脂,后两种树脂的物理机械性能较前两种为好,但价格较高。

颜料是隐身涂料中另一重要组分。目前地面目标的红外模拟使用的一般是 Cr-Co-TiO_2 复合制成的青绿色涂料和 712A 涂料,它们与叶绿素具有相同的可见光与红外光的反射率,有利于近红外隐身。美国研制出的耐机油、耐燃料、用于飞机上的可剥性伪装涂料以聚丙烯酸酯为基料,以 Cr_2O_3、TiO_2、滑石粉等为颜料和填料制得。美国采用 12 种标准色彩组成适合不同地区和季节要求的四色变形迷彩,在季节、地形、气候变化时,只要改变一种或两种颜色,即可和周围环境相配合,其四色系统变形迷彩都采用和天然颜色一样能在近红外光谱段上反射的涂料。这种配制变形迷彩的方式对可见光、红外光伪装的变形迷彩的设计均有参考意义。

2. 中、远红外隐身材料

中红外线、远红外线隐身涂层主要任务是通过减少目标的温度或发射率来降低目标与背景之间红外辐射能量的差别,从而达到隐身的目的。中、远红外隐身涂层的工作原理可分为降低目标和背景的辐射度差、热迷彩、热变频和热转换四种,其中最有效的是降低目标的热辐射,以降低目标和背景辐射差。因此,中、远红外隐身材料可分为降温材料、低发射率材料、热迷彩材料、变频材料、杂化材料和双层材料。下面主要介绍涉及的高分子材料。

① 降温高分子材料 目标的辐射出射度和其温度的 4 次方成正比,因此降低目标热辐射的有效手段是降低材料的温度,通过使用高分子隔热材料可达到这一目的。常用的高分子隔热材料有聚苯乙烯、聚氨酯泡沫塑料和硅橡胶,通过喷涂等方式均匀地涂或贴在目标表面形成均匀隔热层,有效地降低目标温度。也可以不均匀地涂或贴在目标表面,将大面积的热源分散成若干小热源,或把若干小热源汇集成一个大热源,或使热源的位置发生转移,从而改变目标的热图,混淆热红外探测器的探测和识别,达到热隐身的效果。如美国生产的MYL-E-46081A 隔热泡沫涂料具有兼容可见光和中、远红外隐身功能,现已得到应用。

② 低发射率材料 利用低发射率材料来降低目标的热辐射特征是热隐身材料技术的一个主要途径。目前正在研究的有薄膜型和涂料型低发射率材料。前者包括半导体单层膜、金属/电介质、类金刚石/半导体的组合膜,它们的发射率(0.05)比涂料型(0.160)的要低,但其制造麻烦、成本昂贵,难以实际应用。因此涂料型低发射材料是较为常用的。

涂料型低发射材料主要由黏结剂和颜料两部分组成。黏结剂对涂料的物理机械性能和发射率均有影响。可选的黏结剂有橡胶类(如环氧化橡胶、丁基橡胶、丁腈橡胶和硅橡胶)和树脂类(如聚乙烯及其共聚物、醇酸树脂、环氧树脂、聚氨酯、聚酰亚胺和硅树脂等)。但上述材料中有许多发射率很高,如醇酸树脂、聚苯乙烯、聚氨酯、硅橡胶、环氧树脂和聚酰亚胺等的发射率都在 0.8~0.9 左右。环氧化橡胶、丁基橡胶和聚乙烯或聚乙烯共聚物的发射率较小,但前三种作为涂料加工性能不好。聚乙烯的改性共聚物如 Kraton 树脂是由聚乙烯和聚苯乙烯嵌段共聚而得,当聚苯乙烯含量少时,中、远红外透明度可达 0.8。目前红外透明的高分子的具体报道并不多。

③ 双层材料 由于中、远红外隐身材料被要求与可见光、近红外隐身兼容。为了达到宽波段红外隐身的要求,可用两种不同的热红外隐身材料构成双层涂层,可以做到在中、远

红外波段使目标很好地隐身,同时也不会影响在可见光和近红外波段内的隐身效果。另外,尽管红外隐身材料可以达到对红外隐身的目的,但它经常与对雷达、激光等的隐形目的相矛盾。比如,含有金属填料的涂料的高反射性虽有利于降低红外发射率,但却增加了对雷达波、可见光和激光的反射。还有,红外隐身要求目标物表面材料具有高反射率和低吸收率,而激光隐身则要求目标物表面具有低反射率和高吸收率,这也是相互矛盾的。要达到这两种或多种隐身兼容的目的,目前采取由反红外探测的面漆加反雷达探测的底漆的基础上,通过发挥烟幕弹来降低对激光的反射。

双层涂层的结构有以下五种组合:(a)底层为中、远红外高反射、低发射率涂料构成的涂层,表层为由可见光和近红外隐身涂料构成的涂层。为了使中、远红外能透过表层和表层不辐射热红外,表层所用的颜料和黏结剂要求对中、远红外透明,特别是黏结剂,因为表层的中、远红外发射率主要取决于黏合剂。红外透明度较高的黏结剂有环氧化橡胶、丁基橡胶、聚乙烯及其共聚物。红外透明度较高的颜料有硫化物、二氧化钛和掺杂半导体等。(b)底层为金属膜层,如气相喷涂的铝膜,表层为中、远红外透明度高的近红外、可见光隐身涂料。(c)底层做成在中、远红外波段有不同发射率的部分(包括类似黑体的部分)。在类似黑体的部分涂上黑色或橄榄绿色的可见光、近红外伪装涂层,在其他发射率的底层上涂上中、远红外透明的绿色、蓝色和灰色的可见光、近红外伪装涂层。(d)底层为全平面反射膜,表层做成对中、远红外有不同吸收率的可见光、近红外伪装涂层的部分。每部分的吸收率或散射率由伪装颜料的种类和粒度来调节。(e)底层为全平面反射,表层由不同的可见光、近红外伪装涂料做成厚度也不同的部分。每部分的红外透明度由涂料的种类和厚度来调节。这样每部分的热红外发射率就可由表层的厚度和层内的涂料种类来控制。

以上(a)、(b)两种双层涂层为兼容可见光和近红外隐身的低发射率涂层,(c)、(d)、(e)三种双层涂层是兼容可见光和近红外隐身的迷彩(包括变形迷彩和热迷彩)涂层。

除隐身涂层外,目前正在研究对红外波有强吸收能力或屏蔽作用的红外隐身纤维材料。

7.7.3　吸声材料和隔声材料

声探测手段是探测水面目标和水下目标如潜艇、鱼雷的主要手段。因此声隐身是目标防护的另一重要方面。声探测手段主要是声呐。声呐可分为主动声呐和被动声呐两类。因此,声隐身材料也可分为两类:对于主动声呐主要用吸声材料;对于被动声呐主要用隔声材料和防振降噪材料。本节主要介绍与声隐身技术相关的高分子材料。

1. 吸声材料

吸声是指声波传播到某一边界面时,在边界材料内转化为热能被消耗掉或是转化为振动能沿边界构造传递转移,声能被边界面吸收。吸声材料多为多孔材料,具有许多内外相通的微小间隙和连续孔洞。当声波沿着这些细孔进入材料内部时引起孔内空气振动,产生与孔壁的摩擦,造成孔内空气运动速度的差异,因摩擦和黏滞力的作用而使相当一部分声能转化为热能耗散,从而使声波衰弱、反射声减弱达到吸声的目的。另外,空气绝热压缩时温度升高,绝热膨胀时温度降低,由于热传导作用,在空气与孔壁之间不断发生热交换,也会使声能转化为热能。当然,对于非多孔状吸声高分子材料,阻尼作用是其主要的吸声机理。多孔性吸声材料的吸声性能主要受材料的厚度、密度、流阻、孔隙率、结构因子、材料后面空气层厚度、表面装饰处理和使用时的外部条件等影响。一般来说,多孔性材料对中高频吸声效果较好。常用的高分子吸声材料有：

① 橡胶类水下吸声材料　橡胶类的高分子材料声阻抗与水非常接近，容易实现两者的匹配，声波很容易从水进入橡胶中，并将声波的能量转化为热能，尤其在冲击频率比较高的情况下其吸声性能要比金属好。橡胶吸声覆盖层的厚度一般在 8～70 mm。在橡胶基体内部混合铝粉、铅粉、中空玻璃微球等气泡性填料能提高其吸声性能。

② 聚氨酯类水下吸声材料　聚氨酯类吸声材料的应用始于 20 世纪 70～80 年代，与橡胶类吸声材料相比，聚氨酯分子链的活性大，分子结构可设计性强，黏接性能好，有利于与填料的混合，制作工艺相对简单，常温条件下即可进行，被称为继橡胶之后的第二代水下吸声材料。

聚氨酯是通过聚氨酯类反应把羟基链有限的树脂和异氰酸酯链接而成的，可以通过适当选择硬链段进行链接制成具有不同性能的新材料。若加入短链增强树脂、矿质填料或小的空心粉粒，可以改变它们的物理和声学性能，从而制成符合各种声学性能要求的声学材料。聚氨酯泡沫在 125～2 000 Hz 范围内平均吸声系数可达 0.50 以上，由它所制的微穿孔板等吸声制品在中、低频率区域最大吸声系数可达 0.95 以上。

③ 压电式复合材料　压电式复合材料是新型吸声材料中发展较快的一种，具有密度低、声阻抗与水介质较接近等优点。在聚合物中加入压电和导电微粒，形成微观局部的电流回路，有效地将声能及振动能转换为电能，再经压电作用以热的形式耗散掉，达到吸声和减振的作用，同时可以调节微粒的含量来改变材料的声阻抗，从而实现阻抗的匹配。

以锆钛酸铅（PZT）压电陶瓷微粉为填料，按一定的体积分数与 PVC 复合制得压电复合材料，当受到振动波的交变施力时，压电陶瓷粒子产生压电电荷将机械能转化为电能，此电能再由导电材料及界面电阻转化为热能，在中高频段具有良好的吸声效果。

压电陶瓷与压电聚合物复合成的压电复合材料克服了压电陶瓷材料自身的脆性和压电聚合物的使用温度限制，保留了各自的优点而成为压电材料的研究热点。压电橡胶和聚偏二氟乙烯是目前研究较多的吸声材料。

2. 隔声材料

高分子材料本身的隔声效果并不是很好，加入填料后则能得到隔声性能较好的复合材料。这是因为聚合物基体加入填料后，模量提高，且填料颗粒数目越多、比表面积越大，模量越大其熔体黏度得到提高，当声波入射材料中传播时要克服的阻力增大，从而使声能消耗增大。目前，对空气隔声材料隔声性能的研究报道较多，空气隔声材料主要是聚氨酯泡沫材料，但对于材料在水声介质中的隔声性能的研究报道很少。

参考文献

[1] Mochizuki, Amane, et al. Polymer, 1994, 35(18): 4022～4027.

[2] 张留成,闫卫东,王家喜. 高分子材料进展[M]. 化学工业出版社,2005.

[3] 丁孟贤. 聚酰亚胺新材料[M]. 化学工业出版社,1998.

[4] D J Liaw, B Y Liaw, C W Yu. Synthesis and characterization of new organosoluble polyimides based on flexible diamine[J]. Polymer, 2001, 42: 5175～5179.

[5] 潘祖仁主编. 高分子化学(增强版)[M]. 北京:化学工业出版社,2007.

[6] 郝元恺,肖加余. 高性能复合材料学[M]. 化学工业出版社. 2003.

[7] 黄丽主编. 高分子材料[M]. 北京:化学工业出版社,2005.

[8] Liu Z H, Ding M X, Chen Z Q. Studies on amidation and imidization processes of amine salts of aromatic tetracarboxylic acids and diamine[J]. Thermochimica Acta,1983,70:71~82.

[9] J. I. Kroschwitz, H. F. Mark, N. Bikales,et al. Encyclopedia of Polymer Science and Engineering[J]. Polymer, 1987,28(7),1234.

[10] 卢凤才,廖增琨,薛瑞兰,等.聚苯并咪唑吡咯酮增强塑料的烧蚀性能[J].宇航材料工艺,1984(2):15.

[11] 周奇龙,闫寿科,谢萍.超分子构筑调控合成结构规整的梯形聚合物及其应用研究[J].高分子学报,2007(10):918~930.

[12] 孔凡,许鑫华,李景庆.高性能航天航空材料——聚醚酮酮[J].塑料科技,2001,(143):8~10.

[13] 张秀娟.作高性能复合材料用的一种新型热塑性母体树脂- PEEK.高分子材料,1989,(1):29~30.
L. M. Manocha. Changes in physical and mechanical properties of carbon fiber-reinforced polyfurfuryl alcohol composites during their pyrolysis to carbon/carbon composites[J]. Composites, 1988,19(4):311~319.

[14] Campbell Robert Wayne. P-phenylene sulfide polymers[P]. US pat 3919177,1975 - 11 - 11.

[15] Tsunawaki S. Price C. Preparation of poly(arylene sulfides). Journal of Polymer Science Part A: General Papers,1964,2(3):1511~1522.

[16] 张玉龙,李萍.工程塑料改性技术[M].机械工业出版社,2006.

[17] 沈新元.先进高分子材料[M].中国纺织出版社,2006.

[18] 钱伯章.芳纶的国内外发展现状[J].化工新型材料,2007,35(8):26~27.

[19] 高启源.高性能芳纶纤维的国内外发展现状[J].化纤与纺织技术,2007(3):31~36.

[20] 张宝华,张剑秋.精细高分子合成与性能[M].化学工业出版社,2005.

[21] 崔天放,张欣,翟玉春,等.PBO纤维的合成及改性研究进展[J].材料导报,2006,20(8):38~40.

[22] 费斐,卢鑫海.聚苯并噁唑树脂的合成及其应用[J].绝缘材料,2008,41(6):13.

[23] 袁江,王建营,胡文祥,等.聚苯并噁唑(PBO)的合成及其应用研究[J].化工时刊,2003,17(8):4~8.

[24] 欧阳兆辉,伍林,易德莲,等.钼改性酚醛树脂黏结剂的研究[J].化工进展,2005,24(8):901~904.

[25] 刘发喜,徐庆玉,代三威,等.酚醛树脂改性研究新进展[J].黏结,2008,29(7):45~47.

[26] 石鲜明,吴瑶曼,余云照.用作耐热材料的新型酚醛树脂的研究动向[J].高分子通报,1998,4:57~64.

[27] 白会超,王继辉,冀运东.高残炭酚醛树脂的研究进展[J].热固性树脂,2008,23(1):49~51.

[28] 张衍,刘育建,王井岗.我国高性能烧蚀防热材料用酚醛树脂研究进展[J].宇航材料工艺,2005(2):1~5.

[29] 张衍,刘育建,王井岗.苯基苯酚型酚醛树脂中羟甲基邻/对位异构的核磁共振分析及性能影响[J].华东理工大学学报,2008,34(1):81~85.

[30] 魏化震,高永忠,李乃春,等.抗烧蚀复合材料用新型烧蚀树脂的研究.工程塑料应用,2000,28(5):4.

[31] 焦扬声.酚三嗪树脂.玻璃铜/复合材料.1994,(1):10.

[32] 张世杰,张炜,郭亚林,白侠.新型耐烧蚀材料——聚芳基乙炔树脂的研究进展[J].热固性树脂,2007,22(6):42~45.

[33] 袁海根,曾金芳,杨杰.抗烧蚀聚芳基乙炔树脂研究进展[J].热固性树脂,2005,20(4):27~30.

[34] 刘棣华.黏弹阻尼减振降噪应用技术[M].北京:宇航出版社,1990.

[35] 何曼君.高分子物理[M].上海:复旦大学出版社,1990.

[36] 刘巧宾,卢秀萍.智能阻尼材料的研究进展[J].弹性体,2007,17(2):76~80.

[37] 田雁晨.聚合物基阻尼材料研究进展[J].塑料科技,2008,36(7):82~86.

[38] 侯永振.橡胶阻尼及高阻尼材料研制[J].橡胶资源利用,2005(1):16~21.

[39] 李德良,王宝柱,刘东晖,等.阻尼材料的发展及其在舰船上的应用[J].现代涂料与涂装,2009,12(2):1~2.

[40] Chifei Wu, Yamagishi, Nakamoto. Viscoelastic properties of an organic hybrid of chlorinated polyethylene and a small molecule[J]. J Polym Sci Part B: Polym Phys, 2000,38:1341~1347.

[41] 吴驰飞.有机极性低分子分散型高分子高阻尼新材料的研制[D].2000全国水声会议论文集,2000. 254~255.

[42] 周馨我,张公正,范广裕.功能材料学[M].北京理工大学出版社,2002.

[43] 宫兆合,梁国正,任鹏刚,等.导电高分子材料在隐身技术中的应用[J].高分子材料科学与工程,2004, 20(5):29~32.

[44] 施冬梅,邓辉,杜仕国,等.雷达隐身材料技术的发展[J].兵器材料科学与工程,2002,25(1):64~67.

[45] 文庆珍,姚树人,王源升.新型高分子材料在舰船中的应用和发展[J].兵器材料科学与工程,2001,24 (6):58~63.

[46] L. Olmedo, P. Hourquebie, F. Jousse. Microwave properties of conductive polymers. Synthetic metals, 1995, 69(1~3): 205~208.

[47] R. Faez, A. D. Reis, M. A. Soto—Oviedo, et al. Microwave absorbing coatings based on a blend of nitrile rubber, EPDM rubber and polyaniline[J]. Polymer Bulletin, 2005, 55(4): 299~307.

[48] D. A. Makeiff, T. Huber. Microwave absorption by polyaniline—carbon nanotube composites[J]. Synthetic metals, 2006, 156(7~8): 497~505.

[49] Z. Fan, G. Luo, Z. Zhang, et al. Electromagnetic and microwave absorbing properties of multi—walled carbon nanotubes/ polymer composites[J]. Materials science and engineering: B, 2006, 132 (1~2): 85~89.

思考题

1. 请简述耐高温高分子材料一般具备什么样的结构?

2. 为什么聚四氟乙烯具有良好的耐腐蚀性?

3. 为什么引入杂环后,芳香族纤维具有高模量、强度和耐热性?

4. 请简述高强度高分子材料结构上具有哪些共性特点?

5. 优秀的耐烧蚀高分子材料具有哪些特点?

6. 液晶可以分为哪几类?

7. 凯夫拉纤维可以通过哪些手段加工成型?

8. 有哪些手段可以提高聚合物的阻尼性能?

9. 如何实现高分子材料的红外隐身性能?

10. 吸声材料和隔声材料对声音的减弱上,有什么区别?

第8章 高分子材料的循环利用和资源化

塑料污染

高分子材料具有易成型加工、价廉和性能多样等优点,在工农业、科技国防和尖端民用等国民经济各个领域都得到广泛应用。目前高分子材料世界年产量高达 2 亿吨,已经与钢铁等金属、陶瓷水泥等无机材料并列,成为不可或缺的三大材料之一。

根据用途的不同,高分子材料的使用寿命长短不一,从包装材料的用后即丢到耐用制品的几十年。但是塑料、橡胶、复合材料等废旧高分子很难老化降解,上百年都难彻底分解。我国是高分子生产大国,更是消费大国,废旧高分子材料成为城市垃圾的累赘,处理不当,将严重污染环境。例如焚烧处理,将污染大气;填埋处理,将浪费土地资源,并污染地下水;更不能丢弃于江河湖海,以免污染水源、破坏生态平衡。因此科技人员积极提出多种物理循环利用、化学循环利用和能量回收的方法来保护环境,并节约油气煤能源和资源。

8.1 高分子材料的物理循环利用

物理循环主要是指将废旧高分子材料经收集、分离、提纯和干燥等程序后,加入稳定剂等各种助剂,重新造粒,并进行再次加工生产的过程。目前许多高分子材料的循环利用就是采用此法来实现。具体包括废弃聚合物制品的修复、简单再生利用和改性再生利用。

8.1.1 废旧聚合物的修复或原物利用

对于热固性的橡胶轮胎,翻修是最有效、最直接、最经济的废旧橡胶制品直接利用的方式,受到世界各国的重视。一条轮胎磨光胎面,只用去整条轮胎经济价值的 30%。轮胎翻修就起着延长轮胎寿命、节约资源、减少环境污染的多重作用[1]。

轮胎翻修主要局限于卡车轮胎、客车轮胎及轻型轿车轮胎[2],这些轮胎约占报废轮胎的 22%,轮胎翻修一次,相当于新胎的 60%~90% 寿命,或新胎的 75%~100% 行驶里程。而且一条轮胎可多次翻修,如尼龙帘线轮胎可翻修 2~4 次,钢丝子午线轮胎可翻修 4~6 次[1],飞机轮胎则可翻修 10 次以上[3]。翻胎的总寿命为新胎的 1~2 倍,而所耗原材料仅为新胎的 15%~30%[1]。最近更发展了翻胎新工艺,选用聚氨酯作为翻新胎面的材料,性能更为优越[4]。

废旧轮胎还有多种直接利用的场合:如制作人工鱼礁,船只、码头的护舷,以及车辆等的缓冲材料,高速公路隔音墙等。另外,废旧橡胶还有防止重金属污染的作用,如英国将废旧轮胎投入被原子能发电站的排出污水污染的河中,可以很快消除重金属污染,达到垂钓要求,原因是轮胎中的硫黄等化合物可以与水银反应,生成不溶于水的硫化银,消除了毒性[5]。

对于热塑性的塑料,也可以进行修复或原物再利用。例如,家用或者办公用的塑料制品,其表面容易损坏,产生一些痕迹、变色甚至是裂纹。对于这种损坏程度不大,可以采用适当的方法处理翻修,使得这些塑料制品重新获得使用功能。对塑料高分子材料进行修复有以下几种方法:(1)使用热修补或黏合剂来修补。例如,当聚苯乙烯材质的塑料制品出现裂纹时,可以采用热风焊接,将聚苯乙烯塑料加热达到粘稠状态,随即在不大的压力下接合修补;(2)使用涂料,对塑料制品表面的缺陷和痕迹进行遮盖,恢复制品的初始表现;(3)抛光,对经使用后表面粗糙的塑料制品进行抛光,包括机械抛光和化学抛光,消除表面上的缺陷[6]。

8.1.2　橡胶硫化胶粉的制备与利用

废旧橡胶通过机械粉碎可以加工成不同细度的橡胶弹性粉料,广泛用于橡胶制品、塑料制品、建筑材料和公路建设等行业。胶粉的主要生产方法有常温粉碎法、低温粉碎法、湿法(或溶液法)三种[5]。典型的工艺如图8-1所示:

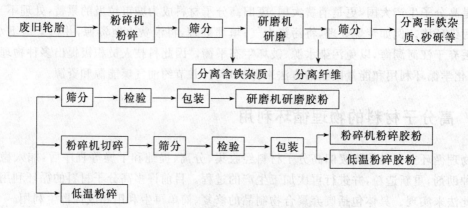

图 8-1　胶粉生产典型流程示意图[7]

常温粉碎法系在常温下,靠辊筒或其他设备的剪切作用,对废旧橡胶进行粉碎。与其他粉碎法相比,常温粉碎法具有投资少、工艺流程短、能耗低和效能高等优点,其他方法难以企及。它是目前国际上采用的最为经济实用的主要方法。如美国,每年63％胶粉由该法生产,其他国家许多公司也选用这一方法。

低温粉碎法的原理是将橡胶冷却到玻璃化温度以下,使之变脆,而后用机械力来粉碎。根据冷冻介质的不同,低温粉碎法又可分为液氮法和空气膨胀制冷法。液氮法液氮消耗量大,成本高;而空气膨胀制冷法的制冷介质为空气,较液氮法节能、节水、效率高,成本较低。

湿法或溶液法是选择合适的液体介质使橡胶变脆,然后在胶体磨上研磨。按液体介质的不同,可分为水悬浮粉碎法和溶剂膨胀粉碎法两种。水悬浮粉碎为表面处理的胶粉在水中研磨后进行干燥;溶剂粉碎则采用有机溶剂使胶粉溶胀后研磨,然后除去溶剂,干燥胶粉。湿法或溶剂法生产胶粉粒度细,应用性能好,但其生产技术要求高,需使用大量液体介质。不同粒度的胶粉应用范围见表8-1。

表 8 - 1 胶粉的使用范围

胶粉直径(目)	用 途
8~20	跑道、道路垫层、电板、草坪、铺路弹性层、运动场地
30~40	再生胶、改性胶粉、铺路、生产胶板
40~60	橡胶制品填充用、塑料改性
60~80	汽车轮胎、橡胶制品、建筑材料
80~200	橡胶制品、军工产品
200~500	SBS 材料改性、汽车保险杆、电视机外壳、军工产品

8.1.3 热塑性塑料的简单再生利用

热塑性塑料是可以反复受热成型加工的材料,因此,其简单再生利用就是将回收的废旧塑料制品经过分拣、清洗、破碎、造粒,而后直接成型加工成再生制品。常用的工艺流程见图8－2。以聚氯乙烯废旧板材、管材等硬制品为例,经过上述处理后可直接挤出板材,用于建筑物中的电线护管。这类再生利用的工艺路线虽然比较简单,但废旧塑料源头的分拣工作却成了关键。未经改性,这类再生制品的性能欠佳,一般只能用作低档制品[8,9]。

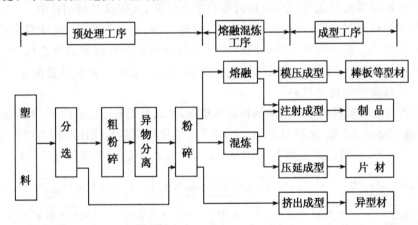

图 8 - 2 聚合物再生加工工序[8]

简单再生通常采用开炼法和挤出法。一般热塑性塑料常用挤出法,并要求在挤出机前端加装 0.06~0.125 mm 的滤网,除去杂质。开炼法则主要用于聚氯乙烯的再生。此外,人造革采用酸处理法再生[8]。

8.1.4 热塑性塑料的改性再生利用

通常从城市固体垃圾中回收来的废旧塑料是各级塑料的混杂物,还可能混入其他非塑料成分,因此在回收加工过程中会出现相容性差,再生制品中不同塑料间黏合不好,机械性能差,外观灰暗,颜色不均匀,表面粗糙,壁厚粗笨,只能用作要求不高的粗大制品,如桩子、护栏、轨枕、渔礁等。

若要提高这类再生制品的性能,须采用多种改性方法:如共混改性、填充改性、增强改性、增韧改性、化学改性等。本节重点介绍添加相容剂的共混改性和化学交联改性。

1. 塑料共混改性

目前,城市固体垃圾中回收的废塑料很多是聚氯乙烯、聚乙烯和聚苯乙烯的混杂物,它们之间不相容,直接加工成的制品性能差,而添加相容剂后加工成的制品,性能较佳。相容剂与表面活性剂相似,可降低不同聚合物相间的界面张力,通过分子间物理力或化学键,促进多相体系的相容,增加黏接力,从而提高力学性能。理想的相容剂是两种聚合物链段的共聚物。例如氯化聚乙烯可用作聚乙烯和聚氯乙烯的相容剂,三者共混后的制品结构细密,具有较高的冲击强度。三元乙丙橡胶(EPDM)可用作聚乙烯和聚丙烯的相容剂,苯乙烯-丁二烯-苯乙烯嵌段共聚物(SBS)可用作聚苯乙烯和聚乙烯的相容剂[10]。相容剂的添加量约10%～30%。

木粉是植物纤维,可以用作废旧聚乙烯和聚丙烯的填料,另加增黏剂和改性剂后,经挤出、压制或挤压成型为塑木板材,可替代天然木制品,具有强度高、防腐、防虫、防湿、使用寿命长、可重复使用、阻燃等优点。可用于公园、建筑材料、隔音材料、包装材料、围墙以及各种垫板、广告板和地板等[11-14]。

将未经分类的废塑料拆解后磨碎,加入黄砂、石子和固化剂还可以制作混凝土原料等[15]。

2. 废旧塑料的化学改性

废旧塑料还可以通过氯化、交联、接枝等化学改性法,来提高其回用价值。

回收的聚烯烃经过交联,可提高拉伸强度、耐热性能、耐环境性能、尺寸稳定性、耐磨性和耐化学稳定性等。城市固体垃圾中回收的混合废旧塑料含有较多的聚乙烯,可以用过氧化二异丙苯、过氧化二叔丁基等过氧化物进行高温交联。交联后使得脆性的不相容塑料混合物转变成可挠曲的高抗冲材料[16]。

交联的混合废旧塑料还可以用来制备泡沫塑料,其成型工艺流程见图8-3所示。其中常用发泡剂为Celogen AZ等,交联剂为Dicup 40C(过氧化异丙苯),模压时压力约9.65 MPa,温度约177℃。此外,还可以采用辐射交联和有机硅交联的方法对聚烯烃进行改性。

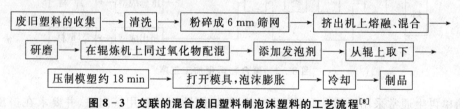

图 8-3　交联的混合废旧塑料制泡沫塑料的工艺流程[8]

8.1.5　热固性塑料的回收利用

废旧热固性塑料,包括热固性树脂及其与玻璃纤维、碳纤维等组成的复合材料,不能像热塑性塑料一样重新熔融造粒回收,但可以切断和粉碎,用作复合材料的填料、配制砂浆,或裂解回收制油,加以回用[17]。

塑料的回收

8.2　废弃高分子材料的化学回收

高分子材料的化学回收是指利用化学方法,将高分子废料转化成单体、燃料或化工原料的回收方法,近年来高分子废料的资源化已成为活跃的研究方向。

化学回收大致分为热分解和化学分解两种。热分解,包括隔绝空气和氮气氛条件下的热分解,主要用来回收油品和气体,供作燃料或化工原料;化学分解,包括水解、醇解等,则以回收单体或低聚物为主。

8.2.1　热分解

所谓热分解是指高分子废料在隔绝空气或还原气氛中、高温裂解成低分子气体、燃料油和焦炭的过程,适用于混有聚乙烯、聚丙烯、聚苯乙烯等塑料,特别是包装材料,因为薄膜包装袋使用后污染严重,难以分拣再生回用。废旧塑料热分解处理的工艺流程简示如图 8-4。

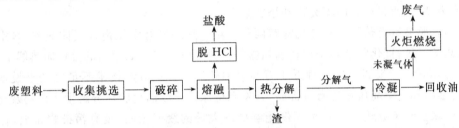

图 8-4　废旧塑料热分解处理工艺流程[18]

废旧聚合物的热分解产物随所用设备及工艺条件不同而异,按热分解产物的不同,可分为油化法、汽化法和炭化法。

1. 油化法

全部以废旧塑料或废轮胎为原料,热分解温度较低,约 450~500℃,回收油品。目前废旧塑料的油化技术有槽法、管式法、流化床法和催化热解法等四种[19],可以处理 PVC、PP、PE、PS 和 PMMA 等,分解产物以油类为主,其次为燃料气、废气和残渣。各种油化技术比较如表 8-2。

表 8-2　油化技术的比较

方法	原料	特点 熔融	特点 分解	优点	缺点	产物特征	油回收率
槽式法	城市混合塑料	外部加热或不加热	外部加热	技术较简单	加热设备和分解炉大;传热面易结焦;因废旧塑料熔融量大,紧急停车困难	轻质油、气(残渣)	57%~78%
管式炉	PS,PMMA	用重质油溶解或分散	外部加热	加热均匀,油回收率高;分解条件易调节	易在管内结焦;需均质原料	油、废气	51%~66%
流化床	PS,APP	不需要	内部加热(部分燃烧)	不需熔融;分解速度快;热效率高;容易大型化	分解生成物中含有机氧化物,但可回收其中馏分	油、废气	76%
催化热解法	废塑料	外部加热	外部加热(用催化剂)	分解温度低,结焦少;气体生成率低	炉与加热设备大;难于处理 PVC 塑料应控制异物混入	油、废气	76%

注:表中操作设备或工艺皆为日本公司的开发实例。

废旧塑料油化可使资源充分利用,各国都很重视这项技术。目前德国、美国和日本等国均建有大工厂进行塑料催化裂解制燃料油的装置,我国也已经有 20 多家企业在研究开发。

2. 热分解的汽化法

以城市垃圾或其中废旧塑料为原料,进行 700℃高温热裂解,回收可燃性气体。

3. 碳化法

以废旧轮胎或聚氯乙烯、聚乙烯醇、聚丙烯腈等废料为原料,回收碳化物。

废旧橡胶热分解回收利用是有前途的再生利用技术。废旧轮胎经热分解,可以回收液体燃料和化学品,所得液体燃料可符合燃油质量标准,既可作燃料,也可作催化裂化原料,生产高质量汽油。固体热解产物主要为炭黑,可用于制备橡胶沥青混合物,也可作为固体燃料,或作为沥青、密封产品的填充剂和添加剂。

废旧轮胎裂解有热裂解和催化降解两种方法。热解又有常压惰性气体热解、真空热解和融盐热解三种;催化降解则采用锌和钴盐等作为降解剂。例如德国的流化床热解工艺,热解温度为 500℃,一套设备能处理近 1 万吨废旧轮胎量。热分解技术不足之处是设备投资高,所得燃料和化学品质量还有待提高,开发有待深化。废旧轮胎热分解生产燃料及化学品在发达国家已经工业化。该方法不仅能够处理大量的废旧轮胎,没有污染物排放,保护环境,而且节约了能源,并有可观的经济效益。

8.2.2　废旧高聚物的化学分解

在催化剂作用下,聚酯、聚酰胺和聚氨酯等杂链聚合物容易进行水解、醇解和氨解等化学分解,形成单体或低聚物。这为此类高分子废料的回用指明了方向,但是该法要求废料清洁和单一。

1. 水解法

水是聚酯化、聚酰胺化等缩聚反应的副产物,水解就是这类缩聚的逆反应。在合适的催化条件下,利用逆反应,就可以使聚酯水解成单体回用。

2. 醇解法

利用醇类的羟基来使聚酯一类高分子分解成单体或低聚物的过程,称作醇解法。最典型的例子是涤纶聚酯(聚对苯二甲酸乙二醇酯)废料可以用乙二醇来醇解,醇解产物为对苯二甲酸乙二醇酯和低聚物,可以直接用作生产涤纶聚酯的原料。

8.3　废弃高分子材料的能量回收

许多注重环保的国家,禁止填埋污染严重的含废塑料的城市固体垃圾。大分部有机高分子材料都是以碳原子为主链的原子,具有较高的热量值。因此可以考虑将废弃高分子材料用作热电厂的燃料,焚烧后以热能的形式回收利用,废气经过处理后排放,残渣可以减少原有垃圾 80% 的质量和 90% 以上的体积,便于填埋处理。有些能量回收设备和技术先进,燃烧效率高,排出污染物控制较好,已达到大规模的商业应用水平,成为一种重要的回收方法。

以废旧轮胎为例。废旧轮胎是由橡胶、炭黑、化学助剂以及纤维、钢丝等组成的混合物。其燃烧热约为 3 300 kJ/kg,是热值相当高的燃料,可替代煤在原来的燃烧设备中焚烧利用。废旧轮胎作为燃料利用是目前美国、日本、德国等发达国家处理废旧轮胎最为经济合理的方法。美国成了该法处理废旧轮胎回收利用的最大用户,主要用于焙烧水泥和发电。废旧轮胎可以单独作为固体燃料,也可与其他燃料或垃圾混合一起燃烧。在水泥焙烧过程中,钢丝变成氧化铁,硫黄变成石膏,所有燃烧残渣都成了水泥的组成原料,不影响水泥质量,并不产生黑烟、臭气,无二次公害。日本有 50% 的废旧轮胎用作燃料来焙烧水泥,每年可节约 1×10^9 L 重油[20-21]。

8.4　废弃高分子材料的生物回收

生物降解并不是处理废塑料的主要方法。实际上只有比例很少的塑料(骨类固定物、医用手术缝合线等)是可降解的。

但生物侵蚀天然胶乳是非常容易的。人们曾考虑用生物降解处理橡胶制品。将胶粉放入含有微生物的水悬浊液中,通入空气直至硫黄或硫酸分离出来。这是一种采取简化方式获得回收橡胶和硫黄的过程。此外,微生物对橡胶材料具有侵蚀作用,将富集微生物的水悬浊液同胶粉一起培养几个月后,可促进微生物的增长。对 NR 和 SBR 而言,效果尤为明显[22]。对于聚烯烃,有研究报道,黄粉虫可以吞食和完全降解聚苯乙烯,这为微生物降解聚苯乙烯提供了科学证据,为用生物降解方法治理"白色污染"提供了新思路[23,24]。

基于石油资源的合成高分子材料给人们方便的同时,也带来了严重的环境问题,各种废弃高分子制品充斥着周围环境,对人们的生存环境构成了严重地威胁。高分子材料的循环利用是解决高分子材料污染的有效方法之一,还能够实现资源的充分利用,缓解石油资源枯竭所带来的威胁。但是实际上回收循环利用高分子材料依然存在许多问题,例如再生料的性能不如原始材料,再生过程如化学循环的代价较高,市场竞争力较弱;有的废弃高分子材料杂质多,不易除去,或各种混合材料不易分离等,这使得高分子材料的循环利用存在不少困难。因此,提高高分子材料的循环利用,需要进一步加大在该领域的投入和研究。

参考文献

[1] 湖北省计划委员会增产节约办公室组织编写.轮胎使用与保养[M].北京:化学工业出版社,1979.

[2] 范仁德编.废橡胶综合利用技术[M].北京:化学工业出版社,1989.

[3] Schnecko H. Kautsch Gummi Kunstst[J], 1994, 47(12):885~890.

[4] 华南理工大学.攻克翻胎关键技术[J].轮胎工业,2003,23(10),597.

[5] 董诚春编.废橡胶资源综合利用[M].北京:化学工业出版社,2003.

[6] 黄发荣,陈涛,沈学宁.高分子材料的循环利用[M].化学工业出版社,北京,2000.

[7] Makarov V M, Drozdorski V F. Reprocessing of Tyre and Rubber Wasters (recycling from the rubber products industy)[M]. New York: Ellis Horwood, 1991:173, 177~194.

[8] 刘寿华,边柿立.废旧塑料回收与再生入门[M].杭州:浙江科学技术出版社,2002.

[9] 袁利伟,陈玉明,李旺.废塑料资源化新技术及其进展[J].环境污染治理技术与设备,2003,10(4):14~16.

[10] 徐静,李章良.废旧塑料的综合利用[J].广州环境科学,2004,19(1):19~20.

[11] 刘玉春,苑志伟.木粉填充改性多组分废旧塑料专用相溶剂的研究[J].化工摩擦型材料,2001,929(9):54~56.

[12] 钟世云,郦迪方,王公善,等.利用聚氨酯泡沫复合废塑料制造板材的研究[J].中国塑料,2001,15

(11):67～70.

[13] 吴长江,苑志伟.塑木板商机无限[J].再生资源研究,2002(2):20～21.

[14] Bitlgosz Z., Polacherk J., Machowska Z. Recycling of domeatic plastic and rubber waste in Poland [J]. International Polymer Science and Technology, 1998, 25(6): 93～96.

[15] 王颖.废塑料的再生与利用[J].环境保护,2002(6):45～46.

[16] 吴自强,许土洪,刘志宏.现代化工[J].2001,21(2):9.

[17] Ishida. Kotaro. Monoki Masakatsu JP. 1088000, 1998.

[18] 韩建多.废旧塑料的处理及应用[J].化工环保,1994,14(5):274～280.

[19] 戴先文,刘平,吴创之.废塑料和废轮胎的热解油化工艺[J].新能源,1998,20(9):36～40

[20] 何永峰,刘玉强.胶粉生产及其利用[M].北京:中国石化出版社,2001.

[21] 曹艳,邱清华,郭宝春,贾德民.废旧高分子材料回收利用的进展[J].高分子材料科学与工程,2004,20 (5):33～35.

[22] Pinto F, co sta P, Gulyurtlu I, et al. Journal of Aualytical and Applied pyprolysis. 1999(51):39.

[23] Yang Y, Yang J, Wu W M, et al. Biodegradation and mineralization of polystyrene by plastic-eating mealworms: Part 1. Chemical and physical characterization and isotopic tests[J]. Environmental science & technology, 2015, 49(20): 12080～12086.

[24] Yang Y, Yang J, Wu W M, et al. Biodegradation and mineralization of polystyrene by plastic-eating mealworms: part 2. Role of gut microorganisms[J]. Environmental science & technology, 2015, 49 (20): 12087～12093.

思考题

1. 为什么要进行高分子材料的循环利用?

2. 高分子的回收循环利用可以分为哪些方法?

3. 硫化橡胶的回收主要有哪些方法?

4. 热塑性高分子材料与热固性高分子材料的回收方法有什么区别?

5. 废弃高分子材料的热分解有哪些分类?

6. 以轮胎为例,说明为什么可以进行废弃高分子的能量回收。

7. 哪一类的高分子材料可以采用化学分解的方法进行回收?为什么?

8. 请结合所学知识,简述玻璃钢复合材料的回收方法。

9. 请简述热塑性塑料的再生工艺,并指出实现该工艺的关键之处是什么?

10. 在高分子材料广泛应用的今天,我们可以采取哪些手段来减少人类活动对环境的破坏?